U0263466

海相碳酸盐岩凝析气田成藏地质与效益开发

韩剑发　周锦明　邬光辉 等　著

科学出版社

北京

内 容 简 介

本书系统研究了塔里木叠合盆地形成演化历史，深入剖析了塔中隆起成藏主控因素与油气分布规律；自主研发了大漠腹地 WEFOX 双向聚集偏移精准成像技术，实现了缝洞体量化雕刻与评价，创建了海相碳酸盐岩叠合复合岩溶缝洞体模型；基于凝析气藏油层物理、有机地化等大数据开展多学科、动静态一体化研究，建立了早期成油、晚期气侵的凝析气藏模式，揭示了海相碳酸盐岩凝析气藏形成机理与资源潜力，完善发展了缝洞型碳酸盐岩油气地质理论认识；配套创新了缝洞型碳酸盐岩凝析气藏水平井部署与设计、精准导向、分段改造及提高采收率等效益开发关键技术。

本书适合从事海相碳酸盐岩油气地质研究与勘探相关科研人员与学者参阅使用，也可供高等院校地质与地理物理学等相关专业的师生参考。

审图号：GS（2022）2947 号

图书在版编目（CIP）数据

海相碳酸盐岩凝析气田成藏地质与效益开发／韩剑发等著 . —北京：科学出版社，2022.9

ISBN 978-7-03-072989-7

Ⅰ.①海… Ⅱ.①韩… Ⅲ.①海相–碳酸盐岩油气藏–石油天然气地质–研究②海相–碳酸盐岩油气藏–油田开发–研究 Ⅳ.①P618.130.2②TE344

中国版本图书馆 CIP 数据核字（2022）第 156903 号

责任编辑：韦 沁 李 静／责任校对：何艳萍
责任印制：吴兆东／封面设计：北京图阅盛世

科 学 出 版 社 出版
北京东黄城根北街 16 号
邮政编码：100717
http://www.sciencep.com

北京中科印刷有限公司 印刷
科学出版社发行 各地新华书店经销

*

2022 年 9 月第 一 版 开本：787×1092 1/16
2022 年 9 月第一次印刷 印张：20
字数：474 000
定价：278.00 元
（如有印装质量问题，我社负责调换）

作者名单

韩剑发　周锦明　邬光辉　宋玉斌　于金星

陈　军　李世银　程汉列　胡晓勇　吉云刚

施　英　徐彦龙　苏　洲　孙崇浩　刘炜博

江　杰　于红枫　单　锋　崔仕提　赵亚汶

张　程

序　一

　　塔中隆起地面条件极其艰苦、地下构造复杂，中国石油人坚持"只有荒凉的沙漠，没有荒凉的人生"，针对诸多科学问题与技术挑战，历经三十多年的科技攻关与勘探开发实践，发现了塔中Ⅰ号——我国油气规模最大、埋藏最深、年代最古老的台缘礁滩复合体、层间岩溶体凝析气田，探明油气地质储量超5亿吨。

　　实践表明塔里木盆地下古生界碳酸盐岩基质物性差，次生溶蚀孔洞与裂缝是主要储集空间，储层非均质性极强，礁滩型碳酸盐岩凝析气藏规模效益勘探开发面临的世界级难题可谓全球罕见，缺乏油气开发可借鉴先例。

　　攻关依托国家科技重大专项"大型油气田及煤层气开发"之课题"塔里木盆地大型碳酸盐岩油气田开发示范工程"（ZX201105049）等项目，聚焦缝洞型碳酸盐岩凝析气藏提高单井产量、控制递减、提高开发效益等瓶颈问题组织攻关，完善并发展了塔中海相碳酸盐岩凝析气藏地质理论认识，配套创新了海相碳酸盐岩凝析气田效益开发技术，"十二五"期间打造了塔中缝洞型凝析气田效益开发示范工程。

　　韩剑发教授长期致力碳酸盐岩油气地质科研与勘探开发一体化实践，始终坚持多学科动静态一体化攻关，组织团队构建了断控叠合复合岩溶缝洞体地质模型；立足最新有机地球化学分析化验大数据，攻关创新了成藏理论研究新思路、新方法，剖析了塔中隆起复式油气聚集区油气成藏演化历史，阐明了塔中隆起海相碳酸盐岩多成因、多期次油气差异聚集成藏机理，揭示了断控油气复式聚集规律。

　　创新了基于"六线"法精细刻画油气藏配套技术，创建了不规则井网和以水平井为主体的碳酸盐岩凝析气藏开发方案，创新了深层碳酸盐岩凝析气藏水平井轨迹设计与精准地质导向、全通径裸眼工具大规模分段酸压储层改造配套技术及单井提产增效方法技术，实现了深层碳酸盐岩凝析气藏的效益开发，推动了塔中凝析气田增储上产。

　　塔中隆起发现台缘礁滩复合体凝析气藏、挥发性油藏，台内层间岩溶缝洞体凝析气藏、超深层寒武系盐下白云岩气藏、凝析气藏，是油气地质理论与超深油气勘探开发的百科全书，攻关形成的凝析气藏地质理论认识与效益开发技术具有广阔的推广应用前景和学术技术价值。

中国工程院院士　

2016 年 7 月

序 二

塔里木盆地位于全球油气最富集的古特提斯构造域，是典型的叠合复合盆地，具有"三隆四拗"的构造特征，科技攻关与勘探实践发现并证实了库车、塔西南及台盆区三大含油气系统。

塔里木盆地海相碳酸盐岩含油气系统资源潜力巨大，自轮南 1 井、英买 1 井、塔中 1 井碳酸盐岩战略发现后，持续开展革命性攻关，深化了油气差异聚集、复式成藏理论认识，创新了勘探开发关键技术，发现并探明塔中隆起海相碳酸盐岩大型凝析气田。

塔中隆起位于"死亡之海"腹地，发育礁滩复合体、台内岩溶缝洞体及深层白云岩等多种碳酸盐岩建造，但大漠区原始资料高频能量衰减严重、深层资料信噪比整体偏低，超深碳酸盐岩缝洞体精准预测与量化评价面临诸多科学问题与技术挑战，周锦明教授与攻关团队持续攻关，自主研发了 WEFOX 双向聚焦偏移精准成像等勘探开发关键技术：

（1）最大能量双向聚焦的偏移技术，采用了 Nichols 提出的利用束线最大能量旅行时的 Kirchhoff 积分叠前深度偏移方法的思路，将其成果应用于偏移上，改进了常规偏移方法。Marmousi 模型的试算结果表明，在复杂构造情况下该方法可得到与常规面炮记录偏移方法类似的良好结果，提高效率40%。

（2）立足宏观速度建模，使用基于等时原理的判别函数，把确定双向聚焦偏移与速度调整和反射层面深度坐标的问题转化为求取判别函数的局部极值问题，判别函数的计算是灵活的，可根据速度场的复杂程度来选择。以理论模型和实际资料的试算结果验证 WEFOX 双向聚焦方法的可行性与正确性。

（3）基于 WEFOX 双向聚焦偏移精准成像技术，明确不同尺度孔洞的地震响应特征及振幅变化规律，提高了小尺度缝洞体识别能力以及细小断裂、裂缝刻画精度。结合缝洞体地质模型与生产数据，实现了波阻抗体到孔隙度数据体的转化与缝洞体量化刻画及评价，有效支撑了超深复杂碳酸盐岩凝析气藏储量计算，指导了勘探优选高产井点、评价培植高产井组、开发建立高产井区勘探开发一体化实践，打造了海相碳酸盐岩凝析气藏效益开发示范工程。

攻关项目完善创新了塔中隆起断控复式油气成藏地质理论认识，配套创新了 WEFOX 双向聚焦偏移精准成像技术、超深水平井及注水、注气提高采收率等开发技术，对类似超深碳酸盐岩凝析气藏开发具有借鉴意义和推广应用价值。

中国科学院院士 李承造

2016 年 9 月

前　言

　　塔里木盆地是由古生界克拉通盆地和中—新生界前陆盆地组成的大型叠合复合盆地，是中国陆上最大的含油气盆地，也是西气东输的主力气源地。塔里木盆地位于油气富集的特提斯构造域北部，原特提斯洋开启-闭合期沉积了广泛分布的寒武—奥陶系海相碳酸盐岩，蕴藏着极为丰富的油气资源。目前已发现的轮南-塔河油田和塔中凝析气田是我国最大的海相碳酸盐岩油田与凝析气田，成为我国"深地"与"一带一路"能源战略的重要组成部分。然而，海相碳酸盐岩油气藏时代古老，储层非均质性极强，油气成藏与流体分布十分复杂，同时，超深（>6000m）复杂油气藏勘探开发技术难度极大，油气勘探开发面临诸多世界级难题。

　　自20世纪50年代初开始野外地质调查，塔里木盆地油气探索经历"五下六上"的征程。塔里木石油人始终坚持国家能源战略安全至上、始终坚持创新驱动发展，自觉发扬大庆精神、铁人精神和塔里木精神，勇于挑战面临的一系列世界级科技难题，百折不挠，揭示了大型潜山、内幕不整合、台缘礁滩体、深层白云岩，以及凝析气藏、挥发性油藏、稠油油藏等碳酸盐岩油气成藏机理与分布规律，奉献了一部超深海相碳酸盐岩油气勘探开发的百科全书，谱写了一部气势恢宏的科技创新史，铸就了一部石油工业荡气回肠的创业史。

　　"十一五"科技攻关以来，塔中海相碳酸盐岩凝析气田勘探取得了重大突破，探明了我国第一个奥陶系礁滩复合体亿吨级油气田，发现了鹰山组层间岩溶凝析气田，成为全球埋深最大、时代最老的大型凝析气田之一。但是，塔中海相碳酸盐岩凝析气田位于大沙漠腹地，地表工作条件恶劣、地下地质条件复杂，油气藏评价与开发面临诸多科学问题和技术挑战，且国内外均无可借鉴的凝析气田开发实例。

　　（1）大漠区震资料采集时间跨度大、参数差异大，且受地表沙丘影响地震信号接收条件差，原始资料高频能量衰减严重；碳酸盐岩内幕各层段波阻抗差异小，内幕的信噪比低，内幕断裂特征及接触关系不清。缝洞型储层地震成像难以通过叠前时间偏移在空间上准确归位，地震资料处理解释面临世界级难题与技术挑战，严重制约了塔中隆起超深缝洞型碳酸盐岩油气藏精细描述与高效开发。

　　（2）古老碳酸盐岩经历极其复杂的成岩演化历史，多成因多期次岩溶缝洞体地质建模面临巨大挑战，缝洞型碳酸盐岩储集体预测和评价地质基础薄弱，缝洞型碳酸盐岩储层预测精度不能满足储层精细描述、井位部署与开发方案编制的需求。

　　（3）油气藏形成演化过程复杂，油气藏类型多种多样、油气生产动态迥异。碳酸盐岩凝析气藏动静态一体化精细刻画，特别是缝洞单元划分、缝洞连通关系判识以及缝洞型凝析气藏油气地质储量计算与可动用储量评估、开发潜力等油气藏参数的准确评价特别困难，严重制约了评价开发部署。

　　（4）超深复杂碳酸盐岩温压系统复杂，钻完井技术不配套，钻井周期长，特别是碳酸盐岩水平井轨迹设计、精准导向与分段酸压储层改造等工艺配套技术还不完善，开发增产增效技术难度极大。

（5）调研表明目前全球尚无相似的凝析气田开发方法技术可借鉴，塔中深层复杂碳酸盐岩凝析气藏缺少效益开采与提高采收率的适用技术。

针对制约超深复杂凝析气藏效益开发的科学问题与技术挑战，依托国家科技重大专项课题"塔里木盆地大型碳酸盐岩油气田开发示范工程"（ZX201105049）及塔里木油田公司"塔中碳酸盐岩凝析气田上产增储一体化科研攻关项目"等，组织相关科研单位开展"产学研用"一体化攻关，基于塔里木叠合盆地、断裂系统、碳酸盐岩建造等控储控藏关键地质事件多学科动静态一体化剖析，自主研发了大漠区地震资料特色技术处理，完善发展了超深海相碳酸盐岩凝析气田开发地质理论，配套创新形成了超深复杂缝洞型凝析气藏勘探开发关键技术，打造了碳酸盐岩凝析气田勘探开发一体化示范工程。

（1）首次建立了高频海平面控制的陡坡台缘加积型礁滩体地质模型，阐明了台缘坡折带礁滩复合体岩溶缝洞体分布规律；发现了塔中奥陶系巨厚碳酸盐岩内幕不整合，明确了层间岩溶形成机理与分布规律；构建了相控–层控–断控多成因叠合复合岩溶缝洞体与复式油气藏成藏模型，揭示了塔中海相碳酸盐岩凝析气藏复式成藏机理与分布规律。

（2）自主研发了大漠腹地潜水面之下统一深度激发和基于缝洞物理模型的三维观测系统量化技术，创新了大漠区 WEFOX 双向聚焦偏移精准成像技术和缝洞体储层识别与量化雕刻方法技术。

（3）创新了塔中碳酸盐岩复杂油气藏精细刻画的技术方法，建立了凝析气藏三级评价体系，创立了以"三靶"为核心的水平井优化设计与地质导向技术。

（4）完善了超深高含硫化氢水平井精细控压钻井技术，自主研发了碳酸盐岩压力敏感性储层的井控技术与装备，形成了以储层深度改造、水平井分段技术为核心的超埋深水平井分段改造配套技术。

（5）开展了注水注气提高凝析油采收率物理模拟实验，优选注水提高缝洞型凝析油采收率技术，革新了采油气工艺，初步形成了提高单井采收率的技术方法。

塔中凝析气田的科技攻关，丰富发展了古隆起超深海相碳酸盐岩断控复式油气成藏地质理论，配套创新了超深缝洞型碳酸盐岩凝析气藏勘探开发配套技术，推动了"十二五"期间的效益评价开发：

（1）坚持勘探开发、生产科研等六个一体化，发现落实了 10 亿吨级凝析气田群，探明了我国埋藏最深、时代最老、规模最大的海相碳酸盐岩凝析气田——塔中 I 号气田。

（2）立足优选高产井位、培养高效井组，推动塔中海相碳酸盐岩凝析气田效益评价与开发，深层 - 超深层缝洞型碳酸盐岩储层钻遇率、钻井成功率、投产成功率大幅度提升。

（3）"十二五"科技攻关以来，塔中海相碳酸盐岩理论技术创新成果丰硕，强力推动了塔中 I 号气田增储上产与评价开发，2015 年天然气产量规模超 12 亿 m^3、油气当量产量达 160 万吨。

本书共分为六章，由韩剑发总体设计、组织编写。第一章阐述塔里木叠合盆地油气成藏地质特征与主控因素，以及塔中隆起勘探开发实践及成效，由邬光辉、韩剑发、程汉列、宋玉斌、胡晓勇编写；第二章论述塔中凝析气田风化壳岩溶储集体、礁滩体岩溶储集体、断控岩溶储集体层特征、主控因素与分布，构建了多成因叠合复合岩溶储集体地质模型，由韩剑发、孙崇浩、邬光辉、于红枫、徐彦龙编写；第三章介绍塔中凝析气田储层地震采集处理技术、缝洞体量化雕刻技术、地质建模技术与精细描述技术方法，由周锦明、韩剑发、于金星、苏洲、刘炜博编写；第四章剖析凝析气田形成的地质条件、成因机制与形成演化，以及塔中隆起断控复式油气富集规律，由韩剑发、邬光辉、吉云刚、程汉列、赵亚汶编写；第五章概述超深海相碳酸盐岩凝析气田三级评价技术体系、开发单元划分与凝析气藏生产特征，以及动用储量评估，由韩剑发、江杰、李世银、陈军、张程编写；第六章叙述了塔中凝析气田水平井的优化设计技术、随钻地质导向技术与储层改造技术，注水、注气提高凝析气藏采收率技术，以及凝析气藏开发示范工程，由韩剑发、崔仕提、施英、单锋编写。全书由韩剑发统稿。

　　感谢全书编写过程中中国石油塔里木油田公司王清华教授、胥志雄教授、杨海军教授、宋周成教授及各位领导专家的鼓励、支持与帮助；感谢中国石油天然气集团公司原科技局局长傅诚德教授，中国石油勘探开发研究院朱光有教授，西南石油大学黄旭日教授、王廷栋教授、王振宇教授以及中国地质大学梅廉夫教授、蔡忠贤教授的指导帮助；特别感谢贾承造院士、康玉柱院士百忙之中给予的悉心帮助与作序。由于作者水平有限，书中难免有不妥之处，敬请读者批评指正。

作　者
2016 年 12 月

目　　录

第一章　塔里木叠合复合盆地油气地质特征

塔里木盆地是古生界克拉通盆地与中—新生界前陆盆地组成的大型叠合盆地，经历多旋回构造-沉积演化，发育多期、多类烃源岩与储-盖组合，已证实库车与塔西南前陆盆地陆相含油气系统、克拉通海相含油气系统，油气资源量丰富。塔里木盆地多旋回构造-沉积演化，控制了多期油气成藏与调整、改造和破坏的全过程，油气分布受控于前陆区逆冲断裂带与台盆区古隆起，具有前陆区富气、台盆区富油又富气的多类油气富集区带，发育深埋、高产的多类型油气藏，油气成藏与分布极为复杂。

第一节　中国中西部叠合盆地地质特征

中国已发现500多个油气田，主要分布在40多个盆地中，东部中—新生代断陷盆地、中西部中—新生代前陆盆地及古生代克拉通盆地等三大类盆地控制了全国80%以上油气资源（康玉柱，2012）。其中，中国西部以塔里木盆地为代表的古生代克拉通盆地具有多旋回构造-沉积体系，形成独特的油气聚集与分布规律，是叠合盆地石油地质研究的重点与热点领域。

中国新一轮油气资源评价结果证实，全国约45%的剩余油气资源富集在西部叠合盆地，而目前仅有不到20%的油气探明率，揭示叠合盆地勘探潜力巨大。但由于油气成藏与分布极为复杂，现有的油气地质理论难以有效指导叠合盆地复杂油气藏的评价与开发。因此，深入研究中国西部叠合盆地及其复杂油气藏的形成演化和分布，对丰富和完善叠合盆地的油气成藏地质理论，推进中国西部的油气勘探开发进程，加快油气储量、产量的快速增长，具有非常重要的理论价值和实际意义。

前期已开展了这类叠合盆地形成条件、发育历史、地质特征及其含油气性的综合研究（刘光鼎，1997；庞雄奇等，2002；赵文智等，2003；金之钧，2005；刘池洋，2007）。"十二五"以来，中国中西部叠合盆地复杂油气藏勘探开发不断获得重大突破，油气地质特征与油气分布规律取得很多新进展（庞雄奇等，2012；何登发等，2017；马永生等，2017）。

一、叠合盆地基本概念与典型标志

多旋回构造-沉积盆地具有复杂的内部结构，是不同时期形成的沉积地层在同一地理位置上的"叠加"与"复合"（贾承造，1997；何登发等，2010；庞雄奇等，2012）。因此出现"叠合复合盆地"（贾承造，1997）、"残留盆地"（刘光鼎，1997）、"改造型盆地"（刘池洋和孙海山，1999）、"复杂叠合盆地"（王清晨和金之钧，2002）等概念。

庞雄奇等（2002）认为"叠合盆地"是指不同时间形成的不同类型的沉积盆地或沉积地层在同一地理位置上的叠加和复合，盆地之间在纵向上通过沉积间断或不整合面接触和关联。叠合盆地的概念是相对于同一构造–沉积旋回中形成的单型盆地而言，如果在同一地理位置上有三种或三种以上不同类型的沉积盆地的叠加和复合，可称为复杂叠合盆地（图1.1；庞雄奇等，2012）。

中国中西部含油气盆地与国外典型含油气盆地的最大差别是其在地质历史过程中的不同时期发育并叠加了不同类型的沉积地层，形成了复杂叠合盆地（图1.2）。尽管对叠合盆地命名目前尚有分歧，但对于叠合盆地的基本地质特征和基本判别标志趋同（赵文智等，2003；韩保清等，2006；何登发等，2010；庞雄奇等，2012）。

（1）沉积地层不连续，存在多个不整合面。不整合既可能代表地壳上升，部分地层受到了剥蚀；也可能代表海平面下降后长时期没有接受过新的沉积，导致相同时代地层缺失或仅发育同时代的部分地层。由于多期强烈的构造变动，有些盆地甚至在整个区域范围内都缺失某个或某几个纪的地层，如鄂尔多斯盆地内整体缺失志留纪—泥盆纪地层，导致不整合面上下地层时代差距较大，显示出很强的地层不连续性。塔里木盆地发育了南华纪—第四纪各时代的沉积地层，但存在10余期区域不整合面（图1.2、图1.3）。其中很多地层出现大量的缺失，地层分布变迁大，志留系—泥盆系、中生界出现大量的地层缺失，地层纵横向变化大、不连续性强。

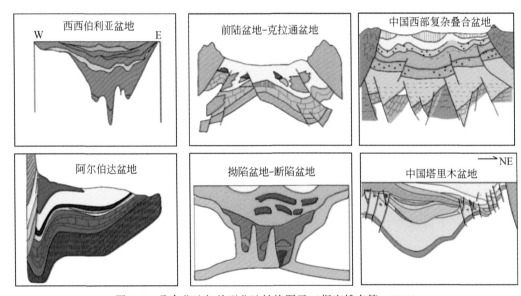

图1.1　叠合盆地与单型盆地结构图示（据庞雄奇等，2012）

（2）不同时期的构造特征具有不连续性。叠合盆地上下两个不同的构造层之间往往发育一个大的区域不整合面，不整合面上下地层的产状特征有很大差异，代表着上下地层沉积之间发生过大规模的构造变革（图1.2、图1.3）。变革前的地层经受了构造变动后导致构造变形，出露地表遭受剥蚀并可能被夷平。此后，地表再次沉积新的地层，在新的构造变动方式下形成了新的构造层，与下伏构造层呈角度不整合或平行不整合接触。塔里木盆地发育十余期大型构造运动，并形成相应的不整合面，不同时期构造特征差异大（图1.3；贾承造，1997；何登发等，2005b；邬光辉等，2016）。

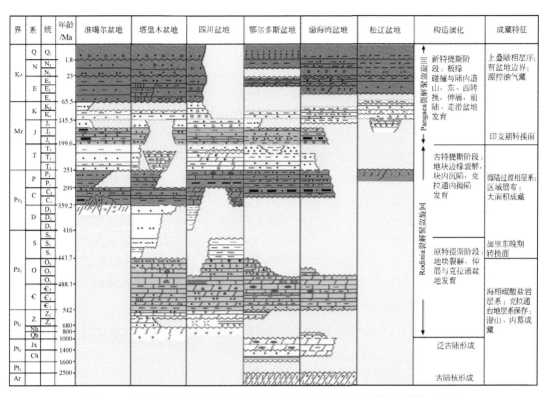

图1.2　中国主要叠合盆地构造演化与油气成藏特征（据何登发等，2010）

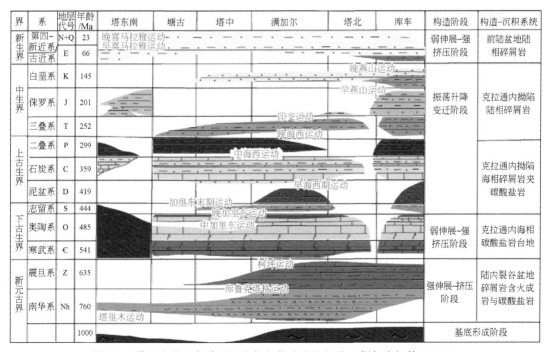

图1.3　塔里木盆地年代地层格架与构造阶段划分（据邬光辉等，2020）

（3）应力应变或动力机制不连续。我国西部叠合盆地在形成和发育过程中主要经历了三个阶段：早期为裂谷–被动大陆边缘盆地发育阶段，应力作用以拉张为主；中期为克拉通内拗陷盆地–周缘前陆盆地阶段，以双向挤压为主；晚期为陆内前陆盆地阶段，以单向挤压为主（贾承造，1997；林畅松，2006；邬光辉等，2016）。尽管不同的学者对关键构造期前后的动力作用方式有不同的认识，但对动力作用方式的改变认识是一致的。不同时期的不同应力作用或动力机制差异形成了不同类型的沉积和构造，这是形成叠合盆地的原因所在。塔里木盆地经历五个阶段十余期构造演化，不同时期的成盆动力机制与区域应力场均发生变动，造成多阶段多期的构造–沉积变迁与地层–构造不连续性（图1.3）。

二、叠合盆地地质特征与油气分布

叠合盆地经历多期构造演变，形成多种类型的沉积储层与多期油气成藏，造成复杂的油气类型与分布。何登发等（2010）将中国叠合盆地油气地质理论概括为以下八个方面。

1. 多旋回成盆作用

新元古代以来，中国大陆在全球Rodinia-Pangaea超大陆裂解与拼合演化进程中，受古亚洲洋、特提斯洋、古太平洋三大全球动力学体系叠加与复合的控制，历经原、古、新特提斯洋三大构造演化阶段，在深部和区域构造动力学背景下，发育底部南华纪—震旦纪裂谷盆地、寒武纪—志留纪克拉通内台地、泥盆纪—三叠纪和侏罗纪—第四纪克拉通内拗陷–前陆盆地的四大伸展–挤压构造旋回，并构成纵向四大构造层，形成了多旋回叠合沉积盆地（图1.2）。

2. 多类型叠加地质结构

受盆地基底、构造环境与地球动力学演化差异等控制，中国的沉积盆地主要有前陆–克拉通叠合型、拗陷–断陷叠合型和断陷–克拉通内拗陷叠合型三类叠加地质结构（表1.1）。前陆–克拉通叠合型表现为古生界海相克拉通盆地和中—新生界陆相前陆盆地的叠合，如塔里木、鄂尔多斯、四川等盆地发育在前寒武纪克拉通之上。克拉通层序发育的一系列区域不整合界面，为原型盆地的主要叠合界面（图1.2）。

表1.1　中国叠合盆地类型划分（据何登发等，2010）

盆地类型	基底	下伏原型盆地	上叠原型盆地	叠合界面	关键构造转换时期	实例
前陆–克拉通叠合型	前寒武纪克拉通	Z—D_2海相盆地、D_3—T海陆交互相–陆相盆地	J—Q陆相盆地	S/O、D_3/D_2、J/T	晚加里东期、早海西期、印支末期	塔里木盆地
		€—S海相盆地、C—T_2海相盆地	T_2—Q陆相盆地	C/S、T_3/T_2	晚加里东期、印支末期	四川盆地

盆地类型	基底	下伏原型盆地	上叠原型盆地	叠合界面	关键构造转换时期	实例
前陆-克拉通叠合型	前寒武纪克拉通	$\in$—O_2 海相盆地、C_2—T_2 海陆交互相-陆相盆地	T_2—Q 陆相盆地	C_2/O、T_3/T_2	晚加里东期、印支末期	鄂尔多斯盆地
	前石炭纪拼合基底	C—P_1 海陆交互相盆地、P_2—T 陆相盆地	J—Q 陆相盆地	J/T	印支末期	准噶尔盆地
拗陷-断陷叠合型	海西期褶皱基底	J_3—K_1^1 断陷湖盆火山岩系	K_1^2—Q 拗陷湖盆	K_1^1/K_1^2	晚燕山期	松辽盆地
断陷-克拉通内拗陷叠合型	前寒武纪克拉通	$\in$—O_2 海相盆地、C_2—P 海陆交互相盆地、T—K 陆相盆地	E 断陷湖盆、N—Q 拗陷湖盆	C/O、K_2/K_1、E/K	晚加里东期、晚燕山期、燕山末期	渤海湾盆地

3. 多时代烃源岩与多期成烃

在构造旋回的伸展期,如早—中寒武世、奥陶纪、石炭纪—二叠纪、白垩纪发育泥岩、煤、碳酸盐岩等类型的烃源岩系(表 1.2)。受母质类型和多期盆地叠合制约,烃源岩热演化出现多个生烃高峰。四川、塔里木盆地古生界烃源岩现今以生气为主,热成熟度适中的海相烃源岩也可以成为油源岩,如塔里木盆地中—上奥陶统烃源岩。

表 1.2 三类叠合盆地中下组合油气地质条件比较(据何登发等,2010)

类别	前陆-克拉通叠合型	断陷-克拉通内拗陷叠合型	拗陷-断陷叠合型
结构层序	Pz_1 海相层序、C—P_1 海陆过渡相层序、P_2—T_2 陆相层序	Pz_1 海相层序、C—P 海陆过渡相层序、Mz 陆相层序	断陷早期火山岩层序、断陷晚期湖沼相层序
烃源岩	Pz_1($\in$、O、S)、C—P_1	E、C 或 O	断陷早期(K_1^1)
储集岩	风化壳、内幕白云岩、礁滩	风化壳、内幕白云岩	火山岩、碎屑岩
油气藏类型	内幕背斜、岩性、岩性-地层	潜山	(碎屑岩)岩性、(火山岩)构造-岩性
关键成藏条件	前陆层序叠加、区域有效盖层	新生古储、二次成烃	拗陷层序叠加、区域封盖层
油气分布	以气为主;古隆起控制运移,斜坡控制聚集	断块潜山、凹中凸潜山控制油气聚集	沿断裂的高凸带、陡坡带分布

4. 多套储-盖组合与多含油气系统

多期海进、海退或湖进、湖退与原型盆地的叠合形成了多套储-盖组合。烃源层、储集层、盖层及其他成藏要素的有机配置，形成了复杂的含油气系统。叠合盆地在垂向上常发育多个含油气系统，它们之间可能是独立的，很少发生流体交换（如鄂尔多斯盆地），也可以发生流体串通（如塔里木盆地）。受叠合盆地类型及其地质结构的控制，形成前陆-克拉通叠合盆地、拗陷-断陷叠合盆地和断陷-克拉通内拗陷叠合盆地含油气系统（图1.4）。

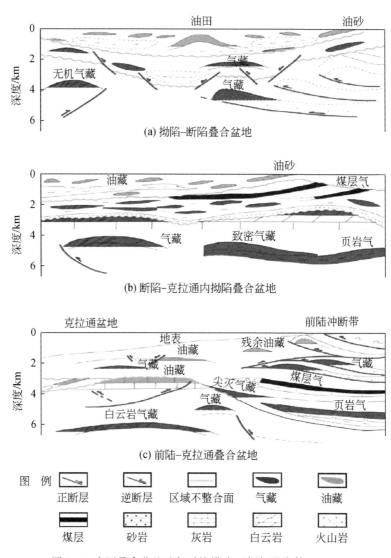

图1.4 中国叠合盆地油气系统模式（据何登发等，2010）

前陆-克拉通叠合盆地的含油气系统以克拉通层序广覆式烃源岩和前陆拗陷中心沉降式烃源岩发育为特点，前陆层序的覆盖加速下伏烃源岩的热演化。可形成上、下独立或上、下复合的含油气系统，油气资源丰富。拗陷-断陷叠合盆地的含油气系统发育断陷层序沉降中心烃源岩和拗陷层序广覆式烃源岩，高地温梯度使下伏烃源岩热演化程度高。可形成上、下独立或上、下复合的含油气系统,上覆地层成油、下伏地层成气,资源丰富。断陷-克拉通内拗陷叠合盆地的含油气系统具有克拉通内拗陷广覆式烃源岩,断陷沉降中心烃源岩发育;早期油气藏在后期盆地发育前或发育过程中遭受破坏;下伏烃源岩热演化史复杂,部分烃源岩在后期可再次生烃成藏;上部断陷油气资源丰富,下部潜山也可形成大油气田。

5. 多类型储集岩与多成藏组合

叠合盆地发育碳酸盐岩、火山岩、碎屑岩等类型储集体(表1.2)。碳酸盐岩储集体以台缘礁滩、台内颗粒滩、风化壳岩溶、内幕白云岩等较为有利,见于塔里木、四川、鄂尔多斯、渤海湾等盆地的古生界。深层碳酸盐岩优质储集层主要受以下因素控制:沉积、成岩环境控制早期孔隙发育;构造、压力耦合控制裂缝与浅部溶蚀;流体、岩石相互作用控制深部溶蚀与孔隙的保存。碎屑岩储集体以砂岩和砂砾岩为主,各盆地广泛发育,深层碎屑岩储集层物性总体较差,但欠压实、裂缝、早成藏、低地温梯度等因素可导致局部发育优质储集层。在叠合盆地在垂向上发育的多套储集层基础上,通过断裂与不整合面输导,形成了多种油气成藏组合,在砂岩、碳酸盐岩储集层中发育构造类与非构造类油气藏。

6. 多种运移方式、多期成藏与多种成藏模式

叠合盆地内区域不整合面发育,不整合面及其上的海进层序或薄层砂(砾)岩常为有效的侧向运移通道。多期活动的断裂成为油气的垂向优势运移通道。油源断层、不整合面、砂岩输导层组合形成复杂的油气输导网络。多套烃源岩的多期成烃,多期构造作用(断裂、褶皱、隆升、剥蚀等)形成类型多样的圈闭,以及断裂不整合面砂体有效输导网络的形成,导致叠合盆地存在多个油气成藏时期,并构成多种油气成藏模式,可以划分为原型盆地内部自生、自储、自盖式和跨越原型盆地叠合界面的油气成藏模式两大类。

7. 多种油气藏类型与多油气相态

受多期构造变形作用与隆升剥蚀影响,构造、岩性、岩性地层型油气藏在叠合盆地中占据主导。叠合盆地的油气藏相态受烃源岩母质类型、热演化程度与成藏机制等的控制,可以形成油气分层聚集、油气分区聚集和油气混合聚集三种类型。

8. 油气富集(区)带与油气分布规律

制约叠合盆地油气富集的因素众多,其中区域封盖层是叠合盆地油气富集的一个关键因素,膏盐岩、膏泥岩、超压泥岩等通常是有效封盖层,它们将叠合盆地在垂向上分割为一系列的含油区间。断裂、不整合面、斜坡带、古隆起等也常是影响叠合盆地油气富集的关键因素。前陆-克拉通叠合盆地古隆起控制油气运移指向,隆起斜坡部位的岩性地层圈闭是油气聚集的主要场所。

总之,叠合盆地具有多旋回构造-沉积的差异演变,造成了多期、多类烃源岩与储-盖组合的差异分布,形成多期多类油气藏与复杂多样的油气分布。

第二节　塔里木叠合盆地石油地质特征

塔里木叠合盆地经历了多期复杂的构造-沉积演化和多期强烈的构造改造作用，形成了多期多类型的复杂油气藏。

一、多构造分层与多演化阶段

塔里木盆地是中国最大的含油气叠合盆地（贾承造，1997），面积约 56 万 km^2，具有"四隆五拗"的构造格局（图 1.5）。盆地具有太古宙—新元古代结晶基底，上覆厚度逾 15000m 的南华系—第四系沉积盖层，显生宙地层发育齐全（图 1.3、图 1.6）。塔里木盆地经历多期构造-沉积演化，记录了晚新元古代超大陆裂解，原-古特提斯洋早古生代—中生代的开启与闭合，南天山洋古生代的开启-闭合，以及新生代印度板块碰撞的远程效应（邬光辉等，2020）。在区域地震解释的基础上，根据地层的接触关系识别出 14 套区域不整合面，分别对应 14 期大规模构造运动（图 1.3、图 1.6）。盆地纵向上可分为五大构造层：前南华系基底构造层、南华系—震旦系裂谷盆地构造层、寒武系—奥陶系海相碳酸盐岩构造层、志留系—白垩系振荡构造层、新生界前陆盆地构造层 [图 1.5（b）]。结合盆地构造解析与周边构造背景分析，塔里木盆地沉积岩系经历基底形成阶段、南华纪—震旦纪强伸展-挤压阶段、寒武纪—奥陶纪弱伸展-强挤压阶段、志留纪—白垩纪振荡升降变迁阶段、新生代弱伸展-强挤压阶段等五大构造演化阶段（图 1.3），形成南华系—震旦系裂谷盆地、寒武系—白垩系克拉通内拗陷盆地与中—新生界前陆盆地的复合叠合，构成了现今"四隆五拗"的造格局(图 1.5)。

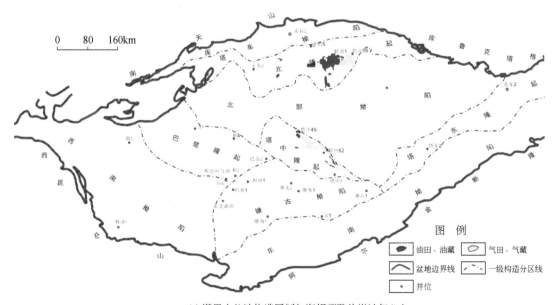

(a)塔里木盆地构造区划与海相碳酸盐岩油气分布

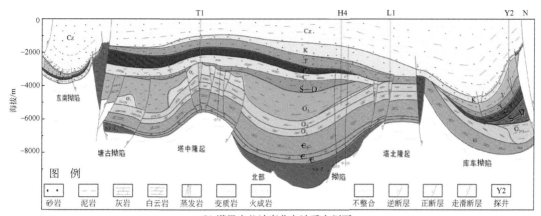

(b) 塔里木盆地南北向地质大剖面

图 1.5 塔里木盆地构造格局

太古宇—新元古界下部变质基底结构复杂，经历南北塔里木基底的拼合与多期构造演化（邬光辉等，2012；Zhang et al.，2013），对沉积盆地的构造格局与断裂构造的发育具有重要的影响作用。由于缺乏资料，有待深入研究。在前南华纪克拉通基底之上，盆地底部发育南华系—震旦系大陆裂谷沉积（贾承造，1997；Xu et al.，2009；邬光辉等，2016）。寒武纪—早奥陶世，塔里木地体已与 Rodinia 超大陆分离，位于原特提斯洋北岸（Li et al.，2008；Dong et al.，2018；Li et al.，2018），发育大型碳酸盐岩台地，厚度大于2000m。早奥陶世末期，南部古特提斯洋开始俯冲（Dong et al.，2018；Li et al.，2018），受南部区域挤压作用在盆地内形成东西走向古隆起，并在奥陶纪末定型（邬光辉等，2016）。塔里木盆地寒武系—奥陶系下构造层表现为大隆大拗的构造格局，控制了盆地的"四隆五拗"构造分区，并形成多套碳酸盐岩油气层段。

志留纪—中泥盆世，随着原特提斯洋（古昆仑洋-阿尔金洋）的闭合（贾承造，2004；Li et al.，2018），盆地南部与东部出现大面积的隆升与剥蚀，形成广泛分布的不整合面，以及一系列逆冲断层和走滑断层（邬光辉等，2016；杨海军等，2020）。晚泥盆世随着古特提斯洋的扩张，塔里木盆地又开始发生自西南向东北方向的海侵（贾承造，1997；Li et al.，2010），克拉通盆地内发育广泛的浅海沉积。值得注意的是，早二叠世塔里木克拉通及其外围发育大火成岩省（Xu et al.，2014）。随着南天山洋的闭合，塔里木盆地北部发生强烈的隆升和逆冲，并转向陆源碎屑岩沉积（贾承造，1997），盆地构造格局基本定型。中生代受南部古-新特提斯洋多期构造活动的影响，发生羌塘和拉萨地体向塔里木地体的聚敛碰撞事件（贾承造，2004；王成善等，2010），造成多期构造-沉积变迁与不整合发育，各时期地层保存不完整。

喜马拉雅期印度板块与欧亚板块碰撞对塔里木盆地产生了巨大的影响［图 1.5（b）］（贾承造，2004），形成库车前陆盆地与塔西南前陆盆地，东南地区受阿尔金走滑作用形成压扭性的东南拗陷，盆地内巴楚隆起形成，中部台盆区发生深埋藏，形成新构造运动作用下新一轮油气成藏（邬光辉等，2016）。

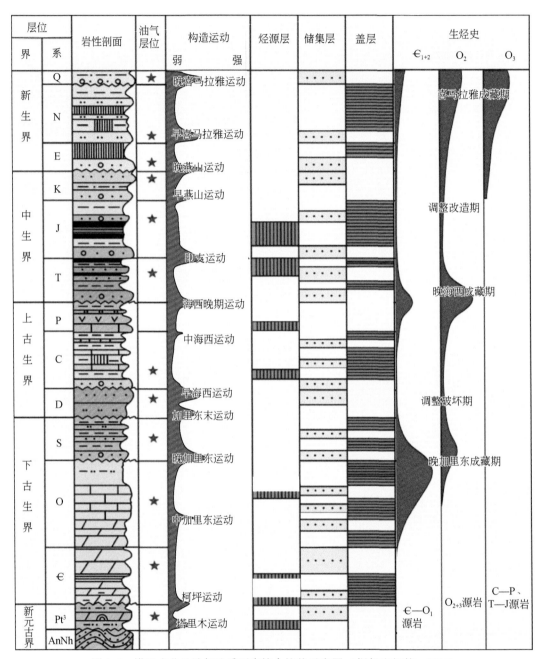

图 1.6 塔里木盆地油气地质要素综合柱状示意图（据邬光辉等，2016）

二、多期构造运动与沉积演化

(一) 南华纪—震旦纪

南华纪初期,塔里木板块周缘发生与 Rodinia 超大陆相关的广泛的裂解事件(Li *et al.*, 2008),受控板块边缘的俯冲作用(Ge *et al.*, 2014;Wu *et al.*, 2019),以及 Rodinia 超级地幔柱的影响(Xu *et al.*, 2009;Zhang *et al.*, 2013),大约750Ma 开始发育克拉通内大陆裂谷。

通过新的地震资料解释,塔里木盆地发育东北裂谷体系与西南裂谷体系(图1.7),受资料限制西北地区地层分布尚不明确。这两套裂谷体系均呈北东向展布,自板块边缘向盆地内部延伸,可能是分隔明显的一系列断陷。东北裂谷活动更为强烈,深入盆地更远、影响的范围更大。东北库鲁克塔格地区南华系底部出现双峰式火山岩,呈现主动裂谷特征,而西北与西南地区南华系底部尚未发现火成岩,裂谷规模也较小,可能为被动裂谷。南华系受局部断陷控制,发育巨厚的大陆裂谷沉积建造,厚度逾3000m,并发育2~3期冰碛岩(贾承造,1997;Xu *et al.*, 2009;吴林等,2017)。露头区南华系分布与厚度都有较大变化,盆地内部断陷规模变小,存在大范围断隆沉积缺失区,裂陷强度比周边低。

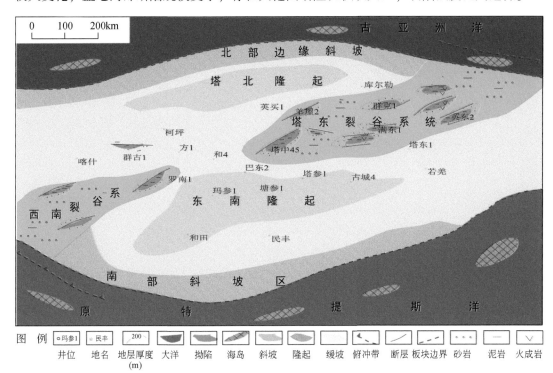

图1.7 塔里木盆地及周边南华纪早期构造古地理格局

根据新的地震剖面解释与地震层序分析,南华系与震旦系之间存在一期较弱的广泛的构造运动,出现抬升剥蚀或是沉积间断,构造-沉积体系也出现差异。南华系与震旦系在库鲁克塔格地区为平行不整合，在西北阿克苏地区震旦系角度不整合在南华系之上，发育一期构造运动，对应库鲁克塔格地区的"库鲁克塔格运动"（姜常义等，2001）。露头震旦系为一套广泛分布的滨浅海相碎屑岩、夹火山岩与碳酸盐岩，具有断陷-拗陷期沉积特征。震旦系在盆地内部也广泛连片分布，北部地区震旦系可以连续追踪，一般厚 500 ～ 2000m。震旦系形成连片的宽阔的克拉通内拗陷，断裂欠发育，不同于南华系窄深而分布局限的断陷。

震旦纪末期受"柯坪运动"影响，塔里木盆地北部发生广泛的整体抬升，在柯坪、库鲁克塔格地区形成平行不整合（邬光辉等，2016）。在盆地内部构造作用更为强烈，塔北隆起轴部寒武系直接超覆在前南华纪变质基底之上，尤其是巴楚-塔中及其南部地区震旦系几乎被剥蚀殆尽，寒武系覆盖在古元古界变质基底之上，存在一期强烈的构造运动（邬光辉等，2012，2016；严威等，2018）。局部地震剖面可见前寒武系的褶皱与削截，可能是区域挤压作用的结果，并存在较长时间的剥蚀，形成盆地级的区域不整合。

虽然前寒武纪的构造作用及其动力来源尚不明确，但一系列新的地质与地震资料表明，板块南部边缘可能存在强烈的构造俯冲或碰撞，南华纪—震旦纪经历强伸展-挤压的完整构造旋回，发育裂谷盆地，不同于显生宙克拉通盆地。

（二）寒武纪—奥陶纪

早寒武世，随着大陆漂移与全球性的广泛海侵，塔里木板块进入稳定的弱伸展环境。在柯坪运动剥蚀夷平形成的宽缓地貌基础上，除阿尔金、温宿凸起等局部高古地貌外，形成宽广陆表浅海，发育克拉通内宽缓的碳酸盐岩台地（图1.8）（张光亚等，2015；邬光辉等，2016）。随着板块内基底隆起的淹没，下寒武统玉尔吐斯组向塔北与塔西南基底隆起区超覆沉积（严威等，2018），随后开始发育克拉通内稳定的碳酸盐岩台地。板块边缘形成由浅海大陆架向深海洋盆延伸的构造-古地理，盆内出现东西分异，开始形成"两台一盆"的古地理格局。西部为塔西克拉通内台地，中部发育满东克拉通内拗陷欠补偿泥页岩沉积，东部为罗西台地，沉积体系逐渐出现明显的东西分异（赵宗举等，2009；陈永权等，2015；邬光辉等，2016；田雷等，2018）。值得注意的是，早寒武世塔西台地内部可能已出现潟湖相，呈现台地内部的南北分异（严威等，2018）。早寒武世的板块边缘是否为被动大陆边缘尚不明确，基底隆起的分布还不清楚，板块边缘的岩相古地理还有待深入研究。

中寒武世继承了早寒武世"两台一盆"的构造-古地理格局，开阔台地相区比早寒武世明显减小，台地边缘相更发育，并发育大面积蒸发潟湖相（赵宗举等，2009；陈永权等，2015；邬光辉等，2016；田雷等，2018）。中寒武世沉积总体反映了海退的趋势，塔西台地蒸发潟湖发育大套膏盐（泥）岩夹白云岩、灰岩和云质泥岩，分布面积达 14 万 km²。塔西台地东部已形成弱镶边台地边缘，罗西台地快速生长。晚寒武世平面上三分的古地理格局更为明显，台、盆相的位置及展布特征基本不变。不同于早、中寒武世，晚寒武世塔西台地以开阔台地相为主，缺失蒸发潟湖相。同时，碳酸盐岩台地前积扩大，轮南-古城台缘带向东迁移逾50km，出现明显的镶边台地边缘，并发育丘滩高能相带。此外，满东盆地相范围缩小，发育泥质碳酸盐岩，台盆高差变大。早奥陶世继承了晚寒武世的古地理

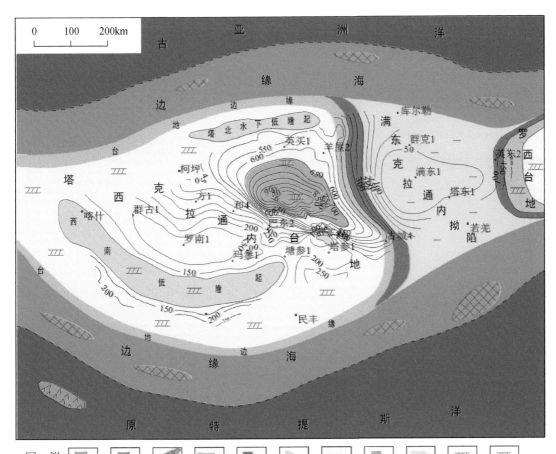

图 1.8　塔里木盆地及周边早寒武世早期构造–古地理（其他图例见图 1.7）

格局，罗西台地从缓坡型台地演化为高陡的镶边台地，进入碳酸盐岩台地发育的鼎盛时期（杜金虎等，2010；邬光辉等，2016）。

受原特提斯洋俯冲闭合的影响（贾承造，2004；何碧竹等，2011；邬光辉等，2016；Dong et al.，2018），中奥陶世塔里木板块南缘转向活动大陆边缘，盆地内部从东西伸展转向南北挤压，形成影响广泛的中加里东运动（邬光辉等，2016）。塔北水下古隆起形成，一间房组—良里塔格组沿古隆起近东西向发育。塔西南地区以整体褶皱隆升为主，与塔中地区连为一体形成塔中–塔西南弧后前缘隆起，呈近东西向展布，西宽东窄。在远程挤压应力下，塔北–塔中走滑断裂系统开始发育（杨海军等，2020）。上奥陶统良里塔格组沉积期，盆地内部碳酸盐岩台地收缩，形成塔北、西南–塔中、塘南三个孤立台地(图 1.9)，出现明显的"南北分带"的构造–沉积格局。随着板块南–东南缘的强烈弧–陆碰撞隆升，形成大量的含火山碎屑的陆源沉积（赵宗举等，2009；何碧竹等，2011），碳酸盐岩台地逐渐消亡。上奥陶统桑塔木组沉积期发育陆棚相巨厚碎屑岩沉积，满东拗陷厚达 4000~6000m，可能是受阿尔金洋闭合所形成的弧后挠曲前渊。奥陶纪末，中昆仑–阿尔金岛弧与塔里木板块碰撞，发生影响盆地构造格局的晚加里东运动（贾承造，2004；何碧竹等，2011；张光亚等，2015；Dong et al.，2018），形成西昆仑-东昆仑的弧后前陆盆地。由于来自南部强烈的挤压构造作用，塔北、塔中、塔西南、塔东南及塔东等古隆起形成，盆地大隆大拗的构造体制基本成形（邬光辉等，2016），奥陶系碳酸盐岩大面积出露并遭受严重剥蚀。

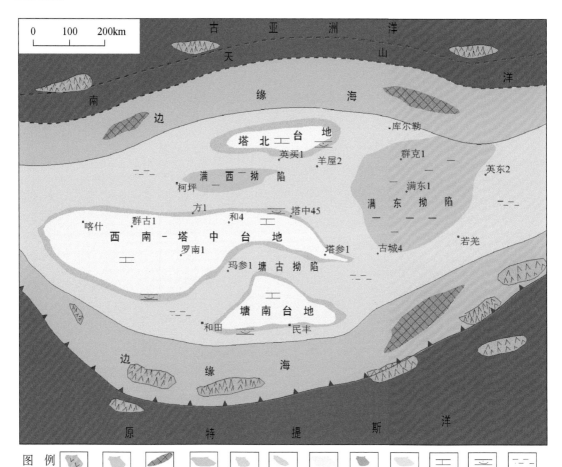

图 1.9　塔里木盆地及周边上奥陶统良里塔格组沉积期构造-古地理（图例同图 1.7、图 1.8）

受控塔里木板块南缘古昆仑洋的扩张-闭合，塔里木盆地下古生界碳酸盐岩经历了从伸展到挤压过程阶段的碳酸盐岩台地发展—扩张—收缩—消亡的过程。寒武纪—早奥陶世，发育东西分块的"两台一盆"的稳定的构造古地理格局，碳酸盐岩台地不断增生生长，逐渐从缓坡台地发育为镶边的陡坡台地。中奥陶世板块内部从伸展转向挤压，形成塔北、塔中、塔西南近东西走向的古隆起，并发育大面积风化壳。晚奥陶世随着挤压作用的加强，良里塔格组沉积期形成南北分带的孤立台地。随着东南阿尔金地区不断隆升，岛弧陆缘碎屑的供给逐步增大，至晚奥陶世末桑塔木组沉积期，碳酸盐岩台地淹没并消亡。由此可见，塔里木盆地寒武纪—奥陶纪经历弱伸展-强挤压的构造旋回，形成以碳酸盐岩为主的盆地下构造层，厚度大、沉积稳定、分布广泛，奠定盆地"大隆大拗"的基本构造格局。

(三) 志留纪—白垩纪

塔里木盆地自志留纪进入振荡沉降的陆内拗陷发育阶段，发育多期变迁的碎屑岩沉积体系，明显不同于早期的构造–沉积。

1. 志留纪—早中泥盆世：碰撞继后的陆内拗陷

志留纪塔里木盆地南缘进入碰撞聚敛时期（贾承造，2004；何登发等，2005a；许志琴等，2011；Li *et al.*，2018；Dong *et al.*，2018）（图1.10），原特提斯洋（古昆仑–阿尔金洋）在志留纪期间闭合，为盆地内碎屑岩的发育奠定了基础。原昆仑洋闭合是向南还是向北尚有争议（Li *et al.*，2018；Dong *et al.*，2018）。中昆仑岛弧与塔里木盆地板块发生碰撞拼贴形成西昆仑造山带，阿尔金洋闭合并形成大面积的阿尔金–塔东南造山带，同时伴随区域动力变质作用（邬光辉等，2012）。北部南天山洋打开并扩张，并发生俯冲作用与岩浆事件（Zhong *et al.*，2019），在塔里木板块北缘可能形成弧后盆地与边缘海，其构造背景还有待研究。

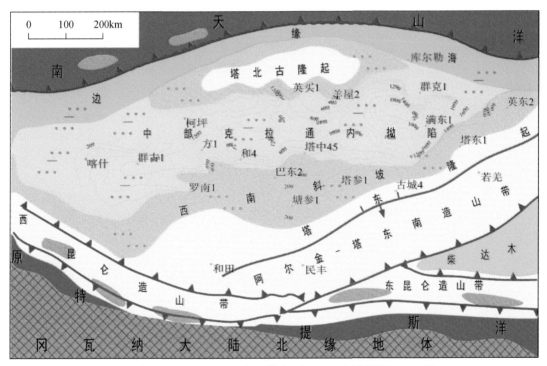

图 1.10　塔里木盆地及周边志留纪构造–古地理（图例同图 1.7、图 1.8）

随着东南周边构造挤压作用加强，北东向塔东隆起与塔北隆起形成（图 1.10），并产生大面积的剥蚀，形成大量的碎屑物源。塘古拗陷发育多排弧形展布的冲断构造，塔北–塔中地区走滑断裂发生张扭性继承活动（邬光辉等，2016）。志留系主要分布在盆地中部满加尔—阿瓦提—塔西南一线，厚达 1500m，上下均为角度不整合接触。在盆地南缘与塔北隆升的背景上，志留纪沉积时总体表现为"中间低南北高、以宽缓斜坡过渡"的古地貌格局。志留纪以辫状河三角洲-滨岸、潮坪、陆棚浅海沉积为主，沉积相带总体表现为南北向分带、东西向展布的格局（张翔等，2008），不同地区沉积体系有差异。

志留纪末发生继承性区域挤压与构造隆升，塔中古隆起与东南方向志留系抬升并在顶部遭受剥蚀。早—中泥盆世继承了志留纪围绕古隆起分布的克拉通内拗陷的构造特征，但分布更局限，主要分布在北部拗陷、塔中-巴楚地区，为一套滨浅海厚层红色砂岩沉积，向古隆起区超覆减薄。晚泥盆世东河砂岩段沉积前的早海西期运动是盆地构造格局的定型时期（贾承造，1997，2004；何登发等，2005a；李江海等，2015；邬光辉等，2016），发生遍及盆地的区域构造隆升与剥蚀夷平，形成盆地最大规模一期不整合，上泥盆统—石炭系多以角度不整合超覆沉积在奥陶系至下—中泥盆统之上。塔里木盆地内构造格局和变形特征继承了加里东期隆拗格局，但在构造夷平的基础上呈现西低东高的古地貌背景。该期构造运动对不同地区作用影响差异大，东南隆起强烈隆升并基本定型，塔中隆起东高西低，塔西南隆起在东部形成北东向隆升剥蚀区。塔北隆起东部构造活动强烈，轮南奥陶系潜山区大面积出露，东部孔雀河斜坡也发生强烈的反转隆升。早海西运动形成塔里木克拉通内的基本构造格局，结束了碰撞后挤压挠曲盆地的演化阶段。

2. 石炭纪—二叠纪：弱伸展克拉通内拗陷

晚泥盆世—石炭纪，伴随古特提斯洋的打开与扩张，塔里木盆地再次进入伸展构造背景（贾承造，1997；何登发等，2005a）。盆地自西南向东北方向逐步沉入水下，东河砂岩段向东北超覆沉积，形成晚泥盆世—早石炭世异时同相的多期连片叠置砂体（马青等，2019），层位向东北变新。石炭系发育多旋回海陆交互-滨浅海砂泥岩与碳酸盐岩沉积，形成遍及全区的克拉通内拗陷。塔西南地区可能演变为被动大陆边缘，碳酸盐岩沉积增多。石炭系分布广，横向比较稳定，一般厚 400~1000m。仅在塔东、塔东南等地区局部剥蚀缺失，根据地层接触关系推断也曾普遍接受沉积，因后期隆起剥蚀而缺失。

近期研究表明，南天山洋闭合于石炭纪晚期（Han et al., 2018；Alexeiev et al., 2019 及其文献）。受控南天山洋闭合过程中产生来自北部的挤压作用，石炭纪末海西中期运动造成塔北隆起又开始抬升，塔东、塔南东部局部发生小规模的隆升。盆地内部石炭系与二叠系以平行不整合接触为主，构造影响微弱。

二叠纪继承了石炭纪大型陆内拗陷背景（图1.11），盆地中西部广泛发育早二叠世火成岩，塔北地区为中-酸性火山岩类，巴楚-塔中地区为基性火山岩类，以玄武岩居多（杨树锋等，1996；贾承造，1997）。二叠系火山岩的主要年代为 282~264Ma，其覆盖面积约 30 万 km，与二叠纪大火成岩省密切相关（张传林等，2010；Xu et al., 2014）。二叠纪末古特提斯洋海水逐渐退出，由碳酸盐岩和海陆交互相碎屑岩转化为褐色砂泥岩陆相沉积。二叠系在中西部分布广泛，自西南向东北方向削蚀尖灭，沉降中心迁移至阿瓦提-巴楚地区，厚达 1200~2400m。

二叠纪末发生晚海西运动（贾承造，1997；何登发等，2005a；邬光辉等，2016），该起构造运动可能与南天山洋闭合后的隆升有关（Han et al., 2018），塔里木板块边缘造山隆升。塔里木盆地构造活动转向北部地区，库车地区构造活动强烈，塔北前缘隆起的发生压扭性断裂构造，构造作用东强西弱。东北地区也发生强烈的隆升，自西向东出现石炭系—奥陶系不同层位的暴露剥蚀。

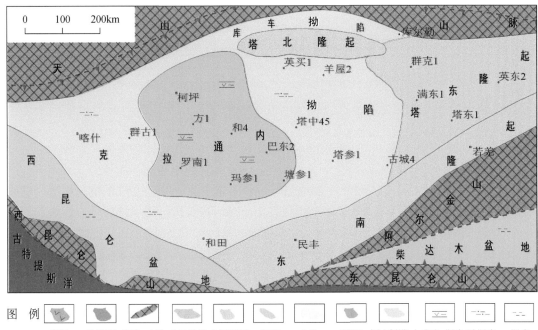

图例　岛弧　边缘海　海岛-山地　台地边缘　台缘斜坡　隆起　台地　潟湖　板内拗陷 火成岩-泥岩 砂泥岩　泥岩

图 1.11　塔里木盆地及周边二叠纪构造-古地理

3. 中生代：陆内分隔拗陷

中生代塔里木盆地周边为造山带环绕，形成与周边大洋分隔的陆内盆地，主要发育陆相碎屑岩沉积（贾承造，1997；何登发等，2005a）。同时，南部古特提斯洋的闭合与新特提斯洋的开启-闭合对盆地内部具有强烈的影响（王成善等，2010；许志琴等，2011），构造活动频繁，不整合发育，地层岩相变迁明显，纵向上分布不均、横向变化大。

三叠纪塔里木盆地内部广泛发育陆相河流-三角洲-滨浅湖陆相沉积，尽管残余地层分布局限（贾承造，1997；刘亚雷等，2012），台盆区中部三叠系呈北西向分布，形成东北与西南高、中部低的宽缓拗陷。三叠系在库车拗陷发育较齐全，向北增厚超过1000m；台盆区分布在中部，满西地区厚达800m。中—晚三叠世羌塘地块与塔里木板块碰撞拼合，古特提斯洋闭合（李朋武等，2009；刘亚雷等，2012；Li et al.，2018；Dong et al.，2018），塔里木盆地发生强烈的印支运动。盆地南部-东部周缘造山带发生强烈的隆升，并大多缺失三叠系。通过地震剖面的追索，发现在巴楚、塘古、塔东等地区三叠系普遍有被削蚀现象。根据剥蚀厚度的恢复，盆地南部普遍有三叠系超覆的特征，表明曾有广泛的三叠系沉积（邬光辉等，2016）。侏罗系沉积前塔里木盆地地层剥蚀严重，形成一期区域不整合。

随着新特提斯洋的扩张，侏罗纪早期特提斯域又进入伸展背景（贾承造，1997；王成善等，2010），形成中东地区富油盆地（Kordi，2019），而我国西北地区与塔里木盆地发育含煤岩系。塔里木盆地周边发育断陷盆地，盆地内部发育宽缓拗陷（邬光辉等，2016）。下—中侏罗统为砂泥岩夹煤层组成的煤系地层，上侏罗统为红色碎屑岩。由于侏罗纪末期拉萨地体向北的碰撞拼贴（许志琴等，2006），塔里木盆地中西部整体抬升，塔中–巴楚地区缺失侏罗系，塔北有较薄的下侏罗统保留。塔里木盆地中北部残余厚度在 100m 内，库车拗陷向北增厚逾 2000m，东北地区也有较大的残余厚度。根据地震剖面的追踪对比，侏罗纪沉积曾广泛分布，受燕山早期运动作用造成整体抬升而大面积剥蚀殆尽。

白垩纪早期，受新特提斯洋扩展影响，其周边大陆出现广泛海侵（王成善等，2010；Kordi，2019）。塔里木盆地西南方向存在连通海域的开口，并在西南拗陷出现海相沉积（任泓宇等，2017），盆地内部为分隔的塔西南与库车山前拗陷，以及中部克拉通内拗陷（图 1.12）。下白垩统下部为陆相三角洲–滨浅湖砂泥岩，上部发育巨厚的三角洲砂岩，厚度达 1200m。白垩纪晚期 Kohistan-Dras 岛弧与古拉萨地体发生碰撞（贾承造，2004；许志琴等，2011；Kordi，2019），塔里木盆地整体抬升。除塔西南发育上白垩统湖相泥岩和碳酸盐岩外，盆地克拉通区整体缺失晚白垩世沉积。东南隆起白垩系剥蚀殆尽，残余侏罗系零星分布，可能存在走滑作用的影响。盆地内部呈现东北与西南低、中部巴楚–塘古地区高，隆拗格局变化大，与三叠系、侏罗系地貌及地层分布差异显著，可能与南部新特提斯洋块体向北的差异拼贴作用有关。

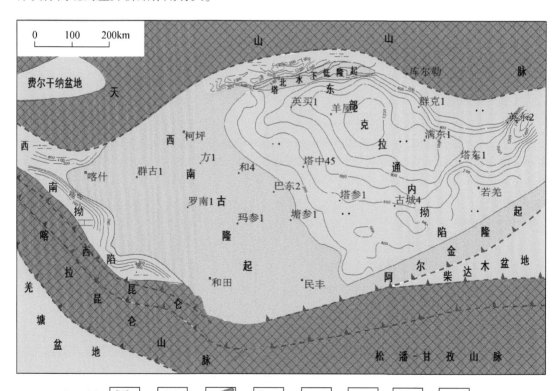

图 1.12 塔里木盆地及周边白垩纪构造–古地理

总之，塔里木盆地中构造层志留系—白垩系以碎屑岩为主，盆地内构造–沉积变化强烈，地层厚度变化大、沉降中心迁移大，地层分布局限、发育不全，广泛分布不同特征的不整合面。

（四）新生代

印度板块与亚洲板块碰撞后，产生多期幕式持续挤压。新近纪以来，受印度板块强烈碰撞的远程效应，塔里木盆地周边天山、昆仑山相继快速隆升，进入前陆盆地发育阶段（图1.13）（贾承造，2004；许志琴等，2006，2011；李本亮等，2007），构成新生界上构造层。

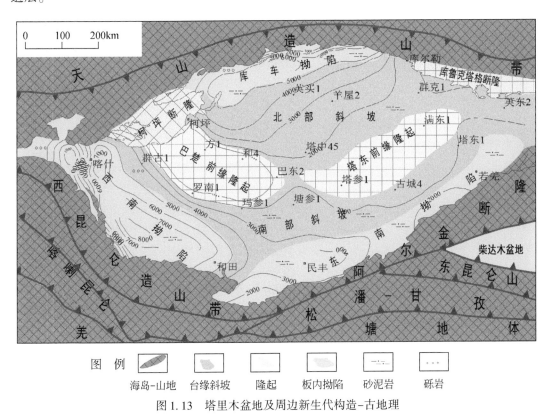

图例 海岛-山地 台缘斜坡 隆起 板内拗陷 砂泥岩 砾岩

图1.13 塔里木盆地及周边新生代构造-古地理

受新特提斯洋扩张的影响，塔里木盆地古近系发育伸展背景下陆相湖盆，并有海侵，沉积厚度薄（任泓宇等，2017）。随着新特提斯洋的消减闭合，青藏及其周边发生强烈的新构造运动，西昆仑与南天山山前剧烈沉降，喀什凹陷、拜城凹陷沉积厚度逾8000m，向台盆区中部巴楚—满东一线减薄至2000m（图1.13）。新生界上构造层全盆地均有分布，地质结构特征明显不同于下伏地层［图1.5（b）］。随着库车前陆盆地、塔西南前陆盆地的发育，塔里木盆地克拉通区整体进入快速深埋期，发育前陆拗陷陆相碎屑岩沉积，形成了现今"四隆五拗"的构造格局。塔西南古隆起发生强烈的南倾沉降，成为西南拗陷的一部分，隆起向北迁移形成巴楚隆起。塔北古隆起沉降厚度达4000～6000m，其北部成为库车前陆拗陷的一部分。塔中成为库车前陆盆地的前缘隆起，沉积厚度达2000m。古近系以冲积扇–河流–三角洲–湖泊相沉积为特征，并在库车拗陷发育膏盐湖，同时在塔西南地区发育蒸发台地。新近纪以来，盆地周缘陆内造山作用不断增强，盆地内挤压挠曲产生的构造沉降不断加速，磨拉石建造不断增多，广泛发育河流–冲积扇–扇三角洲的砂砾岩沉积。

三、多类型油气藏与流体相态

塔里木叠合盆地多期构造–沉积演变形成了多套烃源岩、多套储–盖组合与多期多区的生排烃与成藏，以及多类型油气藏与多流体相态，主要沿前陆盆地冲断带与克拉通内古隆起斜坡分布。

1. 多套烃源岩

塔里木盆地主要发育寒武系—下奥陶统、中—上奥陶统海相烃源岩与石炭系—二叠系海陆过渡相、三叠系—侏罗系陆相烃源岩（梁狄刚等，2000；肖中尧等，2003）。由于钻井少，岩相岩性变化大，烃源岩的品质与分布存在分歧。结合构造背景差异性分析与区域地震剖面追踪，目前可以明确的台盆区有效烃源岩主要为满东地区下—中寒武统与下奥陶统黑土凹组泥岩、中西部下寒武统泥岩与泥灰岩、满西中—上奥陶统泥岩与泥灰岩，形成多种背景下的烃源岩叠置（邬光辉等，2016）。

塔里木盆地下古生界发育四种构造背景下的烃源岩：台间盆、台内洼烃源岩，以及可能存在被动陆缘斜坡、板内与边缘裂谷烃源岩（图1.14；韩剑发等，2020），烃源岩主要分布在下—中寒武统。结合新的钻探与地震资料分析，满东地区在寒武纪板内弱伸展的背景上，形成处于罗西台地与满西台地之间的台间盆地，属于克拉通内拗陷，并非拗拉槽（邬光辉等，2016）。塔东地区以下—中寒武统与下奥陶统黑土凹组暗色泥岩为主要烃源岩，形成位于满西与罗西台地之间的克拉通内弱伸展台间盆地相烃源岩。下—中寒武统在满东盆地相区塔东1、塔东2井钻遇优质泥岩及泥灰岩烃源岩，TOC达2.5%~6.5%，有机质类型属Ⅰ-Ⅱ型，有机质成熟度为1.7%~2.8%。泥页岩TOC明显优于碳酸盐岩，烃源岩中泥质含量越高，烃源岩有机质丰度就越高，而纯净碳酸盐岩有机碳含量一般都很低，比较纯的碳酸盐岩基本是差–非烃源岩，需要区分开。因此分析，满东中寒武统—下奥陶统有效烃源岩很少，远低于早期预期。

很多前期研究推测塔里木盆地塔西台地上的寒武系—奥陶系碳酸盐岩台内洼地发育烃源岩。但近年勘探开发实践表明，塔中、塔北台地，以及满西地区中—上奥陶统碳酸盐岩有很多探井钻遇，但未发现有高丰度的源岩分布，缺乏有效烃源岩。上寒武统—下奥陶统在盆地中西部为巨厚的台地相碳酸盐岩，与塔东地区一样具有极低的TOC，难以广泛发育大面积有效烃源岩。通过典型井地球化学分析结合测井标定与地震追踪，重新厘定寒武系主力烃源岩分布［图1.14（a）］。结果表明，东部烃源岩主要分布在下—中寒武统泥页岩，西部烃源岩主要分布在下寒武统泥页岩中。中—上寒武统至下奥陶统碳酸盐岩缺乏有效烃源岩，单井纵向厚度标定东部低于100m、隆起上低于40m，远低于早期预测厚度。研究表明，寒武系烃源岩并非满盆分布，主要分布在满东凹陷、满西台内洼，并发现塔西南南缘可能发育大面积陆缘斜坡烃源岩，而巴楚–麦盖提、塘古–塔中、塔北等基底古隆起区缺乏烃源岩。

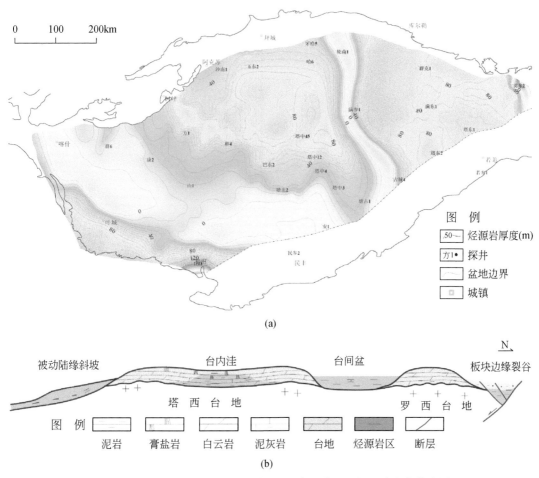

图 1.14　塔里木盆地寒武系烃源岩分布（a）与下古生界烃源岩发育模式图（b）

塔里木板块南缘寒武纪—早奥陶世受原特提斯洋扩张的影响，长期处于伸展构造背景，板块边缘可能发育稳定的被动大陆边缘，形成宽缓的斜坡-海盆结构。在早—中寒武世区域有机相发育的背景下，南部被动大陆边缘斜坡是烃源岩发育的有利部位［图 1.14（a）］，值得关注与研究。

近期在塔里木盆地发现大规模的南华纪—震旦纪裂谷，可能发育板缘-板内裂谷烃源岩（邬光辉等，2016）。露头资料分析东北地区烃源岩较发育。库鲁克塔格地区实测剖面表明，震旦系水泉组与南华系特瑞爱肯组深灰、黑色泥岩发育，水泉组泥页岩 TOC 达 1.56%~3.3%。特瑞爱肯组暗色泥岩 TOC 高达 2.96%，平均为 0.47%。在满西地区这套烃源岩可能对碳酸盐岩大油气田的形成有贡献，有待深入研究。

总之，塔里木盆地发育多套烃源岩，但并非广覆式全盆分布，目前确证的有效烃源岩为满东盆地相的下—中寒武统泥质岩与西部斜坡相的下寒武统玉尔吐斯组泥页岩，西部中—上奥陶统烃源岩是否发育存疑。

2. 多套储-盖组合

受多期构造-沉积变动的影响，长期发育的大型盆地发育多类型沉积复合叠加，形成多套储–盖组合。在盆地形成的早期阶段，由于快速沉降和沉积，常常在盆地边缘出现一些粗粒沉积后就能在盆地中心部位形成一些深水相的泥岩沉积，前者构成有效储层，后者构成实际意义的烃源岩层；随后大面积隆升或沉降，形成广泛分布的砂岩储层和泥岩盖层。再后盆地萎缩，甚至暴露剥蚀形成不整合，一个沉积旋回结束。

由于在叠合盆地出现多期构造变动和多期沉积旋回，因此常常发育多套储–盖组合（图1.3）。塔里木盆地中寒武统的膏盐岩层、上奥陶统的厚层黑色泥岩、志留系红色泥岩层段、石炭系泥岩层段构成台盆区四套区域性盖层，与下伏的储层构成了良好的储–盖组合（图1.6），并控制了油气的纵向分布。塔里木盆地下—中寒武统烃源岩远离上覆的储–盖组合，需要断裂与不整合面长距离运移，形成源外成藏，这是叠合盆地不同于单旋回盆地之处。

3. 多期多区的生排烃与成藏

塔里木盆地内多套源岩层的埋深差异大，同一烃源岩在不同部位埋深也出现很大差异，因此不同烃源岩层、不同地区同一烃源岩的埋藏史与热史演化变化大（图1.6、图1.15），从而造成多期多区的差异生排油气特征。

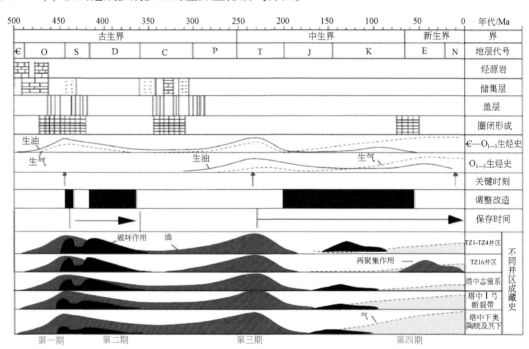

图1.15　塔里木盆地塔中隆起成藏要素与成藏作用图

TZ. 塔中

由于多期构造变动差异大，同一源岩层在不同地方与不同时期的埋藏深度在不断发生变化。埋藏深的地方，源岩层受热作用强可能发生了大量排烃作用，而埋藏浅的地方受热作用弱，可能在晚期才发生排油气作用。因此，从拗陷区向古隆起斜坡，烃源岩成熟度逐渐降低，从而可能同时出现有的地区生排油、有的地区生排气的现象，而隆起区可能同时聚集同一套烃源岩形成的高熟油与低熟油。埋深较大的深拗区源岩能够大量生排油气，而埋深较浅的地区源岩层可能不会生排油气。对于多套源岩层而言，则可以出现一个拗陷同时大量生排油、气的现象。

由于不同地区热史演化的差异，塔里木盆地台盆区源岩层的生排油气中心发生显著的变迁。研究表明，早期（奥陶纪—志留纪）烃源灶或排烃中心出现在盆地以东的满加尔拗陷，中期（石炭纪—三叠纪）出现在塔里木盆地的西南区，晚期（白垩纪—第四纪）出现在塔里木盆地中心部位的阿瓦提拗陷至塔中隆起之间过渡区（庞雄奇等，2012）。叠合盆地生排油气中心可能是随时随地发生变化的，因此它们形成的油气分布特征也非常复杂，不能只凭现今的地质条件作简单的预测。要揭示这些叠合盆地内油气的分布规律，需要研究烃源灶的迁移与演化。

叠合盆地多期构造变动和多期次生排油气导致了多期成藏，每一次成藏作用都发生在每一期的烃源灶内部及周边一定的范围内，油气可能富集在烃源灶内部的隐蔽圈闭内或周边的构造高点。烃源灶的位置和规模在不同的时期会发生变化，因此每期成藏范围和成藏的规模也不一样。针对我国西部叠合盆地的油气成藏作用，国内外许多学者开展过大量的研究（赵靖舟和李启明，2002；赵靖舟等，2002；赵孟军等，2005；韩剑发等，2008）。虽然认识不尽相同，但都反映了油气成藏的多期性。塔里木盆地塔中地区油气成藏期次研究表明（图1.15），塔中地区共发生过四期成藏作用，前三期以油气运聚成藏为主，最后一期以天然气运聚成藏为主。

4. 多类型油气藏与多流体相态

复杂叠合盆地形成的油气藏，由于受到了后期构造变动的调整、改造和破坏，它们与简单盆地的原生油气藏相比有着很多自身的特征（周兴熙，2000；金之钧，2005；庞雄奇等，2006，2007，2012）。塔里木盆地寒武系—奥陶系碳酸盐岩油气藏通常根据储层的成因类型划分为礁滩型、风化壳型和白云岩型油气藏，也可根据圈闭类型划分为非构造类为主的油气藏类型（邬光辉等，2016）。塔里木盆地油气藏空间形态非常复杂，难以有效刻画。同时，这些油气藏多经历多期复杂的变动，这些因后期构造变动的调整、改造和破坏等作用产生的与原成油气藏具有显著特征差异，也概称为复杂油气藏（庞雄奇等，2012）或非常规油气藏（邬光辉等，2016）。依据复杂油气藏的产状、组分组分、相态、规模等的变异特征，可以分为原成型、圈闭调整型、组分组分变异型、相态转换型与规模改造型五类油气藏。每一类更为复杂的油气藏几乎包括了上一层次的较复杂的油气藏的所有特征，如破坏型油气藏的形成常常伴着产状、相态、组分等形式的一系列变化，物理破坏和化学破坏或改造油气藏的作用又常常交织进行。自然界存在的绝大多数的复杂油气藏属于混合型，而不是单一型，即长期演化、多因素控制（韩剑发等，2010，2012）。由于油气藏特征复杂，难以有效描述或进行经济开发，不同于中浅层以基质孔隙为主的常规油气藏，本书也将其纳入非常规油气藏系列。

复杂油气藏与原成油气藏的最突出的区别是它们或位置发生过变迁，或规模发生过变化，或组分发生过改造，或相态发生过变异（张水昌等，2004a，2004b；张俊等，2004）。我国叠合盆地广泛分布的地表油气苗、地表沥青砂，以及钻探过程中发现的稠油、沥青砂等都是早期形成的油气藏在后期受到调整、改造和破坏的证据。塔里木盆地油气相态复杂多样，既有正常原油与天然气，也有稠油、重质油、轻质油、湿气与干气等共存的现象。依据我国大中型油气田分布特征和地化特征研究将油气藏作用分为七类（吴元燕等，

2002），目前在叠合盆地发现六类，这些说明伴随着叠合盆地多期构造变动和多期成藏作用后的调整、改造和破坏，油气藏十分复杂，需在实际工作过程中特别重视。

第三节　叠合盆地油气分布与控制因素

受控于多旋回构造-沉积演化与多期多类油气藏形成演化的差异，叠合盆地油气分布复杂，其控制因素随时空变化大。

一、分布特征

（一）纵向多层系复式分布

叠合盆地油气资源丰富，在纵向上多层位均有分布（庞雄奇，2008；何登发等，2017），包括从老地层到新地层，从碎屑岩地层到碳酸盐岩地层。

塔里木盆地塔北隆起从震旦系到新生界共有11套层系获得油气发现（图1.6、图1.16），塔中隆起从寒武系到石炭系五套层系均发现油气藏。其中石炭系到志留系主要是碎屑岩地层，发育碎屑岩油气藏，油气主要分布在石炭系的东河砂岩段和志留系柯坪塔格组；奥陶系—寒武系以碳酸盐岩地层为主，发育碳酸盐岩油气藏，油气主要分布在奥陶统良里塔格组和鹰山组中，在下寒武统白云岩、中寒武统盐间白云岩，以及蓬莱坝组白云岩也有油气发现。

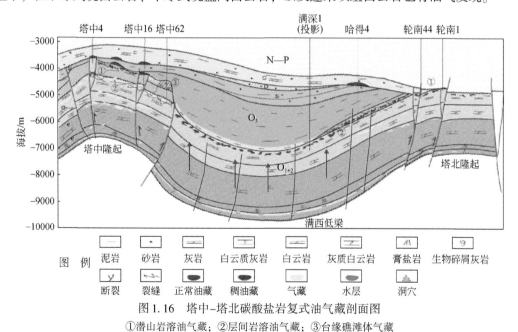

图1.16　塔中-塔北碳酸盐岩复式油气藏剖面图
①潜山岩溶油气藏；②层间岩溶油气藏；③台缘礁滩体气藏

（二）横向大面积广泛分布

叠合盆地油气藏形成后经历了多期的调整改造、破坏和再富集，油气藏的位置也随着发生了迁移，在古隆起、斜坡和凹陷均发现油气藏，呈多区带分布特征。

目前在塔里木盆地发现的油气藏主要分布在库车拗陷和台盆区塔北-塔中地区（图1.5）。库车前陆区油气主要沿逆冲断裂带分布，台盆区则主要沿古隆起分布。其中，台盆区的油气主要分布在塔北隆起、满加尔凹陷、塔中隆起，以及巴楚隆起上。发现的油气田（藏）主要包括：塔北地区的塔河、轮南、东河塘、英买力等油田，塔中地区的塔中Ⅰ号油气田及塔中4、塔中16油田，巴楚地区的和田河气田、巴什托甫油田，北部拗陷中的哈得逊油田、塔河南油田、顺北油田等。

（三）成藏期控制油气分布

叠合盆地普遍存在多套烃源岩，它们一般都经历了不同的热演化阶段，产生多次生排烃从而形成多期油气成藏，烃源灶大量生排烃期控制着油气藏的大量形成期（图1.6、图1.16）。

研究表明，塔里木盆地台盆区两套源岩层在演化过程中主要有三个排烃期：中—晚加里东期、晚海西期和燕山期—喜马拉雅期（图1.17）。但下—中寒武统和中—上奥陶统两套源岩的排烃史明显不同，在四个主要排烃期的贡献大小不同。下—中寒武统源岩在三个主要排烃阶段的排烃量，分别占该期总排烃量的100%、64.5%和37%。由此可见，下—中寒武统源岩排烃时间早，排烃高峰期在中—晚奥陶世至志留纪，石炭纪—三叠纪排烃量也很大，是早期成藏的主要来源。中—上奥陶统源岩排烃时间晚，从石炭纪才开始大量排烃，石炭纪—三叠纪和白垩纪至现今是其排烃高峰期，排烃量分别占该期总排烃量的36.5%和63%，是晚期成藏的主要贡献者。

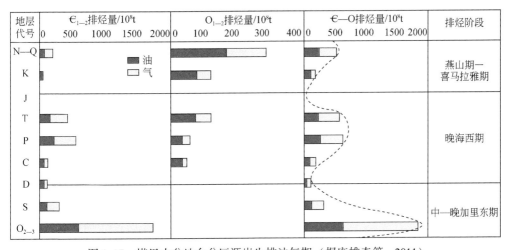

图1.17　塔里木盆地台盆区源岩生排油气期（据庞雄奇等，2011）

二、主控因素

（一）源灶中心控制油气的分布与规模

有效源岩系地史期发生过大量生排油气的源岩，它具有时间和空间的概念。烃源灶系指某一源岩层在某一地史时期大量生排油气区。在实际工作中，用某一地史期源岩层排油气强度等值线表示，排烃强度最大处即烃源灶中心。有效源岩生排油气中心（有效烃源灶）的大小及其生排油气量的大小决定了周边油气成藏的规模、分布范围、资源潜力和圈闭的含油气性（庞雄奇和周永炳，1995；周兴熙，2000）。

胡朝元（1982）在总结我国大庆油田的形成机制和分布规律时提出了"源控论"思想，是指油藏（田）的形成和分布密切受其供烃的烃源岩制约和控制，油气勘探时要在靠近烃源岩附近寻找油气藏。胡朝元在研究全球200多个沉积盆地基础上，认为只有10%~20%的地区油气运移距离超过70km，这里所说的运移距离是指自生烃中心到油气田分布的最大距离，这是对烃源岩控制油气运移距离的一种半定量化研究。金之钧等（2005）研究大中型油气田运移距离也得出相同的结论，他从中国已发现的73个大中型油气田的油气运移距离研究结果中发现，大气田的油气运移距离一般不超过100km，而大油田分布范围到烃源灶中心的距离一般不会超过50km（图1.18）。叠合盆地经历多期的构造演化与油气运移，相对简单单旋回盆地的油气运移距离更大。塔里木盆地轮南-塔河油田远离生烃中心，油气运移距离可能超过100km，有待深入研究。

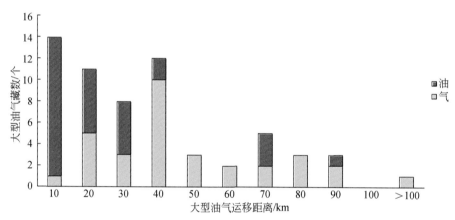

图1.18　中国含油气盆地油气运移距离与大型油气田的关系（据金之钧等，2005）

在恢复塔里木盆地台盆区下—中寒武统和中—上奥陶统两套烃源岩生排烃史的基础上，用油气藏分布概率定量模式分别计算出不同成藏关键时刻受源控作用控制的有利成藏区的边界范围及其成藏概率。塔里木盆地塔中隆起与塔北隆起都是多期成藏的有利成藏区域，所有成藏期的成藏概率都大于50%。麦盖提斜坡成藏概率较低，有利成藏区域主要形成于晚期。

同时，烃源灶内油气生成总量决定着研究区油气资源总量。结合塔里木盆地寒武和奥陶统烃源岩厚度分布特征、有机碳含量分布特征、有机母质类型特征和有机母质转化程度特征的研究成果，计算得到两套有效源岩在每一个地质时期对应的排烃强度和排烃量。结果表明，台盆区下—中寒武统有效源岩排油气量达3380亿吨，中—上奥陶统有效源岩排油气量达760亿吨。此外，不同时期各源岩层的排油气量存在较大差异，对油气成藏具有不同的贡献。

（二）古隆起控制油气藏的类型与分布

古隆起系指地质历史过程中大量成藏期存在的大型正向构造单元（贾承造，1997）。它是盆地油气主要的富集场所之一，是油气运移的指向和聚集的场所，控制了油气运移的动力和分布范围。古隆起的形成演化控制了区带与圈闭的类型与形成演化。古隆起核部往往构造活动强烈，形成多期不整合与断裂，以构造类圈闭为主；而斜坡区构造活动较弱，同时发育构造类、地层岩性类圈闭。

1. 古隆起控制圈闭类型与分布

塔里木盆地经历多旋回构造运动与变迁，发育多种类型与特征的古隆起（贾承造，1997；邬光辉等，2016），造成古隆起高部位构造复杂，但古隆起斜坡区下构造层海相碳酸盐岩构造相对简单，很多成藏条件具有共性。塔里木盆地早古生代形成了塔中、塔北、塔西南、东南等四个古隆起（表1.3），除遭受多期强烈的构造作用形成变质岩为主体的东南隆起外，另三大古隆起发育下古生界碳酸盐岩。寒武系—奥陶系海相碳酸盐岩大面积稳定分布，厚度逾2500m，塔北、塔中、塔西南古隆起斜坡面积分别达3.2万km²、2.1万km²、7.8万km²。古隆起斜坡都具有纵向分层、平面分带的构造特征，下古生界碳酸盐岩构成古隆起下构造层，覆盖志留系—新生界多期沉积变迁的碎屑岩，一系列不整合与断裂系统造成构造平面分区分带。受多期构造变迁作用，古隆起高部位及斜坡区上覆碎屑岩分布不稳定、变化大，三大古隆起都是以下古生界碳酸盐岩为主体。

表1.3　塔里木盆地古生界碳酸盐岩古隆起演化综合表

演化阶段	演化时期	大地构造事件	古隆起发育特征
快速深埋与迁移期	新近纪	印度板块与欧亚板块碰撞，产生强烈陆内造山	周缘陆内前陆盆地发育，塔中古隆起快速沉降，塔北隆起强烈北倾、轮南背斜降起形成，塔西南古隆起强烈南倾沉没向北迁移形成巴楚断隆，东南隆起强烈改造，形成"四隆五拗"格局
稳定升降与调整期	中生代	拉萨地体与欧亚大陆碰撞羌塘地块与塔里木碰撞，古特提斯洋闭合	塔中、塔西南古隆起稳定沉降，塔北隆起轴部与西部地区遭受断裂改造与剥蚀，塔东地区走滑断裂发育，构造抬升剥蚀强烈
古隆起定型期	二叠纪末	古特提斯洋扩张、俯冲消减，产生广泛火山岩；南天山洋闭合，库车前陆盆地形成	碳酸盐岩三大古隆（塔中、塔北、塔西南古隆）起基本定型，塔中、塔南古隆起持续稳定发育，塔北古隆起构造格局形成，压扭性构造活动强烈，构造作用西强东弱
古隆起改造期	志留纪末—中泥盆世	古昆仑洋闭合，塔南周缘前陆盆地形成，阿尔金岛弧与塔里木拼贴	三大古隆起持续发育，塔南隆起形成，东部英吉苏凹陷也发生隆升。塔中地区走滑断裂发育，塘古拗陷多排冲断构造形成
古隆起形成期	奥陶纪末	库地地体与塔里木南缘碰撞，阿尔金与塔里木发生弧陆碰掩，产生强烈火山活动	塔西南、塔中、塔北古隆起形成，下古生界碳酸盐岩出露地表，逆冲断裂发育
古隆起雏形期	早奥陶世末	昆仑洋开始出现俯冲消减被动大陆边缘-活动大陆边缘	近东西向塔南-塔中隆起形成，塔北断隆出现水下低隆。塔中发育大规模冲断系统

演化阶段	演化时期	大地构造事件	古隆起发育特征
沉积隆起继承发育期	早—中寒武世	南天山地区周缘裂解，昆仑、天山洋形成	寒武系向基底古隆起超覆沉积，碳酸盐岩沉积相对较薄。在塔西南、塔北、塔中古隆起上都缺失下寒武统
基地隆起期	震旦纪末	泛非运动区域构造抬升	塔东-塔中地区—巴楚南以南一线的近东西向塔南基底隆起形成，震旦系剥蚀严重。塔北也发育东西向基底隆起，轮台断隆上缺失震旦系

通过对塔中古隆起的断裂、不整合面剖析，结合盆地古隆起构造变迁，塔中古隆起是中奥陶世形成的寒武系—奥陶系背斜古隆起，古隆起形成早、定型早（表1.3），志留系沉积前基本定型，后期继承性稳定发育。因此，塔中前志留系古隆起构造圈闭发育，志留系及其上覆地层以地层岩性圈闭为主。受控多期构造叠加作用，在中央主垒带与东部潜山区构造改造强烈，形成不同类型的不整合与断裂系统，但下古生界碳酸盐岩背斜古隆起的形态未变，古隆起斜坡古生界碳酸盐岩构造稳定，为继承型古隆起斜坡，控制了油气圈闭（藏）的类型与分布（图1.19）。

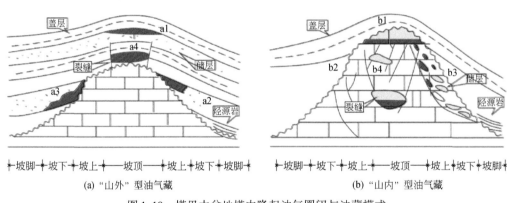

图 1.19　塔里木盆地塔中隆起油气圈闭与油藏模式

(a) "山外" 型油气藏　　　　　　　(b) "山内" 型油气藏

a1. 披覆背斜类油气藏；a2. 地层类油气藏；a3. 岩性类油气藏；a4. 断块类油气藏。b1. 不整合型油气藏；
b2. 礁滩体型油气藏；b3. 溶洞型油气藏；b4. 裂缝型油气藏

塔中古隆起经历多期构造演化，断裂与不整合发育，形成类型多样的圈闭，构造型、岩性型和复合型油气圈闭都有发育。其中构造圈闭以背斜型、断背斜型圈闭最发育，主要沿断裂带发育；地层超覆型圈闭规模大，沿古隆起核部的坡脚分布；岩性型圈闭以礁滩型和缝洞型圈闭为主，主要分布在寒武系—奥陶系碳酸盐岩中，志留系潮坪相砂泥岩中也有较多的分布。

中央主垒带构造活动强烈，以潜山风化壳和背斜圈闭为主；背斜圈闭主要发育于石炭系，潜山圈闭主要发育于下奥陶统；圈闭面积一般小于50km^2。塔中10号构造带位于斜坡部位，该带以地层岩性圈闭为主，层位上以石炭系、志留系和上奥陶统为主，圈闭面积多小于50km^2，埋深为4000～5000m，闭合度多小于100m，闭合度大于100m的圈闭主要发育在奥陶系和寒武系。塔中Ⅰ号断裂带上奥陶统良里塔格组沉积时形成大型台地边缘，该带以上奥陶统礁滩体岩性圈闭和下奥陶统缝洞体圈闭为主，一般面积大于 $50km^2$，深度大于 5000m，闭合度大于 100m。

2. 古隆起控制油气运聚方向与分布

塔里木盆地塔北、塔中、塔西南古隆起都具有基底隆起，在塔北中部的轮台断隆缺失震旦系，塔中与塔西南的地震剖面都揭示有寒武系向古隆起高部位超覆减薄的趋势。通过地震剖面的追踪，塔里木盆地台盆区寒武系、中—上奥陶统烃源岩围绕古隆起广泛分布（图 1.14）。塔中古隆起北斜坡、塔北古隆起南斜坡紧邻满加尔生烃凹陷，是多套烃源岩油气供给的有利部位。

塔里木盆地台盆区的油气藏绝大多数油气田分布在塔中与塔北古隆起上，准噶尔盆地内部的油气藏大部分分布于陆梁隆起。在油源充足条件下，古隆起越大（是成藏期的隆起而不是现今隆起控制油气的分布），油气分布的范围与数量可能就越大。有的油气藏分布可能与现今隆起的关系不太明显，可能是由于构造演化使原始隆起发生迁移或者消失。在这种情况下，需要研究构造演化史，恢复成藏期的古隆起特征，才能更好地研究油气藏与古隆起的关系。因此，恢复古隆起的形成和分布可以大致预测油气藏的可能分布范围。

油气的运移受流体势的控制，在浮力作用下油气总体由高势向低势方向运移（England et al., 1987；Hunt et al., 1994），这种优势取向性表现在油气总是沿最有利的构造路径向隆起运移（Hindle，1997）。古隆起具有低势特点，周边源岩排出的油气在浮力作用下自高势区向低势区古隆起运移，在这一过程中经过圈闭后就可能聚集成藏。塔中古隆起周围分别被满加尔凹陷、阿瓦提凹陷和塘古孜巴斯凹陷包围，并长期稳定发育（表 1.3），一直是油气运移的有利指向区。

研究表明，多期成藏与调整是多旋回叠合盆地的基本特征。塔里木盆地奥陶系碳酸盐岩呈现多期成烃与成藏，储层荧光、固体沥青反射率、流体包裹体等资料均反映多期幕式油气成藏的特征。综合生烃史、构造演化史、油气成藏期次的分析，塔里木盆地下古生界碳酸盐岩主要有晚加里东期、晚海西期和喜马拉雅期等三期油气充注与加里动末–早海西期、印支–燕山期二期油气破坏调整的复杂成藏史（图 1.6）。石炭纪沉积前古隆起已定型，是油气长期运聚的指向区，尤其是与晚海西期大规模石油运聚成藏配置优越。塔北南缘、塔中北斜坡下古生界碳酸盐岩大量液态烃包裹体检测到的均一温度范围在 80～110℃，晚海西期是石油成藏的关键时期，形成了大面积分布的古油藏。由于多期古隆起改造与变迁，烃源岩的分布不同、油气充注的方向与方式不同、不同区块油气聚集条件的不同，不同地区、不同时期的油气运聚特征变化大，但长期稳定的古隆起斜坡区是油气运聚与成藏的主要方向（图 1.20）。

通过古隆起控制的 81 个大中型油气藏统计分析发现（孟庆洋，2008），古隆起上形成大中型油气藏个数最多的部位是坡顶和坡上，油气藏个数从坡顶到坡脚减少的幅度比较缓慢（图 1.21）。但从储量上看，它们主要富集在古隆起的坡顶，从坡顶到坡脚油气储量减少的速度相对于油气藏个数来说快得多。但塔里木盆地古隆起坡顶发现的油气少，分析认为主要由于叠合盆地古隆起坡顶往往是多期构造运动叠加发育的部位，很多地层都被破坏，改造破坏程度强烈，如塔中古隆起中央主垒带石炭系覆盖在下奥陶统古潜山之上，塔北古隆起轮台断隆上白垩系直接覆盖在前寒武系基底之上。

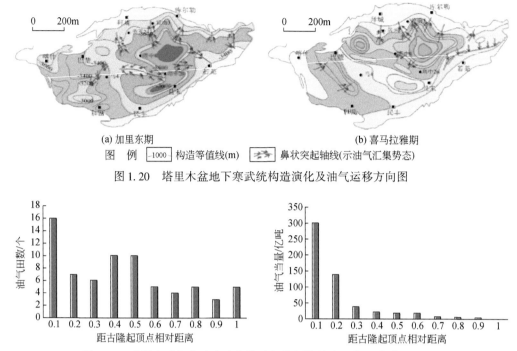

(a) 加里东期　　　　　　　　　　　　　　　(b) 喜马拉雅期

图　例　⎡-1000⎤ 构造等值线(m)　⟨≽⟩ 鼻状突起轴线(示油气汇集势态)

图 1.20　塔里木盆地下寒武统构造演化及油气运移方向图

图 1.21　世界含油气盆地古隆起控油气作用统计表（据孟庆洋，2008）

距古隆起顶点相对距离=距古隆起顶点距离/最大距离，下同

　　研究表明，塔里木盆地台盆区油气主要沿古隆起斜坡与断裂带分布，而古隆起高部位分布较少。塔中地区已发现油气藏与距古隆起顶点距离关系统计分析表明，上、下构造层油气藏储量存在差异性。下构造层主要为碳酸盐岩地层，发现的油气储量比上构造层多，三级储量达 7 亿吨油当量。上构造层主要为碎屑岩地层，发现的三级储量约 2 亿吨油当量。同时，上、下构造层内部的不同部位油气藏储量类型也具有差异性，上构造层在古隆起顶部和斜坡上部发现的油气储量比较多，以油藏居多，油多于气；下构造层在古隆起斜坡下部发现的油气储量比较多，以气藏居多，气多于油（图 1.22）。

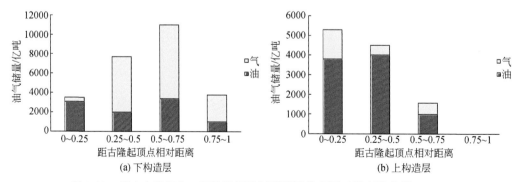

(a) 下构造层　　　　　　　　　　　　　　　(b) 上构造层

图 1.22　塔中古隆起上、下构造层油气藏储量分布图（据庞雄奇等，2012）

3. 古隆起控制油气成藏模式

古隆起斜坡虽然经历多期构造-沉积演变，但破坏程度低、破坏范围少，有利优质储层的发育，可以形成多种类型的储-盖组合与油气藏类型。塔中古隆起斜坡奥陶系碳酸盐岩之上发育上奥陶统桑塔木组泥岩、志留系泥岩、石炭系泥岩等三套区域盖层，海相碳酸盐岩内部也有多套致密盖层。受多期沉积相带、多期不整合与断裂系统影响，发育礁滩体、风化壳、白云岩等三类储层，形成了多套储-盖组合，在古隆起斜坡广泛分布。

古隆起之上通常发育披覆背斜类、断块类油气藏、地层类与岩性类油气藏，古隆起内部形成不整合型油气藏、礁滩体型油气藏、溶洞型油气藏与裂缝型油气藏（图 1.19）。因此，古隆起控油气藏具有上下两类多种类型的控藏模式。塔中古隆起之上形成披覆背斜类油气藏和断块类油气藏，如塔中石炭系油气藏；斜坡上地层超覆油气藏，如塔中（TZ）12 井志留系油藏。塔中古隆起内部顶部形成不整合面油气藏，如 TZ1 井寒武系凝析气藏。斜坡上形成缝洞型油气藏，如中古（ZG）8 井下奥陶统岩溶凝析气藏和 TZ162 井下奥陶统内幕凝析气藏。塔中古隆起边缘坡折带处形成礁滩体油气藏，如 TZ82 井上奥陶统凝析气藏。

晚期油气充注主要集中在古隆起斜坡区。油气藏解剖发现晚期成藏是一种普遍现象（杜金虎等，2010；邬光辉等，2016），塔中、轮南、和田河等碳酸盐岩油气田都有大量晚期成藏的包裹体均一温度证据，主要来自气态烃类包裹体，表明存在大量的晚期天然气充注，喜马拉雅期以来的晚期成藏对塔里木盆地具有关键作用。

塔中、轮南奥陶系的勘探实践表明，奥陶系碳酸盐岩油气藏都是"下气上油"的油气分布规律。纵向上，塔中寒武系—下奥陶统以气藏、凝析气藏为主，上奥陶统则出现油藏与凝析气藏，志留系—石炭系以油藏为主。平面上，上奥陶统碳酸盐岩在台地边缘低部位发育凝析气藏，向台内则逐渐过渡为油藏。这种油气分布主要受控于古隆起的晚期天然气从深层向浅层运移，从斜坡向隆起区运移。由于晚期天然气的大量充注，不仅提升了古油藏的品位，有利于油气的产出，而且形成大规模油气资源，塔中 I 号断裂带台缘礁滩体、塔中鹰山组风化壳、轮东奥陶系等大型凝析气田都分布在古隆起斜坡区，古隆起高部位很少有天然气分布。由此可见，晚期成藏是下古生界海相碳酸盐岩油气成藏的普遍现象，古隆起斜坡是天然气的富集区。

（三）有效储层规模控制油气富集程度

有效储层系指在地质条件下，能够聚集油气并形成油气藏的相对高孔渗地层。一般用孔隙度、渗透率、粒度中值等参数定量评价，其中孔隙度、渗透率反映储层的物性特征，是最直接的、定量的表征参数，两个参数的大小均质性控制着岩石孔内部油气的运聚成藏和分布。

叠合盆地普遍具有多套多种类型储层，大多储层的发育受控于沉积相。一般来说，有利沉积相发育区储层物性良好，也有利于油气富集。高能沉积环境下碳酸盐岩和碎屑岩都容易形成高孔高渗的储层，如滨浅湖环境下形成颗粒较粗、分选较好的砂岩储层，在海相台地边缘高能环境下可能形成礁滩沉积，从而形成有利储集相带。塔中隆起南北边缘上奥陶统良里塔格组发育台地边缘相，其生物礁、粒屑滩均为有利储层发育的沉积微相；志留系柯坪塔格组发育潮坪沉积，其砂坪和潮道为有利储集相带；石炭系东河砂岩段主要为海相滨岸沉积，其前滨-后滨相是有利储集相带。这些层位的有利储集相带储层物性最好，有利于油气的富集，从而在奥陶系、志留系、石炭系等多个层位形成复式富集（江同文等，2020）。但叠合盆地（超）深层古老地层油气储层往往致密，次生孔隙具有重要作用，如塔里木盆地奥陶系碳酸盐岩90%以上的孔隙为次生孔隙，成岩作用控制了储层的发育与分布，进而控制了油气的富集（杜金虎等，2010；邬光辉等，2016）。

奥陶世末，塔中、塔北、塔西南等古隆起开始发育，沿古隆起斜坡边缘发育中—上奥陶统台缘高能相带，已发现塔中-巴楚北缘、塔中南缘、罗西、轮南周缘、塘南等五条台缘礁滩体（杜金虎等，2010），面积达 2.6 万 km²。高陡断隆边缘通常发育陡坡型台缘带，如塔中古隆起北缘塔中 I 号断裂带上奥陶统良里塔格组属于典型陡坡镶边台缘带，发育多旋回礁滩体沉积组合，多期加积礁滩组合规模大，厚度达 500m，但宽度狭窄，一般在 2 ~ 5km。古隆起斜坡台缘礁滩体以高能的生物碎屑灰岩、砂屑灰岩、砂砾屑灰岩、礁灰岩为主，储层基质孔隙发育，储层段孔隙度一般在 2% ~ 5%。同时，台缘礁滩体有利于准同生期大气淡水淋溶形成溶蚀孔洞，以及后期各种建设性成岩作用叠加改造（邬光辉等，2016），形成多期溶蚀孔洞与大型缝洞体，储层孔隙度达 10% 以上。台缘礁滩体储层纵向叠置，横向连片，沿古隆起斜坡广泛分布，目前发现的礁滩型油气藏主要分布在塔北、塔中古隆起斜坡的台缘礁滩体中。研究表明，原始储集条件越优越的地层，它们越容易受后期地质作用的改造而形成高孔渗发育带。这些有利沉积相带都是油气优先运聚的部位。在平面上，有利沉积相有一定分布范围，并控制了油气的富集范围。塔里木盆地奥陶系碳酸盐岩礁滩体油气藏主要分布在有利于礁滩体储层发育的台地边缘相带中，仅少数分布在台内礁滩体，台地边缘油气富集程度更高，控制了绝大多数礁滩体油气藏的高效井分布。

有效储层对油气的成藏概率有非常重要的控制作用。对于不同的碎屑岩和碳酸盐岩来说，有效储层的主控因素不同。影响碎屑岩储集性能的因素主要有沉积环境、成岩作用等，但往往是沉积相起主要作用。对于多旋回的西部叠合盆地而言，古老碳酸盐岩成岩作用更重要，白云石化、溶蚀和构造破裂作用为碳酸盐岩储层改造的主要控制因素，同时作为其物质基础的岩石类型或沉积相以及时间也非常重要。通过对塔里木盆地台盆区奥陶系碳酸盐岩统计发现，目前已发现的油气藏个数中台地边缘相带最多，占 67%，盆地和斜坡相尚未发现大型油气藏。

因此可见，古隆起高部位岩溶作用差、储层保存不利，而斜坡区岩溶储层更发育，而且位于岩溶水文的汇水区，岩溶缝洞充填较少，有利于储层的发育与保存（图 1.23）。

（四）区域盖层控制油气三维空间分布

有效区域盖层系指分布在目的层之上，能够阻挡油气向上继续运移并在储层中富集成藏的非渗透性地层，它们的厚度较大、分布范围较广、可塑性较强。同时，只有在满足盖层厚度大于储层厚度和断距时，油气才能在圈闭有效聚集，成为有效盖层。从油气藏形成和保护的角度考虑，盖层的形成和发育还决定着油气藏形成和分布的层位、范围和类型。

有效区域盖层的大范围连续稳定分布对油气藏具有重要的保护作用，并控制着油气藏的平面分布，大型叠合盆地油气主要分布在区域厚层盐膏层、泥岩盖层之下（何登发等，

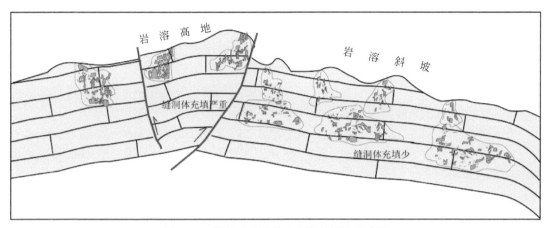

图 1.23　塔里木盆地塔中古隆起岩溶模式图

2015）。通常，有效盖层面积与厚度达到一定程度后，才能形成大规模油气聚集，且盖层的范围越大，越有利于形成大油气田。相反，如果盖层连续性不好或者在某处盖层缺失，即使具有好的储层或圈闭，也很难成藏。塔里木盆地主要发育古近系—新近系膏盐岩、石炭系泥岩–膏泥岩、中—上奥陶统泥岩、中寒武统膏盐岩等区域盖层，分布范围都在 10 万 km² 以上，目前找到的大型油气田多分布在上述四套区域盖层之下。因此，有效盖层的范围控制了油气藏的大小和分布。

盖层厚度可以反映盖层对烃类的综合封闭能力，盖层厚度与毛细管封闭能力、压力封闭能力和浓度封闭能力之间均为正相关关系，对盖层封闭能力影响较大。在同样的构造变动条件下，厚度大的盖层能够保持封盖能力在横向上的连续性，油气不易散失。Grunau 认为区域盖层中蒸发岩厚度为 20～30m、页岩厚度大于 50m，低于这个指标可能导致盖层封闭性能降低。童晓光等统计发现随着盖层厚度的增加，盖层封盖烃柱的高度也成正相关关系，建立了油气藏烃柱高度和盖层厚度之间的关系函数。塔中地区奥陶系区域性盖层桑塔木组泥岩厚度与油气藏关系统计分析表明，奥陶系的油气藏大部分分布在这套区域盖层之下，盖层厚度变薄的地区发现油气藏个数减少，储量也快速减少。

盖层的可塑性也是影响油气保存的一个重要因素。在同样的构造变动条件下，一般盖层的可塑性越强，它们产生裂隙的可能性越小，油气保存下来的可能性越大。塔里木盆地克拉苏构造带发现有大量的天然气聚集，这些天然气都富集在前陆盆地冲断带内的复杂构造圈闭内，受到了多条深大断裂的切割，它们能够保存下来的主要原因是目的层之上发育有一套厚度大、塑性强的膏盐岩区域性盖层。

大量研究成果表明：区域盖层封盖油气作用的强弱主要受盖层的厚度、异常孔隙流体压力和断层封闭性等因素的控制。在研究程度较高、资料充分的地区，通过优选出对盖层封油气作用影响较大的因素，并建立相应的评价标准，可以较为客观地评价出盖层的封盖性能。但是，在研究程度相对较低的地区，要想较为客观的评价盖层的封闭性能，就必须优选出最能代表盖层封闭能力且容易获取资料的主要因素，从宏观的角度对区域性盖层的封闭性能进行评价。盖层厚度是诸多因素中既对盖层封闭能力影响较大，同时又比较容易获取的一个参数。吕延防等通过对我国 40 余个大中型气田的盖层厚度与储量丰度情况的统计分析表明，随着盖层厚度的增大，中国大中型气田储量丰度是逐渐增大的，这也说明厚度是影响大中型气田封盖条件优劣的重要因素。付晓飞等认为盖层厚度与封闭能力之间的关系主要体现在盖层连续性上，厚度越大，盖层横向连续性越好，被断层错断的可能性越小，裂缝越不容易穿透盖层。因此，一个盆地只要盖层达到横向连续分布的厚度，就能封住大量油气。通过对塔里木盆地盖层厚度与工业油气流井的统计结果表明，随着区域盖层厚度变大，工业油气井累积个数也增加，当区域盖层厚度大于 150m 的时候，工业油气井累积个数的增长速度变缓，表明塔里木古老油气藏需要更大的区域盖层厚度。

由于塔里木板块小、经历多期的构造演化，古隆起高部位碳酸盐岩油气藏保存条件差。主要表现在两方面：一是剥蚀地层多，造成古油藏的破坏，如中央主垒带是石炭系覆盖在奥陶系风化壳上，加里东期—早海西期，潜山区出露天窗，古油气藏遭受强烈破坏，TZ2、TZ17 等井见到大量的沥青；二是断裂发育，油气通过断裂向上进入上覆碎屑岩中形成次生油气藏，如塔中 4 断垒带在上覆石炭系成藏，鹰山组风化壳油气遭受破坏。由于古隆起轴部经历多期的构造演化，其高部位由于风化剥蚀盖层条件差，甚至早期的地层遭受剥蚀破坏，成为碳酸盐岩水体活跃区。塔中隆起在大量油气充注的加里东期，受构造抬升与断裂作用，上部志留系古油藏遭受破坏，形成大面积沥青砂岩（杨海军等，2007）。而塔中北斜坡区发育奥陶系桑塔木组巨厚泥岩盖层，有利于古油藏的运聚与后期保存。塔中Ⅰ号断裂带上奥陶统礁滩体与北斜坡下—中奥陶统鹰山组都已发现古油藏，是油气保存的有利部位。由于中央主垒带古潜山和东部风化壳在石炭系沉积前构造活动强烈，在北斜坡高部位古油藏也容易遭受水洗与生物降解，大量油气遭受破坏，其油气储量丰度低，更多的油气分布在北斜坡的低部位。由于油藏保存条件的差异性，造成塔里木盆地古隆起高部位油气主要分布在上构造层碎屑岩中，而下古生界海相碳酸盐岩油气集中分布在古隆起斜坡区，斜坡-盆地低部位、更深层碳酸盐岩仍具有巨大的油气勘探潜力。

（五）断裂带控制油气藏的形成与富集

综合分析前人的研究表明，叠合盆地构造运动频繁，发育多期多种类型的断裂，对油气藏的形成与分布有重要的控制作用。超压体系内流体的运移和释放随着断裂系统的幕式开启而呈幕式突破。深部源岩生成的油气往往具有异常高的地层压力，流体在顺断裂带向上运移的过程往往伴随着以压力为主的能量释放，能量释放后的油气则一般沿断裂输导体系分布，表现出地层压力沿着错综复杂的断层得以释放，形成许多相对低压的泄压带，成为油气有利的聚集带。

叠合盆地经历了多期构造变形作用，发育了多期的深大断裂并形成了裂缝系统，这些裂缝系统的形成可在储集层中，特别是碳酸盐岩储集层中局部地区形成良好的孔洞缝复合储集体，裂缝的发育程度与开启性对致密储层孔渗性能的改善起到了至关重要的作用。叠合盆地烃源岩往往在深部发育，断裂不仅直接地控制了油气的运移，还控制了油气的聚集与分布。塔里木盆地目前发现的大多油气田与断裂的分布有关，其基本模式表现为近断裂油气藏圈闭含油气性好、油气产量高，随着远离断裂，圈闭的含油气性逐渐变差。塔中地区目前发现的 95% 的油气储量分布在断裂带周边 3km 范围内，随着远离断裂带，探井逐渐从高产井变为低产井、显示井和干井，含油气性越来越差，成藏概率越来越低。近期塔里木盆地奥陶系碳酸盐岩勘探开发实践表明，塔里木盆地塔北-塔中地区走滑断裂带发育，并不断获得油气发现（杨海军等，2020）。同时，油气藏评价与开发实践表明，塔北与塔中地区奥陶系风化壳与礁滩体油气田碳酸盐岩超低孔渗基质储层难以工业开采，其中油气主要沿走滑断裂破碎带的"甜点"缝洞体产出，走滑断裂对下古生界碳酸盐岩的储层发育与油气富集具有重要的控制作用，并形成塔北-塔中连片含油气的超深（>6000m）走滑断裂断控碳酸盐岩大油气区（图1.16）。

第四节　塔中隆起勘探开发实践及成效

塔中隆起油气资源丰富，但油气成藏条件复杂，历经30年艰苦探索，发现中国最大的海相碳酸盐岩凝析气田——塔中Ⅰ号气田（图1.24）。

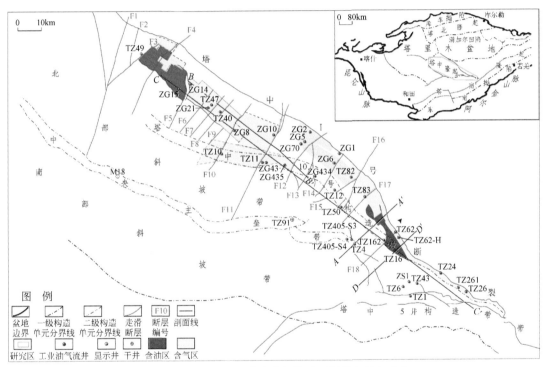

图1.24　塔里木盆地塔中隆起构造区划分与油气分布
TZ. 塔中；ZG. 中古；ZS. 中深。下同

一、塔中凝析气田的勘探开发实践

塔中隆起位于沙漠腹地，地表环境恶劣，地下地质条件复杂，勘探开发面临一系列世界级难题。塔中地区的勘探工作始于1983年，1989年塔中（TZ）1井的钻探全面启动了塔中的勘探，但大油气田的勘探经历一波三折的曲折过程。

原中国石油部高瞻远瞩，1983年组建中美联合沙漠地震队，开始征战"死亡之海"，完成了纵贯塔克拉玛干大沙漠的 19 条区域地震大剖面，发现了"塔中古隆起"，进而明确了塔里木盆地"三隆四拗"的构造格局。通过进一步地震普查工作，发现了塔中 I 号巨型"潜山背斜"。1986 年第一轮资源评价资源量达 29.8 亿吨，探索"拗中隆"、钻探"潜山大背斜"、发现"大场面"的勘探思想开始形成。1989 年 5 月 5 日 TZ1 井开钻，同年 10 月 19 日在潜山顶部中途测试获得高产工业油气流。TZ1 井取得了沙漠腹地油气勘探的战略突破，确立了台盆区寻找大油气田的战略思想，树起了塔里木盆地勘探史上的又一重要里程碑。

随着潜山区高部位的 TZ3、TZ5 等井钻探的相继失利，以大型克拉通内古隆起高部位潜山寻找大油气田的梦想落空。根据 TZ1 井"石炭系油气显示"的线索，1992 年发现塔中 4 油田，开始建立百万吨产能基地。塔中 4 油田的发现不仅提供进一步勘探的支撑，而且重新树立了大油气田的信心，并揭开的沙漠腹地油气开发的序幕。随后快速探明我国第一个亿吨级海相砂岩油田，并投入建产。1997 年，建成塔中 4 联合站（现塔中第一联合站），引进和攻关了 54 项适合沙漠油田开发的新技术，其中 12 项达到了当时国际领先水平，是国内沙漠中第一座"站外无人值守、站内少人值守"的原油处理站，自动化程度达到当时国际先进水平。塔中 4 油田率先采用了水平井、丛式井的开发方式，实现"稀井高产、人少高效"的开发，1995 年以来 20 年间塔中 4 油田累计生产原油逾 1500 万吨。塔中 4 油田的开发引领了塔里木盆地台盆区的油气开发，支撑了塔中地区坚持不懈的油气勘探开发精神。

塔中 4 油田发现后，塔中的勘探方向开始从奥陶系碳酸盐岩转向石炭系碎屑岩，在沙漠腹地先后发现了塔中 10、塔中 16 油田等七个东河砂岩油气田（藏），并先后投产投入效益开发。然而塔中碎屑岩随后发现的油气藏越来越小、越来越少，亿吨级塔中 4 大油田的评价也受挫，以塔中 4 油田为"龙头"寻找串珠状"油龙"的探索也宣告失利。1994 年年底以志留系作为兼探目的层的 TZ11 井首次获得工业油流，虽然随后多口井获得了低产油气流或良好油气显示，但没有取得突破，造成"口口见油，口口不流"的局面。1996 ~ 1998 年，根据"TZ16、TZ24 井奥陶系碳酸盐岩出油"这一线索，展开了塔中 I 号断裂带奥陶系碳酸盐岩的探索。1997 年，TZ26、TZ44 及 TZ45 井相继在上奥陶统内幕灰岩获得工业油气流，发现塔中 I 号断裂带是一个油气聚集带。随后钻探不同区段、不同类型的构造圈闭，但结果相继失利，勘探陷入停滞状态。

在不同领域、不同类型油气藏探索相继失利的困境下，塔里木油田公司及时开展了三项"重新"工作：重新认识与评价塔中地区的勘探潜力与领域、重新厘定勘探思路与主攻方向、重新组织与强化技术攻关。通过断裂带→坡折带、断裂控油→台缘带控油、局部构造含油→整体含油认识的转变，2003 年，首先在塔中 I 号断裂带中东部的 TZ62 井取得突破，明确塔中 I 号断裂带是大油气田勘探的最现实领域，但随后在其东部高部位的 TZ70 井钻探失利。此后及时提出"靠礁前、近断裂、钻缝洞"的井位部署原则，2004 年同时上钻 TZ621 井等三口井相继成功，并突破塔中奥陶系高产稳产难关。尽管 TZ62 井区钻探成效显著，但仅局限在台缘外侧很窄的范围内，其勘探潜力有限。在古地貌研究的基础上，2005 年甩开上钻比 TZ62 井低了 800 余米的 TZ82 井，钻探获得日产千吨的高产工业油气流，证实了塔中 I 号断裂带整体含油、储层控油的认识，发现我国第一个奥陶系生物礁型超亿吨级油气田。截至 2007 年年底，勘探实践证实塔中 I 号断裂带奥陶系东西长 200km、高差 2400m 的范围内整体含油气，已发现三级油气地质储量约 2 亿吨。

TZ1 井成功之后，针对塔中地区不同地区、不同类型的碳酸盐岩风化壳目标进行的多轮次探索相继失利。2006 年，通过 TZ12、TZ162、TZ69 等老井复查，加强塔中奥陶系碳酸盐岩不整合面与勘探潜力的攻关研究，提出"储层控油、复式成藏"的多目的层富集油气的认识，实现了勘探思路的转变，即由潜山构造勘探向储层岩性勘探的转变，由潜山高部位、斜坡高部位向斜坡区低部位的转变。2006 年在北斜坡区 TZ83 井下奥陶统风化壳取得重大突破，开辟了油气勘探的更大新领域（图 1.25）。

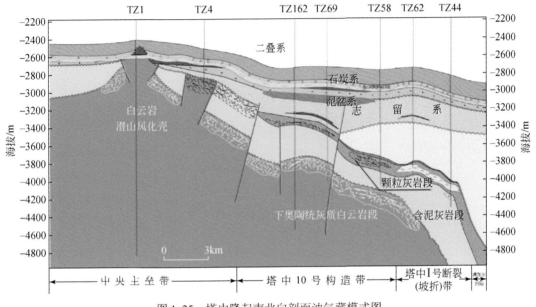

图 1.25　塔中隆起南北向剖面油气藏模式图

2007 年，在 TZ83 井区获得突破的基础上，向北斜坡岩西部的中古（ZG）5 井和 ZG7 井相继在下—中奥陶统层间岩溶储层获得高产油气流。2008 年向西部岩溶次高地的 ZG8 井和 ZG21 井也相继在下—中奥陶统层间岩溶储层获得了高产油气流。自此，塔中北斜坡奥陶系岩溶斜坡带整体含油气的认识得到证实，由此也展示了巨大的勘探潜力。2010 年遵循"以 ZG8 井为中心，集中力量，整体解剖，整体评价塔中北斜坡鹰山组，加速 ZG8 井区周缘规模探明，形成高效建产优势，实现规模效益开发"的总体部署思路（韩剑发等，2012），针对塔中复杂碳酸盐岩油气藏开展了勘探开发一体化的组织模式，加快复杂碳酸盐岩油气藏的认识与探明。通过塔中隆起北斜坡进行整体部署，发现了 ZG43 等鹰山组富油气区带，鹰山组风化壳资源规模基本落实。通过勘探开发一体化的不断滚动，发现并探明我国最大的碳酸盐岩凝析气田——塔中 I 号凝析气田（图 1.24），累计探明天然气地质储量达 3900 亿 m^3、石油地质储量达 2.8 亿吨。目前塔中地区已发现油气田 33 个，在寒武系、奥陶系、志留系和石炭系四个层系均获得工业油气流和丰富的油气资源，石油三级储量为 6.2 亿吨、天然气三级储量为 8100 亿 m^3，沿塔中隆起北斜坡形成面积逾 2000km^2 的富油气区，勘探成效显著。

　　塔里木盆地下古生界碳酸盐岩经历潜山构造—礁滩相控—层间岩溶—断控缝洞体四阶段的油气勘探开发历程，在奥陶系已发现的轮南-塔河风化壳型油田和塔中礁滩体-风化壳型凝析气田，分别是我国最大的海相碳酸盐岩油田与凝析气田。塔里木盆地在前期油气勘探过程中对奥陶系碳酸盐岩沉积储层与油气藏进行了大量的研究，建立了风化壳与礁滩体的"相（层）控准层状"油气藏模型，揭示了"古隆起控油、斜坡富集"的油气分布规律。通过油气藏评价与开发实践，发现碳酸盐岩油气藏不符合现有的准层状"相（层）控"油气藏地质理论，油气富集也不完全受控于古隆起斜坡，难以指导塔中凝析气田的规模建产与效益开发。

　　自20世纪80年代碳酸盐岩油气藏发现以来，开展了多轮次的油气藏评价与开发攻关研究。初期以构造油气藏的理论模型开展油气藏评价，但油气发现少、探明难。2000年以来，在轮南-塔河地区、塔中地区开展了岩溶储层与礁滩体储层的研究，以储层控油的大型"准层状"油气藏理论模型指导了碳酸盐岩油气藏的评价与开发，通过技术进步探明了大量的油气资源，并逐步开展了开发试验与建产。但是，古老碳酸盐岩以灰岩储层为主、非均质性极强，大面积特低孔（<5%）特低渗（<0.5mD，$1D=0.986923\times10^{-12}m^2$）的基质储层不能形成工业产能，油气主要来自局部的大型缝洞体储层，具有局部富集的特点。油气水产出变化大，普遍出现油水同出或气水同出的现象，出水井点的分布不受局部构造位置高低的控制，但也不同于常规的地层岩性油气藏，缺少统一的油水界面。碳酸盐岩油气产量有比较稳定的、缓慢下降的，也有周期性变化的、产量忽高忽低的。在生产过程中油气的初始产量高，但多数井产量递减快、稳产难，早期富油气区块的高效井比率也不足35%、自然递减率大于20%，油气藏开发难度极大，缺乏经济效益。"十二五"以来，针对塔中超深复杂碳酸盐岩凝析气田开展了一系列攻关评价与开发研究与实践，通过理论认识的创新与技术创新，取得了超深（大于6000m）走滑断裂断控油气藏开发的重大突破，新建产能达20亿m³/a当量，逐步实现了超深复杂凝析气田的效益与规模开发。

二、塔中凝析气田勘探开发的启示

　　塔中凝析气田成藏地质特殊，不同于国内外典型的凝析气田，其勘探开发实践经历跌宕起伏、艰辛曲折。在战略上，经历了从"局部构造勘探"向"储层勘探"的勘探思路的转移，从不断探索的"游击战"向集中力量进行"阵地战"的"勘探开发一体化"战略思想的转移。在战术上，步步为营，稳步推进，强化地震、钻井与试油工程等针对性技术的攻关，针对塔中碳酸盐岩储层预测难、井位优选难、高产稳产难的特点，采取一系列针对性的技术措施，经历"实践—认识—再实践—再认识"的"必然走向自由"之路，实现井位优选—稳产—高产稳产—拿储量—建产能的突破。

（一）坚持探索是复杂油气藏勘探开发的前提

　　尽管塔中地区油气分布复杂、地面-地下工程条件复杂，油气勘探艰难曲折，但一直是塔里木油田勘探的主战场之一，塔中的勘探虽有大起大落，但战略地位始终未动摇。

（1）坚持研究不间断。塔中碳酸盐岩虽然勘探收效不大，但 TZ1 井发现后就持续展开了对塔中碳酸盐岩的地质研究，1997 年以来对塔中 Ⅰ 号断裂带及塔中北斜坡逐步展开了构造、沉积储层、油气成藏等石油地质条件方面的系统研究，为塔中 Ⅰ 号断裂带的突破提供了认识基础。

（2）坚持探索不放松。塔中勘探伊始就盯住大背斜、古潜山，但塔中 1 井之后的断垒带古潜山勘探均告落空。随着下斜坡、逼近烃源岩、逼近断裂带的战略转移，发现塔中 Ⅰ 号断裂带有利富集区。在逼近烃源岩、寻找原生油气藏的勘探思路下，又探索了寒武系内幕白云岩、盐下大背斜。1998~2002 年在不同领域、不同类型的碳酸盐岩探索相继受挫的情况下，塔中碳酸盐岩的勘探并没有止步，经过深刻反思、积极准备，2003 年再次展开了大胆的探索，终于迎来了碳酸盐岩在潜山、斜坡、坡折带油气勘探的突破。

（3）坚持技术攻关不动摇。塔中地区在突破沙漠地震勘探的基础上，达到 4m 浅井激发，1996~1997 年激发深度由 4m 提高到 8m，1998~2000 年钻机能力的提高使得潜水面以下激发能够部分实现，2001 年以来实现了大沙漠区的 100% 潜水面以下激发，地震资料品质得到大幅度提高，为大面积三维地震勘探开发创造了条件。1995 年以前，塔中碳酸盐岩储层改造酸液体系为常规酸，施工工艺以酸化解堵为主，随后发展了以胶凝酸为主的缓速酸体系；2003 年以来，形成了交联酸酸压、变黏酸酸压、加砂压裂等深度改造技术，应用了包括前置液酸压、多级注入酸压、酸压加闭合酸化等工艺技术，并起到良好的地质效果。鉴于开发目标优选困难，近年开展了高密度地震采集与处理攻关、超深水平井开发与多级改造技术攻关，不断提高油气藏的评价与开发技术水平。

塔中碳酸盐岩有其特殊性与复杂性，决定了其勘探的艰巨性与长期性，其勘探开发的突破得益于坚持不懈的勘探与研究。

（二）理论创新是复杂油气藏勘探突破的核心

塔中碳酸盐岩油气富集规律复杂，勘探开发没有直接可借鉴的成熟模式，油气勘探开发每一步进展都与认识的深化、思路的创新分不开。

TZ1 井出油后上钻的 TZ3、TZ5 井相继失利，塔中勘探进退维谷，根据研究做出了及时向西转移、向石炭系砂岩转移的决策，TZ4 井在石炭系东河砂岩段获得突破，开辟了东河砂岩勘探的新战场。在烃源岩与断裂系统研究的基础上，通过逼近烃源岩、逼近断裂带的指导思想在塔中 Ⅰ 号断裂带获得突破。2004 年在礁滩体勘探过程中，TZ70 井钻探不理想，通过细致的论证，认为礁滩体具有形成高产稳产的地质基础的认识，果断侧钻，另外加强井位优选，同时上钻 TZ621、TZ622 井，结果都获成功，突破了塔中奥陶系不能形成高产稳产的难关。通过对塔中 Ⅰ 号断裂带的重新认识，实现了断裂带控油-坡折带控油→局部构造含油-整体含油→构造勘探-储层勘探认识的转变，勘探不断获得突破，从而发现了塔中坡折带大油气田的存在。

塔里木盆地下古生界海相碳酸盐岩油气藏极为复杂，前期提出的"古隆起控油"与"相（层）控准层状"油气藏理论难以有效指导油气藏的评价与开发。随着油气藏评价与开发实践的深入，发现碳酸盐岩中油气虽然大面积分布，但基质储层致密，优质缝洞体储层主要沿断裂带分布，优质缝洞体储层成为开发的主要对象。同时，油气主要沿断裂带富集，流体分布和流动方式复杂，油气井开采动态特征差异大，无统一的油水界面，难以准确刻画油气藏的边界，不同于"相控准层状"礁滩体与风化壳油气藏。为了实现这类复杂断控碳酸盐岩油气藏的规模与效益开发，需要重新认识与构建碳酸盐岩油气藏理论，建立相适应的油气藏评价与开发方法技术。通过开展走滑断裂构造解析及其控储控藏作用研究，逐步构建断控油气藏理论模型，取得了拗陷区断控油气藏勘探开发的重大突破，勘探开发已突破古隆起控油的范围，并不断向拗陷区超深层延伸。

通过不断地重新认识，突出构造精细解剖，发现大漠腹地海相砂岩油田——塔中 4 油田；立足台地结构剖析，发现台缘大型生物礁，探明中国奥陶系最大礁滩复合体凝析气田；创新岩溶地质理论，发现层间岩溶型储层，高效探明塔中北坡鹰山组亿吨级凝析气田；强化走滑断裂研究，阐明控储控藏机理，发现超深走滑断裂断控新类型油气藏。

（三）技术进步是复杂油气田勘探开发的保障

塔中碳酸盐岩油气成藏条件优越，但地层年代老、成岩作用强，以低孔低渗储层为主，储层类型多、变化大、分布复杂，面临的主要难点是储层预测难、井点优选难、油气稳产难，如何预测储层、识别储层、保护储层、改造储层是制约碳酸盐岩油气勘探的主导因素，在不断的探索中，形成了塔中碳酸盐岩勘探开发的配套技术：①塔中碳酸盐岩三维地震采集处理技术；②塔中碳酸盐岩储层综合描述技术；③塔中碳酸盐岩高产稳产井布井技术；④塔中碳酸盐岩水平井与大斜度井钻井技术；⑤塔中碳酸盐岩酸压改造配套技术。

实践证明，以"地震、钻井、试油"三大技术为核心的勘探开发配套技术进步，突破了塔中奥陶系碳酸盐岩井位优选难、稳产难、探明难、开发难等技术难关，加快了塔中的勘探开发进程。2003 年以来，塔中新三维区内新增三级储量达 8 亿吨油当量，探井成功率高于 80%，而此前 14 年的勘探仅有三级储量 1.4 亿吨，探井成功率低于 35%。更为重要的是，塔中奥陶系碳酸盐岩虽然不断有发现，但一直不能投入开发，"十二五"以来的技术进步实现了效益开发与规模建产。

（四）一体化运作是碳酸盐岩增储上产的关键

塔中地区是石炭系、志留系、奥陶系等多目的层的综合勘探，目前开发的层系集中在石炭系碎屑岩。面对复杂的碳酸盐岩油气藏，勘探需要开发投入工作量加快认识油气藏、加快探明油气藏，同时开发增储上产需要勘探提供高效井位。因此根据塔中勘探开发的实际情况，形成开发早介入、勘探提供开发井、开发井探明油气藏、勘探开发井综合利用的立体勘探模式。

在 TZ24-TZ62 井区油气探明的过程中，通过勘探研究人员提供开发井位，钻遇良好的缝洞系统，不仅获得高产工业油气流，而且油气产量、油压都很稳定，地层能量充足。通过勘探开发一体化，对塔中奥陶系碳酸盐岩油气藏的认识更加明晰、探明进程明显加快，而且开发建产周期更短、开发效率更高。

针对塔中鹰山组层间岩溶油气勘探面临的一系列难题，通过制定"以高效井点-井组-井区建设、上产增储为核心，整体评价塔中富油气区，积极推进一体化，在钻井、测试过程中坚持地面服从地下，地面地下一体化，确保中靶"的方针。按照"研究一体化、技术一体化、生产组织一体化、成果一体化、投资一体化"的指导原则,实现勘探开发一体化,强化海相碳酸盐岩油气理论与关键技术创新,落实油气资源,加速规模效益开发的攻关思路,以油气藏地质模型的建立与储层预测为重点,不断深化塔中地区下—中奥陶统层间岩溶的地质认识,积极创新储集体预测技术,攻关创新了缝洞系统定量化雕刻与评价、油气检测及储量评估配套技术,形成了适用于塔中碳酸盐岩的井位优选技术,指导了井位优选,促成了千亿立方米天然气储量探明,基本明确了塔中北斜坡 10 亿吨级油气储量规模和建成 500 万吨产能规模,将塔中油气勘探开发事业推向了新的高峰。

参 考 文 献

陈永权,严威,韩长伟,等. 2015. 塔里木盆地寒武纪—早奥陶世构造古地理与岩相古地理格局再厘定——基于地震证据的新认识. 天然气地球科学,26(10):1831~1843.

杜金虎,王招明,李启明,等. 2010. 塔里木盆地寒武–奥陶系碳酸盐岩油气勘探. 北京:石油工业出版社.

杜金虎,邬光辉,潘文庆. 2011a. 塔里木盆地下古生界碳酸盐岩油气藏特征及其分类. 海相油气地质,16(4):39~46.

杜金虎,周新源,李启明,等. 2011b. 塔里木盆地碳酸盐岩大油气区特征与主控因素. 石油勘探与开发,38(6):652~661.

韩保清,罗群,黄捍东,等. 2006. 叠合盆地及其基本地质特征. 石油天然气学报(江汉石油学院学报),28(4):12~15.

韩剑发,梅廉夫,杨海军,等. 2008. 塔中Ⅰ号坡折带礁滩复合体大型凝析气田成藏机制. 新疆石油地质,(3):323~326.

韩剑发,徐国强,琚岩,等. 2010. 塔中54–塔中16井区良里塔格组裂缝定量化预测及发育规律. 地质科学,45(4):1027~1037.

韩剑发,张海祖,于红枫,等. 2012. 塔中隆起海相碳酸盐岩大型凝析气田成藏特征与勘探. 岩石学报,28(3):769~782.

何碧竹,焦存礼,许志琴,等,2011. 阿尔金–西昆仑加里东中晚期构造作用在塔里木盆地塘古兹巴斯凹陷中的响应. 岩石学报,27(11):3435~3448.

何登发,赵文智,雷振宇,等. 2000. 中国叠合型盆地复合含油气系统的基本特征. 地学前缘,7(3):23~37.

何登发,贾承造,李德生,等. 2005a. 塔里木多旋回叠合盆地的形成与演化. 石油与天然气地质,26(1):64~77.

何登发,贾承造,周新源,等. 2005b. 多旋回叠合盆地构造控油原理. 石油学报,26(3):1~9.

何登发,李德生,童晓光,等. 2008. 多期叠加盆地古隆起控油规律. 石油学报,29(4):475~488.

何登发,李德生,童晓光. 2010. 中国多旋回叠合盆地立体勘探论. 石油学报,31(5):695~709.

何登发,童晓光,温志新,等. 2015. 全球大油气田形成条件与分布规律. 北京:科学出版社.

何登发,李德生,王成善,等. 2017. 中国沉积盆地深层构造地质学的研究进展与展望. 地学前缘,24(3):219~233.

胡朝元. 1982. 生油区控制油气田分布——中国东部陆相盆地进行区域勘探的有效理论. 石油学报,(2):9~13.

贾承造. 1997. 中国塔里木盆地构造特征与油气. 北京:石油工业出版社.

贾承造. 2004. 塔里木盆地板块构造与大陆动力学. 北京:石油工业出版社.

贾承造,魏国齐,李本亮. 2005. 中国中西部小型克拉通盆地群的叠合复合性质及其含油气系统. 高校地质学报,11(4):479~492.

江同文,张辉,徐珂,等.2020.克深气田储层地质力学特征及其对开发的影响.西南石油大学学报(自然科学版),42(4):1~12.

姜常义,穆艳梅,赵晓宁,等.2001.塔里木板块北缘活动陆缘型侵入岩带的岩石学与地球化学.中国区域地质,20(2):158~163.

金之钧.2005.中国典型叠合盆地及其油气成藏研究新进展(之一)——叠合盆地划分与研究方法.石油与天然气地质,(5):553~562.

金之钧,王宜林,庞雄奇,等.2005.大中型油气田成藏定量模拟研究.北京:开明出版社.

琚宜文,孙盈,王国昌,等.2015.盆地形成与演化的动力学类型及其地球动力学机制.地质科学,50(2):503~523.

康玉柱.2010.中国油气地质新理论的建立.地质学报,84(9):1231~1274.

康玉柱.2012.中国三大类型盆地油气分布规律.新疆石油地质,33(6):635~639.

李本亮,贾承造,庞雄奇,等.2007.环青藏高原盆山体系内前陆冲断构造变形的空间变化规律.地质学报,81(9):1200~1207.

李国玉,陈启林,白云来,等.2014.再论海相沉积是中国石油工业未来的希望.岩性油气藏,26(6):1~7.

李江海,周肖贝,李维波,等.2015.塔里木盆地及邻区寒武纪—三叠纪构造古地理格局的初步重建.地质论评,61(6):1225~1234.

李坤.2009.塔里木盆地三大控油古隆起形成演化与油气成藏关系研究.成都:成都理工大学.

李朋武,高锐,管烨,等.2009.古亚洲洋和古特提斯洋的闭合时代——论二叠纪末生物灭绝事件的构造起因.吉林大学学报(地球科学版),39(3):521~527.

梁狄刚,张水昌,张宝民,等.2000.从塔里木盆地看中国海相生油问题.地学前缘,(4):534~547.

林畅松.2006.沉积盆地的构造地层分析——以中国构造活动盆地研究为例.现代地质,(2):185~194.

林畅松,李思田,刘景彦,等.2011.塔里木盆地古生代重要演化阶段的古构造格局与古地理演化.岩石学报,27(1):210~218.

刘池洋,孙海山.1999.改造型盆地类型划分.新疆石油地质,20(2):79~83.

刘池洋.2007.叠合盆地特征及油气赋存条件.石油学报,28(1):1~7.

刘光鼎.1997.试论残留盆地.勘探家,(3):1~4,45.

刘亚雷,胡秀芳,王道轩,等.2012.塔里木盆地三叠纪岩相古地理特征.断块油气田,19(6):696~700.

吕修祥,周新源,杨海军,等.2012.塔中北斜坡碳酸盐岩岩溶储层油气差异富集特征.中国岩溶,31(4):441~452.

马青,马涛,杨海军,等.2019.塔里木盆地上泥盆统—下石炭统滨岸-混积陆棚三级层序发育特征.石油勘探与开发,46(4):666~674.

马永生,何登发,蔡勋育,等.2017.中国海相碳酸盐岩的分布及油气地质基础问题.岩石学报,33(4):1007~1020.

孟庆洋.2008.复杂叠合盆地油气富集模式与分布特征预测——以塔里木盆地台盆区为例.东营:中国石油大学.

庞雄奇,周永炳.1995.煤岩有机质演化过程中产油气量物质平衡优化模拟计算.地质地球化学,(3):50~57.

庞雄奇,金之钧,姜振学,等.2002.叠合盆地油气资源评价问题及其研究意义.石油勘探与开发,29(1):9~13.

庞雄奇,高剑波,孟庆洋.2006.塔里木盆地台盆区构造变动与油气聚散关系.石油与天然气地质,(5):594~603.

庞雄奇,罗晓容,姜振学,等.2007.中国西部复杂叠合盆地油气成藏研究进展与问题.地球科学进展,(9):

879~887.

庞雄奇. 2008. 中国西部典型叠合盆地油气成藏机制与分布规律. 石油与天然气地质,29(2):157~158.

庞雄奇,周新源,李卓,等. 2011. 塔里木盆地塔中古隆起控油气模式与有利区预测. 石油学报,32(2):
    189~198.

庞雄奇,周新源,姜振学,等. 2012. 叠合盆地油气藏形成、演化与预测评价. 地质学报,86(1):1~103.

任泓宇,傅恒,纪佳,等. 2017. 塔里木盆地西南地区与相邻中亚盆地白垩系—古近系沉积演化对比. 沉积
    与特提斯地质,37(3):103~112.

田雷,崔海峰,刘军,等. 2018. 塔里木盆地早、中寒武世古地理与沉积演化. 石油与天然气地质,39(5):
    1011~1021.

汪泽成,姜华,刘伟,等. 2012. 克拉通盆地构造枢纽带类型及其在碳酸盐岩油气成藏中的作用. 石油学报,
    33(S2):11~20.

王成善,郑和荣,冉波,等. 2010. 活动古地理重建的实践与思考——以青藏特提斯为例. 沉积学报,28(5):
    849~860.

王福焕,王招明,韩剑发,等. 2009. 塔里木盆地塔中地区碳酸盐岩油气富集的地质条件. 天然气地球科学,
    20(5):695.

王鸿祯,杨森楠,刘本培. 1990. 中国及邻区构造古地理和生物古地理. 武汉:中国地质大学出版社:
    1~334.

王清晨,金之钧. 2002. 叠合盆地与油气形成富集. 中国基础科学,4(6):4~7.

邬光辉,李浩武,徐彦龙,等. 2012. 塔里木克拉通基底古隆起构造-热事件及其结构与演化. 岩石学报,
    28(8):2435~2452.

邬光辉,庞雄奇,李启明,等. 2016. 克拉通碳酸盐岩构造与油气——以塔里木盆地为例. 北京:科学出
    版社.

邬光辉,邓卫,黄少英,等. 2020. 塔里木盆地构造-古地理演化. 地质科学,55(2):305~321.

吴林,管树巍,杨海军,等. 2017. 塔里木北部新元古代裂谷盆地古地理格局与油气勘探潜力. 石油学报,
    38(4):375~385.

吴元燕,平俊彪,付建林,等. 2002. 中国油气藏破坏类型及分布. 地质论评,(4):377~383.

肖中尧,黄光辉,王培荣,等. 2003. 塔里木盆地哈得逊及相邻地区原油含氮化合物分布特征及油藏充注方向
    探讨. 地球化学,(3):263~270.

谢方克,蔡忠贤. 2003. 克拉通盆地基底结构特征及油气差异聚集浅析. 地球科学进展,18(4):561~568.

许志琴,李海兵,杨经绥. 2006. 造山的高原——青藏高原巨型造山拼贴体和造山类型. 地学前缘,13(4):
    1~17.

许志琴,李思田,张建新,等. 2011. 塔里木地块与古亚洲/特提斯构造体系的对接. 岩石学报,27(1):
    1~22.

严威,邬光辉,张艳秋,等. 2018. 塔里木盆地震旦纪-寒武纪构造格局及其对寒武纪古地理的控制作用. 大
    地构造与成矿学,42(3):455~466.

杨海军,韩剑发,陈利新,等. 2007. 塔中古隆起下古生界碳酸盐岩油气复式成藏特征及模式. 石油与天然
    气地质,28(6):487~790.

杨海军,邬光辉,韩剑发,等. 2020. 塔里木克拉通内盆地走滑断层构造解析. 地质科学,55(1):1~16.

杨树锋,陈汉林,董传万,等. 1996. 塔里木盆地二叠纪正长岩的发现及其地球动力学意义. 地球化学,
    25(2):121~128.

张传林,周刚,王洪燕,等. 2010. 塔里木和中亚造山带西段二叠纪大火成岩省的两类地幔源区. 地质通报,
    29(6):779~794.

张光亚,刘伟,张磊,等. 2015. 塔里木克拉通寒武纪—奥陶纪原型盆地、岩相古地理与油气. 地学前缘, 22(3):269~276.

张俊,庞雄奇,刘洛夫,等.2004.塔里木盆地志留系沥青砂岩的分布特征与石油地质意义.中国科学:地球科学,34(S1):169~176.

张水昌,王招明,王飞宇,等.2004a.塔里木盆地塔东 2 油藏形成历史——原油稳定性与裂解作用实例研究.石油勘探与开发,(6):25~31.

张水昌,赵文智,王飞宇,等.2004b.塔里木盆地东部地区古生界原油裂解气成藏历史分析——以英南 2 气藏为例.天然气地球科学,(5):441~451.

张翔,田景春,彭军. 2008. 塔里木盆地志留—泥盆纪岩相古地理及时空演化特征研究. 沉积学报,26(5): 762~771.

赵靖舟,李启明.2002.塔里木盆地克拉通区海相油气成藏期与成藏史.科学通报,(S1):116~121.

赵靖舟,庞雯,吴少波,等.2002.塔里木盆地海相油气成藏年代与成藏特征.地质科学,2(S1):81~90.

赵孟军,宋岩,秦胜飞,等.2005.中国中西部前陆盆地多期成藏、晚期聚气的成藏特征.地学前缘,(4): 525~533.

赵文智,张光亚,王红军,等.2003.中国叠合含油气盆地石油地质基本特征与研究方法.石油勘探与开发, 30(2):1~8.

赵宗举,吴兴宁,潘文庆,等. 2009. 塔里木盆地奥陶纪层序岩相古地理. 沉积学报,27(5):939~955.

赵宗举,罗家洪,张运波,等. 2011. 塔里木盆地寒武纪层序岩相古地理. 石油学报,32(6):937~948.

周兴熙. 2000. 复合叠合盆地油气成藏特征——以塔里木盆地为例. 地学前缘,7(3):39~48.

朱光有,杨海军,朱永峰,等. 2011. 塔里木盆地哈拉哈塘地区碳酸盐岩油气地质特征与富集成藏研究. 岩石学报,27(3):827~844.

朱光有,杨海军,苏劲,等. 2012. 塔里木盆地海相石油的真实勘探潜力. 岩石学报,28(4):1333~1347.

邹华耀,郝芳,李平平,等. 2008. 叠合盆地油气富集/贫化机理的思考. 高校地质学报,14(2):1006~7493.

Alexeiev D V, Biske Y S, Djenchuraeva A V, et al. 2019. Late Carboniferous (Kasimovian) closure of the South Tianshan Ocean:no Triassic subduction. Journal of Asian Earth Sciences,173:54~60.

Dong Y P, He D F, Sun S S, et al. 2018. Subduction and accretionary tectonics of the East Kunlun Orogen, western segment of the central China orogenic system. Earth-Science Reviews,186:231~261.

England W A, Mackenzie A S, Mann D M, et al. 1987. The movement of entrapment of petroleum in the subsurface. Journal of the Geological Society (London),144:327~347.

Gao Z Q, Fan T L. 2015. Carbonate platform-margin architecture and its influence on Cambrian-Ordovician reef-shoal development, Tarim Basin, NW China. Marine and Petroleum Geology,68:291~306.

Ge R, Zhu W, Wilde S A, et al. 2014. Neoproterozoic to Paleozoic long-lived accretionary orogeny in the northern Tarim Craton. Tectonics,33:302~329.

Han Y G, Zhao G C. 2018. Final amalgamation of the Tianshan and Junggar orogenic collage in the southwestern Central Asian Orogenic Belt:constraints on the closure of the Paleo-Asian Ocean. Earth-Science Reviews,186: 129~152.

He B Z, Jiao C L, Xu Z Q, et al. 2016. The paleotectonic and paleogeography reconstructions of the Tarim Basin and its adjacent areas (NW China) during the late Early and Middle Paleozoic. Gondwana Research,30: 191~206.

Hindle A D. 1997. Petroleum migration pathways and chargeconcentration:a three dimensional model. AAPG Bulletin,81 (9):1451~1481.

Hunt J M, Whelan J K, Eglinton L B. 1994. Gas generation. amajor cause of deep gulf coast overpressures. Oil &

Gas Journal,92:59 ~ 62.

Kordi M. 2019. Sedimentary basin analysis of the Neo-Tethys and its hydrocarbon systems in the Southern Zagros fold-thrust belt and foreland basin. Earth-Science Reviews,191:1 ~ 11.

Leighton M W,Kolata P R,Oltz D F,et al. 1990. Interior cratonic basins. AAPG Memoirs,51:1 ~ 819.

Levorsen A I. 2001. Geology of Petroleum (2nd Ed). Tulsa:The AAPG Foundation.

Li Q M,Wu G H,Pang X Q,et al. 2010. Hydrocarbon accumulation conditions of Ordovician carbonate in Tarim Basin. Acta Geologica Sinica,84(5):1180 ~ 1194.

Li S Z,Zhao S J,Liu X,et al. 2018. Closure of the proto-tethys ocean and early paleozoic amalgamation of micro-continental blocks in East Asia. Earth-Science Reviews,186:37 ~ 75.

Li Z X,Bogdanova S V,Collins A S,et al. 2008. Assembly configuration and break-up history of Rodinia:a synthesis. Precambrian Research,160(1-2):179 ~ 210.

Wu G H,Xiao Y,He J Y,et al. 2019. Geochronology and geochemistry of the late Neoproterozoic A-type granite granitic clasts in the southwestern Tarim Craton:implications for its tectonic evolution and relation with the Rodinia supercontinent. International Geology Review,61:280 ~ 295.

Xu B,Xiao S H,Zou H B,et al. 2009. SHRIMP zircon U-b age constraints on Neoproterozoic Quruqtagh diamictites in NW China. Precambrian Research,168(3-4):247 ~ 258.

Xu Y G,Wei X,Luo Z Y,et al. 2014. The early permian tarim large igneous province:main characteristics and a plume incubation model. Lithos,204:20 ~ 35.

Zhang C L,Zou H B,Li H K,et al. 2013. Tectonic framework and evolution of the Tarim block in NW China. Gondwana Research,23(4):1306 ~ 1315.

Zhong L L,Wang B,de Jong K,et al. 2019. Deformed continental arc sequences in the South Tianshan:new constraints on the Early Paleozoic accretionary tectonics of the Central Asian Orogenic Belt. Tectonophysics,VOL768.

第二章　塔中凝析气田储层特征及主控因素

塔中海相碳酸盐岩凝析气田主要分布于上奥陶统台缘礁滩复合体、下奥陶统内幕岩溶缝洞储集体中。复杂非均质三重孔隙组成的次生缝洞体储层控制了油气的富集，是油气开发的重点对象。在高能沉积微相基础上，多期岩溶作用、断裂作用的叠合控制了优质储层的发育。

第一节　塔中隆起区域构造背景及其演化

一、区域构造背景

（一）板块构造背景

塔里木盆地下古生界海相碳酸盐岩经历多期复杂构造运动（图1.3），其形成演化与原–古特提斯洋、南天山洋的开启与闭合及新生代印度板块碰撞密切相关。

塔里木板块早古生代的构造–沉积演化与板块南缘原特提斯洋的扩张与闭合密切相关（邬光辉等，2016）。寒武纪—早奥陶世，伴随原特提斯洋的扩展与塔里木板块的漂移，发育厚度逾2000m的海相碳酸盐岩，结合板块原型恢复推断分布面积达40万km²（图1.8）。受控原特提斯洋闭合的影响，塔里木盆地早奥陶世末期发生中加里东运动，构造背景由伸展体制转化为挤压环境，盆地内部从东西向伸展过渡到南北向挤压，构造单元从"东西分带"转向"南北分块"（图1.8、图1.9、图2.1）。

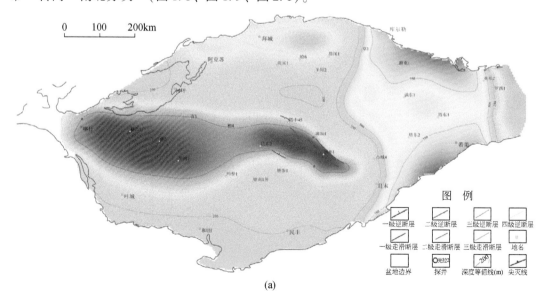

(a)

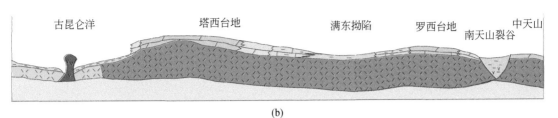

(b)

图2.1 塔里木盆地中奥陶世下古生界碳酸盐岩顶面构造简图

根据古地磁资料研究（王洪浩等，2013），奥陶纪塔里木板块一直位于赤道附近的中低纬度，且持续向北漂移（图2.2）。塔里木盆地在奥陶纪以热带–亚热带气候为主，温暖潮湿气候有利于礁滩复合体的形成与大面积分布。中奥陶世晚期，塔中与塔北古隆起开始形成（图2.1）。受控基底结构与区域应力场，在克拉通中部形成了西部宽缓、东部窄陡的北西向展布的塔中古隆起。塔中古隆起呈北西向展布（图2.1），与塔西南古隆起连为一体，并发生整体隆升，大部分地区缺失中奥陶统一间房组与上奥陶统吐木休克组，形成了广泛分布的鹰山组风化壳储层。北西走向的塔中Ⅰ号断裂带控制了塔中隆起的构造格局，该断裂带活动于整个中晚奥陶世，持续的断裂活动与褶皱隆升导致东北部的下盘不断降低、西南部上盘不断升高的格局，形成了塔中奥陶系碳酸盐岩台地和东北部槽盆相的沉积格局。塔中古隆起的形成为晚奥陶世台地边缘礁滩的发育奠定了基础，控制了良里塔格组孤立台地的分布及其台缘礁滩体的发育。

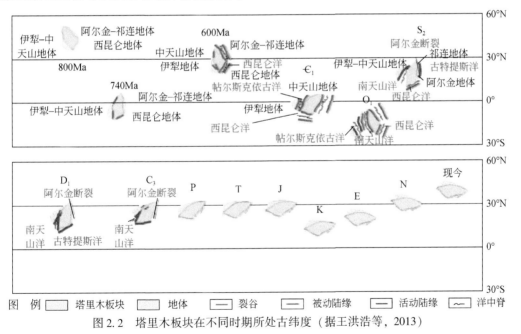

图2.2 塔里木板块在不同时期所处古纬度（据王洪浩等，2013）

（二）地质结构

除整体缺失侏罗系与上白垩统、部分缺失中—上奥陶统至泥盆系外，塔中隆起显生宙地层发育比较齐全（图2.3），是寒武系—奥陶系组成的大型复式台背斜（图2.3），呈北西走向、西宽东窄，面积约 2.2 万 km²。塔中隆起多旋回构造演化造成地质结构具有纵向分层、南北分带、东西分段的特征（图 1.24、图 2.3 ~ 图 2.5）。

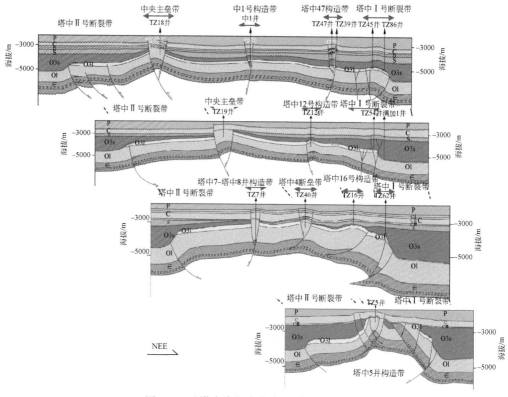

图 2.3　过塔中隆起南北向地质剖面栅状图

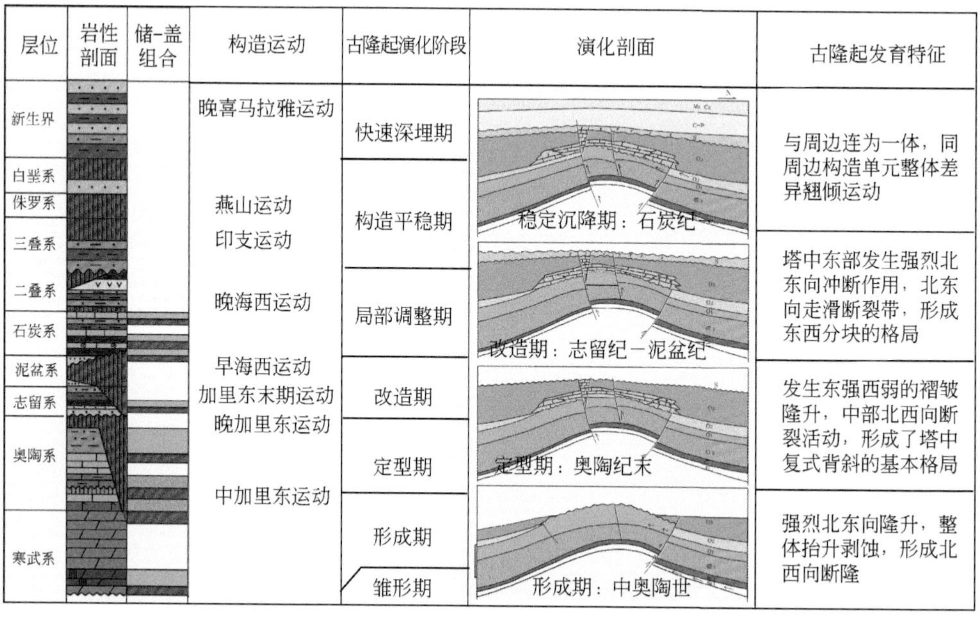

层位	岩性剖面	储-盖组合	构造运动	古隆起演化阶段	演化剖面	古隆起发育特征
新生界			晚喜马拉雅运动	快速深埋期		与周边连为一体，同周边构造单元整体差异翘倾运动
白垩系			燕山运动 印支运动	构造平稳期	稳定沉降期：石炭纪	
侏罗系						
三叠系						塔中东部发生强烈北东向冲断作用，北东向走滑断裂带，形成东西分块的格局
二叠系			晚海西运动	局部调整期		
石炭系					改造期：志留纪-泥盆纪	
泥盆系			早海西运动 加里东末期运动	改造期		发生东强西弱的褶皱隆升，中部北西向断裂活动，形成了塔中复式背斜的基本格局
志留系			晚加里东运动	定型期	定型期：奥陶纪末	
奥陶系			中加里东运动	形成期		强烈北东向隆升，整体抬升剥蚀，形成北西向断隆
寒武系				雏形期	形成期：中奥陶世	

图 2.4　塔中隆起构造演化综合图

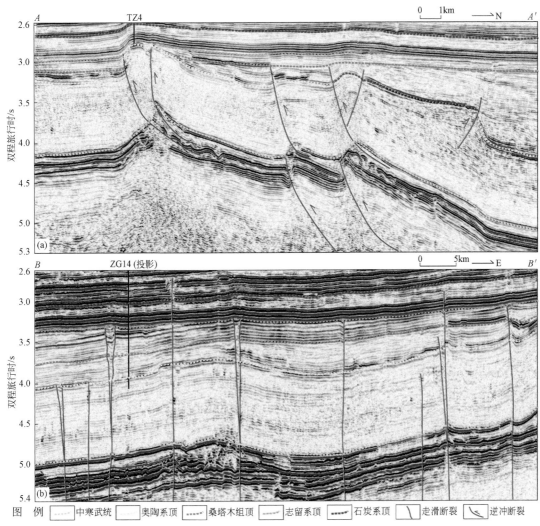

图例　⌐⌐⌐⌐中寒武统　⌐⌐⌐⌐奥陶系顶　⌐⌐⌐⌐桑塔木组顶　⌐⌐⌐⌐志留系顶　⌐⌐⌐⌐石炭系顶　╲╲走滑断裂　╲╲逆冲断裂

图 2.5　塔中隆起北斜坡逆冲断层 (a) 与走滑断层 (b) 典型地震剖面 (剖面位置见图 1.24)

　　塔中隆起纵向上可分为四大构造层：前寒武系基底隆起构造层、寒武系—奥陶系古隆起构造层、志留系—白垩系振荡构造层、新生界稳定构造层。塔中隆起是克拉通内长期稳定发育的断隆，与南北拗陷突变接触关系清楚，是寒武系—奥陶系碳酸盐岩的继承型背斜古隆起，断裂发育、构造复杂。志留系及其上碎屑岩地层表现为明显的宽缓大斜坡，构造欠发育、结构相对简单，成为与周边连为一体的克拉通内拗陷组成部分，不再具有隆起结构。塔中寒武系—奥陶系构造层表现为被断裂复杂化的大型背斜隆起，地层呈现明显的底超顶削，厚度达 3000～4000m。寒武系盐下地层自西北向东南超覆减薄，向南在塘古孜巴斯拗陷尖灭。中寒武统盐膏层在塔中隆起广泛分布，从西向东减薄，至 TZ5 井区以东相变尖灭，中央主垒带、塔中 10 号构造带、南北台缘带附近有较大的塑性变形，并造成上下构造层构造特征的差异。新三维地震剖面表明由于盐膏层调节基底与盐上构造变形的差异，除塔中 I 号断裂带外盐上为盖层滑脱型构造 (图 2.5)。盐上东部构造活动强烈、断裂发育，由于强烈剥蚀，缺失巨厚的上奥陶统泥岩段，寒武系—奥陶系碳酸盐岩也遭受大面积剥蚀，TZ1井区寒武系白云岩直接为石炭系泥岩覆盖，表现为逆冲推覆断背斜特征。而西部构造平缓，褶皱背斜形态保存完整，在中央主垒带、塔中10号构造带受断裂作用复杂化，上奥陶统自南北凹陷向隆起高部位削蚀尖灭。塔中隆起寒武系—奥陶系碳酸盐岩背斜隆起保存较完整，背斜地质结构形态清楚，石炭系及其上的隆升后的地层成层披盖其上，具有明显的不同结构特征。

受控一系列北西向逆冲断裂带，塔中隆起南北分带明显（图1.24）。塔中中部断垒带呈北西向展布的条带状，是长期继承性发育的断裂带，处于构造高部位。北部斜坡西部为较平缓斜坡，由西北向东南方向抬升。南斜坡构造简单，在中西部为南倾平缓斜坡，东部则高陡并受北东向断裂切割复杂化。近期在塔中北斜坡发现北东向走滑断裂体系（图2.5），主要分布在塔中中西部，以一定间距呈条带状出现，截切主体挤压断裂带，造成塔中构造东西分块（图1.24）。受控于一系列北东向的走滑断裂带与北西向的逆冲构造带，形成"南北分带、东西分段"的构造格局（图2.6）。

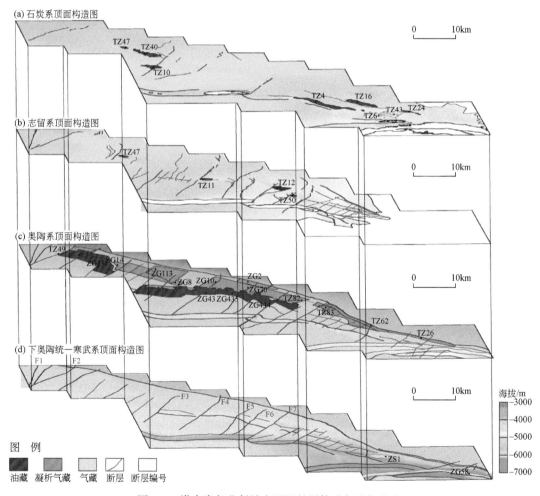

图2.6　塔中隆起北斜坡主要目的层构造与油气分布

二、断裂发育特征

塔中隆起自北向南发育塔中Ⅰ号断裂带、塔中 10 号构造带、中央主垒带、塔中 5 井构造带等逆冲构造带（图1.24、图2.5），这些逆冲构造带向西撒开、向东收敛，总体呈"帚状"，主体构造走向为北北西向。同时，塔中北斜坡发育一系列北东向的走滑断裂贯穿北西向的逆冲构造带，对塔中地区的构造格局与油气成藏具有重要的作用。

（一）逆冲断裂

早期受二维地震资料品质的限制，台盆区挤压断裂一般认为是基底卷入式逆冲断裂。通过新的三维地震资料分析，在寒武系盐膏层发育的地区，断裂发育具有双层结构，寒武系盐膏层上下断裂发育不一致［图2.5（a）］，如塔中北斜坡盐膏层发生强烈的塑性变形，盐上逆冲断裂多未断穿盐膏层，在盐膏层滑脱；由于盐上断裂向上冲断造成断裂消失处空间的虚脱，盐膏层发生向上的隆升增厚形变；而盐下断裂发育位置比盐上断裂根部位置靠前，不是沿盐上断裂的轨迹发生活动，在盐膏层上、下断裂连接处盐膏层所受构造作用强烈，盐膏层减薄最大，出现上下分层变形的特征（邬光辉等，2016）。盐上地层以破裂冲断变形为主，断裂发育；盐膏层以塑性变形为主，出现横向流动，产生小型微幅度的盐丘、盐断背斜等变形构造。由于大多地区寒武系盐膏层含盐较少，以石膏为主，同时夹有大量的白云岩，造成盐膏层缺少主动底辟活动，主要沿断裂处发生近距离的塑性变形。塔中地区盐下以褶皱变形为主，发生整体隆升，形成巨型褶皱背斜，局部发育小型断裂。

除塔中Ⅰ号断裂带东、西段外，中央主垒带、塔中 10 号构造带、塔中 5 井构造带大多数部位基底未卷入盖层变形，发育盖层滑脱型逆冲断层［图1.24、图2.5（a）］。多呈高角度逆冲断层，向上断至奥陶系，向下断至中寒武统盐膏层，断裂部位盐膏层发生强烈的塑性变形，调节盐膏层上下变形的差异。随着盖层构造活动的加强，可产生多条相同方向的盖层逆冲断层，形成同向冲断系统［图2.5（a）］，一般断距较小，向上断至奥陶系上部。在断裂活动强烈的地区可形成多条同向冲断的叠瓦构造，也可形成反向对冲断层，如塔中 5 井构造带与塔中 25 井构造带形成反向对冲断层，并在对冲断块间形成下凹三角带。中央主垒带、塔中 10 号构造带、塔中 5-塔中 7 井构造带等多容易形成反向背冲断层，形成狭长的断垒带。

虽然塔中隆起经历多期不同特征的断裂活动，但主要的断裂带具有继承发育的特点。中—晚奥陶世塔中隆起挤压断裂作用活跃，塔中Ⅰ号断裂带等北西向挤压断裂均有活动，奠定了塔中的断裂分布格局。塔中Ⅰ号断裂带形成于中奥陶世，在奥陶纪末基本定型。中央断垒带、塔中 10 号构造带中奥陶世开始形成，晚加里东期—早海西期继承性发育，局部持续至晚海西期，具有形成早、定型晚的特点。奥陶纪末期，塔中南北两侧的塔中Ⅰ号、塔中Ⅱ号控隆断裂带停止活动，断裂活动强烈区迁移至中部及东部地区。志留纪主要在塔中东南部形成成排成带的北东向逆冲断裂带，断裂活动表现为西弱东强，以压扭作用为主，断裂的分段性更加明显。塔中隆起逆冲断裂早期活动南北强、中部弱，晚期断裂作用东强西弱，断裂活动强度逐步减弱，呈现向中部迁移、向东部迁移的发育趋势。

（二）走滑断裂

前期二维地震资料难以识别走滑断裂，近年新的三维地震资料解释发现大量北东向走滑断层［图1.24、图2.5（b）］。

走滑断裂在地震剖面上特征明显，多表现为"正花状"或"负花状"构造样式。其断面陡直，向上多断至志留系—泥盆系，少量断至二叠系，向下切入前寒武系基底，属基底卷入型走滑断层，多具左旋性质。走滑断层的垂直断距较小，为50~150m。水平位移难以测量，根据台缘带与背斜构造错开位移分析，水平位移达300m以上。走滑断裂平面上具有线性段—斜列段—马尾段等不同构造样式的分段性。斜列走滑段多具有海豚、丝带及辫状识别标志，并有"拉分地堑"发育。马尾段主要发育在塔中Ⅰ号断裂带附近，是走滑断裂应力释放，发育消亡的部分，表现为马尾状结构特征，多呈张扭断裂。

塔中隆起走滑断裂活动主要集中在加里东期—早海西期，部分走滑断层在中加里东期可能已经开始活动，在晚加里东期—早海西期得到大规模继承和加强，晚海西期出现局部继承性活动。早期走滑断裂以压扭作用为主，断裂的分段性明显。晚期走滑断裂以继承性发育为主，多呈张扭特征。

三、构造演化历史

通过对塔中古隆起的断裂、不整合面剖析，结合盆地古隆起构造变迁，塔中古隆起是中奥陶世形成的寒武系—奥陶系背斜古隆起，并经历多期构造演化（图2.4、图2.7），长期稳定发育，继承性强，为稳定的古隆起。

1. 中奥陶世：古隆起形成期

早期多认为塔中古隆起形成于奥陶纪末。新的地震与钻井资料表明，塔中地区缺失中奥陶统一间房组与上奥陶统吐木休克组（图2.4），在上奥陶统良里塔格组沉积期前塔中古隆起已形成（图2.1）。中奥陶世塔里木板块内部从东西伸展转向南北挤压，塔中地区出现挠曲变形，塔中Ⅰ号断裂带发生强烈的北东向冲断运动，控制了塔中隆起的北东向构造格局，形成北东向断隆。同时中央主垒带也开始发育，塔中隆起发生强烈的抬升剥蚀，出现广泛的沉积间断。

前期研究认为塔中整体缺失一间房组—吐木休克组，塔中Ⅲ区（西部 TZ45 井区）良四十五段也缺失，早期存在西高东低的古构造，但近期研究发现在塔中Ⅲ区有一间房组分布。新资料分析一间房组–鹰山组、良里塔格组–吐木休克组之间存在不整合，鹰山组顶部剥蚀明显，表明塔中古隆起是一间房组沉积之前开始活动的，良里塔格组沉积前发生继承性活动，自塔中Ⅰ号断裂带向中部断垒带鹰山组剥蚀作用逐渐加强。地震剖面显示，沿塔中Ⅰ号断裂带鹰山组具有明显的挠曲，与良里塔格组地层变形不一致，而且沿台缘带具有较大厚度，无论是沉积礁滩体，或是构造抬升的地貌高，都表明该区在鹰山组沉积晚期已出现东西走向的分异，可能是塔中隆起的雏形期。因此，塔中古隆起的隆升期可以提前至鹰山组沉积晚期。

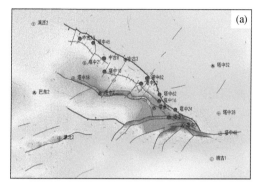
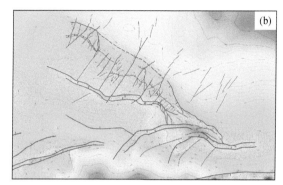
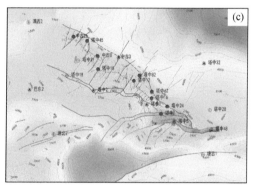

图 2.7 塔中地区奥陶系碳酸盐岩顶面不同时期构造示意图（单位：m）

（a）志留系沉积前；（b）石炭系沉积前；（c）三叠系沉积前；（d）古近系沉积前

同时地震剖面分析塔中Ⅲ区Ⅰ号断裂带的主体活动时间是良里塔格组沉积之后，明显比东部断裂活动弱，东高西低的古构造面貌是继承性的。考虑到东部塔中Ⅰ号断裂带受后期的多期构造活动，早期断裂活动主要集中在东部，而且断裂活动强度较低。另外，塔中北西向挤压断裂基本为盖层滑脱型，塔中Ⅱ号断裂带也分布局限、规模较小，没有形成控隆的规模。因此推断塔中古隆起早期同塔北、塔西南古隆起一样，以整体隆升为主，以褶皱隆升为主（图 2.1），是褶皱型古隆起。

2. 奥陶纪晚期：古隆起定型期

奥陶纪晚期，受控原特提斯洋消减闭合的影响，在塔中地区形成强烈的板内构造活动，以褶皱运动为主，并与塔东地区发生整体强烈隆升，产生大量剥蚀，中央断垒带、塔中 10 号构造带断裂复活，形成了塔中复式背斜的基本格局［图 2.7（a）］。由于板块南部的碰撞从南向南东迁移，塔中隆起从中奥陶世近南北向挤压构造应力场转为北西向挤压应力场，塔中古隆起构造活动从西向东迁移，构造作用主要集中在东部，形成东窄西宽的格局。

塔中Ⅰ号断裂带中西部活动微弱，东段仍然有强烈的断裂活动。中央断垒带断裂发育，但影响范围有限，塔中整体隆升，并产生广泛的剥蚀。地震剖面上，上奥陶统顶部波组削截现象明显，奥陶系碎屑岩从南、北凹陷向隆起轴部很快减薄尖灭。志留系沉积前塔中古隆起基本定型（图 2.5），形成北西西向巨型的背斜隆起，其后仅发生局部的构造调整。

由此可见，塔中古隆起形成于中奥陶世，奥陶纪末基本定型。构造作用的强度自南北向中部增强，构造活动自西向东迁移，构造作用具有继承性与迁移性。

3. 志留纪—泥盆纪：古隆起改造期

志留纪塔中地区呈现向西北方向倾伏的宽缓大斜坡，奥陶系碳酸盐岩大背斜稳定发育［图2.7（b）］。志留纪末，塔中古隆起遭受来自西南方向的强烈构造挤压作用，志留系顶部遭受剥蚀，残余厚度在100～600m。北东向走滑断层活动强烈，以张扭断裂为主。志留纪末塔中东部抬升，剥蚀量较大，志留系向东减薄直至尖灭，古隆起发生向东翘倾抬升。

早中泥盆世塔中地区东部持续翘倾抬升，塔中碳酸盐岩大背斜再次隆升，塔中东段抬升并向东翘倾，碳酸盐岩古隆起继承性发育，以翘倾运动与走滑断裂的改造作用为主。塔中7井区遭受强烈侵蚀改造，形成所谓的"向斜谷"。塔中中西部北东向走滑断裂带继承性发育，塔中5井构造带与中央主垒带也有局部斜向冲断断裂活动，对早期的构造具有较强的改造作用，东西分块的格局基本定型。

4. 晚泥盆世—现今：稳定沉降期

晚泥盆世东河砂岩段沉积期，塔中地区与周边发生整体沉降，东河砂岩向塔中东部隆起区超覆沉积，形成广泛且稳定的克拉通内沉积。石炭纪末期塔中地区出现局部挤压作用，在中央主垒带、塔中10号构造带有断裂继承性活动。东部石炭系顶部小海子组部分地层缺失，并形成低幅度披覆构造。晚海西-燕山运动塔中地区以多期整体沉降-隆升为主，对碳酸盐岩古隆起构造影响微弱。新生代塔里木盆地克拉通区进入快速深埋期，塔中地区整体沉降，厚达2000m以上，寒武系—奥陶系碳酸盐岩古隆起深埋，构造形态与分布基本保持不变，继承性发育（图2.7）。

总之，塔中古隆起形成早、定型早，中奥陶世末已经形成，志留系沉积前基本定型，以褶皱运动为特点。塔中古隆起形成演化北早南晚、构造作用西弱东强。塔中古隆起经历多期构造作用叠加，但下古生界碳酸盐岩背斜古隆起的形态未变，为继承型古隆起。

第二节　台缘礁滩体沉积岩相类型及特征

一、礁滩体岩相类型及特征

晚奥陶世，塔中地区发育大规模生物礁（王振宇等，2007；王招明等，2008）。结合钻井资料，通过地震地层学研究可以判识上奥陶统良里塔格组礁滩复合体，生物礁多分布在正向地貌部位，地貌较平缓但局部横向厚度变化明显者也可视为礁。综合钻井资料与地震资料，可识别划分出生物礁、粒屑滩和滩（礁丘）间海等主要沉积单元（表2.1）（王振宇等，2009）。

(一) 礁丘亚相

礁丘亚相包括礁核、礁坪-礁顶、礁翼微相,主要由隐藻泥晶灰岩、隐藻黏结岩、生物碎屑黏结岩、生物碎屑灰岩、生物(礁)砾屑灰岩、砂砾屑灰岩夹障积岩、格架岩组成。造礁生物主要有造架生物、障积生物、黏结-结壳生物、附礁生物。

台地边缘外带的礁体规模大,生物礁丘呈4~5个旋回发育。TZ30井第20筒、21筒岩心显示(图2.8),礁核主要为浅灰色厚层状珊瑚骨架岩、珊瑚黏结岩-障积岩、藻黏结生物碎屑砂屑灰岩、隐藻泥晶灰岩、生物砂屑黏结岩,礁核中骨架岩单层厚度为4.8m,厚度占36%;障积岩单体厚度为3.5m,占总厚度的26.3%,黏结岩单层厚度为1.5m,厚度占11.4%;礁体中的沟道碎屑沉积物单层厚度为1.1~1.2m,占总厚度的约17.3%,隐藻泥晶灰岩单层厚度为1.2m,占总厚度的9%。

表 2.1 塔中地区上奥陶统台地边缘相划分简表

相	亚相		微相	岩性特征综述
台地边缘相	生物礁	礁丘	礁核	浅灰色厚层块状海绵、珊瑚、层孔虫、管孔藻、腕足类、腹足骨架岩,常夹有代表沟道沉积的礁角砾岩和生物砂砾屑灰岩
			礁坪-礁顶	灰、浅灰色薄-中层状藻黏结岩、含核形石的亮晶砂砾屑灰岩和亮晶藻砂砾屑灰岩,间夹骨架岩
			礁翼	灰色中厚层块状藻黏结砾屑灰岩、含藻灰结核的藻黏结砂屑灰岩
		灰泥丘	丘核	中厚层块状隐藻泥晶灰岩、隐藻黏结岩、隐藻凝块灰岩等
			丘翼	中厚层具黏结结构的泥晶砂屑灰岩、球粒泥晶灰岩、含生物碎屑的亮-泥晶砂屑粉屑灰岩
			丘坪	灰色中厚层藻黏结岩、泥-亮晶含核形石的藻砂屑灰岩、核形石砂砾屑灰岩
	粒屑滩		生物碎屑滩	灰、浅灰色中厚层状亮-泥晶生物碎屑灰岩
			生物碎屑砂砾屑滩	灰、浅灰色泥-亮晶生物碎屑砂屑灰岩、生物碎屑砂砾屑灰岩
			砂屑滩	灰、浅灰色中厚层状泥-亮晶砂屑灰岩
			鲕粒滩	浅灰色中薄层泥-亮晶鲕粒灰岩、含砂屑的鲕粒灰岩等
	滩(礁丘)间海			灰、深灰色泥晶灰岩、含生物碎屑泥晶灰岩、泥质灰岩、含泥灰岩等

礁丘纵向可划分为礁基、礁核、礁坪-礁顶、礁盖等四种微相,横向可划分为礁核、礁翼、礁前、礁后等微相。台地边缘礁呈4~5个旋回发育,单个的粒屑滩既是上部礁体的礁基,同时又是下部礁体的礁盖(王振宇,2007)。礁丘的生长过程大致可划分五个阶段:奠基期、拓殖期、泛殖期、衰亡期和礁盖期(孙崇浩等,2008)。

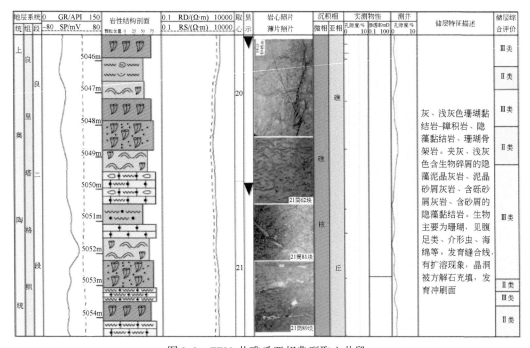

图 2.8　TZ30 井礁丘亚相典型取心井段

GR. 自然伽马；SP. 自然电位；RD. 深侧向电阻率；RS. 浅侧向电阻率，下同

（二）灰泥丘亚相

灰泥丘亚相主要由隐藻泥晶灰岩、叠层灰岩、隐藻凝块灰岩、砂屑黏结岩，夹藻砂砾屑灰岩、苔藓虫–珊瑚障积岩组成（图 2.9）。造丘生物类型主要包括隐藻类、造架藻类、

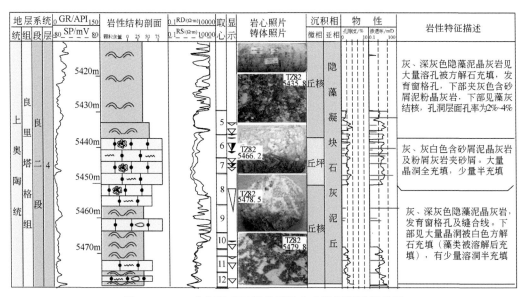

图 2.9　TZ82 井灰泥丘亚相典型取心井段沉积微相特征

黏结-造架藻类、结壳-黏结藻类、造架-结壳动物和附丘生物。

　　灰泥丘微相在 TZ82、TZ822 等井中发育良好，厚度变化较大，一般在 7～70m。以发育灰色中厚度-块状的隐藻泥晶灰岩、隐藻凝块灰岩为特征，常夹具隐藻黏结结构的球粒泥晶灰岩、含球粒泥晶灰岩以及充填丘内沟道的粗粒沉积。隐藻泥晶灰岩、隐藻凝块灰岩及球粒泥晶灰岩多发育窗格孔洞构造、层状晶洞构造及收缩缝构造。孔洞呈似鸟眼状、雪花状、蠕虫状、不规则状，面孔率为 6%～10%，孔洞直径一般为 1～3mm，大者可达 1mm×12mm 至 3mm×30mm，长轴顺隐藻包绕或延伸方向断续分布。孔洞为 1～2期粉-细晶方解石、方解石和灰泥及少量的充填，常具示底构造。部分孔洞壁外显示具隐藻包绕的残余结构或残余的藻丝体。孔洞内可见完整的介形类和原地生长状态的表附藻（图 2.9）。

　　岩心可见的视域内，多数凝块石呈块状、丘状，少量呈小型丘状、柱状和分枝状。微观上多表现为泥晶凝块、泥晶球粒斑块和亮晶方解石充填的孔洞构造；一些复合灰泥丘的丘体中上部可含有少量珊瑚、海绵、苔藓虫等。

　　发育完整的灰泥丘从底到顶可分为丘基、丘核、丘坪以及丘盖，多生长于粒屑滩或丘间海之间，一个粒屑滩可成为某个灰泥丘的丘基，同时又可作为下伏一个灰泥丘的丘盖。台缘灰泥丘的发育演化可大致分为五个阶段：奠基期、拓殖期、泛殖期、衰亡期和丘盖期。灰泥丘微相的岩性相对致密，但大量发育窗格孔及层状晶洞，部分未被完全充填，经历构造溶蚀作用改造后也可能形成优质的储层。

（三）粒屑滩亚相

　　主要发育在台地边缘的碳酸盐岩浅滩，粒屑滩包括生物碎屑滩、生物碎屑砂砾屑滩、砂屑滩、砂砾屑滩、鲕粒滩、核形石滩等类型。大多由中-厚层泥-亮晶生物碎屑灰岩、生物碎屑砂砾屑灰岩、砂屑灰岩、砂砾屑灰岩、鲕粒灰岩、核形灰岩组成。粒屑滩纵横向分布并不是孤立的，通常是几种粒屑滩和礁丘叠置的组合（图 2.10）。棘屑滩、生物砂砾屑滩主要发育在良一段和良二段上部，与礁丘组合共同产出。中高能藻砂屑滩、鲕粒滩一般与灰泥丘形成组合，厚度一般为几米至几十米，岩性为浅灰色中薄层泥-亮晶鲕粒灰岩、砂屑灰岩。粒屑滩孔隙发育，是优质孔洞型储层发育主要沉积微相。

（四）滩（礁丘）间海亚相

　　滩（礁丘）间海是指位于滩（礁丘）间地形相对低洼的环境，位于正常浪基面之下，但一般不超过 50m，水流干扰弱。沉积物以层薄、粒细、色暗和高泥为特征，为泥晶灰岩，含藻屑、粉屑的泥晶灰岩，含生物碎屑泥晶球粒灰岩，球粒泥晶灰岩，泥质含生物碎屑泥晶灰岩。化石以蓝绿藻、介形虫、腕足类、海绵骨针为主，其次可见有棘皮动物、苔藓虫等碎片。生物扰动构造发育，可见冲刷面和较薄的粒序韵律层。化石种类及含量在滩间和丘间还有所区别，滩间海亚相中生物类型及含量相对丰富，而丘间海亚相中生物类型和含量则相对单一。

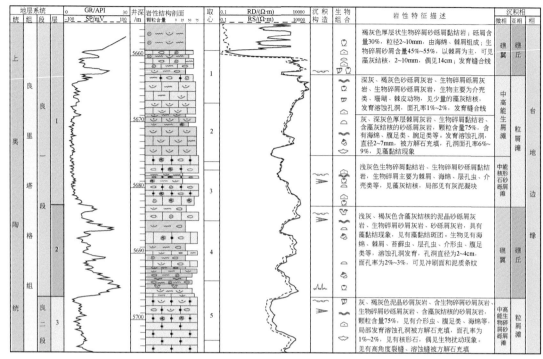

图 2.10　TZ826 井粒屑滩相典型取心井段沉积微相特征

二、礁滩体内部构型及演化

受控构造变动、海平面变化及礁滩体的营建速率，台缘礁滩体往往经历多旋回生长发育过程，构成复杂的内部结构。综合岩心薄片观察结合测井相与地震相分析，良里塔格组具有五个成滩期和四个成礁期（图 2.11），不同时期礁滩体具有迁移性（图 2.12）。

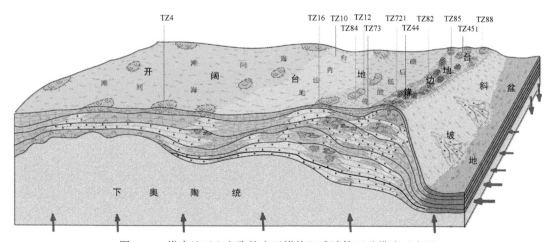

图 2.11　塔中地区上奥陶统良里塔格组礁滩体迁移模式示意图

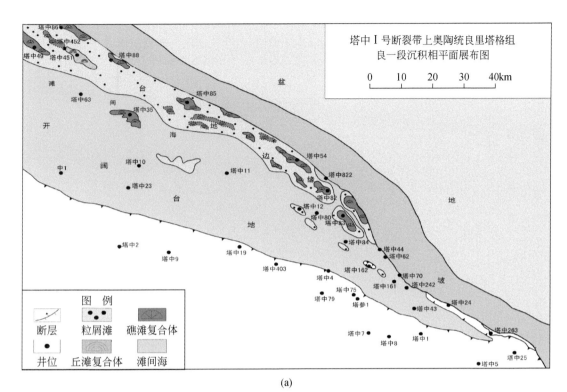

(a)

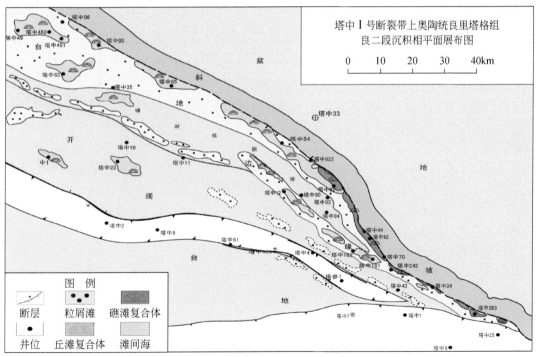

(b)

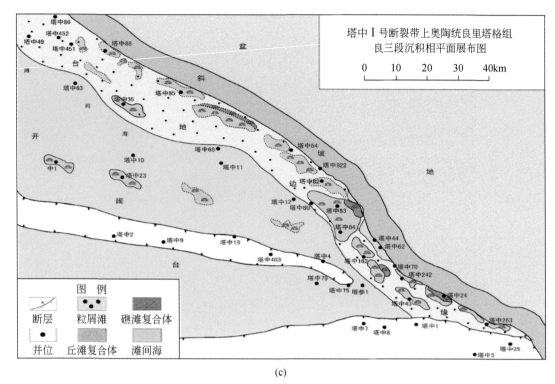

图 2.12　塔中隆起北斜坡上奥陶统良里塔格组不同时期礁滩体沉积相平面分布图

底部的两期礁滩体表现为垂向加积准层序,上部的 1~2 期礁滩体表现为进积层序,表明了晚期高位的礁滩体向斜坡、盆地方向的推移进积作用。高位期礁滩体受到了次级构造沉降速度和海平面变化的控制,具体表现为海平面上升期发育生物骨架礁丘、灰泥丘和礁(丘)间沉积,随着礁丘向上生长、海平面相对下降,波浪作用能量增强,礁(丘)停止发育,进而被中高能的粒屑滩所取代。之后伴随下一轮海平面升降次级旋回,新的礁滩体又复苏生长,如此共经历五期旋回。良里塔格组沉积末期,塔中Ⅰ号断裂带发生继承性活动,塔中东部出现构造抬升,海平面下降幅度较大,使塔中台地边缘出现大面积暴露,导致 TZ26 井区缺失良一段,同时使塔中台地边缘顶部的礁滩体最后消亡,并受到了岩溶作用改造。

良里塔格组沉积中晚期,在横穿塔中Ⅰ号断裂带方向上,礁(丘)滩体底部为生物碎屑砂屑滩;之上为浪底之下形成的灰泥丘、障积丘建隆;脊部黏结岩、格架岩形成的礁核朝迎风面向外生长,盖于灰泥丘和侧翼岩层之上;其上为核形石、棘屑礁坪颗粒岩;礁背风面为礁翼,发育棘屑滩、生物砂砾屑滩,再向外过渡为礁后中低能砂屑滩及礁后低能带。礁(丘)滩复合体呈条带状分布,脊部黏结岩、格架岩形成条带状的礁核,核间被低洼的滩间海隔开,在礁核的外围为中高能的生物碎屑砂屑滩沉积。

从各期礁、滩的发育分布可以判断，早期发育的礁滩主要分布于台缘内带，晚期发育的礁体主要分布于台缘外带。晚期的礁滩体前积作用明显，在纵向演化上具有由内带向外带的发育迁移规律，总体上表现为沿塔中Ⅰ号断裂带发育礁滩复合体，往内侧则主要形成丘滩复合体。

结合区域地质背景，根据不同期次沉积相的纵横向变化厘定了塔中Ⅰ号断裂带礁滩体平面展布特征（图2.12）。沿TZ45—TZ26井一线，宽3~5km的范围内为礁体集中区；在礁主体相的外带是斜坡相，斜坡相的外侧是盆地相；内侧是滩相的分布区；滩相的内带是范围宽广的礁后低能区。从良里塔格组良三段沉积时期到良一段沉积时期，礁滩体的发育范围逐渐减小，并向塔中Ⅰ号断裂带收缩。就礁（丘）和滩的组合形态而言，不同井区礁（丘）滩的组合形态不同。TZ62井区以礁滩复合体为主，生物骨架礁比较发育；TZ82井区以滩丘复合体为主，灰泥丘比较发育；TZ24井区以丘滩复合体为主，以滩相储层为主。在礁（丘）滩复合体后面为礁（间）后低能带沉积区域，以滩间海沉积为主，零星分布有滩丘复合体以及孤立的礁滩体。另外在TZ24-TZ82井区和TZ82井区的礁有所区别，前者以生物骨架礁为特征，礁体高而窄，侧翼坡度陡；后者则以灰泥丘为特征，形态平缓。

第三节　台缘礁滩体储集特征及控制因素

一、台缘礁滩体岩石类型

良里塔格组储层的主要岩石类型为礁滩相的生物礁灰岩、颗粒灰岩和黏结岩类，具体岩性十分丰富，包括泥-亮晶砂屑灰岩、砂砾屑灰岩、藻黏结生物碎屑砂砾屑灰岩、藻黏结泥晶砂屑生物碎屑灰岩、生物礁灰岩类、隐藻泥晶灰岩、生物泥晶灰岩和含泥泥晶灰岩等。

不同区块的储层岩石类型略有差异，如东部井区储层以藻黏结的生物碎屑砂砾屑灰岩和生物礁灰岩为主，两者所占比例近60%［图2.13（a）］，中部井区则以颗粒灰岩为主，含量占60.7%，其次为隐藻黏岩，格架岩含量很少［图2.13（b）］。西部井区储层岩石类型多样，以砂屑灰岩为主，占57.5%，其次为泥晶灰岩及隐藻泥晶灰岩，分别为13.1%和11.9%，隐藻黏结岩、生物碎屑砂屑灰岩等岩性也占一定比例［图2.13（c）］。

整体上，储层发育的岩石类型多，以颗粒灰岩为主，表明岩石类型是储层发育的重要物质基础。

二、台缘礁滩体物性特征

通过塔中地区良里塔格组岩心孔隙度样品2376块，渗透率样品2002块统计分析表明：最大孔隙度达12.74%，最小孔隙度仅0.05%，平均孔隙度为1.66%。岩心分析渗透率分布范围在0.013~840mD，平均为6.5mD。

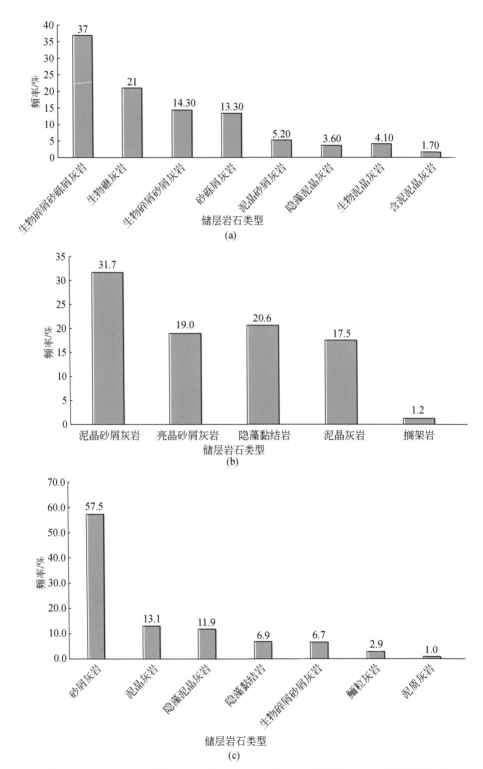

图 2.13　塔中地区良里塔格组东部（a）、中部（b）及西部（c）储层岩石类型

本区良里塔格组的样品中，孔隙度小于 1.8% 的样品占 16.7%；孔隙度大于 4.5% 的样品仅占 7.7%。孔隙度在 1.8%～4.5% 的样品占 49.9%。渗透率小于 0.01mD 的样品占样品总数的 6.86%，在 0.01mD 和 5mD 之间的样品占样品总数的 84.79%；大于 5mD 的样品占样品总数的 8.35%。

总之，塔中 I 号断裂带奥陶系岩心物性具有明显的特低孔、特低渗特征，仅有局部溶蚀孔洞与裂缝发育部位具有较高的孔隙度与渗透率。

三、台缘礁滩体储层类型

塔中 I 号断裂带储集空间主要为孔、洞、缝。根据其组合特征可以把储层划分为孔洞型、裂缝型和裂缝-孔洞型。孔洞型储层为较多的一种储层类型，溶蚀孔、洞是其主要的储集空间。这类储层一般是原生孔隙发育的层段经过溶蚀改造形成，裂缝欠发育。从本区奥陶系岩心物性分析可知，基质孔隙度多在 2% 以下，但溶蚀孔洞发育段孔隙度可达 4%～6%，局部甚至高达 10% 以上。在地层微电阻扫描成像（formation microscanner image, FMI）图上观察到溶蚀孔洞，一般呈不规则暗色斑点状分布（图 2.14）。

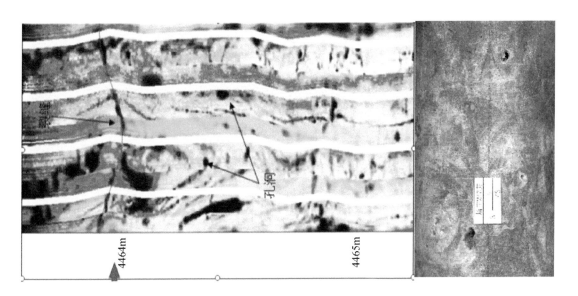

图 2.14　裂缝与孔洞的 FMI 测井响应特征

裂缝型储层在工区内普遍发育，该类储层一般岩石基质物性较差，原生孔隙和次生孔洞均不发育，裂缝为其主要储集空间和连通渠道，通常储集性能较差、渗流性能好。在 FMI 图上观察到未充填缝或泥质充填缝呈暗色线状，而方解石充填缝呈连续亮色线状，方解石半充填缝呈断续亮色线状，在成像测井上较易识别裂缝（表现为黑色的正弦曲线）并判断其产状和有效性（图 2.14）。

裂缝–孔洞型储层为工区主要的一种储集类型，这类储层孔洞、裂缝均较发育。孔洞是其主要的储集空间，裂缝既作为储集空间，但更为重要的是作为连通渠道。相比单一孔洞型或单一裂缝型储层，孔洞和裂缝共存大大提高了地层的储集、渗流能力。

通过对大量试油井段储层类型、油气产出状态、储集空间类型统计分析，塔中奥陶系碳酸盐岩储层主要以裂缝–孔洞型和孔洞型储层为主，同时局部发育大型缝洞体储层。近期的开发实践表明，基质孔隙为主的孔洞型储层难以获得工业油气流，油气产量主要来自在地震剖面上具有"串珠"状响应或杂乱反射的大型缝洞体储层，并在钻井过程中出现放空、漏失与溢流等。储层的发育不受基质孔隙度的控制，后期构造裂缝的沟通也是优质储层发育的重要因素。

四、礁滩体发育主控因素

（一）高能沉积相带

塔中Ⅰ号断裂带良里塔格组台缘礁滩体发育，储层孔隙度和渗透率在不同井区有一定的差异。从沉积微相与常规物性的关系来看（表2.2），总体上以生物碎屑滩微相最好，礁核相对较好；其次为礁坪、砂屑滩、丘坪和丘核，物性相对较差；滩间海孔隙度最低，物性差，一般为非储层。统计发现表明，与生物碎屑（骨粒）相关岩性如生物碎屑灰岩、生物碎屑砂砾屑灰岩、生物骨架岩是优质储集岩类（表2.3）。另外从储层分布层段上来看，上奥陶统五个层段中以良二段物性最好，其次为良一段和良三段上部。造成这种储层差异的因素主要受控于沉积环境，良二段和良三段上部沉积时期是礁丘、滩和丘的主要发育时期，储层相对发育。

表 2.2 塔中Ⅰ号断裂带 TZ82 井区良里塔格组不同沉积微相储集性能统计

微相类型	样品数	孔隙度/%			样品数	渗透率/mD		
		最小值	最大值	平均值		最小值	最大值	平均值
礁核	34	1.13	3.57	2.22	16	0.04	9.52	1.74
礁坪	45	0.63	6.78	1.77	44	0.06	8.23	0.53
丘核	428	0.27	7.54	1.23	174	0.01	8.53	1.56
丘坪	25	0.71	4.6	1.24	48	0.02	3.1	1.44
砂屑滩	208	0.32	6.9	1.44	202	0.02	8.94	0.69
生物碎屑滩	43	1.77	4.44	2.27	44	0.04	9.97	0.67
滩间海	52	0.05	3.07	1.05	20	0.02	6.44	0.87

表 2.3　塔中地区上奥陶统礁滩体不同岩石类型物性分布表

岩性	孔隙度/%		渗透率/mD	
	范围	平均值	范围	平均值
生物碎屑砂砾屑灰岩	0.01~4.60	1.6925	0.007~6.44	0.6325
隐藻泥晶灰岩	0.27~7.54	0.9475	0.004~8.53	0.6325
亮晶砂屑灰岩	0.01~6.9	1.5075	0.003~8.94	0.3075
泥晶灰岩	0.05~6.07	0.9625	0.012~9.52	0.725
生物骨架岩	0.5~6	1.145	0.02~1	0.27
泥晶砂屑灰岩	0.05~7.16	1.076	0.01~8.53	0.766
生物碎屑灰岩	1.13~3.57	1.8	0.04~9.52	1.74
棘屑灰岩	0.54~4.44	1.77	0.04~9.71	0.67

塔中地区上奥陶统台缘相带水体较浅，波浪和上升流作用频繁，海水中携带的营养丰富，因此碳酸盐的产率高，是礁滩体发育的有利场所，随阶段性构造沉降和海平面变化及生物向上营建作用，发育生物礁、粒屑滩、灰泥丘的多旋回沉积组合。由于生物骨架的支撑作用和黏结生物的黏结作用，使生物礁中发育了大量的原生骨架孔洞和层状晶洞构造；而生物碎屑滩、粒屑滩由于颗粒支撑作用形成大量的粒间孔。虽然大部分孔洞为灰泥、生物碎屑和多期方解石充填、半充填，其残余孔洞孔隙度可保存1%~3%。而台内滩间海、灰泥丘相泥晶灰岩、藻纹层灰岩原始孔隙极低，残余孔隙更低。

因此，岩性和岩相组合是储层发育的重要基础，控制了有利相带的分布和有利储集体的发育。同时，多期的礁滩体向上营建形成的较高古地貌、相对海平面下降过程中发生的暴露，有利于溶蚀作用形成次生孔洞型储层。另外，不同礁滩复合体类型也决定了孔洞型和孔隙型储层的形成和分布：在灰泥丘上多发育砂屑滩、鲕粒滩，接受大气淡水暴露溶蚀，形成孔隙型储层；在复合灰泥丘上多发育生物碎屑滩、生物碎屑砂砾屑滩，接受大气淡水暴露溶蚀，其中高镁方解石及文石胶结物较易遭受选择性溶蚀，形成孔洞型储层；台缘礁丘顶部及侧翼多发育生物砂砾屑滩，有利于形成孔洞型优质储层。

（二）高频海平面变化

尽管良里塔格组储层主要分布在礁滩体中，但大部分礁滩体储层差，而且沉积微相与岩性对礁滩体基质孔隙的影响不大（表2.2）。

研究表明，良里塔格组上部礁滩体具有明显的向上变浅的米级旋回变化（赵宗举等，2006；邬光辉等，2011），主要表现为下部发育薄层的泥晶灰岩，向上发育中-厚层的砂屑、生物碎屑灰岩。自然伽马能谱测井钍/钾（Th/K）值研究表明（图2.15），上奥陶统良里塔格组碳酸盐岩钍/钾值呈现明显的米级旋回变化。在测井资料上，自然伽马、电阻率等曲线也显示有不同级别的旋回，与长周期的沉积旋回有一定的对应关系。结合岩心与常规测井资料进行高频层序地层分析，20 个短周期旋回组合形成四个长周期旋回，礁滩体在下部厚度较大的长周期旋回中最发育。对比表明，长周期旋回地层厚度越大、钍/钾值越低，礁滩体越发育，高频层序可指示礁滩体的发育。

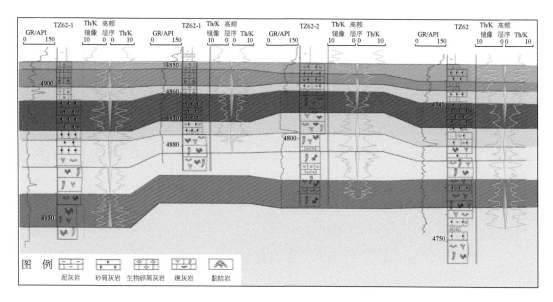

图 2.15　塔中地区礁滩复合体高频旋回建造与储集体对比图（单位：m）

与长周期高频旋回对应，三个海平面变浅的长周期附近均是优质储层发育段，三期暴露面形成三套优质储层发育段。这些向上变浅的礁滩体具有不同程度的岩溶作用及大气成岩透镜体的发育，常出现于礁滩旋回顶部的颗粒灰岩中。根据同生期岩溶作用的识别标志，在塔中Ⅰ号断裂带多数井的上奥陶统灰岩中发现有不同期次和不同程度的岩溶作用及大气成岩透镜体的发育，并相应发育 4~5 期大气成岩透镜体（图 2.16），控制了早期孔洞层的形成。在塔中Ⅰ号断裂带良三段上部—良一段高位域的台地边缘，经过了 6.5 个礁（丘）–滩沉积旋回的发育和大气暴露，在向上变浅的高频层序的生物碎屑滩、砂砾屑滩中发育区域性稳定的溶蚀孔洞层，是优质储层的发育层位。

受米级沉积旋回和海平面变化的控制，处于台地边缘的礁滩复合体形成古地貌高地，伴随海平面暂时性相对下降，呈孤立岛状暴露于大气淡水成岩环境中［图 2.17（b）］，受到富含 CO_2 的大气淡水的淋滤，发生选择性和非选择性的淋滤、溶蚀作用，从而形成粒内溶孔、铸模孔、粒间溶孔、溶缝和溶洞（图 2.16）。这些溶蚀孔隙对孔隙度的增加可达50% 以上，造成现今的基质孔隙可达 3%~8%。由此可见，基质孔隙比较发育的储层段大多位于基准面向上变浅的高频旋回顶部，具有准同生期岩溶，礁滩体准同生期岩溶作用控制基质孔隙的发育。而在礁后及台内的礁滩体中，由于准同生期岩溶影响微弱，基质孔隙欠发育，孔隙度一般小于 4%。

（三）短暂暴露不整合

依据高精度三维地震资料研究表明，良里塔格组沉积后有一期暴露岩溶作用。

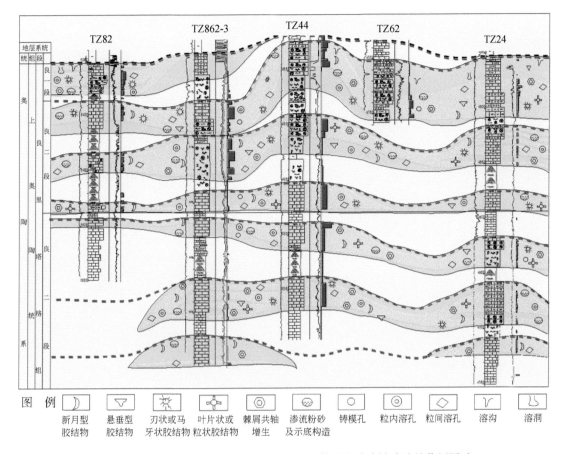

图2.16 塔中地区上奥陶统良里塔格组礁滩体大气成岩淡水溶蚀作用图示

（1）地震剖面上桑塔木组泥岩超覆在良里塔格组碳酸盐岩之上，并有小型断裂发育，地层具有不整合接触关系，存在挤压抬升与暴露。

（2）塔中东部井区良里塔格组上部的灰岩段逐步剥蚀，缺失良一段顶面地层，桑塔木组泥岩直接覆盖在良二段纯灰岩之上。

（3）东部储层发育的台缘带发现有风化壳岩溶形成的缝洞，多为泥质充填（邬光辉等，2016）。TZ82、TZ242、TZ62-2、TZ44等井区岩心都见到泥质充填的岩溶洞穴，在良里塔格组礁滩体沉积之后出现不整合岩溶，形成大规模洞穴。

（4）更为重要的是，礁滩体储层发育最好的TZ62井基质孔隙达5%~8%，但只有低产油气，而高产有气流井在地震资料上均有大型缝洞体响应（图2.18），不同于沉积相控的礁滩体基质储层。

相关资料分析表明，在良里塔格组沉积后，塔中Ⅰ号断裂带东部发生挤压抬升，并有局部断裂活动。东部台缘带出现褶皱与断裂抬升，局部礁滩体暴露海平面之上，发生局部的大气淡水渗流与溶蚀，形成以渗流岩溶为主的溶蚀洞穴［图2.17（c）］，并有桑塔木组泥质的充填。塔中Ⅰ号断裂带东部良里塔格组礁滩体岩溶作用影响深度逾200m（邬光辉

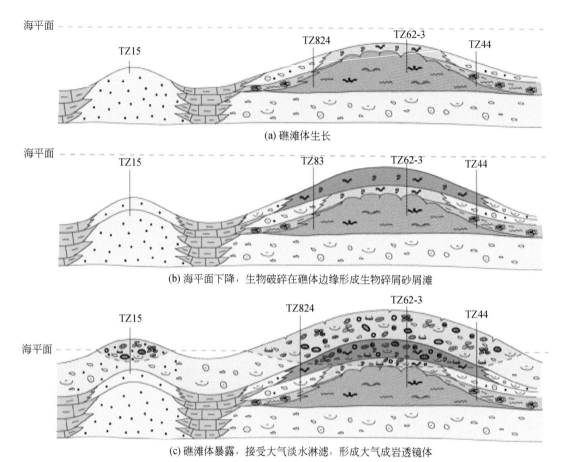

(a) 礁滩体生长

(b) 海平面下降，生物破碎在礁体边缘形成生物碎屑砂屑滩

(c) 礁滩体暴露，接受大气淡水淋滤，形成大气成岩透镜体

图 2.17　台地边缘礁滩复合体沉积（a）、同生期岩溶（b）和暴露期岩溶（c）模式图

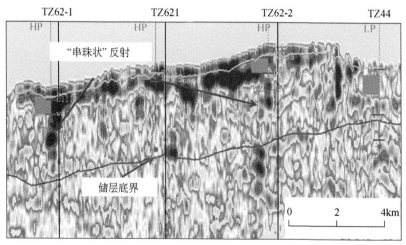

图 2.18　TZ62 井区台地边缘礁滩复合体地震分频剖面

图中黄、红色示储层发育部位；HP. 高产井；LP. 低产井

等，2016），发育大型溶洞岩溶角砾、泥质充填物，以及渗流岩溶漏管、不规则状溶沟和渗流粉砂充填物。井间岩溶作用变化大，缝洞发育的规模、深度均有较大差异，泥质充填为主、充填程度高。其中垂向渗流作用强，岩溶落水洞发育，未发现完整的水平潜流带，可能与暴露范围和时间有关。该期岩溶作用虽然时间短、范围小，但对储层的发育具有强烈改善作用，有利于发育大型缝洞体。

塔中Ⅰ号断裂带良里塔格组顶部礁滩体受构造作用抬升暴露溶蚀，但没有改变礁体地貌。在暴露期间由礁滩地貌转化为岩溶地貌，多在礁滩复合体核部形成岩溶高地，礁翼形成岩溶斜坡，礁后低能带、礁滩间海形成岩溶洼地、洼坑。储层在侧向上多位于礁滩复合体核部和翼部，核部以好–中等储层为主，翼部以好储层为主，礁后低能滩和低能泥晶灰岩沉积区储层变薄变差。在纵向层位来说，岩溶作用层位主要发育于良二段和良一段上部，岩溶作用强烈，是优质储层的发育层位。在垂向剖面上孔洞层集中发育段受潜流岩溶带发育位置控制，随潜水面的波动变化可形成多套孔隙层叠置。虽然孔隙层的发育并未严格受到岩性、岩相的控制，但孔洞发育程度和孔隙度则明显与岩性、岩相有关，即颗粒岩的孔隙度和孔洞发育程度，明显优于黏结岩，礁翼优于礁核。

塔中Ⅰ号断裂带台缘外带的 TZ24、TZ62 和 TZ82 井区的上奥陶统良里塔格组顶部，均存在不同程度的岩溶作用，见有大型溶洞及角砾、泥质、层纹状方解石充填物。这些大气淡水作用特征明显与侵蚀面岩溶作用有关。根据泥质条带灰岩受到的剥蚀残留情况，推测在良里塔格组沉积末期，在塔中Ⅰ号断裂带台缘外带的 TZ24、TZ62、TZ82 井区发生暴露、剥蚀和岩溶作用，并控制了缝洞体优质储层的分布。

塔中Ⅰ号断裂带的台地边缘经历 4～5 期滩–礁（丘）沉积旋回的发育和大气暴露，在良里塔格组（良一段沉积期间及末期），出现整个台地边缘的大规模暴露，良一段的相变缺失区，是大气淡水溶蚀的强烈区，已形成岩溶规模，在上部旋回的生物碎屑滩、砂砾屑滩中发育区域性稳定的溶蚀孔洞层，是优质储层的发育层位［图 2.17（c）］。

（四）埋藏溶蚀与多期油气运聚的建设性作用

塔中奥陶系碳酸盐岩经历了多次构造–成岩旋回的改造，相应地发育了多期埋藏溶蚀作用。研究表明，碳酸盐岩埋藏溶蚀作用是提高储层孔渗性能的一种重要的建设性成岩作用，存在对应晚加里东期、晚海西期与喜马拉雅期的多期埋藏溶蚀。通过岩心和镜下薄片观察，发现本区上奥陶统碳酸盐岩中发育埋藏期溶蚀作用，不仅期次多，而且分布较普遍，规模也较大，对本区油气有效储集空间的形成发育以及油气的富集影响大。位于隆拗结合部位的塔中Ⅰ号断裂带埋藏溶蚀表现较为强烈。伴随多期构造作用与酸性水的进入，发生了多期的埋藏溶蚀作用，形成溶缝、串珠状溶孔与溶蚀孔洞，有效孔隙度达 0.5%～3%，与先期残余孔洞一起构成新的孔隙组合（王振宇等，2007）。碳酸盐岩埋藏溶蚀作用所形成的溶蚀孔洞、扩溶缝使礁相的连通性增加，可能成为本区油气有效的储集空间。

　　研究发现，含油层段中基质孔隙与缝洞体储层中胶结充填程度低，有效孔隙远大于围岩，而没有油气充注的孔洞层与裂缝胶结作用强烈，孔隙几乎消失殆尽。埋藏期溶蚀孔隙的发育往往与烃类运移伴生，埋藏溶蚀期次与晚加里东期、晚海西期及喜马拉雅期的油气运移事件一致。烃类的运聚不仅通过携带有机酸促进埋藏期的溶蚀，同时油气运聚伴生的硫酸盐热化学还原反应（thermochemical sulfate reduction，TSR）作用具有显著的扩溶效应，对次生储层的贡献较大。此外，油气的充注在很大程度上抑制了方解石的胶结作用，尤其是早期的油气注对储层的保持度可达50%以上。由于本区存在多套源岩和多次烃类的运聚事件，其埋藏溶蚀作用也呈多期发育。

　　综合相关资料分析，塔中Ⅰ号断裂带至少发育三期埋藏溶蚀作用。第一期埋藏溶蚀作用发生于晚加里东期至早海西期，在全区都有分布。但胶结作用强烈，残余有效孔隙较少，主要分布在有古油藏的储层中。第二期埋藏溶蚀作用发生于晚海西期至早印支期，在TZ45、TZ12、TZ161和TZ44井区表现较强烈，形成的缝洞多为方解石和萤石充填。该期埋藏溶蚀作用对TZ45井区裂缝-孔洞型储层的形成有重要作用。在塔中10号构造带岩溶孔隙发育较差，埋藏溶蚀孔洞型储层较发育，孔隙中见油斑或含油，有效储层的形成与保存与该期的埋藏溶蚀和油气运聚密切相关。第三期的埋藏溶蚀作用主要见于TZ54、TZ42和TZ44井区，以发育裂缝-孔洞型储层为特征，缝洞充填少，很可能是喜马拉雅期的产物，并与凝析气藏关系密切。

　　总之，塔中地区中—晚奥陶世出现的生物礁是地质历史上第一代严格意义上的生态礁或生态礁雏形，属大型的生物礁，是时代最老、规模最大的台缘礁滩复合体。研究揭示台缘礁滩体储层发育的四个主控因素包括：高能沉积相有利于后期储层的发育；多期礁滩体营建和海平面下降控制了多套早期暴露孔洞层的形成；岩溶作用是形成良里塔格组上部优质孔洞型储层的重要控制因素；多期埋藏溶蚀作用与油气运聚增加了储层的有效储集能力。近期的研究与油气藏评价开发实践表明，塔中地区上奥陶统良里塔格组礁滩体基质储层致密，难以形成工业产能，油气产出主要来自经历构造-成岩作用形成的大型缝洞体储层，并沿断裂带分布。

第四节　内幕不整合厘定方法及空间分布

　　前期对塔中大漠区巨厚碳酸盐岩内幕是否存在不整合面与优质规模储集体一直存在较大争议，内幕不整合的厘定及其分布是凝析气田勘探开发是面临的焦点问题。攻关集成古生物、地震地层、洞穴充填和地球化学分析方法，厘定了塔中奥陶系碳酸盐岩不整合面的属性，揭示了奥陶系内幕不整合的空间分布，拓展了巨厚碳酸盐岩内幕岩溶缝洞体油气勘探开发新领域。

一、塔中地区奥陶系不整合厘定

　　由于深部碳酸盐岩内幕不整合的时限短、资料少，需要综合不同方法厘定不整合面。

（一）古生物依据

古生物研究发现，中奥陶统上部的一间房子牙形刺带自下而上包括 *Microzarkodina parva* 带、*Lenodus variabilis* 带、*Eoplaceognathus suecicus* 带、*Pygodus serra* 带和 *Yangtzeplacognathus crassis* 带。地层对比表明，塔中上奥陶统良里塔格组上覆于鹰山组第三段之上，且有部分钻井良里塔格组下部也发育不全。对比分析表明，其间缺失了至少11个牙形刺带，相当于有 17～20Ma 的地层缺失。巴楚地区良里塔格组覆于鹰山组第二段或鹰山组第一段之上，缺失了至少八个牙形刺带，相当于有约 14Ma 的地层缺失。奥陶系碳酸盐岩内幕良里塔格组与鹰山组之间缺失 *Pygodus serrus* 带、*Eoplacognathus suecicus* 带、*Lenodus（Amorphognathus）variabilis* 带等牙形刺带在 （456.8±1.6）～（468.1±1.6） Ma，计算化石断代为 12Ma 的地层 （图 2.19）。

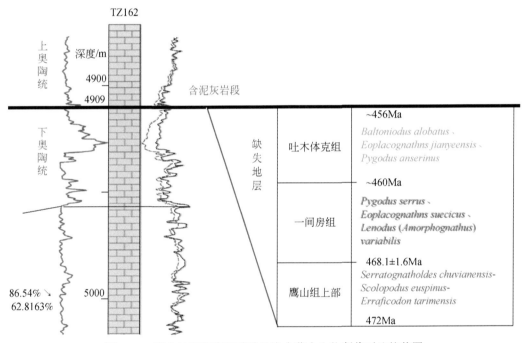

图 2.19 塔中地区奥陶系碳酸盐岩内幕古生物断代对比柱状图

（二）沉积学依据

不整合是指上下地层的不整接触关系。由于构造运动或侵蚀作用之后，沉积上覆地层与下伏地层之间呈角度不整合或平行不整合。通过不整合面之下岩溶作用的产物可以判识不整合，是一种最常用、最有效的方法。一般而言，古潜山风化壳及其中的溶洞，形成于不整合面下最新碳酸盐岩地层沉积之后，不整合面上最老地层沉积之前。钻、录、测井和岩心资料及地震剖面的综合分析表明，研究区奥陶系良里塔格组-鹰山组不整合面具有典型识别标志 （表 2.4）。

表2.4 塔中地区奥陶系碳酸盐岩不整合面的主要识别标志

钻井响应特征	宏观地质或岩心地质特征		测井响应特征	地震响应特征
钻时突然减小钻速明显加快	碳酸盐岩顶面或层系间,具平行不整合面	高角度流(溶)痕,高角度溶缝,中小型串珠状高角度溶蚀孔洞、囊状孔洞、袋状孔洞、风化孔隙等	具四高两低特征	弱振幅或暗点,或强振幅或亮点,或杂乱反射,或平点
井径扩大、钻具放空			四高: ①自然伽马增高; ②声波时差增高; ③电磁波传播时间增高; ④中子孔隙度增高	
严重的泥浆漏失	碳酸盐岩顶面或碳酸盐岩层间,具角度不整合面	低角度–水平状流(溶)痕,大型、中小型水平溶洞,溶蚀孔洞,粒间、晶间溶孔,风化孔隙,各种产状的溶缝及网状溶缝,洞顶、洞壁破裂缝;或零星分布的溶孔和溶缝		沿层振幅变化率图上表现为椭圆形、串珠状、条带状振幅变化率异常
泥浆油气浸、井涌、井喷	碳酸盐岩顶面见风化残积层,如风化壳黏土层或残积角砾岩	碳酸盐岩层系中见各种产状、规模的洞穴角砾岩,溶积砂泥岩充填,或乳白、粉红等颜色的方解石巨晶充填,其产状、规模可各异,充填程度可各异	两低: ①电阻率降低; ②岩石体积密度降低	充满流体的溶洞,能在致密的碳酸盐岩层段中形成较大的波阻抗差,产生一个强反射界面
在洞穴层发育段,钻井取心收获率低				

　　地震剖面上鹰山组不整合界面整体上为强的反射特征,局部变弱,对下伏地层产生大规模的削蚀,地震剖面上具有鲜明的削截反射终止关系,易于识别。此外,地震发射的外部形态及其内部结构可以用来识别不整合面。不整合面之下鹰山组在塔中Ⅰ号断裂带附近具有丘形发射外形、弱振幅弱连续杂乱–空白反射结构,可能是发育台地边缘碳酸盐岩建造的反射特征。向盆地方向楔形减薄,地震反射连续性明显增强,向台地内部层序上部遭受剥蚀而迅速减薄。不整合面之上的上奥陶统良里塔格组可见上超充填特征,以中振幅较连续亚平行地震反射特征为主,在塔中Ⅰ号断裂带台地边缘附近可见丘形杂乱反射,向盆地方向可见弱发散反射结构,地震反射连续性明显增强,由台地边缘向台地内部依次可见丘形杂乱反射、弱振幅弱连续滩状反射、叠瓦状前积反射等(图2.20)。

　　鹰山组不整合在测井资料上有明显的响应(表2.4)。常规测井曲线上表现为视电阻率和自然伽马曲线的齿状突变(图2.20),其中视电阻率表现为负异常,自然伽马曲线表现为正异常。FMI测井图上,界面之下溶洞、岩溶角砾或溶洞泥质充填物发育,与界面之上的FMI测井图特征差异明显(图2.21)。不整合上下反射的差异界面(Tg52)也清晰可见,其上为良里塔格组沉积的层状图像,水平纹层非常发育,层厚度较小,界面之下图像颜色变暗,且由层状变为条带状,甚至块状特征。此外,鹰山组顶面不整合在钻井资料上具有特殊的响应特征,如钻时的突然减小、井径扩大、钻具放空、钻井液漏失等。

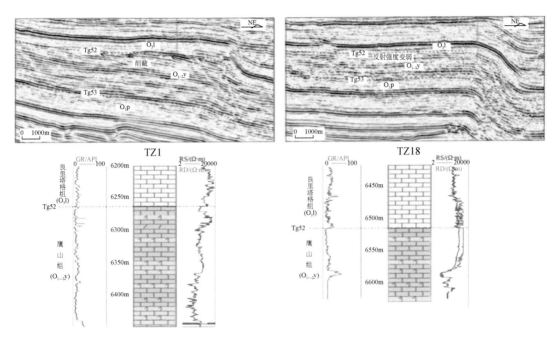

图 2.20 塔中地区鹰山组顶界面的地震和测井响应特征

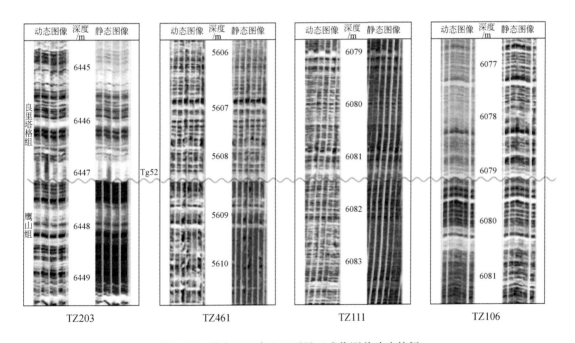

图 2.21 塔中地区鹰山组顶界面成像测井响应特征

连续沉积地层中，镜质组反射率（R_o）随深度的变化是连续的、渐变的。由于地层的抬升剥蚀，在不整合面上下镜质体反射率很可能发生突变，可以用来判识不整合面。镜质组反射率剖面显示，塔中鹰山组顶部为一期普遍发育的不整合，剥蚀程度较大，甚至在塔中地区东南部的 TZ1 井地区形成下—中奥陶统鹰山组与石炭统巴楚组的不整合接触，缺失地层厚度累计逾 1000m（图 2.22）（王铁冠等，2010）。

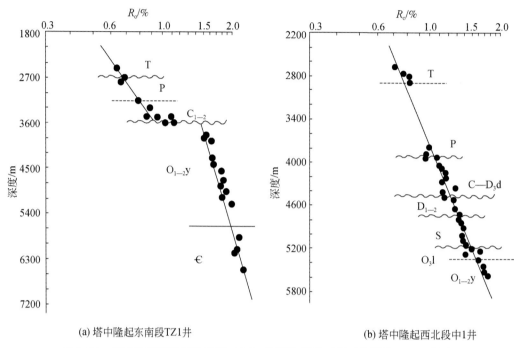

(a) 塔中隆起东南段TZ1井　　　　　　　　　　(b) 塔中隆起西北段中1井

图 2.22　塔中地区镜质组反射率（R_o）热演化剖面（据王铁冠等，2010 修改）

综合相关资料分析，在塔中隆起，碳酸盐岩层系内部和碳酸盐岩顶面，主要发育三期不整合（表 2.5）。其中，下奥陶统鹰山组（O_1y）与上覆上奥陶统良里塔格组（O_3l）之间的不整合，位于碳酸盐岩层系内部而属于隐蔽不整合；晚加里东、早海西两期不整合位于碳酸盐岩顶面而极易识别。

表 2.5　塔中隆起古生界中的三期不整合特征

三期不整合		缺失的地层	断代时间
名称	地层接触关系		
早海西期	石炭系（C）	泥盆系—志留系和上奥陶统桑塔木组（O_3s），甚至是泥盆系—志留系和整个上奥陶统（O_3）	仅按志留系缺少计算已达 40Ma
	上奥陶统良里塔格组（O_3l） 下奥陶统鹰山组（O_1y）		
晚加里东期	柯坪塔格组上段（S_1k^3）	下志留统柯坪塔格组中段（S_1k^2）、上奥陶统柯坪塔格组下段（O_3k^1）和桑塔木组（O_3s），甚至是下志留统柯坪塔格组中段（S_1k^2）至整个上奥陶统（O_3）	约 10Ma，若考虑 O_1y 上部的缺失，则达 18Ma
	上奥陶统良里塔格组（O_3l） 下奥陶统鹰山组（O_1y）		

三期不整合		缺失的地层	断代时间
名称	地层接触关系		
中加里东期	上奥陶统良里塔格组（O_3l）	上奥陶统底部的吐木休克组（O_3t）、中奥陶统一间房组（O_2y）	约15Ma，若考虑 O_1y 上部的缺失，则达23Ma
	下奥陶统鹰山组（O_1y）		

上述不整合的存在，表明塔中隆起曾发育过中加里东、晚加里东和早海西三期岩溶风化壳。需要指出的是，应用不整合面法可能确定古风化壳的形成时代上限，即碳酸盐岩岩溶风化壳一定形成于不整合面上最老地层沉积之前。因而，依据不整合面上最老的直接盖层，可以较为准确地确定碳酸盐岩岩溶风化壳的形成时代。值得注意的是，不整合面之下最新地层往往可以用来限定不整合形成的下限时代，因此往往根据不整合面之下最新地层及其上最老地层之间的地层缺失估算不整合发育的时间。但地层的缺失有可能是很短时间内剥蚀造成的，不整合面的断代时间难以准确判定。

（三）洞穴充填物

洞穴充填物岩性包括碎屑堆积与化学堆积两种类型。碎屑充填物类型多样，包括各种粒级、各种成因类型、各种颜色的碎屑岩，如洞穴角砾岩、溶积砂砾岩、溶积砂泥岩等。其中，洞穴角砾多来自母岩与围岩，而溶积砂砾岩、溶积砂泥岩可能来自母岩，也可能来自不整合面上搬运而来的沉积充填物。相比之下的化学充填物类型单一，主要为方解石。因此，常用碎屑充填物来研究并确定溶洞的形成时代。

塔中隆起古生界中存在中加里东期（O_3l、O_1y）、晚加里东期（S_1、O_3l、O_1y）和早海西期（C、O_3l、O_1y）三期岩溶风化壳。由于这三期古风化壳形成时所处区域构造背景、陆源剥蚀区位置、基岩岩性以及潜山上覆直接盖层的岩性有差异，因而不同时期洞穴或裂缝中的充填物岩石类型及其颜色也可能不同，据此可能判识风化壳及其中的溶洞的时代。

中加里东期不整合面位于碳酸盐岩层系内部，即下奥陶统鹰山组岩溶风化壳被上奥陶统良里塔格组灰岩所覆盖。而且，在该期风化壳形成时，即中奥陶统一间房组（O_2y）沉积期和上奥陶统吐木休克组（O_3t）沉积期，尽管满东凹陷、塘古孜巴斯拗陷和古城鼻隆已逐渐演变为还原色的细碎屑岩沉积，但其地势却远低于塔中隆起。由此，造成中加里东期风化壳缺乏陆源碎屑充填，以化学充填物，如纯净的方解石或溶塌角砾［图2.23（a）］。

晚加里东期不整合面被下志留统柯坪塔格组上段（S_1k^3）灰绿、绿灰色砂泥岩所披覆。而且，在该期风化壳形成时，即上奥陶统柯坪塔格组下段（O_3k^1）和下志留统柯坪塔格组中段（S_1k^2）沉积期，古气候湿润温暖，因而柯坪–塔北–满东的岩石颜色均为灰绿、绿灰色的还原色调。由此，造成晚加里东期古潜山中溶洞或当时裂缝的陆源碎屑充填物呈现灰绿、绿灰色［图2.23（b）］，而缺乏氧化色调的红、紫红色碎屑物充填。

早海西期不整合面被上泥盆统东河砂岩或石炭系下泥岩段所覆盖。其中，下泥岩段岩石的颜色突出地表现为灰绿、绿灰色与红色、紫红色间互。而且，在该期古潜山形成当时，即整个泥盆纪，甚至中志留统依木干他乌组（S_2y）、下志留统塔塔埃尔塔格组（S_1t）沉积期，古气候演变为干燥炎热，且越来越干热，因而沉积物均以红色的氧化色调为特征。由此，造成早海西期古潜山中溶洞或当时裂缝的陆源碎屑充填物以灰绿、绿灰色与红、紫红色为特征，甚至均为氧化色调的红、紫红色碎屑物充填［图 2.23（c）］。

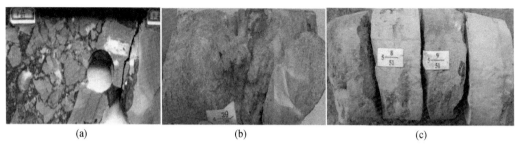

（a）　　　　　　　　　　　（b）　　　　　　　　　　　（c）

图 2.23　塔中地区奥陶系碳酸盐岩风化壳洞穴充填物特征

（a）ZS1 井，中加里东期，4384.1～4391.9m，洞穴角砾岩，角砾为 O_1y 泥粉晶灰岩；（b）TZ4-7-54 井，晚加里东期，4 筒-29/58，小溶洞中充填的灰绿色溶积粉砂质泥岩；（c）TZ4-7-38 井，早海西期，3942.2m，溶洞中沉积的土黄色溶积泥质粉砂岩、粉砂质泥岩

　　常量、微量元素及其氧化物与元素比值等地球化学参数可以用来判断沉积岩沉积时的古环境和古水介质条件，已成为沉积相研究的经典和常用方法之一，如 MgO、Al_2O_3 与 MgO/Al_2O_3，MnO、TiO_2 与 MnO/TiO_2，B 含量、B 当量（又称校正 B）与 B/Ga，Sr、Ca 与 Sr/Ca，Sr、Ba 与 Sr/Ba，V、Ni 与 V/Ni，以及 Co、Cr、$Fe_全$、Mo、Pb 含量等。反之，当了解了各地质时期的地球化学背景后，又可以据此来判断地层的时代，并可进一步划分和对比地层。根据对 B 含量、B 当量的测试数据分析，揭示不同时期不整合面充填泥质的差异（表 2.6；张宝民等，2005）。

　　针对塔中隆起下奥陶统鹰山组（O_1y）顶面与上覆上奥陶统良里塔格组（O_3l）之间的内幕不整合，通过岩心、露头和古生物等标志性研究，并在地震剖面上进行准确识别发现其存在几方面的证据，岩心方面存在风化古土壤、洞穴充填物，暴露剥蚀标志；露头方面古侵蚀面上普遍发育黏土岩、可见铁染现象、与侵蚀面相伴生的有红色角砾；古生物方面发现缺失三个牙形刺带，估算化石断代约为 12Ma 地层；地震反射方面削截特征明显，鹰山组不整合遍布整个塔中地区。

表 2.6　塔中地区不整合面充填泥质岩的 B 含量、B 当量的测试数据分析（据张宝民等，2005）

井号	编号	岩性	B 含量/ppm	B 当量/ppm
石炭纪沉积初期充填				
TZ2	1	风化壳残积角砾岩中灰绿色砂质泥岩	105.00	108.18
TZ102	2	高角度缝中紫红色泥岩	109.00	194.64
TZ102	3	高角度缝中灰绿色泥岩	211.00	230.53
TZ52	4	风化壳残积角砾岩中灰绿色泥岩	134.00	120.27

续表

井号	编号	岩性	B 含量/ppm	B 当量/ppm
早海西暴露剥蚀期充填				
TZ2	5	灰绿色泥岩	31.80	120.67
TZ9	6		21.10	201.52
TZ9	7		23.30	66.46
TZ403	8		68.80	87.41
TZ4-7-38	9	土黄色泥岩	6.79	38.73
TZ4-7-38	10	土黄色泥岩（有油味）	16.50	77.49
TZ8	11	洞穴角砾	6.97	81.16
TZ8	12		7.27	93.63
TZ8	13		6.12	21.95
TZ1	14	深灰色泥岩	67.00	93.21
TZ1	15		62.40	65.00
TZ1	16		39.20	104.45
TZ48	17	灰绿色泥岩	48.40	93.71
志留纪沉积初期充填				
TZ101	18	风化壳残积角砾岩中灰绿色泥岩	86.50	116.84
晚加里东暴露剥蚀期充填				
TZ4-7-38	19	灰绿色泥岩	26.00	114.51
TZ169	20	灰色细砂岩	27.80	176.04
TZ169	21	灰色细砂岩	26.60	146.82
TZ169	22	灰色细砂岩	26.60	147.03
TZ169	23	深绿色油斑粉砂岩	41.50	209.97
TZ169	24	灰色细砂岩	27.90	146.49
TZ169	25	灰色细砂岩	31.00	143.99
TZ169	26	灰色细砂岩	24.30	135.00
TZ62-1	27	泥岩（黑褐色透明方解石脉中的泥质纹层）	4.74	287.79

注：ppm=10^{-6}。

二、塔中奥陶系三期不整合

塔中地区经历了多期强烈的构造运动，早奥陶世末—晚奥陶世初的中加里东期、晚奥陶世末—志留纪初的晚加里东期，以及泥盆纪—石炭纪初的早海西期运动。这三期大规模的构造运动造成塔中地区整体抬升而遭受了大面积、强烈的风化剥蚀作用，奥陶系碳酸盐岩经受了大气淡水淋滤、地表径流和地下暗河的侵蚀溶蚀作用，形成三期区域性的不整合（表2.4）。

（一）中加里东期不整合

寒武纪—早奥陶世，塔中地区为半局限-开阔台地沉积相，接受了大套碳酸盐岩沉积。早奥陶世末—晚奥陶世初的中加里东运动期，受控于昆仑岛弧与塔里木板块的弧-陆碰撞作用，区域构造应力场开始由区域伸展演转变为挤压，塔中乃至巴楚台地整体强烈隆升，缺失了中奥陶统一间房组（O_2y）和上奥陶统底部的吐木休克组（O_3t）沉积。下奥陶统上部地层裸露为灰质白云岩山地，遭受强烈剥蚀和风化、淋滤，从而形成中加里东期不整合岩溶风化壳。至晚奥陶世早期才又开始接受沉积。中加里东期不整合在地震、地质剖面，以及古生物资料上具有鲜明的响应特征（图 2.19 ~ 图 2.21）。塔中地区地震资料解释及奥陶系目前钻遇地层古生物分析表明，塔中大部分地区缺失上奥陶统下部吐木休克组及中奥陶统一间房组。

地震剖面上，该不整合面反射界面，与代表加里东期中期构造运动面相对应（图 2.20），波及范围广，对下伏地层产生大规模的削蚀。地质剖面上，TZ35、TZ12、TZ162、TZ43 等井的古生物研究表明（图 2.19），塔中大部分地区缺失上奥陶统下部吐木休克组及中奥陶统地层。在海平面升降以及不整合面的形成过程中，在下奥陶统鹰山组和上奥陶统良里塔格组界面附近，生物化石的分异度及丰度发生显著变化（杜金虎，2010）。不整合面上下测井曲线形状发生突变，可以作为识别的辅助证据，如 TZ25、TZ12、TZ162、TZ43 井的不整合面，电阻率曲线幅度由界面之上向界面之下明显增大，这种突变可能是由于沉积环境发生变化导致地层岩性发生变化或缺失部分地层所致。古风化壳在部分井段上也有鲜明的测井响应特征，如 TZ162 井层序 II 顶部风化壳 4900 ~ 4960m 井段具有自然伽马、声波时差增大、深浅侧向电阻率差增大、Th/K 值向上增大的测井响应特征（图 2.20）。

综合分析，早奥陶世末塔里木南部被动大陆边缘转向活动大陆边缘，形成台-沟-弧-盆的构造格局，塔里木板块南缘挠曲下沉出现弧后前陆盆地（图 2.1）。在强烈的区域挤压作用下，板块内部近东西走向的基底古隆起区是区域应力集中部位，其上的沉积盖层也相对较薄，区域挤压应力和沉积载荷形成板内挠曲变形，有利于发育挤压型古隆起。在来自板块南缘区域挤压作用逐渐增加过程中，塔中、塔西南基底古隆起发育区开始隆升，形成巴楚-塔中前缘隆起。该期不整合范围广布塔中-巴楚隆起区，面积逾 10 万 km^2。

（二）晚加里东期不整合

晚加里东期岩溶风化壳主要分布在中央主垒带、TZ16 井区和塔中南斜坡（图 2.24），上覆下志留统柯坪塔格组上段。不整合风化壳在测井资料上均表现为高伽马-低电阻特征，易于识别。在地震剖面上，由于它分布于碎屑岩与碳酸盐岩之间而具有明显的波阻抗差异，因而无论是二维还是三维地震剖面，均有明显响应。

晚加里东期不整合面的基岩时代主要为上奥陶统良里塔格组（O_3l），其次是再次遭受叠加溶蚀的中央主垒带高部位下奥陶统鹰山组灰质白云岩分布区。值得注意的是，遭受叠加溶蚀的下奥陶统鹰山组灰质白云岩分布区中，塔中断垒带与东部潜山区是中加里东期—早海西期塔中隆起古地貌最高的部位，因而它在早海西期又再次遭受叠加溶蚀，从而导致前两期（中、晚加里东期）的古岩溶被破坏、剥蚀甚至荡然无存，而仅仅保存最新一期——早海西期古岩溶的行迹。

上奥陶统良里塔格组沉积时海水变深，为浅水陆棚相，除塔中Ⅰ号断裂带发育棚缘浅水高能的礁滩相碳酸盐岩外，塔中主体为棚内缓坡相对低能的颗粒滩与灰泥丘沉积，水体深度的平面分异很大。在垂向上，良里塔格组下部为棚内缓坡颗粒滩与灰泥丘亚相，岩性主要有灰、深灰色藻黏结生物碎屑砂屑灰岩、藻黏结泥晶灰岩和含泥粉晶灰岩等。受岩相岩性影响，该期岩溶程度相对较弱。同时，塔中地区广泛分布巨厚桑塔木组泥岩，碳酸盐岩岩溶范围较小，推断志留系沉积前抬升剥蚀时间短，岩溶作用的范围与程度远低于中加里东期不整合。

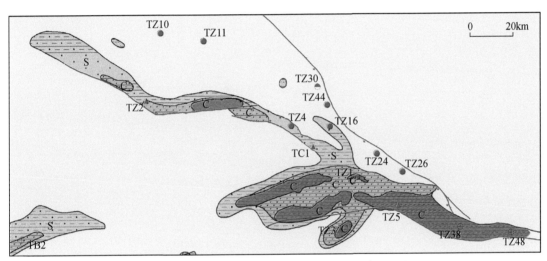

图 2.24　塔中地区晚加里东期不整合分布图
TZ. 塔中；TC. 塔参，下同

（三）　早海西期的不整合

晚泥盆世—石炭纪初发生遍及塔里木全盆地的早海西期构造运动。由于塔东南冲断带进一步向克拉通方向迁移，塔中、塔北与塔西南古隆起东部发生抬升，形成北东向的轮南潜山、塔中东潜山与玛南潜山风化壳，发育碳酸盐岩缝洞体岩溶储层。

塔中隆起志留系顶部自西北向东南发生掀斜抬升与剥蚀，且剥蚀幅度越来越大，上覆泥盆系柯孜尔塔格组红砂岩沉积仅残余在塔中西北部。塔中东部、南部地区大面积暴露而遭受剥蚀和风化淋滤，中央主垒带西部的潜山高部位也再次遭受风化淋滤，上泥盆统砂岩或其上石炭系泥岩披覆沉积在由上奥陶统良里塔格组灰岩或下奥陶统鹰山组灰质白云岩组成的古潜山之上，从而形成第三期岩溶风化壳。其后，塔中地区以整体升降为主，没有大规模的构造活动和暴露、风化剥蚀。

早海西期岩溶风化壳主要分布在中央主垒带，特别是广泛分布在TZ7、TZ8、TZ1井及南斜坡潜山高部位（图 2.25）。在剖面上，该期不整合面被石炭系砂岩或泥岩所覆盖。潜山顶面风化壳在测井上均表现为高伽马-低电阻特征，易于识别。在地震剖面上，由于它分布于碎屑岩与碳酸盐岩之间而具有明显的波阻抗差异，因而无论是二维还是三维地震剖面，均有明显响应而极易识别。

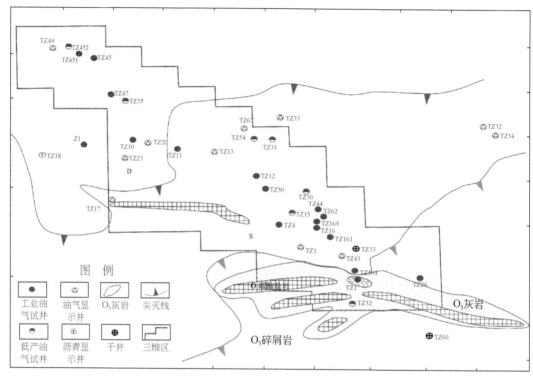

图 2.25　塔中地区早海西期不整合分布图

Z1. 中 1 井

第五节　内幕不整合岩溶缝洞体储集特征

一、岩溶缝洞体岩石类型

塔中地区下奥陶统鹰山组顶部发育风化壳岩溶储层，储层段岩性总体上可以划分为灰岩类、白云岩类以及过渡类型。按照岩结构及成因分类，具体岩性包括：泥-亮晶砂屑灰岩、泥晶灰岩、粒屑泥晶灰岩、泥-亮晶砂砾屑灰岩、泥粉晶白云质灰岩、白云质砂屑灰岩、灰质泥晶白云岩、灰质砂砾屑白云岩、中细晶白云岩、砂屑白云岩、砂砾屑白云岩（图 2.26、图 2.27）。

统计分析表明储层段岩性厚度占比率从大到小的顺序为：砂屑灰岩>泥晶灰岩>砂屑白云岩>白云质砂屑灰岩>白云质灰岩>白云岩。具体而言，砂屑灰岩在所有井的储层段中总厚度最大，占比率为 52%。

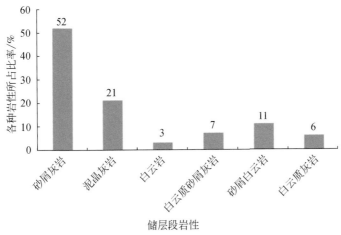

图 2.26　塔中地区下奥陶统鹰山组储层段不同岩性占比率直方图

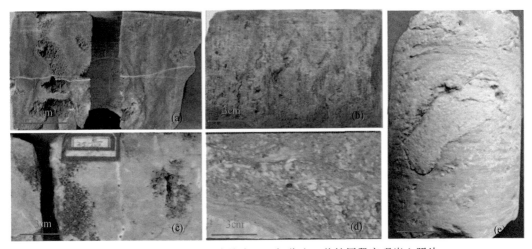

图 2.27　塔中地区下奥陶统鹰山组部分取心井储层段宏观岩心照片

（a）细晶白云岩，呈块状见针状孔，TZ9 井，2-36/63；（b）灰色亮晶砂屑白云岩，见溶蚀孔，TZ12 井，29-35/41；
（c）砂屑白云质灰岩，见沿裂缝发育针状溶孔，TZ12 井；（d）泥晶灰岩，见角砾及泥质充填缝，TZ83 井，5683.7m；
（e）泥质充填洞穴中见灰岩角砾，TZ171 井，1-6/54

二、岩溶缝洞体物性特征

据塔中隆起下—中奥陶统鹰山组 20 余口井岩心柱塞样实测孔隙度和渗透率数据统计：孔隙度最大达 11.13%，最小仅 0.17%，平均 0.911%。实测渗透率分布范围为 0.004 ~ 153mD，平均为 3.776mD。具体而言（图 2.28），储层段各类岩性平均孔隙度值为 1.6% ~ 3.08%，均值为 2.34%，渗透率为 0.38 ~ 3.17mD，平均为 1.78mD。白云质类岩性物性较好，其中白云质灰岩孔隙度最高为 3.08%，砂屑白云岩渗透率最高为 3.17mD。

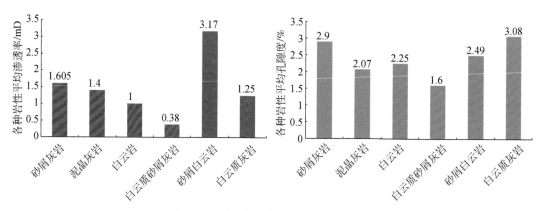

图 2.28　储层段各类岩性平均物性特征

三、岩溶缝洞体孔隙类型

据塔中隆起下奥陶统鹰山组岩心、铸体薄片分析，其储集空间类型主要有孔（直径<2mm）、洞（2mm<直径<500mm）、洞穴（直径>500mm）、缝四大类，它们是组成储层孔隙结构的重要参数和油气赋存的场所。孔、洞、缝按大小和成因可分为宏观储集空间和微观储集空间两大类，各大类又可进一步细分为若干个类型。

（一）宏观储集空间

宏观储集空间主要相对于显微镜下才能观察到的微观储集空间而言，本书中宏观储集空间多指可观察到的岩心描述统计的孔、洞、缝，也包括钻井工程、测试资料、地震反射、测井等信息识别的缝、洞等。

1. 洞穴

洞穴主要由溶蚀作用形成，包括层间不整合岩溶作用和热液溶蚀作用。受层间不整合岩溶作用控制的储层，溶洞十分发育，而且洞径很大。大洞多被充填，中、小洞则保存较好，成为有效的储集空间。

洞穴主要表现为钻井过程中大量泥浆漏失、钻具放空等（图 2.29）。鹰山组 35 口井漏失量在 215 ~ 8253m³，平均为 1942m³；良里塔格组钻遇很多洞穴，37 口井漏失量在 80 ~ 8466m³，平均为 2805m³，表明钻遇大型的洞穴。取心中可见洞内充填物，且取心收获率常常较低、岩心破碎。未充填的大型溶洞表现为井径显著扩大呈箱状、电阻率降低、声波时差增大、密度减小，并在 FMI 图上呈现极板拖行暗色条带夹局部亮色团块（图 2.30）。生产过程中，流压下降快，压力有衰竭，远处地层能量供给不充足；关井压力恢复较快，并达到稳定，近井带地层物性较好。导数曲线初期有波动特征，反映了储层结构的非均质性，后期导数曲线上翘，储层外围物性变差。初产高，油压、油气产量呈下降趋势，稳产难度大，需酸压改造，若酸压有效沟通了远井裂缝发育的优质储集体，则高产稳产，稳产时间与酸压沟通的缝洞系统的大小有关。

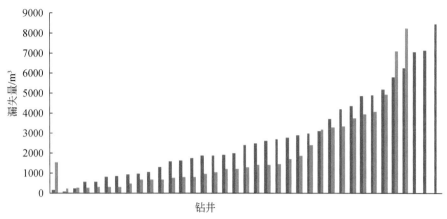

图2.29　塔中中西部下—中奥陶统鹰山组钻井泥浆漏失量

蓝色为良里塔格组；橙色为鹰山组

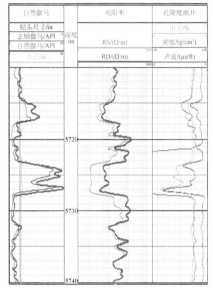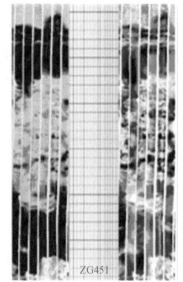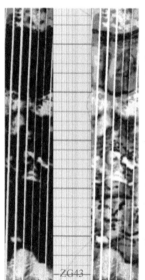

图2.30　洞穴段在测井及岩心上的响应

1in=2.54cm

地震剖面上大型洞穴呈现明显的"串珠状"反射（图2.31），强"串珠状"反射特征表明岩溶缝洞体规模大。但地震资料识别的洞穴通常是宽度逾10m以上的缝洞集合体，是油气钻探的主要对象。TZ8井钻遇"串珠状"洞穴型储层，钻井中发生漏空、大量泥浆漏失，Ⅰ类储层为主，厚46.1m，无隔夹层。折日产油156m³、日产气14.5万m³。

2. 孔洞

孔洞是指一般肉眼可见的溶蚀孔洞，可分为小孔洞与大孔洞两种类型，孔洞直径分别为2mm～10cm和10～50cm，在研究区下奥陶统鹰山组较发育。孔洞形态各异，有蜂窝状、串珠状等，呈顺层状或沿裂缝分布，具有未–全充填的不同充填程度，充填物多为方解石、泥质等。成像上表现为低阻暗斑状，孔径不一。测试压力恢复较快，近井带地层物

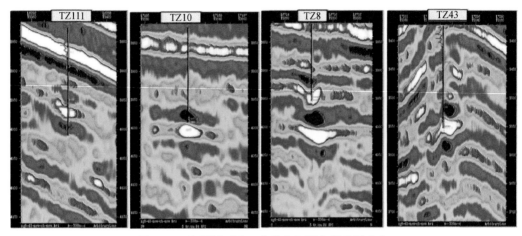

图 2.31　地震剖面示 "串珠状" 洞穴段地震响应

性较好，双对数曲线出现开口较小的径向流段，呈均质特征，后期导数曲线上翘，外围储层物性较差。这类储层酸压前呈低渗特征，压后出现无限导流裂缝。测井孔隙度较高，录井显示好，油压和产量均较稳定（图 2.32），反映试油求产期间储层能量较充足。

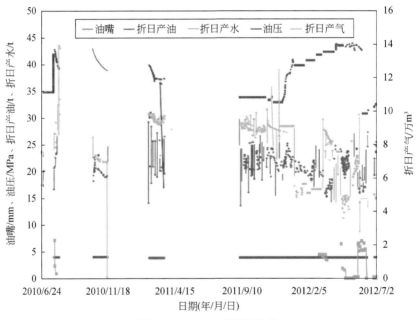

图 2.32　TZ201 井测试曲线

TZ441 井在 5490～5500m 发育大孔洞，成像上表现为低阻暗斑状（图 2.33），洞径为 10～20cm，面孔率为 1.5%～4.5%，测井曲线上呈现局部自然伽马升高、电阻率降低。TZ201 井第八小层内 5444.5～5446m 岩心发育大量溶蚀小孔洞，多为泥质充填。成像测井资料上发育大量暗斑，为小孔洞的测井响应，孔径为 2～10mm，面孔率为 1.5%～3.56%，测井曲线上无明显变化。

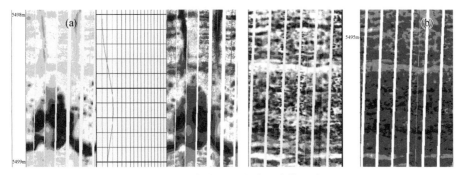

图 2.33　大孔洞及小孔洞成像照片

3. 裂缝

裂缝是碳酸盐岩的重要储集空间，也是主要的渗流通道之一。裂缝从成因来分主要有三种类型，即构造缝、溶蚀缝和成岩缝（图 2.34），分别与断裂作用、古岩溶作用和压溶作用等因素有关。

构造缝是指受构造应力作用而产生的裂缝，是区内最主要的裂缝类型。根据裂缝的宽度，分为中、小、微裂缝。缝宽一般小于 5mm，裂缝性质主要表现为剪切缝，其次为张性裂缝。根据裂缝的产状分为高角度斜缝、垂直缝、水平缝，以垂直缝和微裂隙最为发育。早期形成的各种裂缝，多数已被方解石、泥质或沥青充填或半充填。局部区域多期不同产状的裂缝相互交切形成网状裂缝，发育的裂缝形成网状系统，使岩石破碎，大大提高了岩石孔渗性。

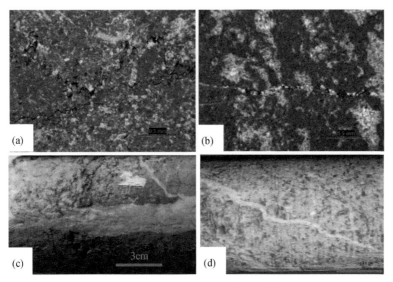

图 2.34　不同种类裂缝的微观扫描及岩心照片

（a）缝合线，为沥青全充填；TZ104 井，6266.45m；（b）构造缝，被亮晶方解石充填；TZ111 井，6106.2m；（c）扩溶缝，为方解石充填，TZ75 井，4040m；（d）方解石充填缝，TZ203 井，5997m

溶蚀缝主要是由地表水和地下水作用形成，主要沿早期的裂缝系统产生溶蚀扩大。该种裂缝也是十分发育的，缝宽一般大于 1mm，表现为破裂面的不规则溶蚀扩大，沿断裂面壁上生长粒状、透明白色晶形完好的方解石晶体或晶簇。

成岩缝即压溶缝，主要表现为缝合线，是由沉积负荷引起的压实作用和压溶作用形成。这和地层的压力、温度及灰岩中的泥质含量有关。缝合线的产状多数与层面平行，呈锯齿状，宽一般几毫米不等，多数缝合线已被方解石、泥质或沥青不同程度充填或溶蚀扩大，据荧光薄片资料，部分缝合线有较强的荧光显示，存在有效储集空间。

FMI 测井具有较高的横向和纵向分辨率，可以清楚地反映裂缝、层理、砾石颗粒、微断层等现象。FMI 基本原理是采用旋转扫描方式测量井壁附近的地层的电阻率，通过图像处理技术得到放映井壁地层电阻率变化的二维图像用于分析裂缝的类型、产状、开启度、延伸情况及发育方位，划分出裂缝的发育层段，同时结合地质录井资料和其他测井资料，可用来综合确定储集层段。FMI 图像识别出的裂缝可以分为天然裂缝和钻井伴生缝。天然裂缝为钻井之前地层中已经存在的裂缝，又可分为构造裂缝和成岩缝；钻井伴生缝是在钻井过程中新生成的裂缝。钻井伴生缝包括钻井诱导缝与应力释放缝。钻井诱导缝是在钻井过程中，由于钻具震动诱发井壁产出的裂缝，其最大特点是呈羽状沿井壁对称方向出现，在 FMI 图像是表现为一组平行且呈 180°对称的高角度裂缝，一般呈雁列排布，形状规则，径向延伸不大。应力释放缝是在钻井过程中，由于钻具钻遇较致密地层时，钻石钻空导致井眼附近岩石应力破坏，井筒内地层沿最小水平主应力方向发生剪切破裂而形成的。其特征在 FMI 图像上为一组呈 180°对称的垂直裂缝，垂向延伸较长，径向延伸不大。

天然裂缝中，裂缝在 FMI 图像上主要表现为正弦曲线，可识别出高导缝和高阻缝（图 2.35）。高导缝为开启构造缝，在 FMI 图像上表现为连续的黑色正弦曲线，表明裂缝未被方解石等高阻矿物充填，但不排除被低阻泥质充填的可能性。高阻缝为充填构造缝，FMI 图像表现为亮黄、白色（相对高阻）的正弦曲线，反映裂缝被方解石等高阻矿物充填。

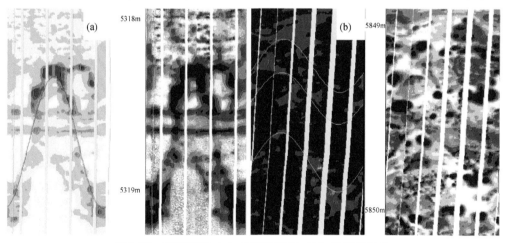

图 2.35　有效裂缝（a）和无效裂缝（b）的成像照片

（二）微观储集空间

直径位于 0.2 ~ 2mm 的孔隙一般在岩心可以观察到，直径小于 0.2mm 的孔隙则要借助显微镜才能观察。通过对塔中地区铸体薄片显微镜观察可知，微观储集空间主要有粒内溶孔、铸模孔、粒间溶孔、晶间孔、晶间溶孔和微裂缝，其特征如下：

（1）粒内溶孔。粒内溶孔主要见于砂屑内，少数见于生物碎屑和鲕粒内，多为同生期大气淡水选择性溶蚀所致。粒内溶孔直径较小，一般为 0.01~0.04mm，部分较大的粒内溶孔可达 0.5~0.8mm，但大部分被后期方解石充填。充填的方解石经埋藏溶蚀，亦可再发展成有效的粒内溶孔。粒内溶孔为本区主要的孔隙类型之一，但孔隙规模小、连通性差、渗透率低。

（2）铸模孔。铸模孔是粒内溶孔的进一步发展，整个颗粒被全部溶蚀，仅保存颗粒的外形，少数铸模孔中还见颗粒溶蚀残余物。铸模孔直径较大，一般为 0.1~1mm，最大可达 2mm 以上。铸模孔为次要的孔隙类型，仅少数薄片中见有，平均面孔率 0.05%，但个别薄片中面孔率高达 5%。

（3）粒间溶孔。粒间溶孔指粒间方解石胶结物被溶蚀形成的孔隙，主要溶蚀粒间中–细晶粒状方解石，溶蚀强烈时，可溶蚀纤维状方解石甚至颗粒边缘，使颗粒边缘呈港湾状或锯齿状。孔隙直径变化较大，一般为 0.1~0.5mm，最大可达 1mm 以上。粒间溶孔为最主要的孔隙类型，面孔率高达 0.1%~5%。

（4）晶间孔。主要出现于结晶白云岩之白云石晶间、残余颗粒白云岩之白云石胶结物晶间。此外，在某些裂缝、溶孔、溶洞中充填的白云石或方解石晶间，以及部分白云石化灰岩的白云石晶间也可见到。孔隙一般较小，为 0.01~0.2mm。

（5）晶间溶孔。晶间溶孔指晶粒间、孔洞和裂缝中的方解石充填物的晶间溶孔。主要见于结晶白云岩中，它是在白云石晶间孔的基础上溶蚀扩大形成。晶间溶孔直径变化较大，分布范围为 0.01~2mm，一般为 0.1~0.5mm。晶间溶孔也为主要的孔隙类型之一，有 10% 以上的薄片见有这种孔隙类型，平均面孔率为 0.05%~2%。

（6）微裂缝。微裂缝在铸体薄片中出现频率也比较高，镜下观察的微裂缝主要是构造缝和缝合线，裂缝率一般为 0.1%~0.5%。微裂缝的储集性能不大，但它可沟通孔洞缝形成渗流网络系统，并形成大型缝洞集合体，对油气运移和产能都有重要意义。

第六节 不整合储层发育主控因素及模式

塔中鹰山组风化壳储层经历多期复杂的构造–成岩演化，岩溶地貌、岩相、断裂构造等因素对岩溶缝洞体储层的形成与分布具有重要的作用，在多期多因素作用下，形成复杂不整合岩溶储层。

一、储层发育主控因素

晚奥陶世良里塔格组沉积前，中加里东运动导致塔中地区整体抬升，下—中奥陶统鹰山组广泛暴露并长期遭受剥蚀，沉积间断超过 12Ma，形成广泛的鹰山组不整合岩溶发育区。构造隆升作用和海平面下降造成了上覆地层的剥蚀，并使得鹰山组地层暴露溶蚀，形成了典型的岩溶地貌和区域性不整合面，在不整合面附近顺层发育了大规模的层间岩溶储集体。

尽管奥陶系古老碳酸盐岩经历强烈的成岩胶结作用，基质孔隙几乎消失殆尽，但鹰山组在地质历史时期曾隆升至地表，遭受长期的风化剥蚀和地下水的淋滤作用，形成大规模岩溶体系，孔隙度和渗透性得到很大程度的改善，不整合面对于改善油气储集空间和储集性能具有重要作用。不整合面对鹰山组岩溶的控制作用过程主要包括：①不整合形成过程中，其下伏地层遭受风化剥蚀，形成表层岩溶带，并向下逐步发育垂直渗流带—水平潜流带，形成完整的岩溶系统；②不整合面的隆升过程中，形成多期潜水面变化，可能发育多期岩溶系统的叠加；③不整合面的地形地貌对水文分布具有重要的控制作用，从而控制岩溶作用的分布；④在不整合面形成过程中，褶皱及与之相关的断裂作用形成大量构造裂缝，从而提高了孔隙间的连通性和渗透性；⑤不整合面及与之相关的早期裂缝，为大气淡水的下渗提供通道，容易形成溶蚀洞穴、孔洞等，或搬运带走溶塌角砾，进一步改善储层的储集性能。

　　鹰山组风化壳储层主要分布自不整合面之下200m厚的地层内，发育程度不等、规模不同、形态各异的岩溶缝洞体和不同特征的内部充填物。不整合面向下划分为四个岩溶带，分别为表层岩溶带、垂向渗滤岩溶带、水平潜流岩溶带和深部缓流岩溶带。塔中地区鹰山组优质储集体主要发育在表层岩溶带，其次为垂向渗滤岩溶带，有效储集体呈准层状分布在不整合面之下150m范围内。虽然古潜水面深度会控制溶洞发育的深度，但由于水文条件和区域地质条件的差异，各地区深度有差异。塔中地区鹰山组钻井钻遇的近一半洞穴分布在不整合面之下30m之内，只有很少溶洞距离不整合面超过100m，在溶洞总数中比例小于5%。与不整合面距离超过210m的溶洞只有2%，溶洞在纵向上分布整体的变化规律就是距离不整合面越远，分布越少（图2.36）。

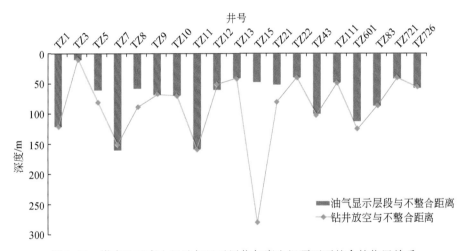

图2.36　塔中地区鹰山组油气显示层位与鹰山组顶面不整合的位置关系

（一）古地貌背景

　　古地貌不仅对沉积古地理的发育具有重要影响作用，对碳酸盐岩储集体的发育也具有明显的控制作用。古地貌通过控制区域水动力活动场，进而控制岩溶缝洞体的空间展布。岩溶结构是岩溶系统水文活动的直接产物，而水文活动又明显受控于岩溶地貌，从而控制缝洞体的发育与分布。岩溶古地貌直接影响和控制岩溶的强弱、岩溶作用方式、岩溶发育特征和类型。

古地貌决定了古递降水流平衡面、地下水的深度与活动范围及水动力场大小,从而影响层间岩溶的深度、范围及强度。根据岩溶地貌的形态与特征,可将其划分为岩溶高地、岩溶斜坡和岩溶洼地三个大单元。岩溶洼地岩溶作用相对较弱,储集体欠发育。塔中隆起岩溶斜坡主要以水平层状岩溶为主,发育暗河管道系统。岩溶次高地的剥蚀和溶蚀强度最大,主要以垂向溶蚀为主,发育大型落水洞等,岩溶储集体较为发育。岩溶高地地层剥蚀严重,早期的岩溶缝洞体可能剥蚀殆尽,部分洞穴充填严重,储层较差。

塔中油气藏评价与开发实践表明,有效储集体主要分布在岩溶斜坡带。受多期海平面升降和潜水面的迁移,在纵向上旋回叠置了多套层间岩溶型储集体。其中先期的高能滩体孔洞层处是其发育的重点层位,沿着断裂带可能进一步加强。塔中地区早—中奥陶世处于稳定的台地沉积环境,鹰山组区域展布,横向厚度变化不大。结合鹰山组地层的沉积背景,通过精细的地震剖面解释,分析鹰山组顶部地层的剥蚀厚度并确定剥蚀范围。再追踪鹰山组内部的地层界面,分析鹰山组内部各段厚度的变化规律,特别是褶皱、断裂区地层的特征,最终确定剥蚀线延伸的趋势及断裂附近地层的变化趋势,从而划分了鹰山组岩溶古地貌图(图 2.37)。古地貌研究表明,塔中北斜坡区鹰山组古地貌起伏变化较大,在平行塔中 I 号断裂带方向,古地貌由南西方向向北东方向有逐渐降低趋势,依次发育岩溶高地、岩溶陡坡、岩溶缓坡、岩溶洼地等地貌单元。其中以岩溶高地的剥蚀程度最强,作为地下水体主要的补给区,以垂向发育大型溶蚀洞穴为主,洞穴横向对比程度较低,水体以

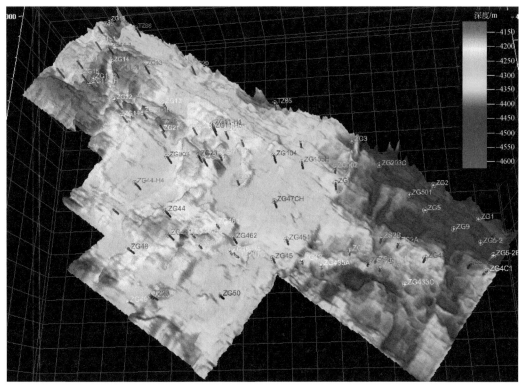

图 2.37 塔中北斜坡鹰山组岩溶古地貌划分图

垂向流动为主，岩溶斜坡作为地下水体的侧向补给区，是潜流带洞穴和裂缝最为的发育的地区，岩溶强度相对较高。从垂直塔中Ⅰ号断裂带的方向看，从北向南依次可以划分为岩溶平台、岩溶斜坡、岩溶高地三个岩溶地貌单元。北部岩溶平台区鹰山组顶部以平行不整合为主，地震剖面上未见明显的削截接触关系，地形高差相对较小，水体垂向流通性与南部相比较差，潜流带的溶洞发育，以鹰山组顶部发育大型溶洞为主。中部岩溶斜坡区是塔中北斜坡地区主要的岩溶发育区，岩溶峰丛地貌发育，垂直渗流带—水平潜流带的岩溶系统发育完整。南部岩溶高地区，地形起伏较大，岩溶纵向分带性明显。

　　岩溶次高地处于地形较高的部位，地表远高于潜水面，地表水的水动力梯度高，下渗能力强，而且由于地势高也利于地表风化裂隙的发育，成为水向下渗透的通道。因此，岩溶次高地垂直渗流带一般比较发育（图 2.38）。岩溶斜坡地势相对较低，比较接近潜水

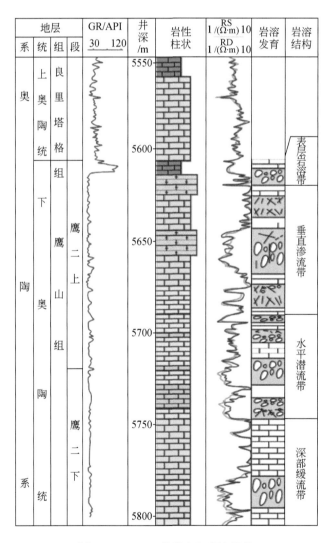

图 2.38　TZ461 井鹰山组岩溶结构

面，由于地形相对较陡，地表水以径流状态，注入岩溶洼地，利于岩溶高地地表水快速下渗和侧向运移排泄，溶蚀作用强烈，水平潜流带一般比较发育（图 2.39），而在岩溶洼地，地形相对平缓，已经处于潜水面之下，地下水流动缓慢，岩溶不发育。

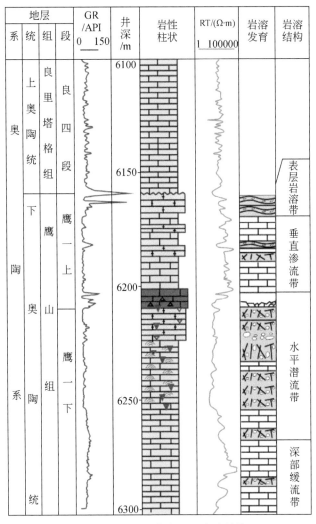

图 2.39　TZ104 井鹰山组岩溶结构

RT. 地层真电阻率

　　从岩溶次高地到岩溶斜坡再到岩溶洼地，不同地貌单元的岩溶特征具有较大的差异性。在塔中 10 号构造带岩溶次高地上，垂直渗流带发育，岩溶作用主要沿岩石的各种破裂（构造缝、风化缝、层间缝等）进行，形成扩容缝、洞体系，少见大型洞穴。而位于塔中 10 号构造带与塔中 Ⅰ 断裂号带之间的岩溶斜坡，垂直渗流带欠发育，水平潜流带发育。岩溶作用发生于鹰山组内部，顶部可见表层岩溶，发育溶洞，距不整合面一般在 30m 范围内。水平潜流带洞穴发育，并有大量溶孔，一般在距离不整合面 100m 范围内。岩溶洼地岩溶作用不发育，岩溶影响深度一般在 50m 范围内。

（二）高能岩相带

高能沉积微相在沉积时形成相对更多的粒间孔、铸模孔等原生孔隙，同时受四级层序顶部的暴露界面控制可能形成大量准同生期的组构选择性孔隙，进一步增大孔隙度。在经历后期不整合界面所控制的表生岩溶期，原生孔隙发育的高能相带往往更容易发生表生岩溶作用，进而发育扩溶孔洞。在原生孔隙较为发育的高能沉积微相的物质基础上，通过叠加后期构造裂缝与溶蚀孔洞，进一步提高储集体的孔隙度和渗透率，从而成为鹰山组有利的储集区带。

通过开展岩溶序列和沉积层序的对比分析，表生岩溶受原始沉积物质基础的约束十分明显，主要体现在不同岩石的比溶蚀度和渗透性两个方面。前人通过实验研究发现不同类型的岩石比溶蚀度存在较明显的差异，其中泥质灰岩的比溶蚀度较低，相对其他类型灰岩更难发生溶蚀，而且泥质含量越高比溶蚀度越低（赵吉发，1994）。同时，岩石的渗透性差异影响大气淡水流体在地层中的渗流方式。在台内的钻井多发育台内潟湖或较深水泥质夹层，极差的渗透性往往导致大气淡水无法通过扩散流的形式进行渗透，大气淡水多通过溶蚀缝和构造裂缝的溶蚀通道向地层渗透。台缘与台内滩体相对较好的渗透性使微观的岩石内部的扩散流成为可能，并促进更为广泛的表生溶蚀。

从 TZ5 井和 TZ7 井单井柱状图可以看出，在颗粒灰岩较为发育的部位，其对应的裂缝也比较发育，从而也使该部位的孔隙度和渗透率都有明显的提高，表明发育于水体能量较强的颗粒滩等沉积微相岩溶会更加发育。统计结果也表明，鲕粒颗粒灰岩、生物碎屑与内碎屑颗粒灰岩为鹰山岩溶的最有利发育区带（图 2.40）。鲕粒颗粒石灰岩发育粒间溶孔和铸模孔，孔隙度可达 12.1% 以上，平均孔隙度为 4.19%；生物碎屑与内碎屑颗粒灰岩中主要发育粒间孔和粒内孔，孔隙度在 0.3%~7.2%。由于高能沉积微相往往发育在高频层序的顶部，易发生同生期暴露，有利于溶蚀形成大量溶蚀孔洞。同时由于岩石力学性质不同，高能沉积微相更易发育构造裂缝，促进储层的渗透性能进一步提高。高能相带大量的粒间孔、粒内孔和构造裂缝为后期流体提供了通道与空间，更有利于岩溶作用形成多期、多类型的溶蚀孔、洞、缝，成为良好的油气储集空间。而低能沉积微相因其颗粒成分少且细，主要以灰泥为主，发育少量生物体腔孔、窗格孔及粒间孔等，多已填充，一般物性较差，平均孔隙度一般均在 1% 以下。但在局部地区，由于受到表生岩溶作用、埋藏岩溶作用或产生构造裂缝等多种因素的叠加影响，也会产生一定量的洞缝型优质储层。

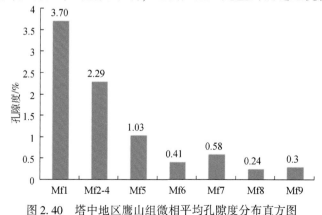

图 2.40　塔中地区鹰山组微相平均孔隙度分布直方图

碳酸盐岩沉积微相的发育对海平面升降十分敏感，沉积微相往往呈条带状分布，具有连续性。而不同沉积微相序列的发育，对有利储层的发育有着差异性的影响（图2.41）。

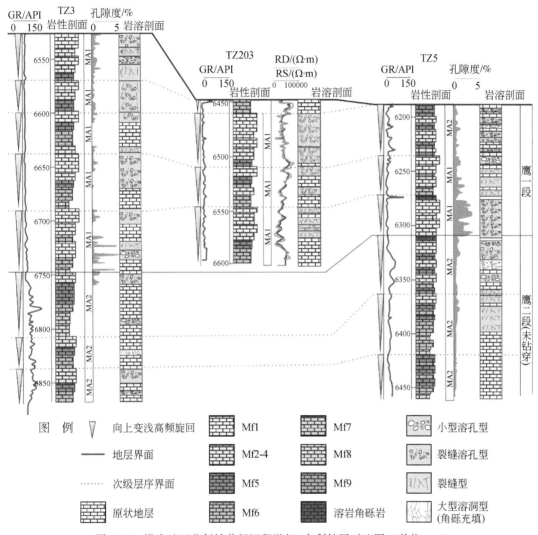

图2.41　塔中地区北斜坡井间沉积微相–有利储层对比图（单位：m）

根据研究区内多口井的沉积微相精细划分，鹰山组各地层内部发育多个沉积微相序列，沉积微相序列在横向上具有一定连续性，以一个次级海泛面为底界面，底部沉积微相能量相对较弱，向上水体能量逐渐加强，到顶部以次级海退界面代表一个沉积序列的结束。通过井间储层对比，发现沉积微相的分布模式影响着后期有利储层的发育。厚层高能滩型微相序列和薄层中高能滩型微相序列往往易发育小型溶孔型储集空间和裂缝–溶孔型储集空间，尤其在鲕粒颗粒灰岩和内碎屑颗粒灰岩内以粒间孔、粒内孔及铸模孔的形态存在，而在生物碎屑颗粒灰岩主要发育粒间孔和粒内孔。同时高能沉积微相序列受到构造及应力的变化容易产生构造裂缝，这些裂缝与多时空多因素形成的孔洞沟通相连，进一步改善了储层物性，形成鹰山组内部最有利的储集相带。同时，这些发育在层序顶端的高能沉积微相易受上部不整合面影响形成大型溶洞型储集空间。而中低能潮坪型微相序列和低能白云质潮坪型微相序列多作为不易被改造的原状地层或隔层的形式出现，但在少数部位由于构造作用及埋藏岩溶的叠加改造，会发育裂缝型储集空间或少量裂缝–溶孔型储集空间。

（三）断裂破碎带

断层和裂缝也是促进岩溶发育的重要因素，尤其是在台地内部原始渗透性极差的沉积体中，对岩溶作用的促进至关重要。沟通至深部的断层本身就是大气淡水的良好通道，促使大气淡水从地表经由断层向更深部的地层渗透溶蚀。

裂缝通常发育在断层附近和断层的伴生背斜顶部［图 2.42（a）］。Ramsay 和 Lisle（2000）研究发现背斜的顶部通常发育与层面近垂直的张性裂缝和高角度的剪性裂缝，褶皱的底部则通常发育与层面近平行的张性裂缝和少量中等角度的剪性裂缝［图 2.42（b）~（d）］。在逆冲断层附近通常也是高角度裂缝发育的有利场所，统计表明，逆冲断层的上盘裂缝密

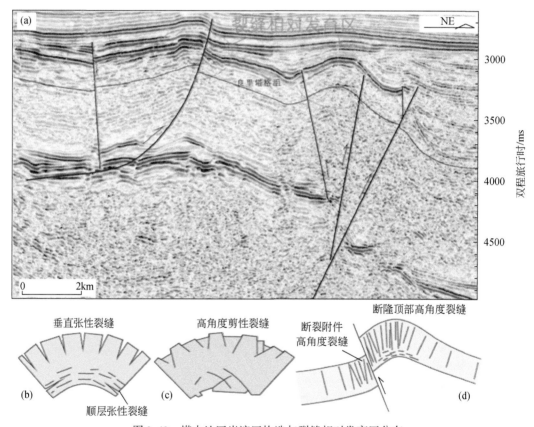

图 2.42　塔中地区岩溶区构造与裂缝相对发育区分布

（a）地震剖面，注意与断裂相关的裂缝相对发育区；（b）褶皱中张性裂缝分布样式（据 Ramsay and Lisle，2000）；（c）褶皱中剪性裂缝分布样式（据 Ramsay and Lisle，2000）；（d）逆冲断裂及伴生构造中裂缝分布样式，断层附近以剪性高角度裂缝为主，上盘顶部发育垂直张性裂缝，下部发育顺层张性裂缝，远离断裂带裂缝发育强度和密度明显减弱

度大于下盘，且离断面越近的地层裂缝密度越大。塔中地区东部岩溶区与塔中 10 号构造带逆冲断层发育，在断层面附近和断隆背斜上部都是潜在较好的裂缝发育区，这些断层及裂缝的发育大大促进了大气淡水从地表向地层中渗透作用，进而对岩溶的深度和广度起到积极的影响。

塔中地区取心井能够取得鹰山组的岩心不多，且有的破碎严重。FMI 测井具有较高的横向和纵向分辨率，可以清楚地反映裂缝、砾石颗粒、微断层等现象，还可以分析裂缝发育特征，如裂缝的类型、裂缝的产状、裂缝开启度、裂缝延伸情况及发育方位，划分出裂缝的发育层段，同时结合地质录井资料和其他测井资料，来综合确定物性较好的储集层段。通过对这些岩心的观察，鹰山组构造裂缝和非构造裂缝都很发育。构造缝多充填方解石和泥质，少量未完全充填的裂缝对渗透率贡献大。其中少数开启的缝合线能成为次要的储集空间；成岩收缩缝经历后期溶蚀作用也可能形成溶蚀缝洞。风化裂缝主要位于奥陶系风化剥蚀面附近，是在加里东运动后，塔中地区隆升，灰岩长期暴露遭受风化剥蚀的结果，岩石破裂，裂缝发育，但不规则，当发育密集时发生角砾化。

塔中地区深大断裂发育，其周边发育好的裂缝系统，大大改善了储集层的物性，并形成油气富集区（图 1.24）。塔中奥陶系碳酸盐岩岩心观察分析裂缝发育井段裂缝率在 0.05%~0.3%，在少数高产油气井相对较高，可达 0.1%~0.5%。薄片分析裂缝率一般为 0.05%~0.2%，少数可达 1%~3%。测井解释裂缝孔隙度变化范围大，一般在 0.001%~ 0.8%，其数量级约 0.1%，在 Ⅰ~Ⅱ 类储层段均值在 0.03%~0.5%。总体而言塔中地区以微小缝为主，裂缝孔隙度较小，裂缝率的数量级为 0.01%~0.1%，但在裂缝连通性较好的层段裂缝孔隙度较高，对储层孔隙度的贡献为 5%~10%。值得注意的是，由于很多大型缝洞发育段很难取心，也缺少测井资料，裂缝孔隙度没有计算在内，而且大型缝洞计算的孔隙度归入洞穴型储层一类，其中裂缝孔隙度估算远高于裂缝型储层。由于连通性较好的裂缝间流体的流动性远高于基质孔隙，裂缝渗透率比基质孔隙渗透率高出 1~3 个数量级，而且裂缝中油气采出程度高，裂缝发育的油气藏中对油气产量的贡献估计可达 5%~30%。

塔中地区断裂破碎带研究表明，断裂是岩溶作用发生和演化的必要条件。在精细刻画北西向逆冲断裂的基础上，近年来发现并精细解释了一系列北东向走滑断裂。断裂活动时期，断层上下两盘相互错动，造成了岩层的张裂、破碎，使得断裂带内的孔隙度和渗透率产生不同程度的增大变化，这不仅是地下流体的有利运移通道，也是其运移的主要通道。特别是在断裂交汇处，岩溶作用形成的储集层物性更好。断裂破碎带作为流体通道，一方面可以作为深部热液上涌的通道；另一方面断裂连通地表，加大表生岩溶作用改造的深度。特别是沿着走滑断裂产生的裂缝，容易形成裂缝-孔洞复合型的大型缝洞体。塔中地区发育的逆冲与走滑断裂对于岩溶缝洞体储层的发育具有重要的改造作用。逆冲断裂控制了古地貌的南北分带，岩溶储层主要分布在塔中 10 号构造带—塔中 Ⅰ 号断裂带之间的斜坡部位。同时，逆冲断裂带在很大程度上提高了岩层的渗透性，并有利于大气淡水渗滤和古岩溶缝洞体的发育，如 TZ43 井区，早期的断裂破碎带沿塔中 Ⅰ 号断裂带的北西-南东方向展布，岩溶缝洞体也沿该方向呈带状展布。呈北北东向展布的走滑断裂与鹰山组优质储层的分布密切相关。近期地震储层预测表明，优质岩溶储层与大型走滑断裂的分布具有很高的一致性（图 2.43）。其中裂缝的分布与方向受控于走滑断裂带，而且大量的缝洞体储层沿北东向走滑断裂带展布，特别是在塔中中东部的 TZ8、TZ43 井区。

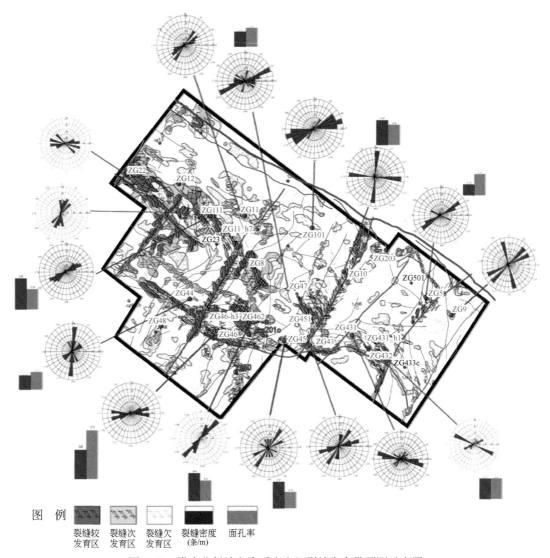

图 2.43　塔中北斜坡奥陶系鹰山组裂缝发育带预测示意图

综合分析，塔中鹰山组岩溶储集体发育主要受岩性岩相、构造断裂、层间岩溶、埋藏岩溶作用等多成因、多期次叠加改造的叠合影响，发育复杂的缝洞集合体储层，主要分布在岩溶斜坡不整合面之下 140m 范围内，呈准层状分布，局部断裂带与高能岩相带富集。

二、岩溶储层发育模式

碳酸盐岩岩溶模式已有深入细致的研究和探索，其中比较有代表性的、并被广泛接受的模式包括 Mylroie 和 Carew（1995）建立的碳酸盐岩岛岩溶模式以及后来的复合岩岛、复杂岩岛岩溶模式，以及 Loucks（1999）建立的表生岩溶环境下的洞穴发育和洞穴在埋藏环境中的演变模式，后期该系列模式又得到补充完善。Loucks（1999）建立了具有代表性的表生岩溶环境下的洞穴发育以及洞穴在埋藏环境中的演变模式（图2.44）。该模式中溶洞体系与岩石物理性质无关，主要由岩溶通道和溶洞崩塌再沉积、埋藏、胶结形成的储层体系构成，这种储层的孔隙网络并非一个单独的溶洞，而是与岩溶作用相关的溶蚀孔隙和溶洞崩塌形成的岩溶角砾间孔隙、裂缝等共同组成的孔隙网络。这些缝洞储集体与塔中钻探的"串珠"状大型缝洞体储层相似，其中有的通道垮塌充填后可能分隔成为多套独立的缝洞体。

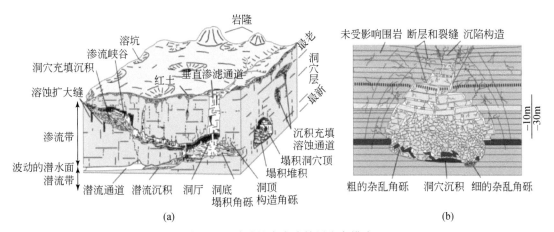

图 2.44　碳酸盐岩岩溶储层发育模式

（a）表生岩溶地貌及溶蚀缝洞发育模式，注意潜水面位置与洞穴层分布；（b）溶洞在地下埋深过程中的演变及围岩的伴生构造的产生（据 Loucks，1999）

一般而言，岩溶通道形成的初期以近地表的渗流带或潜流带的溶蚀为主。地下水沿岩石的层理面或裂缝渗滤，逐步溶蚀形成落水洞。研究认为，5～10mm 直径的裂隙是有效的通道。缝隙达到这一直径后流体速度快速增加，并能够运送沉积物。如果不能达到这一直径，溶缝就会慢慢闭合并废弃。随着流体流速的增加，溶蚀作用向更深的岩层扩展，并促进溶蚀通道的进一步发育。在裂缝密度小的情况下，会发育纵向溶缝，横向连通性受制约。当区域水位下降时，潜水面也会随之下降，原来的潜流带可能演变为渗流带，进一步的溶蚀形成岩溶通道和纵向溶蚀谷的渗流带，先前的潜流带通过渗流溶蚀形成垂向叠加的溶洞，有的潜流带岩溶通道被废弃。露头可见渗流带里发育的纵向岩溶通道叠加在早期废弃的潜流带岩溶缝洞体上。当地下水位上升时，早期潜流带可能停止发育，在更浅的部位发育新的潜流带，并叠加在早期渗流带之上，早期渗流带成为新的潜流带。由于潜水面频繁上升和下降，造成多期渗流带与潜流带的迁移与叠加改造，形成复杂连通网络的缝洞系统。

Loucks（1999）不仅强调了裂缝对地下流体的输导作用，也强调了溶洞崩塌产生的裂缝的重要性。他认为洞顶和洞壁受上覆岩层的重力作用，沿裂缝薄弱部位会发生溶洞的崩塌。同时，当潜水面下降时潜流带变成渗流带，随着地下水支撑力降低可能导致洞壁崩塌，并形成岩溶角砾充填。溶洞崩塌之后断裂破碎带的宽度快速增加。随着崩塌溶洞的埋藏和压实，原来的大角砾和大孔隙进一步变为小粒屑和小孔隙，机械压实还会造成粒屑之间的化学胶结。充填颗粒间的孔隙。随着埋藏的加深，洞穴周围的裂缝会进一步发育，早期的溶洞体系又转变成裂缝发育的溶洞角砾岩层［图 2.44（b）］。洞顶应力释放产生具有裂缝的碎屑颗粒，这种碎裂岩层发散的范围比较大，不仅容易识别，还是流体良好的通道。值得注意的是，很多岩溶储层并非独立的崩塌溶蚀通道形成的几米到几十米的规模，而是一个崩塌-埋藏的溶蚀体系构成的展布范围能高达几千平方米的大型缝洞系统，这与地震资料识别的缝洞体规模相当，并为理解古岩溶储层的尺度提供了参考。此外，塔中地区奥陶系碳酸盐岩洞穴深埋超过 6000m，已超出 Loucks 预测的洞穴保存深度，值得进一步深入研究。

通过塔中鹰山组岩溶储层分析，将控制岩溶发育的因素划分为地带性因素和非地带性因素。岩溶作用是地下水和可溶性碳酸盐岩相互作用下对前期沉积岩石的溶蚀改造作用，经历历史时期的演化和改造形成了具有一定地貌单元的岩溶相序，碳酸盐岩的可溶性、渗透性和地下水体的流动性、溶蚀性是岩溶发育的物质基础和基本条件。从外力作用的角度讲，内外营力的共同作用是促进岩溶发育的必要条件。其地貌、断裂是非地带性的，而来自于古气候、海平面变化的作用是地带性的。

相比碎屑岩，碳酸盐岩具有更高的可溶性，其矿物组成、岩石类型及原始沉积时期的渗透性决定了岩溶储层的溶蚀性质。灰岩中碳酸钙矿物的稳定性是最主要的矿物因素，当含有亚稳定碳酸钙的碳酸盐岩与大气淡水（地表和地下）接触时，文石的溶解会产生大量的溶蚀孔隙，同时释放钙离子和镁离子，最终以低镁方解石的形式胶结沉淀。通过鹰山组的岩石薄片分析，受多期成岩胶结作用，孔隙间的胶结物非常发育，原生孔隙几乎荡然无存。但在局部高能的台内滩、台内丘滩复合体中，溶蚀作用与裂缝作用等成岩建设性作用可能形成大量的次生溶蚀孔隙，表明岩性岩相对后期次生孔隙的发育具有一定的影响作用，并且可能控制溶孔和溶洞的发育与分布。

对于质纯层厚且原始渗透性较差的碳酸盐岩，溶蚀作用的发生主要受断裂控制。特别是在垂直渗流带中，沿高角度的裂缝面容易发生扩溶作用，形成沿裂缝分布的溶蚀孔洞。地下溶蚀性流体运动形式也受控于裂缝的产状，多沿裂缝向下流动，随着溶蚀作用的持续进行，裂缝溶蚀程度不断增强，甚至可以形成溶洞。在致密高阻层段中，特别是以发育台内潟湖、台内洼地相为主的地层中，一般溶蚀成洞的概率相对较低、非均质性强、方向性强。一旦形成溶洞，往往规模较大。结合成像测井资料，可以分析井下洞内充填序列的特征。塔中鹰山组下部鹰三段、鹰四段主要为白云岩溶蚀，白云岩具有孔渗性好的基质储层，溶蚀作用主要表现为岩石格架间空隙或晶间空隙的扩散溶蚀作用。白云岩整体溶蚀程度高，孔洞较多，但大型洞穴极少。岩石类型不同，与流体的反应特征也不同。在近地表或浅埋藏的条件下，流体对灰岩的溶蚀速度大于白云岩。深埋藏条件下，白云岩的溶蚀受岩石温度、压力效应的影响，可能高于方解石。

除了岩石自身的内在因素之外，非地带性的营力作用对岩溶储层的形成具有重要的控制作用。中奥陶世至晚奥陶世早期，塔中-巴楚地区遭受了强烈的构造挤压，造成鹰山组顶部大面积的暴露溶蚀。根据古地貌的恢复及沉积微相的对比发现，相对高隆区以高能台内滩发育为主，斜坡区及隆间洼地区水体能量较低，形成低能的滩间海、台内潟湖相，构造背景与古地貌特征控制了沉积相带的分布。分析表明，不同的岩溶地貌与不同的沉积相带叠加造成溶蚀作用的差异性，且岩溶类型和规模均有所不同。此外，断裂及与之相关的裂缝决定了碳酸盐岩地层的渗透性、连通性和方向性，无论是原始沉积地层的渗透性还是低能致密沉积相，均受到裂缝发育的影响，裂缝控制了地表和地下流体的流动方向，由此控制了岩溶储层沿断裂带的发育程度，在裂缝或断裂的拐点、交点处往往是流体流速变化、停留的主要部位，容易形成大型溶洞。同时，裂缝的深度控制了流体运移的深度，进而控制了岩溶储层发育的深度和规模，这样在高阻隔层形成的裂缝就成为沟通上部岩溶带与下部岩溶带的重要通道。

鹰山组岩溶储层的发育受构造变形与溶蚀作用等多种因素的影响，并与所处的古地貌具有一定的联系。位于构造轴部的区域，如塔中10号构造带上，岩溶作用强烈，裂缝发育，岩溶形成的储集体抗变形的能力比较差，沿着裂缝带易发育溶蚀孔隙，并导致岩溶储层呈现分带的特征。综合分析，不整合、岩溶古地貌、沉积相、三级层序及断裂对塔中地区鹰山组岩溶储层发育均有不同程度的控制作用。鹰山组沉积晚期，开阔台地相的颗粒灰岩为岩溶储层的发育提供了物质基础。大型溶洞的发育受鹰山组顶部不整合的影响最为明显。在层序内部，岩溶的发育具有一定的选择性。台内洼地或滩间海相的泥晶灰岩在鹰山组岩溶体系中充当隔层作用，改变地下水体的流动方向。当有裂缝发育时，水体通过裂缝沟通向下渗透，造成岩溶体系的纵向发育。

结合地震储层预测成果，塔中北斜坡鹰山组上部主要发育两套广泛分布的岩溶层（图2.45），分别受顶部不整合和潜水面的控制。表层水沿断裂（走滑断裂）流入深部地层，形成串珠状岩溶，沿断裂周围发育的裂缝局部溶解形成缝洞网络，形成良好的缝洞体

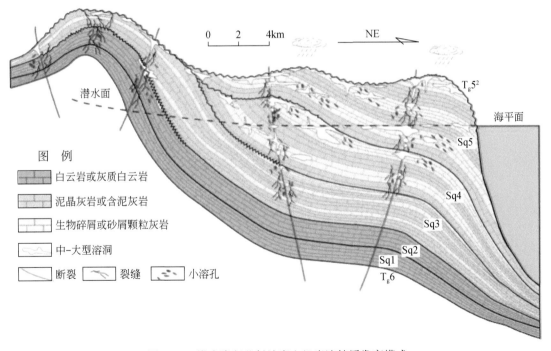

图2.45　塔中隆起北斜坡鹰山组岩溶储层发育模式

储层。受控多期潜水面的升降，由颗粒灰岩构成的相对易溶的岩层容易受到地层水的溶解，可能形成局部范围内的顺层岩溶。

总之，塔里木盆地下古生界碳酸盐岩经历多期构造作用与成岩作用的叠加，岩溶模式的建立应综合考虑多种因素的叠加作用。与前期的岩溶模式相比，塔中鹰山组经过了更强烈的断裂改造作用及其相关的岩溶作用，发育垂向上沿断裂发育、平面沿断裂带展布的断控岩溶缝洞体储层从而形成更复杂的岩溶模型，不同于勘探阶段建立的大型"准层状"岩溶储层模型。

参 考 文 献

杜金虎，王招明，李启明，等. 2010. 塔里木盆地寒武-奥陶系碳酸盐岩油气勘探. 北京：石油工业出版社.

管树巍，杨海军，韩剑发，等. 2011. 塔中低凸起的构造属性和解释方法. 石油与天然气地质，32(5)：777～786.

韩剑发. 2008. 塔里木盆地塔中坡折带奥陶系礁滩复合体研究. 武汉：中国地质大学.

韩剑发，梅廉夫，潘文庆，等. 2007. 复杂碳酸盐岩油气藏建模及储量计算方法：以潜山油气储量计算为例. 地球科学(中国地质大学学报)，32(2)：267～278.

韩剑发，徐国强，琚岩，等. 2010. 塔中54-塔中16井区良里塔格组裂缝定量化预测及发育规律. 地质科学，45(4)：1027～1037.

韩剑发，孙崇浩，于红枫，等. 2011. 塔中Ⅰ号坡折带奥陶系礁滩复合体发育动力学及其控储机制. 岩石学报，27(3)：845～856.

韩剑发，韩杰，江杰，等. 2013. 中国海相油气田勘探实例之十五——塔里木盆地塔中北斜坡鹰山组凝析气田的发现与勘探. 海相油气地质，18(3)：70～78.

韩剑发，胡有福，胡晓勇，等. 2015a. 塔里木盆地塔中隆起良里塔格组礁滩体储集特征及油气富集规律. 天然气地球科学，26(S2)：106～114.

韩剑发，王清龙，陈军，等. 2015b. 塔里木盆地西北缘中—下奥陶统碳酸盐岩层序结构和沉积微相分布. 现代地质，29(3)：99～608.

何长坡，王振宇，张云峰，等. 2009. 塔中北斜坡中下奥陶统鹰山组沉积相类型及分布研究. 新疆石油天然气，5(2)：11～17，111～112.

李本亮，管树巍，李传新，等. 2009. 塔里木盆地塔中低凸起古构造演化与变形特征. 地质论评，55(4)：521～530.

李传新，贾承造，李本亮，等. 2009. 塔里木盆地塔中低凸起北斜坡古生代断裂展布与构造演化. 地质学报，83(8)：1065～1073.

李小刚，徐国强，戚志林，等. 2013. 断层相关裂缝定性识别：原理与应用. 吉林大学学报(地球科学版)，43(6)：1779～1786.

李曰俊，吴根耀，孟庆龙，等. 2008. 塔里木盆地中央地区的断裂系统：几何学、运动学和动力学背景. 地质科学，(1)：82～118.

刘洛夫，李燕，王萍，等. 2008. 塔里木盆地塔中地区Ⅰ号断裂带上奥陶统良里塔格组储集层类型及有利区带预测. 古地理学报，(3)：221～230.

秦胜飞，潘文庆，韩剑发，等. 2007. 储层沥青与有机包裹体生物标志物分析方法. 石油实验地质，(3)：315～318，328.

王洪浩，李江海，杨静懿，等. 2013. 塔里木陆块新元古代—早古生代古板块再造及漂移轨迹. 地球科学进展,28(6):637~647.

王铁冠,戴世峰,李美俊,等. 2010. 塔里木盆地台盆区地层有机质热史及其对区域地质演化研究的启迪. 中国科学:地球科学,40(10):1331~1341.

王祥,韩剑发,于红枫,等. 2012. 塔中北斜坡奥陶系鹰山组地层水特征与油气保存条件. 石油天然气学报, 34(5):2~3,25~29.

王招明,张丽娟,王振宇,等. 2008. 塔里木盆地奥陶系礁滩体特征与油气勘探. 第六届天山地质矿产资源 学术讨论会.

王振宇,严威,张云峰,等. 2007. 塔中上奥陶统台缘礁滩体储层成岩作用及孔隙演化. 新疆地质,25(3): 287~290,338~339.

王振宇,吴丽,张云峰,等. 2009. 塔中上奥陶统方解石胶结物类型及其形成环境. 地球科学与环境学报, 31(3):265~271.

邬光辉,成丽芳,于红枫,等. 2011. 塔中上奥陶统台缘带高频层序地层特征与储层纵向分布. 新疆地质, 29(2):203~206.

邬光辉,庞雄奇,李启明,等. 2016. 克拉通碳酸盐岩构造与油气——以塔里木盆地为例. 北京:科学出 版社.

张宝民,张水昌,尹磊明,等. 2005. 塔里木盆地晚奥陶世良里塔格型生烃母质生物. 微体古生物学报, 22(3):243~250.

张艳萍,杨海军,吕修祥,等. 2011. 塔中北斜坡中部走滑断裂对油气成藏的控制. 新疆石油地质,32(4): 342~344.

赵吉发. 1994. 碳酸盐岩相与岩溶地貌发育的初步研究——以贵州三叠系为例. 中国岩溶,13(3): 261~269.

赵越,杨海军,刘丹丹,等. 2011. 塔中北斜坡致密碳酸盐岩盖层特征及其控油气作用. 石油与天然气地质, 32(6):890~896,908.

Chen L X,Yang H J,Wu G H,et al. 2009. Characteristics of the Ordovician reef-shoal reservoir in Tazhong No. 1 slope-break zone,Tarim Basin. Xinjiang Shiyou Dizhi,29(3):327~330.

Han J F,Zhang H Z,Yu H F,et al. 2012. Hydrocarbon accumulation characteristic and exploration on large marine carbonate condensate field in Tazhong Uplift. Yanshi Xuebao,28(3):769~782.

Han J F,Li H,Hu X Y,et al. 2015. Characteristics of Ying Shan formation Carbonate Sequence Stratigraphy in middle of the Tarim Basin. Proceedings of The 2015 International Power,Electronics and Materials Engineering Conference,17:1161~1166.

Loucks R G. 1999. Paleocave carbonate reservoirs:origins,burial-depth modifications,spatial complexity,and reservoir implications. AAPG Bulletin,83(11):1795~1834.

Mylroie J E,Carew J L. 1995. Karst development on carbonate islands. AAPG Memoir,63:55~76.

Ramsay J G,Lisle R J. 2000. The Techniques of Modern Structural Geology,Volume 3:Applications of Continuum Mechanics in Structural Geology. London:Academic Press.

Wang W L,Pang X Q,Liu L F,et al. 2010. Ordovician carbonate reservoir bed characteristics and reservoir-forming conditions in the Lungudong Region of the Tarim Basin. Acta Geologica Sinica-English Edition,84(5): 1170~1179.

Wang Z Y,Zhang Y F,Yan W,et al. 2009. Cementation of upper ordovician calcite in Tazhong I offset structural belt. Duankuai Youqitian,15(5):14~18.

Wu G H,Yang H J,He S,et al. 2016. Effects of structural segmentation and faulting on carbonate reservoir

properties:a case study from the Central Uplift of the Tarim Basin, China. Marine and Petroleum Geology, 71:
183 ~ 197.

Xu C H, Han J F, Lin Y X. 2010. Process calculation of tower internals in de-heavy tower of pyrolysis gasoline hy-
drogenation units. Shiyou Huagong Sheji, 26(2):9 ~ 12.

Yang H J, Zhu G Y, Han J F, et al. 2011. Conditions and mechanism of hydrocarbon accumulation in large reef-
bank karst oil/gas fields of Tazhong area, Tarim Basin. Yanshi Xuebao, 27(6):1865 ~ 1885.

Zhu G Y, Zhang B T, Yang H J, et al. 2014. Origin of deep strata gas of Tazhong in Tarim Basin, China. Organic
Geochemistry, 74:85 ~ 97.

第三章 塔中凝析气田储层地震刻画与建模

本章针对塔中超深碳酸盐岩缝洞体识别预测面临的一系列科学问题与技术挑战，基于"分子结构"碳酸盐岩缝洞体量化雕刻思路（赵政璋，2012年，会议讲话），开展了多学科动静态一体化研究，建立了碳酸盐岩缝洞体地质模型，研发了基于WEFOX双向聚焦偏移精准成像技术，实现了塔中凝析气田复杂缝洞体量化刻画及评价，有效支撑了超深复杂碳酸盐岩凝析气藏储量计算、井位部署与效益开发。

第一节 沙漠高精度三维地震采集与处理

由于塔中沙漠区地震信号受起伏沙丘地表及地质构造影响，原始资料高频能量衰减严重，深层资料信噪比整体偏低，碳酸盐岩缝洞储层识别困难。针对地震资料存在的问题，统筹开展针对性的高精度三维地震采集及目标处理，提高了小尺度缝洞体识别能力以及微小断裂的刻画精度。用量化的研究思路，明确不同尺度孔洞的地震响应特征，建立相互关系，结合波阻抗体到孔隙度数据体的转化，完成了缝洞体量化雕刻，实现了缝洞体的定量描述。

一、高精度三维地震采集技术

塔中地区地表被第四系松散沙层所覆盖，沙层厚度变化大，沙丘相对高差在10~130m。沙丘分布形态为规则的垄状、不规则的蜂窝状或是二者的复合形态，一般宽500~4000m。表层结构大部分地区主要为三层结构，即低速层、降速层和高速层，低速层速度为370~650m/s，厚度为2~6m，降速层厚度一般在2~70m，高速层速度一般在1600~1800m/s，地震波传播吸收衰减严重。本区各时代地层岩性和密度差异较大，存在多个明显的波阻抗界面。

塔中沙漠区深-超深层奥陶系碳酸盐岩缝洞体主要受断裂，以及准同生期、深埋藏及热液溶蚀作用控制，如何获得较全面的断裂信息和缝洞体产生的绕射信息是该区地震采集的重点和难点。地震采集存在三个主要问题：一是目的层信噪比低、主频低和有效频带窄；二是干扰波发育且能量强；三是巨大沙丘造成的静校正问题突出。

结合地质条件分析，地震采集方法设计从观测系统和激发、接收两方面入手，尽可能经济地、完整地采集到地下缝洞体的地震信息，重点提高中、下奥陶统的层间弱反射信噪比。通过针对性研究，提出了技术经济的观测系统和激发、接收参数，为三维地震资料的获取奠定了基础。

（一）基于缝洞体目标的高覆盖宽方位观测系统

综合分析，高覆盖、宽方位的观测系统有利于提高塔中地区地震资料的品质：①高覆盖是保证奥陶系层间弱反射信号信噪比的前提；②宽方位角观测增加横向采样率、提高横向覆盖次数，为准确刻画和描述储层提供较全面、系统的基础资料；③较小束间滚动距离减小，较大排列片滚动带来的炮检距、方位角周期性变化引起的反射振幅周期性变化（即采集足迹），同时可提高静校正耦合效果。

观测系统的设计思路为根据地球物理模型计算理论的观测系统参数，由地震资料的信噪比来计算观测系统覆盖次数，结合前期三维地震资料的特点，通过属性分析优选方案，最后依据试验资料分析确定最终采集观测系统。

通过实际资料分析剖面的信噪比随着覆盖次数增加的情况，选择比较合适的覆盖次数。面元尺寸的大小对偏移剖面的影响较大。面元越小，可偏移的频率就越高，可降低偏移噪声。模型正演分析表明，面元越小，较小尺度缝洞体的识别能力就越强，因此，采用较小面元可保证较小尺度缝洞体的成像。

本区奥陶系碳酸盐岩缝洞体与断裂、裂缝关系密切，应用较宽的方位角有利于断裂及缝洞成像和储层预测研究。当最大纵向炮检距一定，提高横纵比、拓宽方位角就必须增大最大非纵距。增大最大非纵距有三种途径：增加接收线数、拉大接收线距和增大束线滚动距离。通过对比分析，后两者都会引起采集足迹，造成静校正耦合效果变差、面元内偏移距分布不均匀等问题。增加接收线数的优点是提高横向覆盖次数、增加横向采集信息，有利于缝洞型储层的空间成像，但同时也会带来地震采集成本的增加。

（二）激发接收技术

精细表层结构调查是确定激发、接收参数的基础。再结合点、线试验分析，确定了合理的激发、接收参数。

塔中沙漠区地震激发技术趋于成熟，潜水面以下高速层内激发是获得高品质地震资料的重要保证。但精细表层结构调查发现高速层顶面附近存在着岩性疏松的薄夹层（称为"低频层"），在该层激发的地震波能量弱、频率低。通过优化表层结构调查方法精确识别与查清其厚度及空间展布规律，并在低频层以下激发，能有效地提高地震波下传能量和资料品质。在此基础上，形成了一套系统的沙漠地区激发参数设计技术，并得到了推广应用。

通过不同检波器埋深（0.4m、0.6m和1m）的剖面试验对比分析，其信噪比、分辨率没有明显差别，所以检波器埋深不是影响地震资料品质的重要原因。根据沙丘部位来确定检波器埋置深度，只要检波器埋置在0.4～0.6m避开干沙层就可以削弱表层吸收衰减，提高地震资料的信噪比。

组合检波是根据干扰波与有效波的特征参数来设计的，它是保证沙漠区地震资料品质的一个非常重要的方法，针对不同方向的干扰波采用不同的手段来压制。

二、高精度三维地震处理技术

（一） WEFOX 双向聚焦偏移精准成像技术

塔中沙漠地区地震资料信噪比整体偏低，品质较差，主要是各类强干扰的压制、自身的能量衰减以及地层的吸收等，导致下伏地层，尤其是碳酸盐岩缝洞储层难以成像。主要存在以下几个问题：

（1） 奥陶系缝洞体目的层 （3500～5000ms） 碳酸盐岩内幕信噪比低、保真度差、地质结构不清晰。

（2） 碳酸盐岩缝洞体反射特征不突出，难以准确刻画缝洞体，识别有效缝洞单元。

（3） 目的层断点成像精度差，断裂反射特征不清晰，难以开展精细构造解释。

目前现有地震数据成像技术存在的问题主要表现为：

（1） 基于射线理论的基尔霍夫 （Kirchhoff） 积分法叠前深度偏移的理论基础是对波动方程的高频近似，这使得 Kirchhoff 偏移的分辨率会随着深度的增加而逐渐变差，从而影响深层成像质量。其次，Kirchhoff 偏移用射线追踪建立双程旅行时，对速度场做平滑处理，这样不适应复杂构造或强变速条件下的地震成像。对于复杂构造区，由于焦散、多重路径和干涉等现象的存在，射线理论积分法偏移难以获得准确的地下振幅信息。

（2） 波动方程叠前深度偏移的核心问题是对波场外推算子的计算，要求算子既能适应陡倾角反射的成像及较为剧烈的横向速度变化，同时还要具有较高的计算效率。对于波场延拓类方法，频率-波数域方法不能适应剧烈的横向变速。差分法虽然可以适应纵横向任意速度变化，但存在偏移角度限制，并且受差分频散影响。波场递归延拓类的叠前深度偏移方法计算效率低，难以在生产中应用。

（3） 一方面，地表高程剧烈变化和基岩出露地表时，地震波的传播规律如波的传播方向、引起的散射噪声等可能导致得到低信噪比或照明不好的数据；另一方面，低降速带厚度的剧烈变化会引起近地表速度的横向剧烈变化，起伏地表情况下需采用高效精确的叠前成像技术。

（4） 宏观速度模型的建立：对实际资料的处理而言，速度仍是决定成像方法能否解决实际地质问题的核心。

针对以上问题，提出了最大能量 WEFOX 双向聚焦偏移精准成像技术：

（1） 最大能量双向聚焦的偏移技术。采用了 Nichols （1996） 提出的利用束线最大能量旅行时的 Kirchhoff 积分叠前深度偏移方法的思路，将其成果应用于偏移上，改进了常规偏移方法。Marmousi 模型的试算结果表明，在复杂的构造情况下，该方法可得到与常规面炮记录偏移方法类似的良好结果，提高效率达 40%。

（2） 在宏观速度模型建立的基础上，使用基于等时原理的判别函数，把确定双向聚焦偏移与速度调整和反射层面深度坐标的问题转化为求取判别函数的局部极值问题。判别函数的计算是灵活的，可根据速度场的复杂程度来选择。以理论模型和实际资料的试算结果验证 WEFOX 双向聚焦方法的可行性与正确性。

为了更加准确地描述裂缝、缝洞储层系统，资料处理以提高信噪比和成像精度为主。分辨率的处理原则：在保真与相对保幅处理的前提下，兼顾分辨率和信噪比，以足够频宽保证主频，能量平衡补偿不破坏岩性的地震响应特征。一是以缝洞体成像最佳为依据优选资料处理参数，通过缝洞体串珠特征明显的测线进行纵横向统计，选择有代表性的缝洞体在处理过程中作为监控点，时刻监控串珠的成像及破碎情况；二是精细速度模型建立，进行 WEFOX 双向聚焦成像确保断点归位和层间小断层成像精度；三是充分借鉴前期认识及研究成果，更好地达到攻关目标。

当子波缺乏低频时，子波波形振荡剧烈，其旁瓣的能量相对较强，对主瓣影响严重，降低了地震波分辨能力。包含低频带的子波对缝洞的成像更清晰，分辨能力较强。叠前低频信号的有效保护对奥陶系缝洞体串珠特征的成像影响明显，缝洞体成像研究需要向低频成像发展。而主频过高时，缝洞体地震响应特征破碎，因此实际地震资料处理时，反褶积预测步长不宜过小。

（二）保护低频的提高目的层信噪比处理

提高数据的信噪比（S/N）是地震数据处理永恒不变的目标之一，提高目的层的信噪比也是塔中碳酸盐岩储层处理工作的重要任务之一。不同信噪比的缝洞体正演模拟结果以及不同信噪比的剖面对比表明，随着信噪比的降低，缝洞可识别能力减弱，在 S/N 小于 1.5 时，缝洞反射特征基本上淹没在背景噪声中。因此，提高资料信噪比在 1.5 以上较好（图 3.1）。通过对频带范围的选择，低频成分对缝洞成像有较大的帮助，故在叠前去噪处理中要注意保护低频成分（图 3.2）。

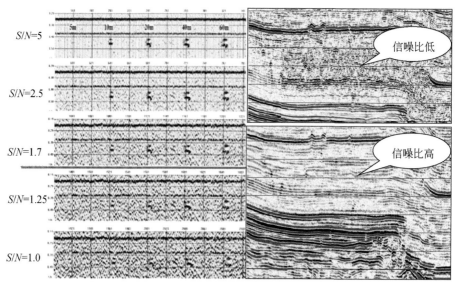

图 3.1　缝洞体可识别性与信噪比的正演

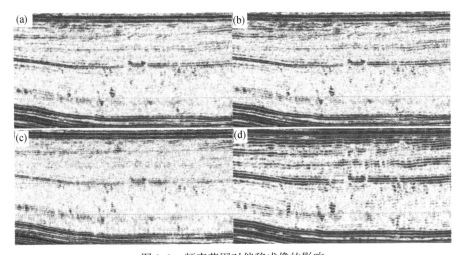

图 3.2　频率范围对偏移成像的影响

（a）全频带偏移剖面；（b）保留 8Hz 以上频带–偏移剖面；（c）保留 15Hz 以上频带–偏移剖面；
（d）保留 25Hz 以下频带–偏移剖面

1. 复杂地表静校正技术

塔中地区为第四系松散沙层覆盖，沙层的厚度变化大，低降速带横向上变化明显，导致资料中存在着严重的静校正问题。针对上述情况，采用沙丘野外静校正与剩余反射波静校正串联组合，保证有效信号的同相叠加，在达到静校正工作的技术要求前提下，最大程度上的解决长、短波长静校正问题。具体做法：①利用提供的沙丘野外静校正量来解决长波长静校正问题；②利用地表一致性剩余静校正和速度分析相迭代的方法来解决剩余静校正量问题，通过多次迭代使得剩余校正量收敛在一个采样点之内，解决短波长静校正问题，提高叠加效果（图 3.3）。

沙丘野外静校正应用后，资料中仍存在着一定的剩余静校正量，大部分是因为不同的地表激发、接收因素造成。这种剩余静校正量对于资料局部的信噪比会有较大伤害，并在一定程度上影响反射成像。针对此类情况，进一步进行三次基于地表一致性的剩余静校正处理，将求取的剩余静校正量基本收敛在一个采样间隔范围内，以解决资料中的短波长问题。

2. 叠前高保真去噪技术

塔中地区地表激发、接收条件较差，地表沙层厚度大（40～100m），且横向变化剧烈，这种特殊的野外地表条件导致原始资料中存在着强能量的噪声干扰，尤其是在近道发育有能量较强的面波干扰及线性干扰，局部地方还存在着一定的脉冲、野值干扰。

由于叠前压噪不可能一次到位，应根据实际情况进行分析，与静校正、速度分析、反褶积等处理手段紧密结合，采用迭代处理的思路逐次逼近，先压制特征鲜明的强噪声。不同的噪声应用不同的压制方法，并合理地安排在迭代处理的过程中。有效提高叠前数据的信噪比，为信号的振幅补偿、反褶积处理、速度分析、剩余静校正等叠前处理手段提供了良好的基础，为实现信号的同相叠加和改善叠加效果创造了有利的条件。

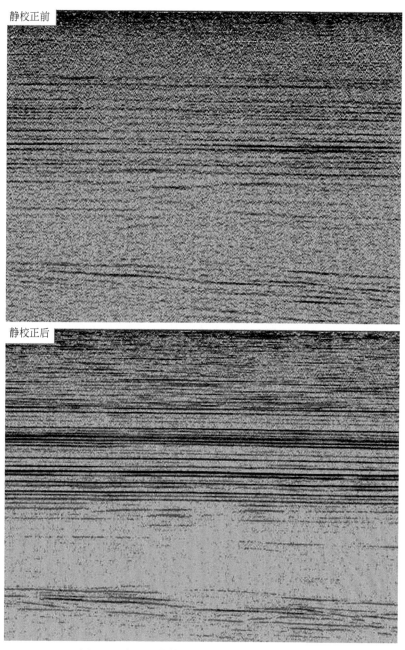

图 3.3　沙丘野外静校正前后的剖面对比示意图

从信号处理的角度来看，叠前去噪基于的数学模型基本可分为两大类：一是基于单道数学模型；二是基于多道数学模型。

基于单道数学模型的去噪方法主要是通过利用单一地震道所携带的信息设计去噪算子，区分出噪声和有效信号，实现信噪分离，如下面介绍的针对强能量脉冲干扰的噪声自动识别和压制技术。该类方法不需要考虑相邻道的信息，这一方面使其可以有较好的适应性，如不要求资料进行过动、静校正，另一方面也可以很好地保持资料中各道之间的原始振幅相对关系，便于后续处理技术的应用。

基于多道数学模型的去噪方法是利用多个地震道所携带的信息设计去噪算子，区分出噪声与弱小信号，实现信噪分离。该类方法考虑了有效信号横向上的某些规律性（如相干、线性等），这样使去噪能力优于基于单道数学模型的去噪方法。但由于该类方法一般都带来某些理论上的假设，如有效信号在横向上一定范围近似线性、波形相似等，因此该方法的应用一般也受到某些限制，静校正问题即是影响其应用效果的重要因素。这类方法要与静校正处理结合进行，但静校正量的估算必须以一定的信噪比为基础，要求在去噪的同时能够很好地保持叠前记录中道与道之间有效信号的原有关系，以便能获得准确的静校正量估计。

3. 十字交叉排列压制面波干扰

由于单炮记录中强能量的低频面波干扰，会影响反褶积处理中信号相关函数的计算，进而影响反褶积效果，因此在反褶积前应消除强能量的低频干扰。面波是叠前记录中能量很强的规则噪声，在记录中一般在近道呈扇形分布，有能量强、频率低、视速度低的特点。主要分布在近中炮检距，有一定的频带范围。

十字交叉排列是指这样一个叠前地震道子集，其所有地震道的炮点都在同一条炮线上，所有地震道的检波器都在同一条检波线上，因此十字排列的个数与炮点和检波线交点的数目一样多。一个交叉排列连续地单次覆盖某共深度点（common depth point，CDP）面元范围，此 CDP 面元范围与中心炮点（离检波线最近的炮点）的覆盖范围相当。

十字交叉排列域压制面波前后的单炮和剖面的对比表明（图 3.4、图 3.5），面波得到有效压制，数据信噪比得到明显提高。

4. 分时、分频去噪对强能量脉冲噪声压制

脉冲噪声是在野外施工中由于机械及人为振动产生的干扰，在资料中表现为随机性振幅大。叠加时对有效信号有较强的压制作用，产生假振幅，造成同相轴扭曲，在进行叠前偏移处理时会出现画弧现象，构造不能正确归位，且可能产生假构造。由于后续的地表一致性振幅补偿和地表一致性反褶积均为多道处理，所以必须对强能量噪声进行压制。

这类干扰往往能量强，而且频带很窄，采用分频去噪方法可以去除。基本方法原理是通过小波变换进行分频，通常的分频信号处理是带通滤波。由于傅里叶分析其理论本身的局限性，它不具有"变焦"特性，因此借助数学方法——小波变换，将地震记录按不同尺度分解为不同频带的信号。强能量脉冲噪声通常只分布在某一频带的记录上，对每个分频记录通过希尔伯特变换计算地震道包络，有效信号的地震道包络是平稳的，强能量脉冲噪声包络横向突变，因此根据加权中值的方法可以很好地识别出噪声并进行压制。然后通过

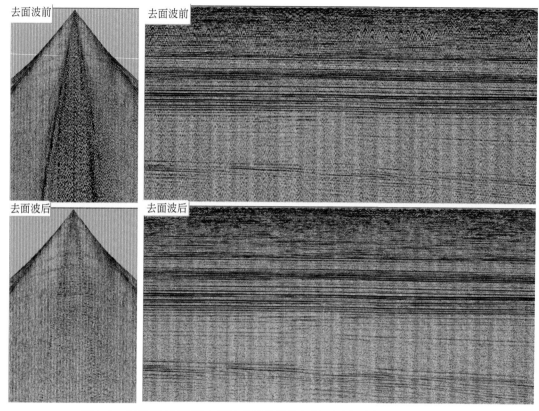

图 3.4　十字交叉排列域去面波前后的单炮与剖面对比示意图（满覆盖段）

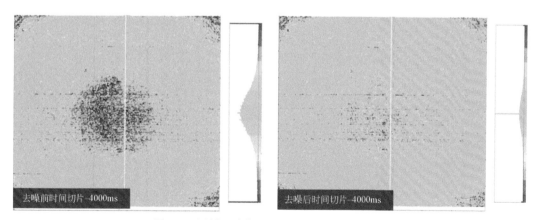

图 3.5　压制面波前后时间切片的对比示意图

小波反变换，进行波场重构。能够最大限度地保护有效波的成分，是一种比较理想的叠前强能量噪声压制方法。

结果表明，该方法对上述干扰波分析中提到的强能量随机干扰、工频干扰、野值等能起到很好的压制作用（图 3.6）。

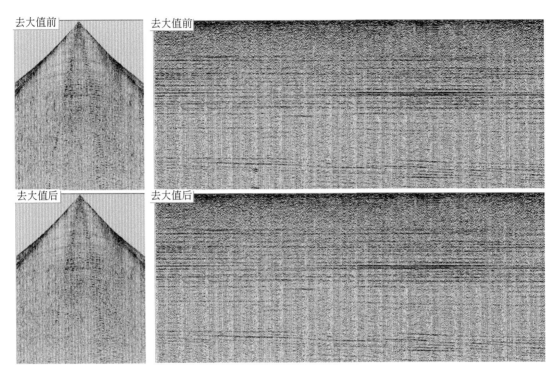

图 3.6　压制野值前后单炮与剖面的对比示意图

5. 多次波压制

多次波的存在是导致内幕成像差的一个重要因素。塔中地区多次波以全程多次为主，影响内幕资料的成像；多次波的速度与有效波速度差异相对较小，对多次波的压制存在一定的难度。因此，开展了针对性的多次波压制研究。通过多次波压制对比（图 3.7），尤其是速度谱的对比，可以看到多次波得到了有效压制。

（三）针对碳酸盐岩内幕的缝洞体特征处理

通过正演物理模型研究，缝洞体体积与地震能量具有相关性（图 3.8）：体积越大，地震能量越大。因此针对碳酸盐岩内幕的缝洞体特征，必须采用高保真的振幅频率处理，以利于获取岩溶和缝洞体的反射特征。在此基础上，开展测井信息约束振幅、频率处理，主要包括以下四方面的内容：利用垂直地震剖面（vertical seismic profiling，VSP）信息或扫描确定垂向补偿参数，补偿时间方向上的振幅；利用偏移距矢量片（offset vector tile，OVT）域地表一致性振幅补偿技术，补偿空间方向上的振幅；利用测井信息及平面属性QC 振幅补偿是否合理；利用井控反褶积突出目的层的反射特征。

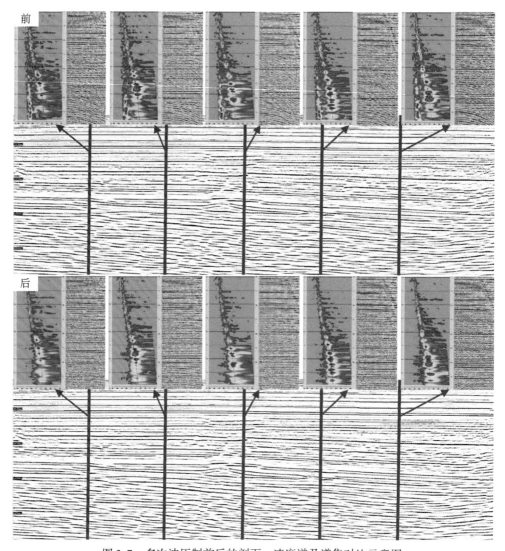

图 3.7　多次波压制前后的剖面、速度谱及道集对比示意图

1. 基于 VSP 数据的井控球面扩散补偿

根据 VSP 资料，统计 VSP 记录的增益随时间变化的关系曲线，曲线斜率即为利用 VSP 资料求取的球面扩散因子，用该因子对地震单炮进行球面扩散补偿。相比于常规的球面扩散补偿，通过对 VSP 资料的定量分析可以提供更准确的球面扩散因子，因而该方法比常规方法更准确、更符合实际情况，资料的振幅衰减能得到很好的补偿。

2. 地表一致性振幅补偿

对三维资料做地表一致性能量补偿处理，其主要目的是消除炮点激发或检波点耦合等因素引起的振幅差异，以便获得好的反褶积结果。通过地表一致性振幅补偿，很好地解决了横向上的能量不一致问题。

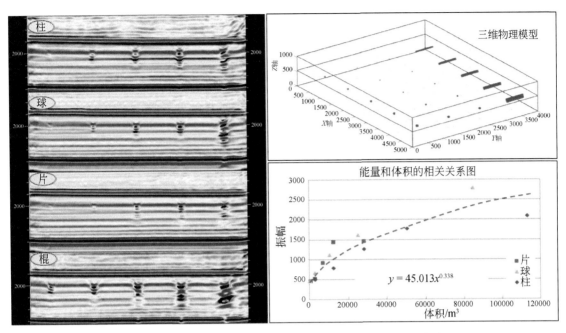

图 3.8　正演物理模型研究确定缝洞体体积与地震能量的关系

3. 基于 VSP 数据的井震联合反褶积技术

地表一致性反褶积处理包括谱分析、谱分解、反褶积因子的求取及其应用等。首先，通过谱分析从地震道中求得一个合适的对数功率谱，得到子波的功率谱；然后，根据最小平方原则，将功率谱分解到共炮点、共检波点、共中心点和共炮检距分量上；最后，设计地表一致性反褶积算子，并对地震记录进行地表一致性反褶积处理。地表一致性反褶积参数的常规测试主要是通过参数扫描的方法，对比不同参数在单炮和叠加上的效果来确定。

对预测步长的测试，引入了 VSP 数据进行定量的分析。井控地震处理的方法提供了定量分析反褶积参数的手段，根据不同参数偏移结果与井资料匹配程度，达到最佳匹配的参数即为最优参数。VSP 走廊叠加剖面能比较客观地反映井旁及井底以下地层的反射波特征，因此是对地面地震资料进行反射波标定的重要资料之一。在井控地震资料处理中，除了采用常规谱对比、叠加效果对比等技术进行质量监控之外，还利用 VSP 走廊叠加技术对地震资料进行匹配分析，以确定选取的反褶积参数是否合适。通过采用不同预测步长地表一致性反褶积与井匹配分析，选择地表一致性反褶积预测步长为 24ms。经过地表一致性反褶积处理后，消除了子波振幅和相位的不一致性，剖面的波组特征得到了明显改善，信噪比和分辨率均得到了一定程度的提高（图 3.9）。

4. 基于缝洞储层成像的监控反褶积技术

结合之前技术攻关的经验，通过地震数学模拟的结果得知当主频过高时，缝洞系统地震响应特征破碎。因此实际地震资料处理时，反褶积预测步长不宜过小（图 3.9）。通过不同的主频对包含多个不同直径的缝洞体（由左至右分别是 5m、10m、20m、40m、60m）的地质模型进行数值模拟（图 3.10），子波频率在 20～25Hz 时，正演得到的地震数据缝

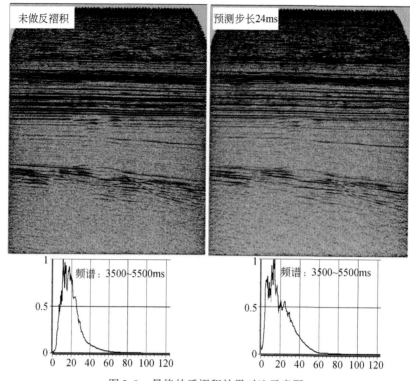

图 3.9　最终的反褶积效果对比示意图

洞体最为清楚。这可以成为优选反褶积参数的一个标准。图 3.11 是不同预测步长的反褶积数据体，通过叠前时间偏移的效果对比分析，预测步长为 24ms 时，缝洞储层的成像效果最好。

（四）奥陶系精细构造成像处理技术

1. 基于缝洞储层的时间域速度建模

由于奥陶系碳酸盐岩缝洞型储层非均质性强，局部存在速度异常，而且目的层信噪比低，导致缝洞型储层的速度场求取难度大。为了时间域速度模型取得较好的成像效果，对比研究表明在叠前时间偏移成像阶段需要针对缝洞型储层分别进行线方向和道方向的速度分析调整，速度分析密度不能低于 200m×200m，在纵向上，通过局部调整显示参数，提高奥陶系目的层速度分析的密度，精细刻画缝洞型储层的速度变化特征。叠前深度逆时偏移（reverse time migration，RTM）技术成像需要高精度的深度域速度模型。深度域速度模型的建立首先利用 Kirchhoff 叠前深度偏移方法进行目标线叠前深度偏移，产生目标线 CIP 道集，进行速度优化迭代；然后采用井控–地质导向的网格层析技术，将测井速度和构造倾角、方位角等地层属性综合利用，进行网格层析速度反演，提高缝洞型储层速度模型的反演精度。

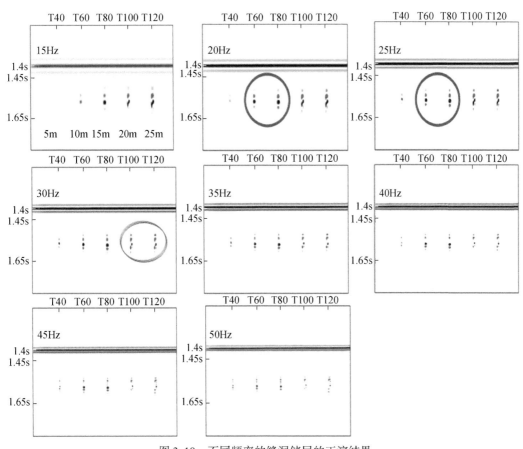

图 3.10　不同频率的缝洞储层的正演结果

主频过高时，缝洞系统地震响应特征破碎，实际地震资料处理时，反褶积预测步长不宜过小

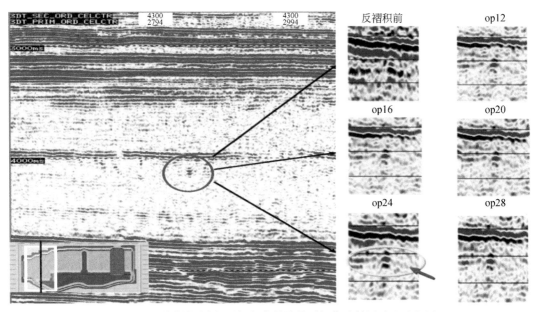

图 3.11　不同预测步长反褶积获得叠前时间偏移效果对比示意图

2. WEFOX 双向聚焦偏移精准成像技术

WEFOX 双向聚焦偏移精准成像技术的原理是基于分裂法双向聚焦成像理论的最大能量积分法成像技术，其核心技术是对聚焦算子的计算。该方法的实现是在地震波的有效频带范围内计算具有最大能量的地震波双程旅行时和振幅，将射线理论和波动理论有机地结合，解决了目前复杂构造的叠前偏移成像技术过分依赖速度模型的缺点。

第 j 炮激发、第 i 道接收单道数据的物理过程可表示为

$$P_{i,j}(z_0) = D_i(z_0) \left[\int_0^\infty W^-(z_0, z) R(z) \times W^+(z, z_0) dz \right] S_j^+(z_0)$$

式中，$P_{i,j}$ 为数据矩阵；D_i 为检波点矩阵，每一行表示一个检波点在地表记录的上行波场；W^- 为从 z 到 z_0 的上行波场传播算子矩阵；R 为深度 z 处的地下网格点的反射系数矩阵；W^+ 为描述下行波场从 z 到 z_0 的传播效应；S_j 为震源矩阵，每一列表示一个震源在地表激发的下行波场。引入格林函数的概念，上式变为

$$P(z_0) = \int_0^\infty G^-(z_0, z) R(z) G^+(z, z_0) dz$$

式中，$G(z_0, z)$ 表示物理可实现的离源而去的地震波场，其共轭转置形式 $G^*(z_0, z)$，即逆时聚焦算子，表示物理不可实现的向源传播的波场。聚焦过程可以理解为对地震波传播过程的反运算，需要使用逆时聚焦算子。

假设地下深度 z_m 位置存在一个虚拟接收点，通过对数据矩阵进行时移后加权叠加的方法，实现针对该点的上行波场反向延拓的检波聚焦：

$$U(z_m) = \iint\limits_{\Omega_R} G^{-*}(z_m, z_0) P(z_0) d\Omega_R$$

其中积分区域表示以聚焦点为中心所限定的炮记录数据的孔径范围。通过聚焦运算，将一炮记录转化为位于震源处单一道记录，数据也被转换到半偏移域，对孔径内所有炮做聚焦运算，把结果集中便得到该点的共聚焦点（common focus point，CFP）道集 $U(z_m)$。

同理，地下深度（z_m）位置存在一个虚拟理想震源，通过对 CFP 道集进行时移后加权叠加的方法，实现针对该点的下行波场反向延拓的震源聚焦，生成该网格点成像结果为

$$R(z_m) = \iint\limits_{\Omega_S} U(z_m) G^{+*}(z_0, z_m) d\Omega_S$$

积分区域表示以一个 CFP 道集数据对所有地下网格点重复上述双聚焦过程的孔径范围。忽略地震波传播方向的影响，可以把两次聚焦过程写成统一的积分公式：

$$R(z_m) = \iint\limits_{R_S} \left[\iint\limits_{\Omega_R} G(z_m, z_0) P(z_0) d\Omega_R \right] G(z_0, z_m) d\Omega_S$$

$$= \iint\limits_{\Omega_S} \left[\iint\limits_{\Omega_R} G(z_0, z_m) G(z_m, z_0) P(z_0) d\Omega_R d\Omega_S \right]$$

计算上式的关键在于对格林函数，也就是聚焦算子的计算。

$$E(t) = g^*(t) g(t) = \left[G^*(\omega_1) \cdots G^*(\omega_n) \right] \begin{bmatrix} e^{i\omega_1 t} \\ \vdots \\ e^{i\omega_n t} \end{bmatrix} \times (e^{-i\omega_1 t} \cdots e^{-i\omega_n t}) \begin{bmatrix} G(\omega_1) \\ \vdots \\ G(\omega_n) \end{bmatrix}$$

$$= \begin{bmatrix} G^*(\omega_1) \cdots G^*(\omega_n) \end{bmatrix} E \begin{bmatrix} G(\omega_1) \\ \vdots \\ G(\omega_n) \end{bmatrix}$$

利用二次多项式拟合时间空间域格林函数信号能量谱:

$$E = E_{kl} = \mathrm{e}^{\mathrm{i}(\omega_k - \omega_l)t} \quad (k, l = 1, 2, \cdots, n)$$

为了找出具有最大能量的地震波传播时间,需要求出 $E(t)$ 的一次和二次导数,因只有 E 中含有时间项,所以对 E 求导即可:

$$E' = \mathrm{i}(\omega_k - \omega_t)E$$

$$E'' = -(\omega_k - \omega_t)E$$

使用牛顿迭代法找出最大能量时间,也就是时空间一阶导数为零的采样点时间:

$$t_{\max} = t - \frac{\dfrac{\mathrm{d}E}{\mathrm{d}t}}{\dfrac{\mathrm{d}^2 E}{\mathrm{d}t^2}}$$

利用美国勘探地球物理学家协会(Society of Exploration Geophysicists, SEG)的 Marmousi 模型对 WEFOX 成像技术的先进性进行测试,Marmousi 模型数据集是由法国石油研究院利用二维声波有限差分正演程序生成的。它是根据穿过 Cuanza 盆地的一条剧烈纵横向变速剖面模拟的,和中国地质条件十分相似,具有实际意义。其中深度 1500m 以下的复杂构造可用于检验叠前深度偏移算法的精度。

对 Marmousi 模型进行了试算,利用延拓的最大能量旅行时,提取出的包含最大能量波场的加时窗波场,使用了长度为 200ms 的时窗。成像中均使用了最小平方准则。在较好地估计出最大能量震源波场的前提下,以较高的效率获得良好的成像结果。将目前公开发表的 Marmousi 模型偏移成像技术与现有工业化生产的成像软件对比可知,WEFOX 成像技术有明显的优越性和先进性(图 3.12),应用前后的效果明显(图 3.13)。

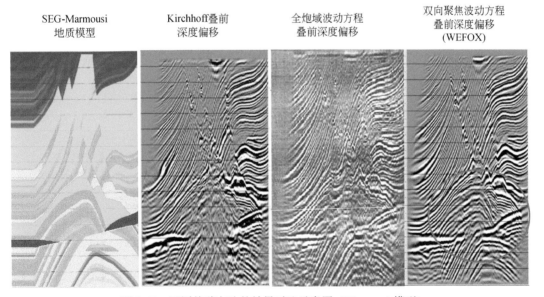

| SEG-Marmousi
地质模型 | Kirchhoff叠前
深度偏移 | 全炮域波动方程
叠前深度偏移 | 双向聚焦波动方程
叠前深度偏移
(WEFOX) |

图 3.12 不同偏移方法的效果对比示意图(Marmousi 模型)

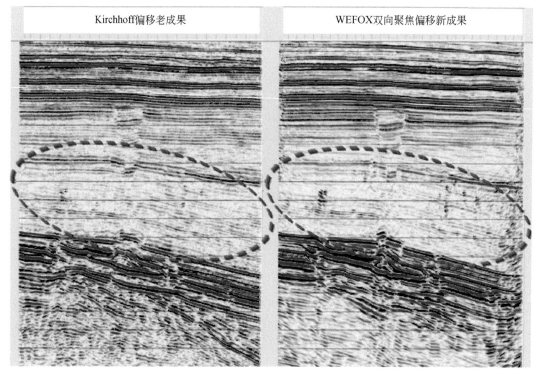

图 3.13　不同偏移方法效果对比示意图（实际资料）

第二节　碳酸盐岩缝洞体量化雕刻与评价

由于塔中缝洞型碳酸盐岩储层地质成因复杂、非均质性极强，地震响应特征复杂多样，针对碎屑岩建立的成熟的储层建模方法无法直接应用于该类储层，需要创新碳酸盐岩储层定量识别与描述方法技术，以支撑凝析气藏的目标评价与井位部署。

一、缝洞体量化雕刻思路与流程

塔中地区奥陶系碳酸盐岩油气资源主要分布在良里塔格组的礁滩复合体与鹰山组风化壳岩溶储层中。尽管其中基质孔隙具有大量的油气资源，但由于渗透率极低（<0.5mD），大型缝洞体储层是主要的钻探对象，具有以下主要特点。

（1）碳酸盐岩油藏埋藏深（一般大于 5500m），储集类型复杂多样，裂缝、溶洞（孔）与微裂缝是其主要储集空间类型，储集层纵横向非均质性强。油气受裂缝和古岩溶缝洞体控制，空间上在多个复杂连通缝洞单元组合。

（2）碳酸盐岩内幕出现裂缝、溶洞发育带，其地震反射特征表现为强振幅反射、低速度；剖面上表现为"单珠状""羊排状"地震反射结构；平面上表现为点状、环状、树枝状等振幅异常。

由于目前地震分辨率不可能识别单条裂缝，因此，可以利用多尺度缝洞的地震识别，将单个的缝和洞的地震直接识别与检测转化为大型缝洞体单元的识别。在此基础之上，利用量化的研究思路，对碳酸盐岩储集层进行研究，其目的是要确定缝洞储层的空间位置及其大小等参数。具体而言，就是要确定缝洞储层段的顶界面埋深、横向上的面积、纵向上的厚度及孔隙度，包括求系数、定参数、算体积步骤。通过地震、实钻录井与测井资料等分析，明确不同尺度孔洞的地震响应特征及振幅变化规律，建立相互关系，结合波阻抗体到孔隙度数据体的转化，完成缝洞体量化雕刻，实现缝洞体空间展布特征的定量描述。

针对研究区地震-地质特点，结合已钻井缝洞特征分析，采用了如图3.14所示的定量地震描述思路：①基于聚类分析算法，利用相干、最大曲率和振幅梯度等属性，识别串珠相、次强相、杂乱相和裂缝相；②采用缝洞储层反演技术，实现了洞穴、溶蚀孔洞和微断裂-裂缝的地震表征；③结合多属性融合技术，建立大型缝洞集合体三维结构和连通性几何结构模型。

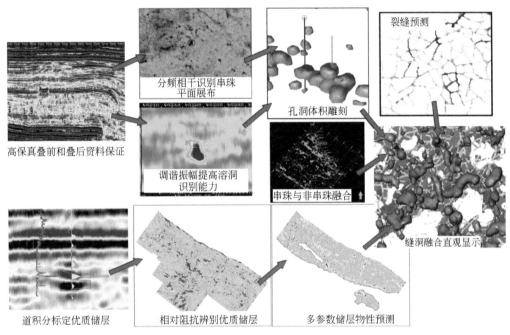

图3.14　碳酸盐岩缝洞体储层量化雕刻技术流程示意图

二、缝洞体地质与地震响应特征

与碎屑岩相比，碳酸盐岩储层的地震响应特征异常复杂，增加了地震勘探的难度，并对地震勘探的分辨率提出了新的挑战。

碳酸盐岩致密，密度大、刚性强，地震波传播速度高，导致地震剖面的纵向和横向分辨率都比碎屑岩中低。同时碳酸盐岩与围岩波阻抗差别大、反射系数大，在碳酸盐岩与上部低速介质（泥岩、砂泥岩）接触时，因波阻抗差异大，反射与折射强烈，影响地震波能量的向下传播，使深层反射能量弱。而碳酸盐岩内部界面因阻抗差异小，其反射则更弱，揭示碳酸盐岩"内幕"变得更困难。此外，碳酸盐岩的缝洞具有多尺度性，小的仅有几微米，大的可达千米级，相差达数千万倍，且分布极不规则，增加了缝洞体识别的难度。

　　缝洞体是地震资料能识别的孔-洞-缝组成的大型储集单元，通常是以大型洞穴为主体的连通储集体。利用地震波在缝洞体中的传播特征，通过地震资料寻找缝洞体的地震异常，是预测缝洞体等有利储层的基础。大量统计分析表明，缝洞体是一个地震低速异常体，具有相对低的波阻抗特征。本区寒武—奥陶系碳酸盐岩致密，地震波传播速度可达6000m/s以上，且变化较小。但发育缝洞时，特别是在溶洞被油气水充填后，地层会变得相对"疏松"，地层密度和地震波传播速度均会降低，根据塔中地区的声波测井资料判断缝洞发育带地震波传播速度为4000～5000m/s。根据地震波的传播机理，介质越致密，质点联系越紧密，地震波的传播速度越高。因此，相对致密围岩背景而言，缝洞体应是一地震低速异常体，具有相对低的波阻抗特征。

　　缝洞体对地震波有较强的吸收和衰减作用，地震波的传播过程实质上是质点震动能量依次向外传递的过程。缝洞体内部由于孔、缝比较发育，被油、气、水或岩性差异大的物质充填后，地震波在传播过程中能量损失也较大，这就是通常所说的"能量衰减较快"。对于高频成分来说，由于在单位时间内振动的次数较多，这种能量衰减的次数也较多，能量损失总量也就越大。因此，高频成分通过缝洞体时能量很快衰减，甚至消失，这就是通常所说的"高频吸收"现象。由上可知，缝洞体对地震波有更大的能量衰减和高频吸收作用，尤其是充满天然气后，这种衰减和吸收更为强烈。

　　分析表明，缝洞体非均质性强，为地震波的散射和绕射创造了条件。其极不规则的空间边界为地震波产生散射提供了条件，同时缝洞体内部基质岩块与缝洞之间存在许多速度突变点，为地震波在缝洞体内产生绕射提供了绕射源。因此，通过缝洞体以后的地震波，实际上是缝洞体内部规则反射、散射和绕射相互干涉叠加的结果。由于地震波的干涉叠加效应，地震剖面上缝洞体常表现为明显的串珠状、片状、杂乱状强反射，且缝洞体的规模对地震反射的强弱影响极大。

1. 缝洞体储层模型正演

　　缝洞储层的地震速度与围岩的速度相比很低，其顶底界具有较强的波阻抗界面。通过模型分析研究可以帮助了解缝洞储层的地震反射特征，以及不同尺度模型在地震响应上的表现特征，为后期缝洞储层定性、定量预测提供理论基础。

　　物理模型比例的确定为空间比例为1∶1万，速度为1∶2。孔洞模型以规则形态、单洞为主，棍形洞模拟地层中的水平洞。分别采用棍状、片状、球状、柱状四种形态，每种形态分五种尺寸：10m、20m、30m、40m和60m（表3.1）。洞内的充填物是一种低速物质，速度为1960m/s，洞层基岩速度约5280m/s，各个洞的中心距离有0.9km的间隔。

表 3.1　模拟缝洞形态、尺度参数表

孔洞形态	孔洞尺度	孔洞编号				
		1	2	3	4	5
棍状	水平直径 $(d)/m$	10	20	30	40	60
	垂向直径 $(h)/m$	10	20	30	40	60
	横向长度 $(L)/m$	530	530	530	530	530

续表

孔洞形态	孔洞尺度	孔洞编号				
		1	2	3	4	5
片状	水平直径（d）/m	10	20	30	40	60
	垂向高度（h）/m	10	10	10	10	10
球状	水平直径（d）/m	10	20	30	40	60
	垂向直径（h）/m	10	20	30	40	60
柱状	水平直径（d）/m	10	20	30	40	60
	垂向直径（h）/m	40	40	40	40	40

利用 WEFOX 偏移成像技术，对实际采集的模型地震数据进行处理，得到物理模型的地震响应剖面（图 3.15）。从不同形态洞体的地震剖面对比图中可看出，1 号洞体除棍形洞体外，由于体积太小，常规剖面上并无明显显示，随着洞体的外形尺寸变大，地震振幅能量明显变大。

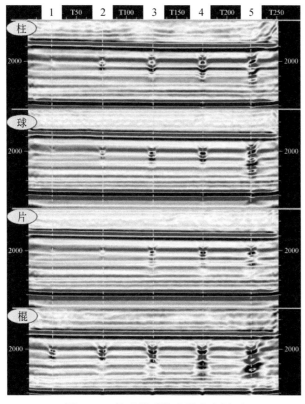

图 3.15　物理模型的地震响应剖面

通过对地震处理结果的地震能量属性提取，以及对洞体垂直高度、水平直径和体积分别与地震能量的相关关系进行分析。结果表明，地震能量与洞体垂直高度、水平直径相关关系不明显，但地震振幅能量与溶洞体积具有明显的相关关系（图 3.16），洞体体积越大、地震能量越大。模型正演得出的结论是：缝洞体积与振幅能量成正比关系，长串珠代表缝洞体积大，顶部串珠代表缝洞位置。同时，物理模型分析结果表明串珠顶界位置与溶洞顶界位置相对应。

此外，充填物（油、气、水）引起的串珠振幅能量关系为气>油>水，而对于充填固态介质，速度越大，能量越低（图3.17）。

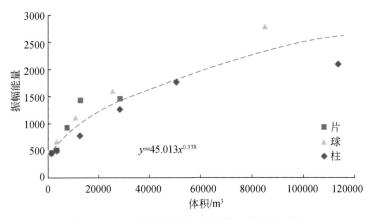

图3.16 物理模型体积与振幅能量相关关系图

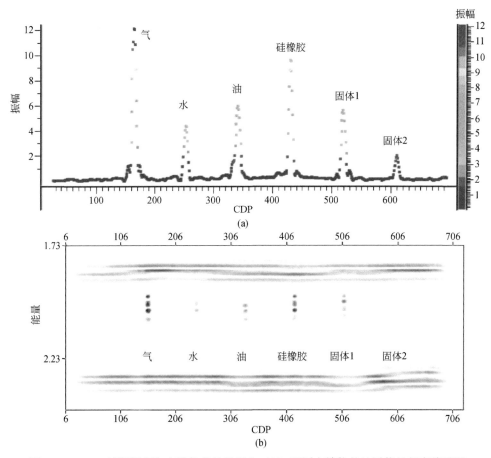

图3.17 （a）溶洞振幅与充填物的关系图和（b）不同充填物的地震能量相应关系图

2. 鹰山组储层地震响应特征

鹰山组风化壳溶洞型储层具有极强的非均质性，串珠型储层一般是经断层或裂缝改造的古岩溶通道。地震反射特征分析表明，鹰山组 I 类储层均为高、大、强串珠型反射（图2.31），储层特别发育，钻井产量高。此外，表层残积物常表现为片状、杂乱或弱反射，缝洞被泥质充填，储层物性相对较差。

三、缝洞型储层预测及反演技术

地震资料不仅能反映地下构造形态和断裂分布，而且含有丰富的地下地层、岩性、物性及流体性质等多种信息，地层岩性、物性及岩石中流体性质的变化均能引起地震振幅、频率、相位等属性的变化。因此，可以利用这些地震属性的变化结合钻测井资料来分析储层物性特征及其变化规律。

（一）均方根振幅

通过提取本区振幅、频率、相位等多种地震属性分析，均方根振幅（root mean square amplitude，RMS amplitude）是对本区缝洞型储层反应敏感的地震属性参数。均方根振幅是在给定时窗内将振幅值平方的平均值开平方。由于振幅值在平均前平方了，因此它对振幅的大值比较敏感。其具体的计算公式如下：

$$
\begin{aligned}
RMS &= \sqrt{\frac{1}{N}\sum_{i=1}^{N} a_i^2} \\
&= \sqrt{\frac{1}{16}(32^2 + 94^2 + \cdots + 117^2 + 46^2)} \\
&= \sqrt{\frac{1}{16}(83945)} \\
&= \sqrt{5246.56} \\
&= 72.43
\end{aligned}
$$

均方根振幅属性反映了地层横向上的差异特征，由于缝洞储层发育的不均衡性，其发育程度在横向上有较大的差异，导致相应的地震波阻抗界面在横向上发生变化。因此，结合工区的地震地质特点，可以通过均方根振幅属性来反映和描述研究区目的层段缝洞储层的分布。

利用常规地震的均方根振幅属性对鹰山组顶部风化壳进行了缝洞储层预测。结果表明，主要目的层段的缝洞储层较发育，预测结果与已钻井吻合较好，且平面分布规律性较强（图3.18）。鹰山组顶部岩溶储层主要分布在塔中斜坡带鹰一段尖灭带，其次是塔中 10 号构造带。经已钻井证实，利用均方根振幅预测缝洞储层是一种快速有效的方法。

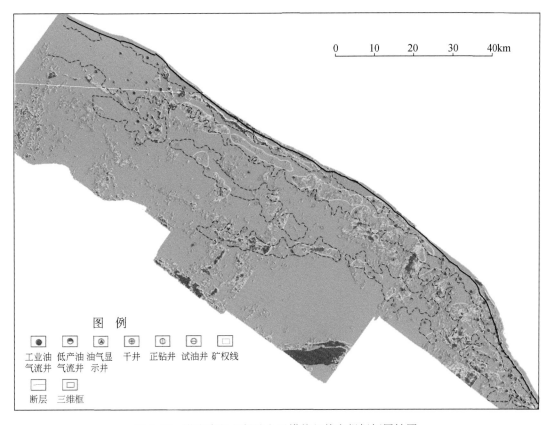

图 3.18　塔中隆起北斜坡良里塔格组均方根振幅属性图

（二）分频解释技术

　　分频解释技术是一项基于频率的储层解释技术。通过离散傅里叶变换，将地震数据由时间域转换到频率域。在频率切片上薄层的干涉以相干振幅变化的形式出现，通过对整个频率范围内的不同频率段的相干振幅强弱变化特征的分析研究，并结合地质特征的认识，可预测目的层段储层的横向变化特点。

　　频谱分解成像技术在理论上主要是依据薄层反射的调谐原理。对于厚度小于 1/4 波长的薄层而言，在时间域，随着薄层厚度的增加，地震反射振幅逐渐增加。当薄层厚度增加至 1/4 波长的调谐厚度时，反射振幅达到最大值。薄层调谐引起的振幅谱的干涉特征取决于薄层的声学特征及其厚度。如果对三维地震资料进行特殊的处理，产生具有单一频率的一系列的振幅能量体，在不同频率的三维地震能量体上，可以看到薄层干涉特征。在某一给定频率的三维地震能量体上，具有相似声学特征和厚度的储层，在其调谐频率上，表现出相似的薄层调谐特征。从剖面上与平面上可以看到薄层干涉特征。这种特殊的处理技术，定义为地震资料的频谱成像处理技术。分频解释技术主要生成调谐体和离散频率能量体两种新类型的数据体。

　　调谐体是沿研究目的层面，或对两层之间进行短时窗离散傅里叶变换，生成在垂向上频率连续变化的振幅数据体，它表示在相同的研究时窗内，调谐体在垂向上为连续变化的频率，在平面上为单一频率对应的经归一化之后的调谐振幅。

离散频率能量体是沿层滑动时窗生成一系列离散频率的调谐振幅数据。该数据体与调谐体在垂向上与常规数据体相同，均为时间，但每个生成的数据体中包含单一的频率成分，这种频率分析方法既可采用等时窗分析的方法避开层位的控制和影响，也可用沿层位滑动时窗的方法进行计算，以消除构造形态对解释带来的影响。

通过对鹰山组顶面风化壳进行频谱分解研究，将常规地震数据由时间域转换到频率域，利用在垂向上频率连续变化的振幅数据体显示主要井点的调谐振幅剖面，提高了缝洞储层的识别能力（图 3.19）。鹰山组顶面风化壳储层预测效果较好。通过鹰山组顶面风化壳缝洞型储层 18 Hz 预测结果统计分析，所有钻遇大型缝洞体储层的井点，在预测结果上均有较强的响应，如 TZ15、TZ10、TZ8 井等在钻遇过程中均发生漏失、放空或溢流，在鹰山组顶面风化壳储层预测分布图上，缝洞型储层呈现点状、团块状分布，其颜色越深代表其溶蚀孔洞越发育。

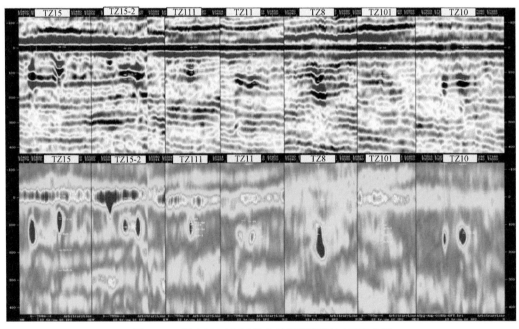

图 3.19　塔中地区主要井点的调谐振幅剖面示意图

（三）叠前 AVO 弹性参数反演及多参数反演

叠前地震资料储层预测技术是在佐普里兹（Zoeppritz）方程基础上发展起来的，通过处理地震数据随着不同入射角的地震反射属性，得到地震属性随着入射角变化而改变的规律。研究分析得到反映岩性变化的纵波速度、横波速度、泊松比、截距与梯度剖面，以此来预测储层的发育规律及分布特征。弹性分界面上入射的平面纵波在分界面两侧形成四个波，即反射纵波（r_{PP}）和转换横波（r_{PS}），透射纵波（r_{SP}）和透射横波（r_{SS}）。这四种波能量与上下介质弹性参数之间的关系可由如下 Zoeppritz 方程精确描述：

$$\begin{bmatrix} \sin\theta_1 & \cos\varphi_1 & -\sin\theta_2 & \cos\varphi_2 \\ -\cos\theta_1 & \sin\varphi_1 & -\cos\theta_2 & -\sin\varphi_2 \\ \sin2\theta_1 & \dfrac{v_{P_1}}{v_{S_1}}\cos2\varphi_1 & \dfrac{\rho_2 v_{S_2}^2 v_{P_1}}{\rho_1 v_{S_1}^2 v_{P_2}}\sin2\theta_2 & \dfrac{\rho_2 v_{S_2} v_{P_1}}{\rho_1 v_{S_1}}\cos2\theta_2 \\ \cos2\varphi_1 & \dfrac{v_{S_1}}{v_{P_1}}\sin2\varphi_1 & \dfrac{-\rho_2 v_{P_2}}{\rho_1 v_{P_1}}\cos2\varphi_2 & \dfrac{-\rho_2 v_{S_2}}{\rho_1 v_{P_1}}\sin2\varphi_2 \end{bmatrix} \begin{bmatrix} r_{PP} \\ r_{PS} \\ r_{SP} \\ r_{SS} \end{bmatrix} = \begin{bmatrix} -\sin\theta_1 \\ -\cos\theta_1 \\ \sin2\theta_1 \\ -\cos2\varphi_1 \end{bmatrix}$$

式中，v_P 为纵波速度；v_S 为横波速度；ρ 为密度。可以看出振幅系数与上、下界面的介质密度比、纵波速度比、泊松比和入射角有关，各反射和透射角度及入射角度之间的关系遵循 Shell 定律。

具体反演过程中，通过对部分叠加数据分别采用不同偏移距的地震子波进行不同角度范围内的反射系数计算，根据弹性阻抗的定义计算不同角度范围内的弹性阻抗，然后再对不同角度范围的弹性阻抗结果进行组合计算，分别计算目的层的纵波阻抗、横波阻抗、纵横波速度比、密度、泊松比等弹性参数（图 3.20），以此来进一步进行储层预测和流体预测。

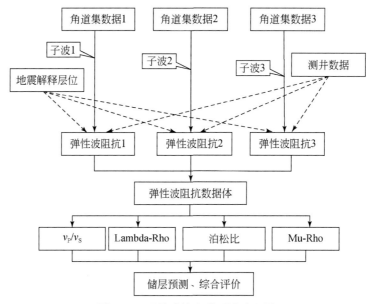

图 3.20　叠前弹性参数反演流程图

储层预测的基础是不同岩性的弹性参数具有差异，利用叠前反演技术进行储层预测和流体检测，本质上就是对叠前反演得到的异常属性参数进行再次处理，以得到预测储层和含油气性的参数数据体及剖面，包括纵波速度、横波速度、纵横波速度比、密度、波阻抗和泊松比（图 3.21、图 3.22），也包括振幅随炮检距变化（amplitude versus offset，AVO）属性体如截距、梯度等。分析表明，在碳酸盐岩地层中当地层中有溶洞储层发育时，在弹性参数剖面中纵波速度、纵横波速度比、密度、波阻抗、泊松比都为相对低值，而横波速度变化不大。

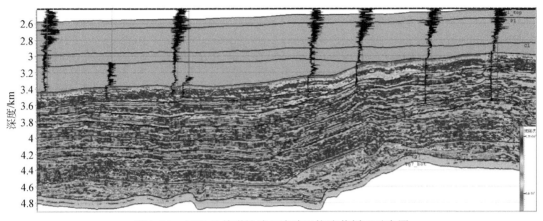

图 3.21　AVO 叠前弹性波反演波阻抗连井剖面示意图

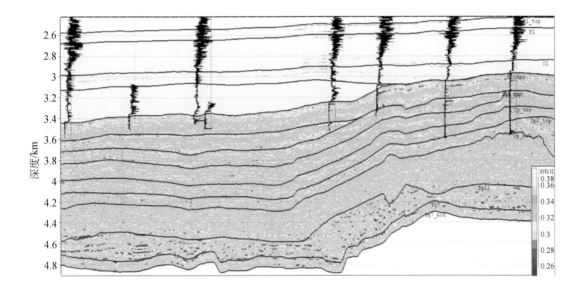

图 3.22　AVO 叠前弹性波反演泊松比连井剖面示意图

（四）多参数储层预测

　　AVO 弹性波反演结果能够提供地下某种物性参数变化的丰富信息，层间储层物性参数预测就是利用 AVO 弹性波反演结果（结合原始地震资料）和已知井点的已知地层物性参数建立某种相关关系，通过这一关系去预测未知点的地层物性参数。

　　地震反射特征参数反映了地下某种岩石物性参数的变化，利用地震参数和已知井的地层物性参数建立某种相关关系，通过这一关系去预测未知点的储层物性参数。

　　具体预测步骤主要包括：

　　（1）沿层提取包括 AVO 信息在内的多种地震属性参数；

　　（2）统计计算已知井的目标层段上的层速度；

（3）假定层速度与地震属性参数为线性关系，以交叉检验误差最小和系统参数均方值最小为准则，确定所用的地震参数种类和个数；

（4）在所选地震参数空间内，利用 BP（back propagation）、PNN（probabilistic neural networks）等神经网络和自然邻域插值等算法，并考虑空间距离因素最终得出预测结果。

具体预测结果包括目的层储层厚度及孔隙度。预测步骤包括：

1. 层间地震特征参数提取

层间地震特征参数提取对预测地层物性参数至关重要，由于通常不能确定哪一个或哪一组参数和要预测的层速度关系密切。因此开始尽可能地提取大量的各种地震特征参数，以便增加出现与已知井点层速度关系密切参数的可能性。随后利用已知井点的层速度，根据某种规则由程序对其进行自动筛选。特征参数所用的地震数据体，选用常规地震、纵波速度和泊松比，在这三种地震数据体中提取了包括振幅、频率、相关、回归等类型参数共40余个。在此基础上对振幅类参数进行了进一步的混合处理，以便突出常规地震和 P 波在目的层段上的微弱反射能量差异。提取参数所用的时窗由目的层上下界面控制，同时限制最大（100ms）和最小（10ms）时窗。

2. 结合已知井点信息筛选一组最佳地震特征参数

首先对所有地震参数及井点层速度进行归一化，将其均值置为0，方差置为1，并认定层速度（V_s）与 n 个地震参数（S_i）呈如下线性关系：

$$V_s = a_0 + a_1 S_1 + a_2 S_2 + a_3 S_3 + \cdots + a_n S_n$$

式中，$a_i (i=1, \cdots, n)$ 为待定常数。

利用已知井点数据可以求出 a_i，即令下式最小：

$$M = \sum (V_{wi} - V_{si})^2 \qquad (i=1, \cdots, m)$$

式中，V_{wi} 为第 i 口井的实际层速度；V_{si} 为第 i 口井预测的层速度；m 为可用井个数。

其中主要问题是选取什么种类的地震参数及使用多少个参数种类，才能得到最合理的预测效果。显然所用的地震参数种类个数越多，与已知井的符合率越高，但会造成系统的稳定性变差，也就是系统的预测能力变弱。下面简述如何确定最佳的地震参数种类及个数。

首先是交叉检验误差。假定选择了 n 个地震参数 S_i，令下式最小求出系统常数 a：

$$M_j = \sum (V_{wi} - V_{si})^2 \qquad (i=1, \cdots, m, i \neq j)$$

也就是说在求取系统常数 a 时将第 j 口井当作未知，利用这一系统预测的第 j 口井层速度记为 $V_s(M_j)$，将交叉检验误差（V）定义为

$$V = \mathrm{sqrt}\left(\sum [V_{wi} - V_s(M_i)]^2 / n \right) \qquad (i=1, \cdots, m)$$

简单地说就是循环将每一口井当成一个检验井，选取地震参数种类及个数的标准就是交叉检验误差应为最小，也就是在线性含义下它的预测能力最强。具体过程是，首先选取与井点数据相关性最好的地震参数，作为已经完成选取的第一个地震参数 S_0，在本例中就是 KLTR_1；接下来选取第二个地震参数，将余下的地震参数逐一与 S_0 匹配计算交叉检验误差 V，选择 V 最小的地震参数作为选定的第二个参数，对应的最小交叉检验误差记为 V_2，以此类推选择第三个地震参数等。假设选择了 n 个参数，最小的交叉检验误差是 V_m，

$m \leq n$，则取前 m 个地震参数用于该层层速度预测。

3. 建立所选地震参数与已知井点信息间的映射关系

线性关系通常只用于地震参数挑选，由于是线性的，其预测的层速度在远离井点的地震参数空间区域，预测的结果可能出现较大的偏差，其预测结果是定性的，但其层速度分布趋势基本可靠。在已选地震参数基础上，使用 RBF（radial basis function）方法完成最终的层速度预测。使用下式：

$$R_{rbf} = \sum R_{wi} e^{(-D_i/u)} \qquad (i=1,\cdots,m)$$

式中，R_{wi} 为第 i 口井的层速度；m 为井点个数；u 为常数可根据实际需要给出一个合适的值（$0.5 \sim 3$）；D_i 为所预测点到第 i 口井点的地震参数空间距离，定义为

$$D_i = \mathrm{sqrt}\left(\sum\left[a_j(s_j-s_{ij})^2\right]\right) \qquad (j=1,\cdots,n)$$

式中，n 为地震参数个数；a_j 为第 j 个地震参数上述线性关系中的系数；s_j 为所预测点的第 j 个地震参数；s_{ij} 为第 i 口井点的第 j 个地震参数。

RBF 法类似于在给定的地震参数空间的自然邻域插值方法，考虑到工区面积大、井眼密集，对 R_{rbf} 算式作了如下修改：

$$R_{rbf} = \sum R_{wi} e^{(-D_i/u)} e^{(r_i/\omega)} \qquad (i=1,\cdots,m)$$

式中，r_i 为预测点到第 i 口井点的空间距离；$e^{(r_i/\omega)}$ 项的作用是限制每口井的影响区间，影响区间大小可用参数 ω 来控制。

在所选地震参数空间内，利用 BP、PNN 等神经网络和自然邻域插值等算法，并考虑空间距离因素最终得出对储层的预测结果。结果表明，TZ8-TZ43 井区鹰一段储层孔隙度在 0%～8%（图 3.23），孔隙度高值区主要分布在鹰一段尖灭带、塔中北低幅度褶皱带及走滑断裂带，尤其鹰一段尖灭线特征明显，主要是由于鹰一段出露早，遭受长期风化剥蚀、淋漓作用强烈，物性较好，孔隙度发育。因此，孔隙度的发育程度受构造断裂控制的同时也受地层控制。储层厚度平面展布特征与孔隙度有较强相关性，孔隙度越发育储层越厚（图 3.24）。TZ8-TZ43 井区鹰二段孔隙度大体在 0%～8%，孔隙度大小主要以分带、分块形态区分展布开来，据统计孔隙度有利区域在 4.5% 以上所占面积约为 213.5km²。从图上可看出，孔隙度高值区主要分布在塔中 10 号构造带、TZ15 井区、塔中北低幅度褶皱带及走滑断裂带，孔隙度的发育程度受断裂与背斜构造控制作用明显。同样，平面上孔隙度越发育，储层越厚。

四、缝洞体量化雕刻成果与应用

（一）缝洞体量化雕刻

缝洞储层的空间定量雕刻就是要确定缝洞储层的空间位置及其大小等参数。具体地说，就是要确定缝洞储层段的顶界面埋深、横向上的面积、纵向上的厚度及孔隙度。

在物理模型和数学模型研究以及实钻井的标定中，对缝洞体的顶界面已经有了明确的认识，对零相位资料而言，缝洞储层一般位于零相位。对于有效储层的储层量化参数，主要有多参数储层预测、量化缝洞有效储集空间两条途径获取。

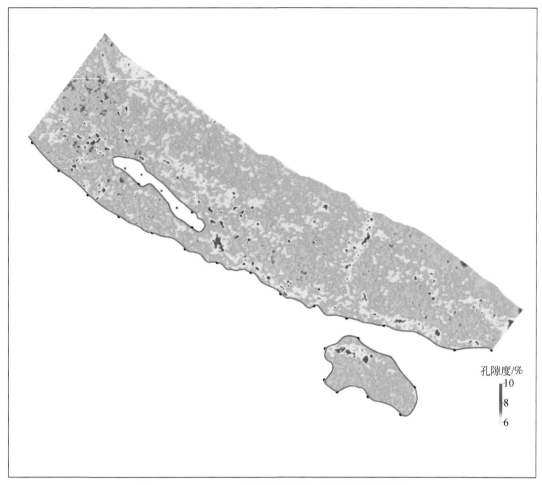

孔隙度/%

图 3.23　TZ8-TZ43 井区及周边鹰一段孔隙度示意图

多参数储层预测已给出具体目的层的储层面积、孔隙度、厚度等储层参数（图 3.23、图 3.24），根据上述数据可计算目的层缝洞储层的有效储集空间，为储量计算和井位部署提供依据。

模型正演表明：缝洞储层的有效储集空间与地震响应的振幅能量有较大的相关关系，通过研究，得到了缝洞储层有效储集空间（y）与地震响应振幅能量（x）的关系式如下：

$$y = 46.013x^{0.338}$$

依据上式，研究过程中根据缝洞储集体的地震振幅能量，利用上述换算关系，计算出不同缝洞体有效储集空间的大小。

三维空间立体雕刻技术可以将所要勘探的目标层段进行立体显示，从而更直观地展示目标层段的储层空间展布特征和分布规律，为钻探目标的选择、井位轨迹的设计提供更为直观的依据。

缝洞储层空间雕刻需要优选合适的雕刻软件技术与雕刻所用的数据体，其中雕刻所用

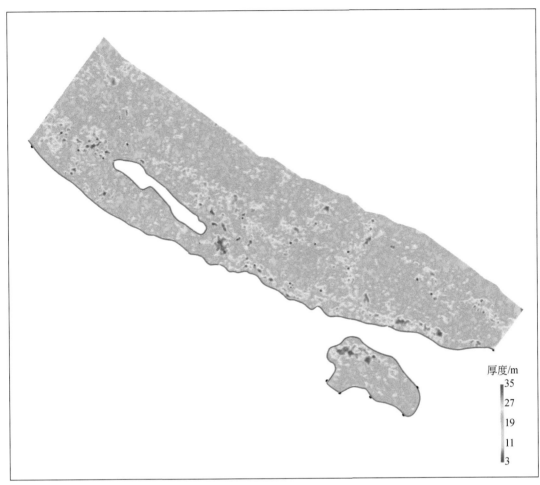

厚度/m

35
27
19
11
3

图 3.24　TZ8-TZ43 井区及周边鹰一段储层厚度示意图

的数据体更为重要。

目前流行的三维立体雕刻软件很多，不同软件各有特点，可以有针对性地选用，本次研究在专用软件处理基础上，借助 Petrel 软件进行精确的展示，同时选择对缝洞储层特征反应效果较好的分频调谐振幅数据体、高斯梯度分解数据体（微小断裂识别）等来进行缝洞储层的立体雕刻。

图 3.25 为 TZ8-TZ43 井区分频调谐振幅数据体的立体展示，该数据对串珠状缝洞储层显示清楚，通过不同色彩来展示不同的缝洞体，能够清楚地反映不同的溶洞体，以及溶洞体之间的连通情况，为井位部署靶点的选取和钻探轨迹的设计，提供更为直观的空间分布。

图 3.26 为串珠储层与片状储层的立体雕刻图，可以看出串珠储层与非串珠储层与片状储层具有一定的伴生关系。

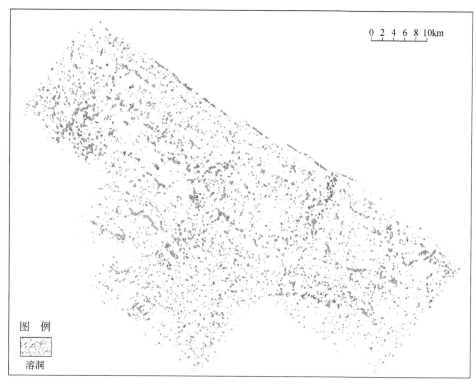

图 3.25　TZ8-TZ43 井区分频调谐振幅数据体的立体展示图

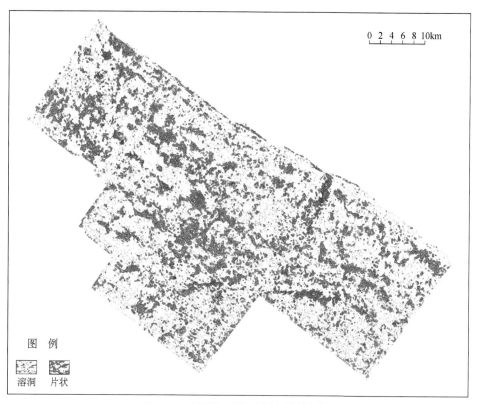

图 3.26　溶洞与片状储层立体雕刻图

图 3.27 为溶洞、片状储层与微小断裂融合图，可以看微小断裂的空间展布特征，能够帮助判断溶洞与溶洞之间的连通性，以及连通储集体的规模大小。通过孔洞储层与裂缝的配置关系，可以更好地划分缝洞体，为确定油藏的规模提供基础。

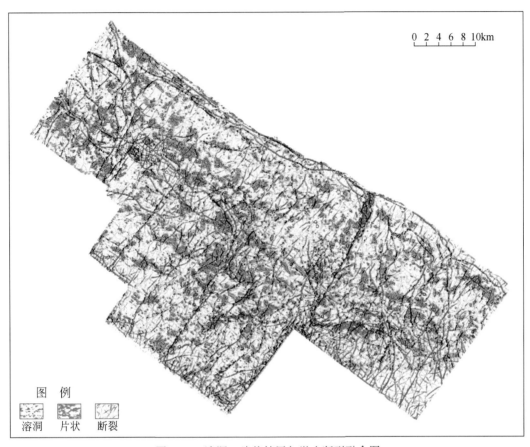

图 3.27　溶洞、片状储层与微小断裂融合图

（二）缝洞体量化雕刻应用

通过缝洞雕刻数据与此前钻探成果分析，在缝洞雕刻图上，高效井均钻遇高、大、强串珠型溶洞，钻进过程中均有溢流，或放空，或漏失现象，完井试油日产气 7 万 m³ 以上，日产油 25 ~ 156m³，累计生产天数 480 ~ 1500 天，目前单井已累计产油当量为 4 万 ~ 9 万吨（图 3.28）。39 口低效井分析表明，低效井大多远离缝洞体主体部位，少量钻遇缝洞体致密部位（图 3.29）。塔中Ⅱ区投产失败或失利井缝洞雕刻分两种情况。第一种情况是未钻遇溶洞型储层，如 TZ22-2H、TZ21-1H 井，井轨迹仅穿过个别裂缝，试油获得工业油气流，但投产很快就发生能量衰竭，TZ518 井钻遇短小裂缝，鹰山组试油没能量无法投产，TZ35 井既没有钻遇裂缝，也没有钻遇溶洞，测井没有发现有效储层（图 3.30）。第二种情况是钻遇大型溶洞，但储层因含水失利，如 TZ9 井，如何进行有效的油气水检测是进一步的攻关方向。

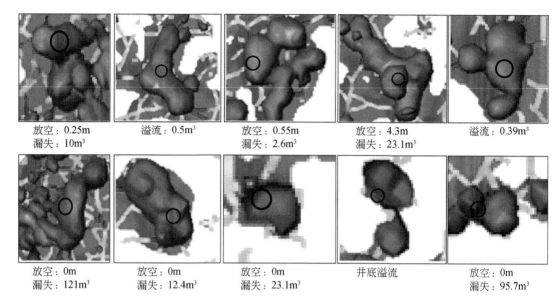

放空：0.25m 漏失：10m³	溢流：0.5m³	放空：0.55m 漏失：2.6m³	放空：4.3m 漏失：23.1m³	溢流：0.39m³
放空：0m 漏失：121m³	放空：0m 漏失：12.4m³	放空：0m 漏失：23.1m³	井底溢流	放空：0m 漏失：95.7m³

图 3.28　塔中Ⅱ区高效井缝洞雕刻特征

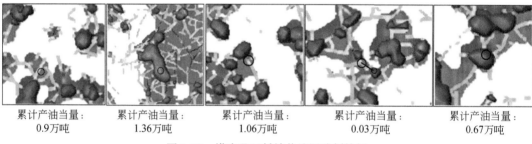

累计产油当量： 0.9万吨	累计产油当量： 1.36万吨	累计产油当量： 1.06万吨	累计产油当量： 0.03万吨	累计产油当量： 0.67万吨

图 3.29　塔中Ⅱ区低效井缝洞雕刻特征

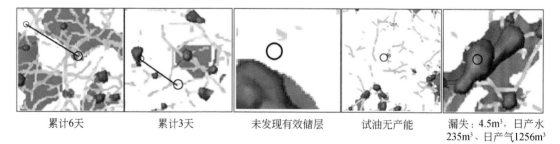

累计6天	累计3天	未发现有效储层	试油无产能	漏失：4.5m³，日产水 235m³、日产气1256m³

图 3.30　塔中Ⅱ区失利井缝洞雕刻特征

　　利用缝洞雕刻成果部署新井成效显著。利用缝洞雕刻成果部署鹰山组勘探开发井位，有效地提高了钻井成功率与油气产量，缝洞体储层钻遇率达 90% 以上，比此前提高了 10%，单井日产油气增加 20% 以上，实现了鹰山组凝析气藏的效益开发。针对良里塔格组礁滩体储层低产低效状况，进行钻井分析，发现高效井均有缝洞体地震响应。在缝洞体雕刻基础上，进行跨层缝洞体水平井钻探，油气日产量增加 2～5 倍，取得很好的开发效果。而且在良里塔格组台内滩的钻探也获得成功，利用跨层缝洞雕刻部署的 TZ44-3 井，钻遇跨层溶洞边缘，发现油气层。TZ441-H4 井 A、B 靶点为跨层串珠，实钻油气显示井段与有效储层发育段主要在 A、B 靶点上，与缝洞雕刻的结果完全一致。

第三节　碳酸盐岩缝洞体精细描述与建模

塔中隆起形成于加里东末期，定型于海西期，经历多期构造-成岩演化。中奥陶世塔中整体隆升并遭受剥蚀和淋滤，形成下—中奥陶统鹰山组顶部风化壳储层；晚奥陶世塔中 I 号断裂形成了高陡坡折带，发育了上奥陶统良里塔格组生物礁滩复合体。在良里塔格组沉积前、志留系沉积前与石炭系沉积前均有大规模的隆升暴露，形成多期的风化壳岩溶储层。同时，在碳酸盐岩沉积期存在准同生岩溶，还有埋藏期的热液、盆地压实流、油气运聚相关的酸性水、TSR 等埋藏岩溶（溶蚀）。此外，塔中隆起受多期构造运动经历多期断裂活动，断裂破碎带受大气淡水及深层烃类演化中产生的酸性流体与热液改造，发生强烈的岩溶作用形成纵向深度拓展的岩溶缝洞体。地质演化过程中，与不整合暴露相关的岩溶和与断裂破碎相关的岩溶叠加改造、复合发展，形成规模巨大的叠合复合大型缝洞体。

一、台缘礁滩体识别及预测

（一）识别描述

台缘礁滩体是海相碳酸盐岩研究的主要内容，也是油气勘探的重点领域，基于古地貌研究与礁滩体地质建模，实现礁滩复合体外部形态、内部反射结构等精细刻画。

1. 古地貌

大型礁滩体生长过程中一般与周缘沉积出现一定高差，碎屑岩超覆其上，形成沿碳酸盐岩顶面"填平补齐"的作用。邻近灰岩顶面的具有稳定的地震反射界面的泥岩层相当等时海泛面，将其作为地震反射辅助层拉平，计算参考层顶界至礁滩体顶界的地层厚度，大致能反映礁滩体沉积后的古地貌。

古地貌图表明（图 3.31），塔中 I 号断裂带东部良里塔格组台缘礁滩体窄而厚，形成高陡的礁滩体，向西变为薄且宽的滩体特征。古地貌恢复不仅揭示了塔中奥陶系台地边缘沉积相的平面分布特征，同时反映了礁滩体优势相带的分布。

2. 外部形态

在高精度的三维地震剖面上，礁滩体表现出明显的上凸外形，呈现丘状、透镜状、塔状、峰状等多种结构特征（图 3.32），这类上凸外形均位于礁核部位，造礁生物的发育造成碳酸盐岩顶面明显高于周缘平缓区。大多丘状礁滩体具有接近对称的结构，在台缘外侧也有不对称结构。

从大量地震剖面分析可见（图 3.32），礁体顶面多具有圆滑尖顶，少数为平顶，与周

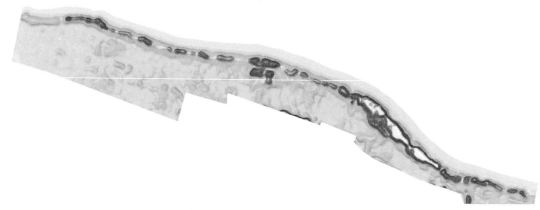

图 3.31 塔中 I 号断裂带良里塔格组礁滩体古地貌示意图

图中红色代表古地貌高、蓝色代表古地貌低

缘围岩高差一般在 20~80m，TZ62 井区高差达 100m 以上。台缘礁滩体顶面呈弱反射、杂乱反射。有的礁体由于有侧向加积生物碎屑、砂砾屑，可以在礁体翼部出现近平行的斜交反射。大型礁滩体底面多呈不连续、短轴状或杂乱反射。

礁滩体沉积末期，由于快速的海侵造成碳酸盐岩发育的夭折，礁滩体之上为巨厚的上奥陶统桑塔木组泥岩所覆盖，向礁体顶面超覆减薄现象明显，反映礁滩体建隆被淹没后的清晰轮廓。礁滩体建隆通常向翼部相变为泥灰岩，周缘可能出现超覆、绕射等地震响应特征。

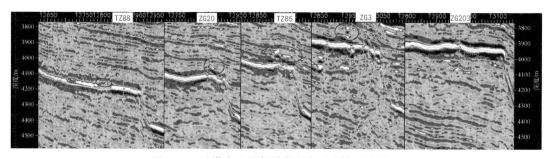

图 3.32 过塔中 I 号断裂带奥陶系礁体地震剖面

3. 内部结构

由于礁滩体岩石类型多、发育旋回多，各类生物灰岩与颗粒灰岩的近距离堆积，缺少明显的沉积层理，具有丰富造礁生物及附礁生物形成的块状构造，在地震剖面上礁滩体内部多表现为杂乱反射，异常的强弱振幅变化频繁（图 3.32），也可能出现空白反射。由于台地边缘发育多期礁滩体，具有一定的呈层性，上下礁滩体之间可能出现层状地震反射结构，可能指示礁滩体的旋回性。

在台内小型点礁发育区，礁滩体内部可出现弱反射、空白反射（图 3.32）。受地震分辨率的影响，台内点礁内部反射特征变化大，礁体核部多出现波形变窄、变弱的特征，与围岩均一的反射特征不一致。

4. 地层厚度

通过礁滩体顶、底面的构造成图，可以求取礁滩体层序段的地层厚度，地层加厚的地区多是礁滩体发育区，局部快速加厚的异常穹形高点大多有礁核发育。因此结合礁滩体的地震响应特征分析，可以通过礁滩体层序厚度的变化在平面上判识礁滩体的分布。塔中62井区礁滩体厚度异常大，呈条带状展布，与古地貌吻合。而南部台内礁滩体层序厚度变化小，局部加厚可能是小规模点礁发育区。

5. 地震属性

由于礁滩体的岩性、物性，以及地层结构与台内层状碳酸盐岩有明显差异，可能在地震相与地震属性上出现差异，因此可以用来判识与预测礁滩体分布。基于波形分类的地震相方法可以反映沉积相的平面展布（杜金虎等，2010），对比发现地震相平面展布与沉积相展布具有良好的对应关系，结合其他地震属性可以研究沉积微相的平面分布。

在礁滩体层序等厚图、礁滩体沉积时古地貌图编制的基础上，结合多种地震属性信息，可以刻画台缘礁滩体发育位置与界限，判识与预测礁滩体的分布（邬光辉等，2016）。综合多方法研究表明，纵向上塔中上奥陶统发育有多旋回的礁滩体，复合厚度可达300～500m。台地边缘礁滩体地震反射特征具有多种丘状形态，内部呈杂乱反射、弱反射，具有垂向加积、叠置加厚的特点。向南台内礁滩体厚度减薄，规模较小，礁滩体顶面出现强反射，内幕出现断续波组，呈透镜状产出，礁体与丘、滩间互出现。平面上，上奥陶统良里塔格组礁滩体主要沿台地边缘发育，多期礁体的垂向叠加、横向迁移，造成礁体叠置连片，形成大型条带状展布的台缘礁滩体。对比分析表明，结合钻井与地震资料综合编制的沉积相图与实钻吻合程度高。

（二）预测技术

1. 频谱分解方法预测礁滩体

分频解释是以傅里叶变换、最大熵方法为核心的频谱分解技术，该方法在对三维地震资料时间域、地震反射不连续性成像和解释时，可在频率域内对每一个频率所对应的振幅进行分析。利用分频技术方法对目的层段碳酸盐岩储层进行处理，通过单井标定，确定分频属性与井中储层发育、产能之间的对应关系。在对井间储层变化的标定的基础上，利用三维可视化技术对目的层段的分频数据体进行全三维体储层刻画，从而确定出碳酸盐岩储层的空间形态及发育程度。

2. 地震测井联合波阻抗反演

根据波阻抗值大小反映碳酸盐岩储层特征，可以利用地震测井联合波阻抗反演预测碳酸盐岩储层缝洞发育带。首先对测井数据进行多井标准化处理，然后根据井旁道的频率特征确定地震子波，在反演时首先选定与当前道相似性较好的初始波阻抗模型，用选定的初始波阻抗模型与提取的子波反演得到当前道的合成记录，在地质–低频模型、地震特征的约束下，通过合成记录与实际记录的反复迭代调整当前道的波阻抗模型，当二者最佳匹配时，对应的波阻抗即为当前道的波阻抗反演结果（图3.33）。

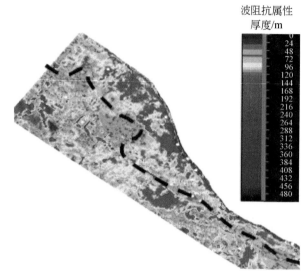

图 3.33　TZ16-TZ24 井区上奥陶统碳酸盐岩波阻抗反演储层预测厚度图

图中红色反映储层发育区，波阻抗色标值越大预测储层厚度越大

3. 多属性聚类分析储层预测

通过分析地震数据体的振幅、频率、相位、频谱等地震属性与储层相关性，利用交绘图分析、属性之间相关系数的选择、聚类分析与子集的生成、模型回归分析等方法，对各类属性综合考虑预测储层发育程度。通过选择储层预测的主要地震能量属性进行聚类分析，能够较好地预测与刻画塔中礁滩体储层的发育程度（图 3.34；杜金虎等，2010）。

通过礁滩体精细刻画，在不同井区开展了礁滩体储层的刻画，有效地支撑了礁滩体凝析气藏的评价与开发。

二、不整合岩溶识别与描述

（一）溶洞类型

从溶洞发育大小的角度，可以将溶洞分为巨型溶洞（>10m）、大型溶洞（10～3m）、中型溶洞（3～1m）和小型溶洞（1～0.5m）。从岩溶结构的角度分析，溶洞有以下三类。

（1）落水洞：属于表层岩溶带，为地表水流侵入地层的入口，其表面形态像漏斗，是地表和地下岩溶地貌一个过渡类型。主要位于潜水面之上，地下水在垂直循环十分顺畅的区域。落水洞的形成，由水体沿着垂直裂缝溶蚀岩层，当溶蚀孔洞逐渐扩大，大量地表降水集中在洞中，再与地下暗河沟通。由于水体中夹带了大量的地表泥沙，对溶洞进行长时间的磨蚀，使溶洞规模扩大，甚至发生崩塌。并非所有的落水洞都呈垂直形态，当水体渗透一定距离之后，就会沿着地层的倾斜方向延伸，使洞体沿着裂缝倾斜方向发育。

（2）渗流带溶洞：形成于潜水面之上，由于裂缝角度大，水体流动速度相对较快，且在溶蚀通道的顶部和渗流立体液面之间存在一定的空间。由于流体速度快，洞壁上崩塌的

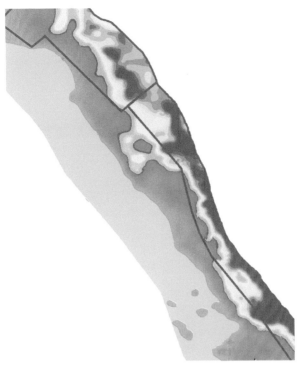

图 3.34　TZ62-TZ82 井区地震属性聚类预测示意图

图中红色反映为碳酸盐岩储层发育区

角砾还没被溶蚀就已经被搬运，流体长时间处于不饱和的状态，不断进行溶蚀，这样就形成横截面上看到的窄而深的溶蚀峡谷。

（3）潜流带溶洞：位于潜水面之下，水体在溶洞中流动的速度相对缓慢，有可能被溶洞顶部或溶洞壁上滑落的角砾充填，这样围岩的碳酸钙使得溶洞内流体快速达到饱和状态，溶蚀过程停止。当有外部不饱和流体再次注入时，又开始新的溶蚀过程，围岩角砾被再次溶蚀，从而形成圆滑的边界。

（二）溶洞特征

碳酸盐岩溶洞复杂多样，在露头、地震、测井、岩心等不同尺度上呈现不同的特征，需要综合分析。

1. 野外露头溶洞

塔里木盆地柯坪地区出露大量鹰山组碳酸盐岩地层，发育不同特征的碳酸盐岩溶洞。由于气候干旱，新构造运动作用下的现代岩溶欠发育，在西克尔露头区有较多的古岩溶洞穴分布。该区出露洞穴规模较小，直径在数米范围内，未充填孔隙较大。岩溶洞穴顶部可能发育裂缝带，或是裂缝带逐步溶蚀形成洞穴，由一系列裂缝连通的洞穴、孔洞形成了统一的缝洞系统。岩溶洞穴的发育还与岩溶演化阶段有关，储层主要发育在青壮年期，老年期则发生洞穴的垮塌、充填，以致剥蚀消亡。根据洞穴充填特征可以划分为多种类型(图 3.35)。

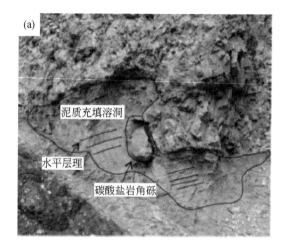

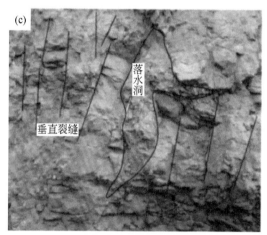

图3.35 西克尔野外剖面鹰山组溶洞及充填

泥质充填的溶洞。这类溶洞在地下暗河发育区常见，通常充填严重，并包含泥砾与碳酸盐岩角砾。在潜流带，洞内充填的泥岩在地下流体搬运过程中形成水平层理 [图3.35 (a)]。这类溶洞主要发育在地下暗河，水体能量相对较强，对表层搬运来的泥质沉积物形成长期的搬运、冲刷作用，并发育层理构造，泥质充填物中可见直径达15cm的碳酸盐岩角砾。

角砾充填溶洞。近地表溶洞中较发育，充填物主要为含灰岩角砾的红色泥质支撑的沉积物，以灰岩为溶洞顶底，与充填物之间的接触界面非常明显。充填的灰岩角砾具有一定的定向性，这种溶洞距离地表相对较近，内部以地表径流携带的表层风化土壤沉积为主，在间歇性暴雨期，由于降水的补充，地表径流的水体能量增强，搬运碳酸盐岩的角砾并产生定向排列沉积 [图3.35 (b)]。

落水洞。落水洞形态呈上大下小的垂向分布，其周围伴生大量垂向裂缝，内部充填大量灰岩角砾和表层泥砂沉积，当有外部水体补充时，落水洞会沿着水平裂缝方向向侧向发育一定的距离〔图3.35（c）〕。在较大型的溶洞中，充填物的规模也相对较大，有大型崩塌的碳酸盐角砾，甚至直径超过20cm的砂岩角砾等〔图3.35（d）〕。

2. 地震响应特征

鹰山组大型的表生溶洞在地震剖面上显示为串珠状的反射特征（图3.36）。例如，塔中地区的TZ9、TZ7等井区地震剖面上均可见典型的洞穴反射异常。值得注意的是，地震剖面上"串珠状"溶洞宽达数十米至数千米，垂向上可达数百米，其规模远大于露头、岩心观测的规模，代表溶洞、裂缝发育区的缝洞集合体，因此统称为缝洞体。此外，地震正演研究与钻探表明，片状强反射、杂乱反射也可能为溶洞储层的地震响应，前者多与风化壳层状岩溶形成的片状连通的缝洞储集体有关，后者多为孔洞型储层形成的缝洞集合体。

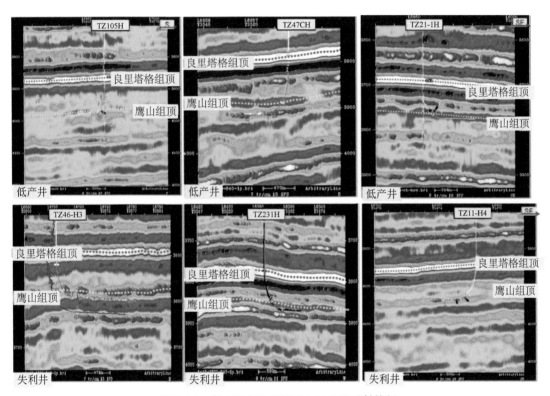

图3.36　鹰山组在地震剖面上显示的反射特征

3. 岩心观察描述

钻遇大型溶洞的井通常会发生钻井液漏失、钻空的情况，取心困难。岩心上揭示的溶洞多为充填的溶洞，充填角砾成分不一，有破碎的方解石充填〔图3.37（a）〕，有原状地层的灰岩角砾和泥质混合充填〔图3.37（c）、（e）〕，有小型未充填的溶蚀洞穴〔图3.37（b）、（d）〕。

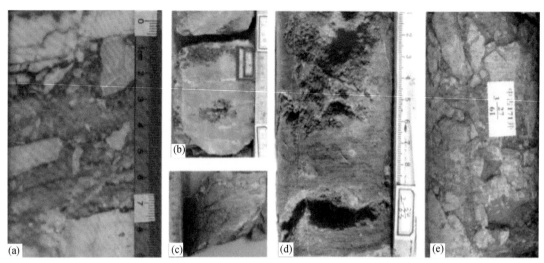

图 3.37　岩心上识别的溶洞

（a）TZ12 井，5241m；（b）TZ12 井，5222m；（c）TZ12 井，5175m；（d）TZ9 井，6266m；（e）ZG171 井，6402m

4. 成像测井分析

溶洞的特征容易识别，一般根据成像测井图像响应划分成像测井亚相类型。根据溶洞的规模不同，充填物质不同，相应的成像测井图像的响应也不同。对成像测井上识别的溶洞进一步精细刻画，发现塔中地区鹰山组钻遇的溶洞充填物具有一定的序列性，且不同溶洞的充填序列不同（图 3.38）。

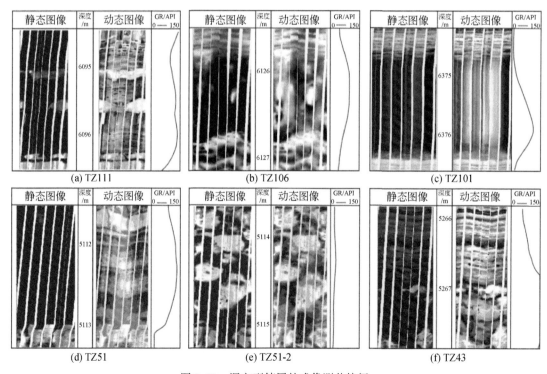

图 3.38　洞穴型储层的成像测井特征

5. 溶洞钻井响应

在成像测井识别岩溶的基础上，以常规测井作为辅助手段，进一步判断特殊岩溶结构的测井响应，是判断无成像测井的钻井岩溶结构重要手段。在塔中鹰山组，溶洞的钻遇是对岩溶储层一个很好的指示，大型的溶洞在钻井过程中通常会出现放空、钻井液漏失等现象（图2.22）。在统计研究区大量钻井数据的基础上发现，钻井放空部位一般在距离鹰山组顶面不整合50～100m附近。同时，鹰山组放空漏失量较良里塔格组多，揭示鹰山组溶洞规模可能更大。

（三）风化壳岩溶划分及模式

1. 单井岩溶结构的精细划分

由于井下取心极少，结合岩心岩屑资料，利用成像测井资料，可以对钻井岩溶结构进行分析。

TZ111井钻遇鹰山组地层总厚度为168m，岩溶发育段为6080～6180m，为鹰山组顶部以下的100m范围内。通过成像测井的精细解释发现［图3.39（a）］，鹰山组顶部钻遇厚度约16m的表层风化带岩溶古土壤层，成像测井图像显示为暗色低阻层状亚相，自然伽马值突变增高，为表层岩溶带。表层溶洞发育段之下，6100～6180m是岩溶储层最发育的地层，从成像测井相的角度分析，主要构成相有杂乱斑点相、高阻单向网状亚相、低阻单向网状亚相等亚相类型。其中6160m为小型泥质充填洞穴，洞穴底部与下伏地层接触片平直，可能是潜流带溶洞特征。这一段整体属于裂缝发育密集段，且与裂缝伴生的是大量的溶蚀孔洞。裂缝既是地下流体的溶蚀通道，也是发生缓慢溶蚀的有利部位，并可能形成有利的油气储集层段。6180m以下为深部缓流带的分散状溶孔，整体电阻变高，储层不发

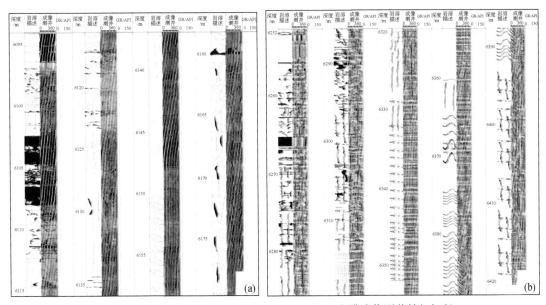

图3.39　TZ111井（a）和TZ5井（b）岩溶发育带成像测井精细解释

育，其下为亮色高阻块状亚相构成的高阻隔层。综合分析，TZ111 井鹰一段钻遇一套比较完整的岩溶体系，由表层岩溶带、垂向渗流带和水平潜流带及深部缓流带构成，其主要储集空间为溶洞和裂缝。

TZ5 井成像测井资料分析发现，尽管 TZ5 井的岩溶储层比较发育，但其钻遇的岩溶体系纵向结构具有不同的特征［图3.39（b）］。首先，TZ5 井在鹰山组顶部没有自然伽马值的突变增高，在成像测井上也未见典型的低阻块状相，鹰山组顶部不整合之下 30m 左右范围内均为裂缝带与高阻隔层段相间发育，且裂缝的扩溶特征不明显。6234m 处厚度约 10m 的高阻层之下，电阻率迅速降低，发育高角度裂缝及与裂缝伴生的大量溶蚀孔洞，形成厚度约 50m 的垂直渗流带。高阻隔层的隔挡作用，使得上部地层中垂向渗流的流体运动方向发生改变，又在裂缝发育段重新向下渗透。因此，TZ5 井钻遇了两套垂向渗流带，虽然没有大型洞穴发育，TZ5 井仍然具有很好的孔渗性，两套垂向渗流带的裂缝-孔洞储集体形成了很好的油气储层，且上下都有高阻隔层作为封堵条件。

2. 单井岩溶结构模式剖析

根据单井岩溶结构的精细解释，将塔中地区岩溶体系的发育类型归纳为以下三种。

（1）潜流洞穴发育型［图3.40（a）］：岩溶体系以潜流带溶洞最为发育，以 TZ7 井区为代表。一个明显的特征是鹰山组顶部具有高伽马峰值，成像测井显示为暗色低阻层状亚相为低阻背景下明暗互层，层密度大，单层厚度小，认为是与不整合相关的表生风化古土壤层，发育水平层理。同时也发育表生的落水洞，洞内为泥质和围岩角砾的充填。整体比较发现洞穴的规模较大，与不整合面直接联系，是表生作用崩塌的结果。成像测井相以暗色杂乱斑块状亚相为主，以 TZ51 井为例。且溶洞在横向分布具有局限性。从表层岩溶带到水平潜流带之间水体的运动方向以垂向运动为主。

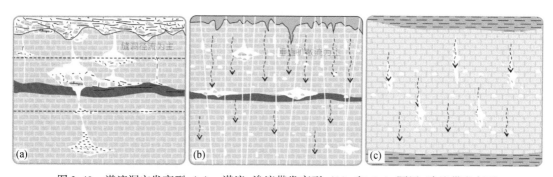

图3.40　潜流洞穴发育型（a）、潜流-渗流带发育型（b）和（c）隔层-渗流带发育型
单井岩溶结构发育模式

（2）潜流-渗流带发育型［图3.40（b）］：表层岩溶带和渗流带发育，潜流带洞穴规模较小甚至不发育。鹰山组顶面以自然伽马的小尖峰与上覆良里塔格组地层分隔，成像测井上显示为薄层的暗色低阻层状亚相，为表层薄层的风化壳残积。表层不发育大型的落水洞，以 TZ5 井区为代表。表层之下是较厚层的垂向渗流带，渗流带厚度较大，形成高角度的裂缝及与裂缝相伴生的扩溶现象和小型的溶蚀洞穴。洞穴内充填的序列性不明显，裂缝与溶洞的复合相也是这一类岩溶体系中主要的储集空间。

（3）隔层–渗流带发育型［图3.40（c）］：渗流带发育程度高，无大型洞穴层。这一类岩溶体系的发育是塔中地区鹰山组岩溶体系中溶蚀程度最低的一类。首先，表层不具有高伽马值的古土壤层，鹰山组与上覆良里塔格组以岩性的突变为区别，电阻率呈变低的趋势。表层常常发育高阻隔层。这一类岩溶结构是鹰二段中特征性的岩溶结构体系。高阻隔层之下发育裂缝及与裂缝相伴生的扩溶和小型溶蚀孔洞。不仅没有表层的落水洞，在渗流带之下也不存在大型的潜流带洞穴，而是以层状溶孔层为主要的储集空间。这种岩溶结构类型常常在塔中西部地区出现，地下水体的流动方式以垂直或顺层流动为主。

大量高精度的成像测井图像为精细刻画塔中地区鹰山组岩溶结构的刻画提供了极大的便利条件。通过对成像测井图像的分类，建立了研究区不同岩溶结构的识别模板。从地层的角度分析，认为在塔中地区鹰山组发育两套主要的岩溶体系。第一套主要发育于鹰一段，第二套主要发育于鹰二段，尽管不同井钻遇的岩溶结构的部位不同，整体上，鹰山组的岩溶结构在纵向上可以划分为表生岩溶带、垂直渗流带、水平潜流带和深部缓流带，不同的岩溶具有特征性的成像测井相类型。井间发育连续、可对比的高阻隔层即是识别和划分岩溶结构的标志。

3. 岩溶平面分布

根据地震储层预测结果，塔中鹰山组顶部岩溶性储层主要分布在塔中10号构造带和塔中北斜坡低幅度褶皱带（图3.41）。这些区块不仅位于塔中鹰山组岩溶斜坡部位，同时也是局部断裂与褶皱作用发育部位，岩溶作用更为强烈。

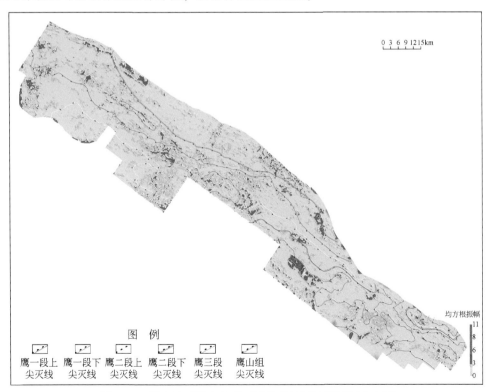

图3.41 塔中地区鹰山组顶面风化壳缝洞储层平面分布图

另外，由于缝洞型储层的选择性溶蚀作用，不同地层其溶蚀程度不同。塔中地区鹰一段粒屑滩灰岩较发育，其中孔隙较高，在暴露区较容易溶蚀，风化淋漓程度较高。同时，钻井与缝洞储层预测结果也表明，沿鹰一段尖灭线缝洞体储层较发育。除了上述两个构造带缝洞储层较为发育外，沿着鹰一段尖灭带，即 TZ8-TZ7 井这一条带中，缝洞储层也较为发育。

综合分析，塔中北斜坡鹰山组风化壳岩溶平面上主要沿塔中 10 号构造带、局部断裂带发育，同时沿鹰山组尖灭线的粒屑滩颗粒灰岩发育。

三、断裂相关岩溶发育模式

将野外露头、成像测井、高精度三维地震与钻井资料结合，并充分利用油气动态生产数据，实现了断层相关岩溶缝洞体多学科动静态一体化精细刻画及预测评价。其中，塔中隆起加里东期-海西期构造运动强烈，发育三期断裂体系，这些断裂及其破碎带，是断层相关岩溶缝洞体形成与演化的关键。

根据塔里木盆地周缘野外露头奥陶系一间房组碳酸盐岩精细解剖，受多向流体作用，沿大型走滑断裂破碎带可能发生大规模选择性溶蚀。纵向溶蚀带可达 200m，同时沿横向输导层对早期的溶蚀层段进行扩溶，形成大规模的断层相关岩溶缝洞体［图 3.42（a）］。

断层相关岩溶发育的关键是断裂破碎带纵向上具有接受大气淡水和深层热流体的优势，且断裂破碎带具有大面积与流体接触发生溶蚀的概率，泄流畅通便于深度溶蚀（韩剑发等，2009，2010）。同时，沿断裂破碎带输导的流体可侧向运移，并对早期不整合相关缝洞体进行扩溶，总体上形成以断裂为核心的岩溶储集体，即断裂相关岩溶缝洞体［图 3.42（b）、（c）］。

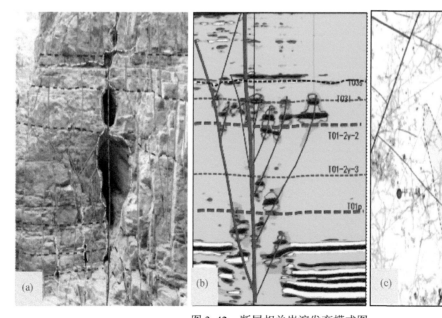

图 3.42　断层相关岩溶发育模式图
（a）野外露头；（b）地震剖面；（c）缝洞体发育平面图

　　塔中地区奥陶系主要发育逆冲与走滑断裂。构造破裂作用及其所形成的裂缝对碳酸盐岩储渗性能具有重要影响。裂缝对沟通孔隙提高储集体渗透率有明显作用，同时也有利于孔隙水和地下水的活动，形成统一的孔洞缝系统，从而改善储集性能。埋藏期流体运移动力主要有由深部高压区向浅部低压区的泄流，以及因构造挤压作用形成的高压区向低压区的泄流；垂向上主要沿断裂运移，侧向上沿断裂破碎带发生侧向运移，以单向流为主，也有可能出现对流或环流。

　　塔中地区断裂带大型缝洞体发育，主要表现为钻井过程中泥浆漏失、放空等，取心中可见洞内充填物且取心收获率常常较低、破碎，缝洞体的发育与断裂带密切相关。在TZ62 井区西部、TZ82 井区东部尤为发育。TZ82 井第三筒心发育半充填大型溶洞，测井资料上表现为井径显著扩大、自然伽马升高、电阻率降低，表现出典型溶洞测井响应特征。TZ62-2 井钻井取心发现 16m 岩溶井段，见充填泥岩、块状方解石，进入灰岩段后共漏失泥浆 636.5m³。TZ62-1 井在 4959.1~4959.3m 和 4973.21~4973.76m 井段分别放空 0.2m、0.55m，漏失泥浆 467.36m³。TZ622、TZ821 井进入灰岩段因漏失严重无法钻进而完井。地震剖面上有明显的杂乱反射与"串珠"响应。统计分析表明（图 3.43），塔中 I 号断裂带大型缝洞体主要分布在断裂发育的东部地区，其中 67% 的探井钻遇大型缝洞体，并均获得高产工业油气流。同时部分井发育溶蚀孔洞与裂缝，使得 89% 的探井获得高产油气流。而在断裂不发育的西部与台缘内带，虽然也发育大型礁滩体，但钻遇大型缝洞体的探井仅占 21% 和 18%，而且不发育大型缝洞体的探井均未获得高产工业油气流，多为低产油气流井，表明溶蚀孔洞与裂缝也欠发育。

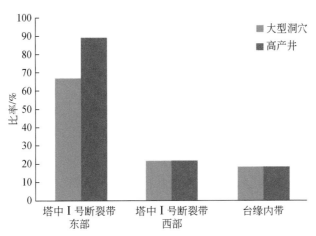

图 3.43　塔中 I 号断裂带探井洞穴分区统计图

　　奥陶系碳酸盐岩经历中晚加里东期、早海西期等多期断裂活动，并多期埋藏溶蚀与油气充注，发育大量的高角度缝、斜交缝或网状缝。伴随酸性水的进入，发生了多期的埋藏溶蚀作用，形成溶缝、串珠状溶孔、溶蚀孔洞，孔隙度增加 2%~5%，与先期残余孔洞一起构成新的储渗组合。多期构造破裂作用所形成的裂缝改善了储集体的渗流条件，增加了储集体和储层的连通性，裂缝发育区的分布对高产油气井具有明显的控制作用。

四、叠合复合岩溶发育模式

（一）叠合复合岩溶响应特征

由于多期断裂作用于岩溶作用的叠加，塔中地区奥陶系碳酸盐岩呈现复杂的缝洞储集空间。岩心和成像资料上既有泥、砾充填的大型溶洞，又有均匀状的中小型溶蚀孔洞。地震剖面上既有代表好处层的串珠状强反射、片状强反射，也有代表小缝洞体的杂乱反射和弱反射（图 3.44）。另外，在钻井过程中钻具放空、泥浆漏失、溢流、井喷，以及测井、测试等多学科动静态一体化研究揭示了塔中碳酸盐岩岩溶缝洞体规模巨大、分布广泛，具有十分明显多成因多期次叠合复合特征。

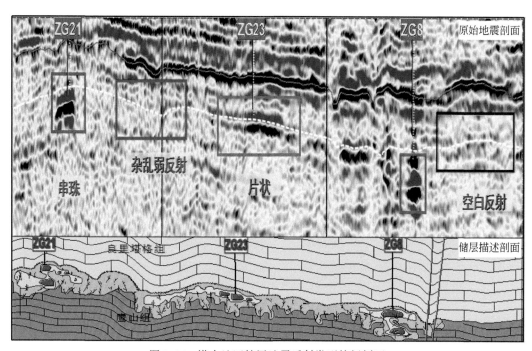

图 3.44　塔中地区储层地震反射类型特征剖面

（二）叠合复合岩溶地质依据

碳酸盐岩台地演化历史与化验数据分析，塔中隆起碳酸盐岩岩溶缝洞体具有明显的多期次叠合复合特征。

同生期岩溶作用发生于同生期大气淡水成岩环境中，受次级沉积旋回和海平面变化的控制，伴随海平面暂时性相对下降，时而出露海面或出于淡水透镜体内，受到富含 CO_2 大气淡水淋滤，发生选择性和非选择性的淋滤、溶蚀作用，形成大小不一，形态各异的各种孔隙。这些大气淡水胶结物在微量元素的总体特征上，通常表现为低 Mg、Sr 和 Na，不含或仅含少量的 Fe、Mn（表 3.2），反映了近地表氧化-弱氧化环境中的大气淡水作用。

表3.2　塔中地区大气淡水胶结物的电子探针分析结果

井号	深度/m	孔隙及胶结物	发光特征	微量元素/ppm						
				MgO	SrO	Na$_2$O	K$_2$O	BaO	MnO	FeO
TZ24	4690.8	砾间溶孔，刃状	不发光	1170	0	0	0	0	0	0
		砾间溶孔，叶片状	不发光	1720	0	770	60	0	0	280
TZ26	4281.6	超大溶孔，叶片状	不发光	680	470	0	0	0	0	10
TZ44	5017.1	窗格孔，细粒状，二期	不发光	770	0	10	0	0	660	0
TZ451	6112.7	粒间孔，叶片状	不发光	560	450	610	0	0	0	220

　　表生期岩溶作用的发育与重大的海平面下降或构造运动造成的沉积区大面积暴露有关，常常对应的是不整合面，塔中地区奥陶系碳酸盐岩层系内部和顶面主要发育中加里东期、晚加里东期、早海西期等三期不整合。

　　埋藏期岩溶作用主要是在中-深埋藏阶段与有机质成岩作用相联系的溶蚀作用，塔中地区埋藏岩溶作用主要有三期，分别为加里东期—海西早期、晚海西期和喜马拉雅期。储层盐水包裹体均一化温度主要分布在三个区间（表3.3），分别为70~100℃、90~125℃、120~155℃，与油气成藏过程期次是一致的，揭示可能有三期相关埋藏期溶蚀作用。

表3.3　塔中地区奥陶系储层包裹体温度及成藏时期

地区	层位	温度/℃		
		晚加里东期	晚海西期	喜马拉雅期
TZ45 井区	O$_3$	70~100	90~125	120~155
TZ82 井区	O$_3$	70~90	110~130	140~150
TZ62 井区	O$_3$	70~90	90~120	115~140
TZ83 井区	O$_1$	86~90	100~120	125~150
与盐水包裹体共生烃类包裹体特征		主要为液相包裹体，发黄色荧光，数量少	气-液两相包裹体，发黄色荧光和黄绿色荧光，数量较多	主要为气态烃包裹体

（三）叠合复合岩溶发育模式

　　塔中地区奥陶系碳酸盐岩缝洞体储层的形成主要受控于碳酸盐岩岩相、区域不整合、大型断裂系统。区域性碳酸盐岩不整合长期暴露并遭受大气淡水的淋滤，发生强烈的岩溶作用形成横向广泛展布的岩溶缝洞体。同时，塔中隆起受区域应力作用经历多期断裂活动，断裂破碎带接受大气淡水及深层烃类演化中产生酸性流体等热液改造，发生强烈的岩溶作用形成纵向深度拓展的岩溶缝洞体，深度可达200m。地质演化过程中，不整合暴露相关岩溶与断裂破碎相关岩溶叠合复合，形成三维空间规模展布的大型岩溶缝洞体（图3.45）。总之，塔中地区奥陶系碳酸盐岩储层是多类型储集体在空间上的叠合，也是多期储集体在不同时间上的复合，组成复杂多样的叠合复合储层，是油气复式成藏的关键。

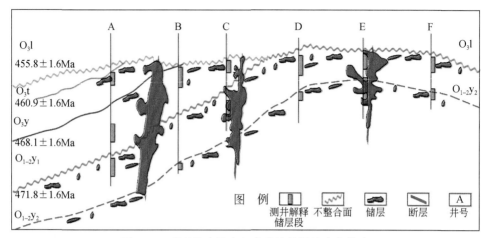

图 3.45　碳酸盐岩叠合复合岩溶缝洞体发育模式

　　鹰山组在准同生岩溶的基础上，在中奥陶世一间房组—晚奥陶统世吐木休克组缺失时期，遭受强烈的风化壳岩溶作用，沿不整合面形成准层状分布的大规模缝洞储集体。良里塔格组沉积时期，礁滩体多期暴露，形成多套孔隙层叠置，经大气淡水作用发育孔洞层。在加里东期—喜马拉雅期，这些碳酸盐岩储集体经历多期构造破裂和埋藏溶蚀作用，进一步改造了储集体，形成了多期多类储集体的复合叠合。

　　在沉积相带控制的基质孔隙基础上，在风化壳层间岩溶、热液岩溶以及构造作用等多种因素的作用下，不仅形成了有效的次生储集空间，而且储集体的连通性变好。其中，古地貌控制的风化壳层间岩溶是储集体形成的最主要因素，构造变形作用产生断裂与裂缝提供了沟通通道，并促进了溶蚀作用，白云岩化则是本区鹰山组白云岩内幕型储集体发育的重要控制因素。因此，受控多种作用多期叠加改造，形成纵向叠置、横向连片的复杂碳酸盐岩储集体。

第四节　碳酸盐岩缝洞体地质建模及预测

　　由于缝洞型碳酸盐岩的储集空间主要有孔、洞、缝三大类，不同的储集空间其孔渗特性及其分布特征有很大差异，如果在建模过程中对不同成因、不同储集空间的储层采用一套特征参数，将其作为一个单元来模拟，则可能混淆不同单元的实际地质规律，导致所建模型不能客观地反映地质实际。另外，如果储渗性能差异很大的储集体按统一的等厚或等比例进行网格划分并插值，这在地质上也是不甚合理的。因此碳酸盐岩缝洞型储层地质模型的建立是一项综合性极强的工作，它需要综合地质、测井、地震、岩心、露头以及生产动态资料，采用多手段相结合的综合建模方法，以降低井间预测的不确定性。

一、单井岩溶缝洞体地质模型

　　在研究区内，考虑到测井数据质量及其种类，选择适用于测井相分析的曲线，其中包括自然伽马测井、两种电阻率测井（深侧向和浅侧向）、声波和密度，具有上述测井数据的井。通过选用五种测井曲线进行主组分分析。在主组分分析的基础上，将伽马测井、声波时差和深侧向电阻率测井数据用于井的测井电相划分。通过聚类分析，进行测井电相划分。首先对各电相的测井岩石学特征进行了分析，以区分各类电相的储层物性特征；其次是利用 FMI 测井资料和钻井资料对每类电相进行地质解释和储层特征标定。

综合测井电相在测井曲线的交会分析结果和 FMI 测井数据对四类电相标定，不同的测井电相与不同的溶蚀孔洞和宽裂缝发育程度对应，确定不同类型的储层与致密的非储层。通过致密层的划分与对比，可以建立井筒内起到隔挡层的分布模型，并通过致密层将储层分为多个垂向独立压力系统，划分不同的流动单元。

二、连通缝洞体储层地质模型

结合研究区内缝洞比较发育、储层连续性差、非均质性强、纵横向变化快的特点，采用了二步随机建模的方法。先建立储层类型模型，然后再在储层类型模型的约束下建立孔隙度模型。建立储层类型模型，首先要计算每口井对应的储层类型的垂直比例曲线，该曲线代表了储层类型垂向上的变化；对于岩溶储层的横向变化，则需要构建代表储层类型空间分布的三维概率模型。为构建三维储层类型空间分布的概率模型，将反演得到的地震波阻抗属性用于储层类型的概率体模拟的空间约束。

井的波阻抗数据与井中得到的储层类型的统计分布关系表明，每一种储层类型对应的波阻抗数据都有一定的分布范围，说明反演的波阻抗数据能够反映地下不同的储层特征。综合储层类型的垂直比例曲线和地震波阻抗数据，应用序贯高斯模拟的地质统计方法，得到四种储层类型的概率体。建立储层类型模型需要利用井的储层类型的数据，在储层类型的概率体的约束下，采用序贯指示模拟方法建立储层类型模型，再结合上述建立的缝洞连通体结构模型，得到缝洞连通体的储层类型模型。

建立孔隙度的模型，需要考虑在每一储层类型中，孔隙度和波阻抗之间的相关关系。测井解释的孔隙度数据与井上波阻抗数据的相关分析表明，波阻抗数据与孔隙度具中正相关关系，可利用阻抗反演推算储层的孔隙度。

参 考 文 献

蔡忠贤,刘永立,刘群. 2010. 塔河油田中下奥陶统顶面岩溶古水系对接现象及其意义. 现代地质,24(2)：273～278.

陈新军,蔡希源,纪友亮,等. 2007. 塔中奥陶系大型不整合面与风化壳岩溶发育. 同济大学学报(自然科学版),35(8)：1122～1127.

杜金虎,王招明,李启明,等. 2010. 塔里木盆地寒武–奥陶系碳酸盐岩油气勘探. 北京：石油工业出版社.

冯仁蔚,欧阳诚,庞艳君,等. 2014. 层间风化壳岩溶发育演化模式——以塔中川庆 EPCC 区块奥陶系鹰一段—鹰二段为例. 石油勘探与开发,41(1)：45～54.

高志前. 2007. 塔里木盆地中地区下古生界不同类型碳酸盐岩储层形成及成因联系. 北京：中国地质大学(北京).

高志前,樊太亮,杨伟红,等. 2012. 塔里木盆地下古生界碳酸盐岩台缘结构特征及其演化. 吉林大学学报

（地球科学版）,42(3):657~665.

耿晓洁,林畅松,韩剑发,等.2015.塔中北斜坡中下奥陶统鹰山组岩溶储层成像测井相精细研究.天然气地球科学,26(2):229~240.

韩剑发,于红枫,张海祖,等.2008.塔中地区北部斜坡带下奥陶统碳酸盐岩风化壳油气富集特征.石油与天然气地质,29(2):167~188.

韩剑发,梅廉夫,杨海军,等.2009.塔里木盆地塔中奥陶系天然气的非烃成因及其成藏意义.地学前缘,16(1):314~325.

韩剑发,徐国强,琚岩,等.2010.塔中54-塔中16井区良里塔格组裂缝定量化预测及发育规律.地质科学,45(4):1027~1037.

韩剑发,孙崇浩,于红枫,等.2011.塔中Ⅰ号坡折带奥陶系礁滩复合体发育动力学及其控储机制.岩石学报,27(3):845~856.

韩剑发,韩杰,江杰,等.2013.中国海相油气田勘探实例之十五——塔里木盆地塔中北斜坡鹰山组凝析气田的发现与勘探.海相油气地质,18(3):70~78.

韩剑发,王清龙,陈军,等.2015.塔里木盆地西北缘中—下奥陶统碳酸盐岩层序结构和沉积微相分布.现代地质,29(3):599~608.

韩剑发,任凭,陈军,等.2016.塔中隆起北斜坡鹰山组沉积微相及有利储集层展布.新疆石油地质,37(1):18~23.

韩剑发,孙崇浩,王振宇,等.2017.塔中隆起碳酸盐岩叠合复合岩溶模式与油气勘探.地球科学,42(3):410~420.

胡明毅,蔡习尧,胡忠贵,等.2009.塔中地区奥陶系碳酸盐岩深部埋藏溶蚀作用研究.石油天然气学报,31(6):49~54,181~182.

黄文辉,蔡习尧,胡忠贵,等.2012.塔里木盆地寒武–奥陶系碳酸盐岩储集特征与白云岩成因探讨.古地理学报,14(2):197~208.

吉云刚,韩剑发,张正红,等.2012.塔里木盆地塔中北斜坡奥陶系鹰山组深部优质岩溶储层的形成与分布.地质学报,86(7):1163~1174.

金强,田飞.2013.塔河油田岩溶型碳酸盐岩缝洞结构研究.中国石油大学学报(自然科学版),37(5):15~21.

金之钧,蔡立国.2006.中国海相油气勘探前景、主要问题与对策.石油与天然气地质,27(6):722~730.

康玉柱,孙红军,等.2011.中国古生代海相油气地质学.北京:地质出版社.

李景瑞,梁彬,于红枫,等.2015.中古8井区断裂与鹰山组岩溶储层成因关系.中国岩溶,34(2):147~153.

李阳,金强,钟建华,等.2016.塔河油田奥陶系岩溶分带及缝洞结构特征.石油学报,37(3):289~298.

廖涛,侯加根,陈利新,等.2015.塔北哈拉哈塘油田奥陶系岩溶储层发育模式.石油学报,36(11):1380~1391.

吕海涛,丁勇,耿锋.2014.塔里木盆地奥陶系油气成藏规律与勘探方向.石油与天然气地质,35(6):798~805.

马红强,王恕一,雍洪,等.2010.塔里木盆地塔中地区奥陶系碳酸盐岩埋藏溶蚀特征.石油实验地质,32(5):434~441.

马晓强,侯加根,胡向阳,等.2013.塔里木盆地塔河油田奥陶系断控型大气水岩溶储层结构研究.地质论评,59(3):521~532.

马永生,等.2007.中国海相油气勘探.北京:地质出版社.

倪新锋,王招明,杨海军,等.2010.塔北地区奥陶系碳酸盐岩储层岩溶作用.油气地质与采收率,17(5):

11~16,111.

潘春孚,潘杨勇,代春萌,等. 2013. 塔中气田奥陶系碳酸盐岩岩溶储层预测研究. 中国地质,40(6): 1850~1860.

钱一雄,Conxita Taberner,邹森林,等. 2007. 碳酸盐岩表生岩溶与埋藏溶蚀比较——以塔北和塔中地区为例. 海相油气地质,12(2):1~7.

孙崇浩,张正红,王振宇,等. 2011. 塔中地区奥陶系良里塔格组礁滩的化石记录和生长序列. 新疆石油地质,32(3):235~238.

汪伟光,喻莲. 2011. 塔里木盆地塔中低凸起潜山区陶系油气成藏条件. 特种油气藏,18(4):30~34,136.

王黎栋. 2007. 塔中地区 T_7-4 界面碳酸盐岩古岩溶储层形成机理与分布预测. 北京:中国地质大学(北京).

王炜. 2011. 四川盆地和塔里木盆地典型碳酸盐岩储层的溶解动力学实验与储层评价研究. 武汉:中国地质大学(武汉).

王招明,杨海军,王清华,等. 2012. 塔中海相碳酸盐岩特大型凝析气田地质理论与勘探技术. 北京:科学出版社.

王招明,张丽娟,孙崇浩. 2015. 塔里木盆地奥陶系碳酸盐岩岩溶分类、期次及勘探思路. 古地理学报,17(5):635~644.

王振宇,孙崇浩,杨海军,等. 2010. 塔中 I 号坡折带上奥陶统台缘礁滩复合体建造模式. 地质学报,84(4):546~552.

邬光辉,庞雄奇,李启明,等. 2016. 克拉通碳酸盐岩构造与油气——以塔里木盆地为例. 北京:科学出版社.

谢世文,傅恒,张东辉,等. 2013. 塔里木盆地下古生界碳酸盐岩层序及沉积演化特征. 断块油气田,20(3):305~310.

杨海军,韩剑发,孙崇浩,等. 2011. 塔中北斜坡奥陶系鹰山组岩溶型储层发育模式与油气勘探. 石油学报,32(2):199~205.

杨柳,李忠,吕修祥,等. 2014. 塔中地区鹰山组岩溶储层表征与古地貌识别——基于电成像测井的解析. 石油学报,35(2):265~275,293.

张涛,蔡希源. 2007. 塔河地区加里东中期古岩溶作用及分布模式. 地质学报,81(8):1125~1134.

张新超,孙赞东,吴美珍. 2014. 塔中北斜坡鹰山组岩溶储层发育规律. 海相油气地质,19(1):43~50.

赵文智,沈安江,潘文庆,等. 2013. 碳酸盐岩岩溶储层类型研究及对勘探的指导意义——以塔里木盆地岩溶储层为例. 岩石学报,29(9):3213~3222.

郑剑,王振宇,杨海军,等. 2015. 高频层序格架内礁型微地貌特征及其控储机理——以塔中东部地区上奥陶统为例. 地质学报,89(5):942~956.

朱光有,杨海军,苏劲,等. 2012. 中国海相油气地质理论新进展. 岩石学报,28(3):722~738.

Han J F,Sun Z D,Zhang X C,et al. 2013. Fluid discrimination using frequency-dependent AVOZ inversion in fractured reservoirs. Society of Exploration Geophysicists International Exposition and 83rd Annual Meeting: Expanding Geophysical Frontiers,SEG.

Liu L F,Sun Z D,Yang H J,et al. 2009. Seismic attribute optimization method and its application for fractured-vuggy carbonate reservoir. Shiyou Diqiu Wuli Kantan/Oil Geophysical Prospecting,44(6):747~754.

Liu L F,Sun Z D,Wang H Y,et al. 2011. 3D Seismic attribute optimization technology and application for dissolution caved carbonate reservoir prediction. Society of Exploration Geophysicists International Exposition and 81st Annual Meeting 2011,SEG.

Nichols D E. 1996. Maximum energy traveltimes calculatedin seismic frequency band. Geophysics,61(1):

253 ~ 263.

Sun D, Pan J G, Yong X S, et al. 2010. Formation mechanism of vertical long string beads' in carbonate reservoir. Oil Geophysical Prospecting, 45 (S1) : 101 ~ 104.

Sun Sam Z D, Xiao X, Wang Z M, et al. 2011. P-wave fracture prediction noise attenuation algorithm using pre-stack data with limited azimuthal distribution: a case study in Tazhong 45 area, Tarim Basin. Society of Exploration Geophysicists International Exposition and 81st Annual Meeting 2011, SEG.

Sun Sam Z D, Bai Y Z, Wu S Y, et al. 2012a. Two promising approaches for amplitude-preserved resolution enhancement. The Leading Edge, 31 (2) : 206 ~ 210.

Sun Sam Z D, Jiang S, Sun X K, et al. 2012b. Fluid identification using frequency dependent AVO inversion in dissolution caved carbonate reservoir. Society of Exploration Geophysicists International Exposition and 82nd Annual Meeting 2012, SEG.

Wang H Y, Sun Z D, Dan W, et al. 2012. Frequency-dependent velocity prediction theory with implication for better reservoir fluid prediction. The Leading Edge, 31 : 160 ~ 166.

第四章　塔中碳酸盐岩凝析气藏形成与分布

基于塔中海相碳酸盐岩凝析气藏生产动态资料、油藏物理与成藏地化特征的剖析，建立了塔中古隆起复式油气成藏模式，阐明了凝析气藏的成因机理，揭示了超深古老碳酸盐岩凝析气藏空间分布规律，突破了传统的相-层控油气藏理论模型，指导了凝析气田的评价与开发。

第一节　全球大型凝析气藏油气地质特征

凝析气藏是一种特殊相态类型气藏，其分布主要受控于烃源岩的母质类型、热演化程度和特定的温度、压力条件，是一种经济价值很高但开发很难的特殊油气藏。

一、全球凝析气藏地质特征

凝析气藏是石油在高温高压条件下溶解于天然气中形成的混合物，亦称凝析油体系。凝析气藏同时生产天然气和凝析油，一般具有高的气油比且富含轻烃组分。原始地层温度压力下以气体形式存在，温度压力变化过程中存在凝析油和气体的相态变化和反凝析现象，当温度压力超过临界条件后液态烃逆蒸发生成凝析气，温度压力降低后逆凝结形成凝析油。

（一）全球凝析气田分布

凝析气田的开发相对较晚，国外有近 60 年历史，我国 20 世纪 60～70 年代才相继在四川、塔里木和渤海湾等盆地发现了一批凝析气田。

按照国际标准，最终可采储量超过 850 亿 m³ 的称为大型凝析气田。杨德彬等（2010）统计表明，全球共发现 106 个大型凝析气田位于 70 多个沉积盆地，主要分布于西西伯利亚盆地、滨里海盆地、波斯湾盆地、扎格罗斯盆地和美国墨西哥湾盆地。其中，苏联发现 52 个，主要位于西伯利亚、滨里海、伏尔加-乌拉尔；中东地区 18 个，主要位于伊朗与卡塔尔；澳大利亚 13 个；欧洲 6 个。这些国家和地区的大型凝析气田占总数的 83.96%，占总可采储量的 93.48%。这些大型凝析气田具有丰富的地质储量，如中东的北方、南帕斯，俄罗斯的乌连戈伊、扬堡、扎波利亚尔等凝析气田均位于全球最大的十大天然气田之列。

大型凝析气田的分布层系相当广泛，除了寒武系和志留系之外，凝析气田在奥陶系至新近系的各个层系都有发现（杨德彬等，2010）。凝析气田主要分布于石炭系—新近系，这些层系内发现的凝析气田占总数的 91%。发现凝析气田最多的层系为白垩系和三叠系，这两个层系发现的凝析气田数量均占到总量的 16%；其次为侏罗系，该层系发现的凝析气田数量占总量的 14.8%。我国塔里木盆地的塔中、轮南及渤海湾盆地的千米桥凝析气田的储集岩时代最老，主要产层为中—上奥陶统。

凝析气田储量主要分布于二叠系和白垩系，其中地质储量分别占凝析气田总地质储量的 33.27% 和 27.91%。二叠系发现的储量最多，全球最大的两个凝析气田（North Field 和 Pars South）都是以二叠系胡夫组白云岩为主力储集层。白垩系层系发现的储量也很大，主要是因为白垩系发现的凝析气田个数最多，全球主要含油气盆地——西西伯利亚盆地和第聂伯顿涅茨内大的凝析气田，大部分以白垩系为储集层。

（二）凝析气田储层特征

目前发现的大型凝析气田中，以砂岩为储层的凝析气藏个数占总数的 53.13%，以碳酸盐岩为储层的凝析气藏占总数的 46.87%，其中灰岩储层和白云岩储层相当。碳酸盐岩储层内的储量占所有大型凝析气田储量的 62.57%，但其大型凝析气田的个数并不多，这主要归因于世界上最大的两个凝析气田均为碳酸盐岩储层，其地质储量之和达 393 亿吨油当量。砂岩储层内的储量占总储量的 33.68%；生物礁灰岩储层内的储量占总储量的 3.75%。目前发现的大型凝析气田中砂岩储集体主要是孔隙型，而碳酸盐岩储集体主要为裂缝-孔隙型储层（表 4.1）。储层物性总体以中低孔渗性为主，砂岩孔隙度在 4% ~ 24%，但大多在 12% 以上，渗透率多数大于 10mD。碳酸盐岩孔隙度和渗透率均较砂岩储层小，总体储集体物性较差，属于低孔-低渗型储层。

表 4.1　全球部分凝析气田储层特征（据杨德彬等，2010）

凝析气田	层位	储层类型	储层岩性	孔隙度/%	渗透率/mD
乌连戈伊	K	孔隙型	砂岩	19.2 *	22.4 *
扬堡	K	孔隙型	砂岩	16.4 *	20 ~ 300※
什托克马诺夫	J	孔隙型	砂岩	17 ~ 24※	20
扎波利亚尔	K	孔隙型	砂岩	18.6 *	12 ~ 280※
南布拉迪	J	孔隙型	砂岩	8.6 *	13.6 *
卡尔卡耐尔	N	孔隙型	砂岩	12 *	0.1 ~ 0.5※
哈西鲁迈勒	T	孔隙型	砂岩	20 ~ 22※	100 ~ 1000※
迪那 2	E	裂缝-孔隙型	砂岩	4 ~ 10※	0.1 ~ 1.5※
牙哈	E_{1-2} km、K_1	裂缝-孔隙型	砂岩	14 ~ 18※	10 ~ 86※
奥伦堡	C—P	裂缝-孔隙型	碳酸盐岩	12.25 *	0.098 ~ 34.6※
北方-南帕斯	P	裂缝-孔隙型	碳酸盐岩	9.5 *	0.3 *
萨贾	J	裂缝-孔隙型	碳酸盐岩	10 *	2 ~ 8※

* 平均值；※主值区间。

全球大型凝析气田以构造型圈闭为主，其大型凝析气田个数占总数的 76.67%，且储量也最为丰富，占总地质储量的 92.55%。地层和岩性类的大型凝析气田个数相对较少，分别占总数的 6.67% 和 16.67%，且其储量也只占总地质储量的 0.06% 和 7.45%。

(三) 凝析气田温压特征

通过综合分析全球大型凝析气田的地层温度、原始地层压力和露点压力，多数凝析气田地层温度在 40~187℃，原始地层压力在 20~40MPa，且绝大多数大于在该温度下烃体系的露点压力（图 4.1）。温压系统是凝析气田形成最重要的条件，通过对全球凝析气藏研究认为，不管是原生凝析气藏还是次生凝析气藏，其形成必须满足以下条件：地层温度（T_f）介于烃类物系的临界温度（T_c）和临界凝析温度（T_m）之间，地层压力（P_f）大于该温度时的露点压力（P_m），即需处于 PVT 相图上凝析气相的区域。

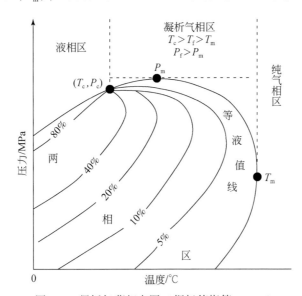

图 4.1　凝析气藏相态图（据杨德彬等，2010）

T_f. 地层温度；T_c. 临界温度；T_m. 临界凝析温度；P_f. 地层压力；P_m. 露点压力

原生凝析气不断地向上部圈闭运移过程中，地层压力与温度都会相应降低。当地层压力逐渐接近露点压力时，凝析油开始析出，形成带油环的凝析气藏。随着油气向更浅的圈闭运移，地层压力小于露点压力、地层温度小于烃体系临界温度时，原生的凝析气藏会转变为正常的油藏。对于次生凝析气藏，早期的油藏埋深相对较浅，随着地层埋深不断增大，地层压力与温度也相应增大，同时天然气不断充注，逐渐形成原油溶解于气的凝析气藏。随着压力的增大，当地层温度大于临界温度时，原油中的一些轻质组分会反溶于天然气中，形成带凝析气顶的油藏。随着埋深的继续增加，原油裂解气或烃源岩生成的天然气供给油藏，当地层压力大于该烃体系下的露点压力，地层温度大于烃体系临界温度，天然气供给量增大至足以溶解所有原油时，则形成纯凝析气藏。因此，不同成因机理的两类凝析气藏，在特定的温压系统下具有不同的形成过程和相态分布特征。

除含 CO_2 和 N_2 较高的凝析气田天然气相对密度较大外，大部分凝析气田天然气相对密度较低（0.621~0.655），大体上总烃含量高，非烃含量低。大部分凝析气藏的甲烷含量在 80% 以上，乙烷含量为 1.23%~7.3%，丙烷含量为 0.48%~4.36%，丁烷含量为 0.24%~2.84%，戊烷含量为 0.49%~8.46%。凝析油普遍具有密度低、轻质组分高、重质组分低的特点,凝析油含量为 $22 \sim 1297 \mathrm{cm}^3/\mathrm{m}^3$。凝析气田组分特征表明,不同的成藏条件和温压系统下,凝析气藏之间组分具有很大的差异。

二、塔中隆起油气地质特征

(一) 塔中隆起油气藏类型及特征

塔中隆起形成演化过程中发育了台缘礁滩复合体、内幕不整合及深层白云岩等碳酸盐岩建造,以及志留系、泥盆系—石炭系砂岩储集层,并与上覆地层形成良好储-盖组合,多期构造运动形成了构造、地层、岩性等多种类型圈闭。目前已经发现油气田 33 个,石油三级储量为 6.2 亿吨、天然气三级储量为 8100 亿 m^3,既富油又富气,形成稠油、常规油、凝析油、凝析气、干气等多种类型的油气藏(江同文等,2020)。塔中隆起自下而上发育寒武系—奥陶系海相碳酸盐岩、志留系与泥盆系—石炭系碎屑岩等油气藏,主要分布在塔中北斜坡(表4.2,图1.24、图1.25、图2.6)。目前油气勘探向纵深发展,勘探深度已突破 7000m,并在北部凹陷区获得新发现。志留系—石炭系碎屑岩油藏已进入开发晚期,奥陶系碳酸盐岩油气藏为开发重点领域。

表 4.2　塔中隆起油气藏分层特征

层位	岩性	圈闭类型	孔隙类型	孔隙度/%	渗透率/mD	流体特征	油藏类型	产能特征
泥盆系—石炭系	砂岩及少量碳酸盐岩	背斜	原生	12 ~ 20	10 ~ 1000	常规油、少量气	底水块状与边水层状	高产稳产,采收率高
志留系	砂岩	岩性、断背斜	原生	8 ~ 15	0.2 ~ 50	重质油、少量常规油	底水块状与边水层状	低产较稳产,采收率低
奥陶系	灰岩、白云岩	岩性、地层	次生	3 ~ 8	<2	复杂	复杂	变化大,采收率低

1. 泥盆系—石炭系

塔中隆起泥盆系—石炭系高孔高渗砂岩储集层厚度大、延伸广,以东西向局部构造圈闭为主,已发现八个油气藏(图2.6)。除隆起高部位的地层超覆型气藏外,其余均为构造型油藏。构造型油气藏中,M4 油田存在石炭系碳酸盐岩与碎屑岩层状油藏与气藏,以及东河砂岩块状油藏。累计探明石油地质储量为 7500 万吨、天然气地质储量为 166 亿 m^3。油田储量丰度为 17 万 ~ 174 万吨/km^2,平均为 52 万吨/km^2,属于中-高丰度油田。

东河砂岩是塔中隆起泥盆系—石炭系油气富集段,岩性为块状厚层状中细石英砂岩,厚度大于 100m。孔隙类型以粒间孔和粒间溶蚀孔为主,孔隙度为 12% ~ 20%,渗透率为 10 ~ 1000mD,孔渗相关性好,为中高孔、高渗储集层。

泥盆系—石炭系以常规油为主,其次为凝析油,原油性质较好,具低含蜡、低含硫、低密度、低黏度等特点(图4.2)。

2. 志留系

塔中隆起志留系砂岩成分成熟度总体较低,以岩屑砂岩为主。孔隙类型主要有残余原

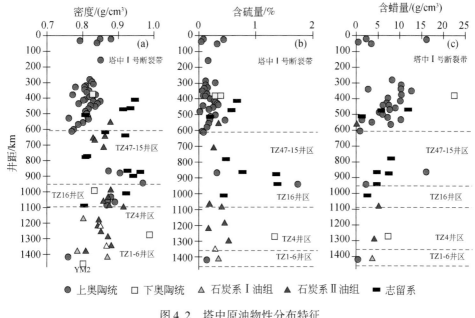

图 4.2　塔中原油物性分布特征

YM. 英买，下同

生粒间孔、溶蚀孔、微孔隙、微裂缝，多数层段以残余原生粒间孔和微孔隙为主。志留系油层粒度为细砂岩及以上级别，以中低孔渗储集层为主，孔隙度为 8% ~ 15%，渗透率为 0.1 ~ 50.0mD。

志留系总体为中-低孔渗砂岩储集层，厚度薄、横向变化大。志留系已发现五个油藏（图 2.6），属于构造型、构造-岩性型油藏，主要分布在塔中 10 号构造带，累计三级石油地质储量 7520 万吨，储量丰度为 35 万 ~ 69 万吨/km²，平均为 22 万吨/km²，属于中-低丰度油藏。

塔中隆起志留系以重质油-稠油为主，少量常规油，流体性质差异较大（图 4.2）。常规油藏原油产量稳定（20 ~ 60t/d），重质油油藏产量低（小于 20t/d）且不稳定。

3. 奥陶系

塔中隆起寒武系—奥陶系碳酸盐岩以次生缝洞体储集层为主，具有强烈的非均质性，发育岩性圈闭。奥陶系碳酸盐岩油气资源十分丰富，已发现 20 个油气藏（图 2.6），储集体为上奥陶统礁滩复合体与下—中奥陶统鹰山组层间岩溶缝洞体。流体以凝析气为主，其次为常规油和干气。除高部位塔中 1 井受控局部构造圈闭外，其余均为受碳酸盐岩储集层物性控制的非构造油气藏，累计探明石油地质储量为 2.8 亿吨、天然气地质储量为 3900 亿 m³。

奥陶系上部（上奥陶统）以灰岩为主，下部（下—中奥陶统）由灰岩逐渐过渡为白云岩，埋深为 4000 ~ 7500m。奥陶系碳酸盐岩原生孔隙几乎消失殆尽，以次生溶蚀孔隙为主，是经历多期成岩作用、构造作用叠加改造形成的复杂次生储集系统（韩剑发等，

2006，2012；杜金虎等，2010；Zhang et al.，2018；屈海洲等，2018）。塔中Ⅰ号断裂带上奥陶统良里塔格组发育典型的台缘带礁滩型储集层，以礁滩相颗粒灰岩为主，发育溶蚀孔、洞、缝等储集空间，主要为孔洞型和裂缝-孔洞型储集层。岩心样品物性数据统计结果显示孔隙度为1.2%~8.0%、渗透率为0.01~2mD，属特低孔-低孔、超低渗-低渗储集层。依据测井资料解释结果，基质孔隙发育段孔隙度为2%~6%，大型缝洞发育段孔隙度可能大于10%，两类储集层物性差异明显。部分井钻遇大型缝洞系统，发生大量的泥浆漏失与钻具放空。中-下奥陶统顶面发育层间岩溶缝洞体，有利储集体主要分布在鹰山组顶部200m范围内。

塔中奥陶系碳酸盐岩油气藏流体特征与分布复杂多样（杜金虎等，2010；邬光辉等，2016），既有重质油、常规油、凝析油（图4.2），也有湿气、干气，井间流体性质变化大。

综上所述，塔中隆起泥盆系—石炭系发育高孔、高渗储集层，原生孔隙发育、储集层厚度大、纵横向延伸广、均质性好。志留系发育中低孔渗碎屑岩储集层，储集层物性、厚度横向变化大。奥陶系碳酸盐岩发育低孔低渗基质储集层与岩溶缝洞体储集层，以次生孔隙为主，具有强烈的非均质性，纵横向变化复杂多样。塔中隆起圈闭类型多样，石炭系以构造圈闭为主，志留系发育构造-岩性圈闭，奥陶系发育岩性圈闭。已发现构造、构造-岩性、岩性等多种类型油气藏，产出重质油-稠油、常规油、凝析油、干气等流体（图4.3）。

（二）塔中隆起油气成藏主控因素

1. 经历多期构造成岩演化的继承性古隆起

除侏罗系缺失外，塔中隆起显生宙发育比较齐全，纵向上可分为四大构造层：前寒武系基底隆起构造层、寒武系—奥陶系古隆起构造层、志留系—白垩系振荡构造层、新生界稳定构造层。塔中隆起是加里东期形成的寒武系—奥陶系碳酸盐岩的继承型古隆起（图4.4；邬光辉等，2016），长期稳定发育，断裂发育、构造复杂；志留系及其上碎屑岩地层表现为明显的宽缓大斜坡，构造欠发育、结构相对简单，成为与周边连为一体的克拉通内拗陷组成部分。

多旋回构造运动造成南北分带、东西分段的平面结构。受控一系列北西向逆冲断裂，塔中隆起南北分带。塔中中部断垒带呈北西向展布的条带状，是长期继承性发育的断裂带，处于构造高部位。北部斜坡西部为较平缓斜坡，由西北向东南方向抬升。南斜坡构造简单，在中西部为南倾平缓斜坡，东部则高陡并受北东向断裂切割复杂化。近期在塔中北斜坡发现北东向走滑断裂体系，主要分布在塔中中西部，以一定间距呈带状出现，截切主体挤压断裂，造成塔中构造东西分块。

2. 致密碳酸盐岩盖层为主的多套储-盖组合

塔中古隆起主要目的层位为古生界碎屑岩和碳酸盐岩层系。其中，寒武系—奥陶系目的层为碳酸盐岩储层，以上主要发育碎屑岩储层。塔中地区下古生界碳酸盐岩发现多套储-盖组合（图4.3），形成多层段复式聚集区。塔中Ⅰ号气田奥陶系从上往下可分为三套储-盖组合：第一套储-盖组合中储层为良一+良二段生物碎屑灰岩和砂砾屑灰岩，盖层为

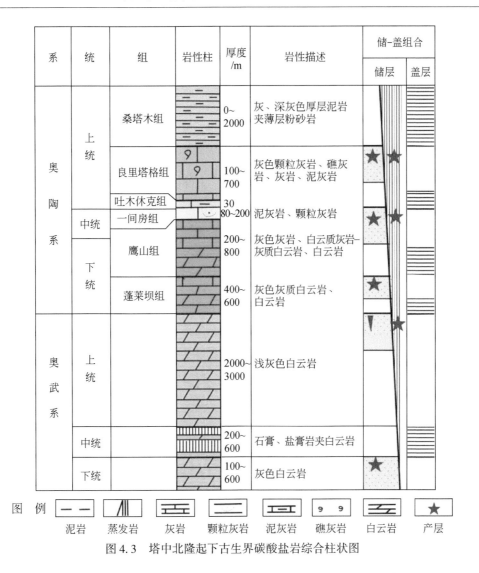

图 4.3　塔中北隆起下古生界碳酸盐岩综合柱状图

桑塔木组泥岩；第二套储-盖组合中储层为良三+良四段生物碎屑、粒屑灰岩，盖层为良三段顶部泥灰岩或泥晶灰岩；第三套储-盖组合中储层为良五段+鹰山组岩溶储层，盖层为良四段含泥晶灰岩。

　　第一套储-盖组合以礁滩体孔洞型储层为主，主要发育于塔中Ⅰ号断裂带的台缘礁滩体，以及局部台内滩与断裂带，以凝析气藏为主；第二套储-盖组合主要发育于塔中北斜坡西部的 ZG15 井区部分地区，储层主要为台内礁滩体储层，储层发育特征与第一套储层类似，但盖层差异较大，以挥发性油藏为主；第三套储-盖组合为鹰山组岩溶风化壳储层，以凝析气藏为主，局部为未饱和油藏，广泛分布在塔中北斜坡地区。

　　值得注意的是，塔中凝析气田除桑塔木组泥岩外，其他盖层均为致密碳酸盐岩，而且在纵横向上分布不均，变化大。相同层段的碳酸盐岩有的区块是盖层，但有的区块发育岩溶缝洞体，成为有效的储层。

3. 多类型多成因次生非常规碳酸盐岩储层

第二章已对塔中奥陶系碳酸盐岩储层特征与成因进行详细论述，综合分析凝析气田非常规储层基本特征如下：

（1）上奥陶统良里塔格组礁滩体储层与下—中奥陶统鹰山组风化壳岩溶储层原生孔隙几乎消失殆尽，以次生溶蚀与裂缝作用形成的孔、洞、洞穴与裂缝组成多类型复杂储集空间。

（2）大面积分布的极低孔隙度（<5%）与渗透率（<0.5mD）的基质储层，局部发育的极高孔隙度（>8%）与渗透率（>1mD）的缝洞体组成特殊的二元特殊储层单元。

（3）沉积微相不是碳酸盐岩储层发育的主控因素，准同生期岩溶、暴露风化壳岩溶、埋藏期岩溶，以及断裂作用等多因素叠加形成复杂成因的碳酸盐岩储层。

（4）碳酸盐岩储层具有极强的非均质性，在纵横向上变化大。上奥陶统礁滩体优质储层在塔中Ⅰ号断裂带东部暴露岩溶区发育，其他部位主要沿断裂带分布；下—中奥陶统风化壳岩溶储层分布广泛，沿断裂带、地层尖灭线、岩溶斜坡次高地较为发育，形成局部缝洞体为主要储层，纵横向变化频繁，非均质性更强。由于缝洞发育的多期性、非组构选择性，造成碳酸盐岩储层强烈的非均质性主要表现在三个方面：一是平面上储层横向变化大，储层发育区与不发育区齿状交错，在储层发育区也有非储层分布；二是纵向上储层段缝洞发育的深度、厚度都有很大的差异；三是储层的物性变化大，统计数据点分散，孔渗相关性很差。即使在同一井区，由于储层受控于多种溶蚀、破裂作用，储层纵向、横向都有变化。储层预测也发现井间储层变化大（图4.4），并非完全连通的储集体，从而造成复杂的油气产出。

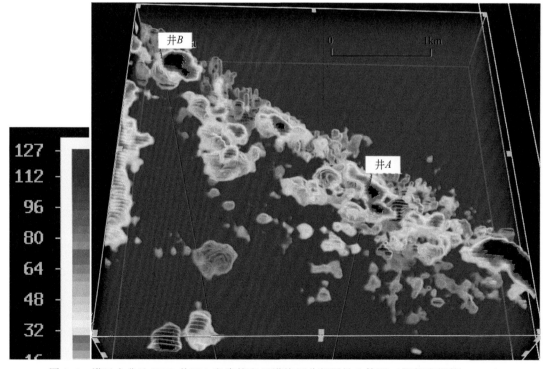

图4.4　塔里木盆地 TZ62 井区上奥陶统良里塔格组分频属性立体图（据邬光辉等，2010）

色标指数越大代表储层越发育

这些特征不同于常规的原生孔隙型碳酸盐岩储层，常规技术手段也难以有效识别与钻探，可以划归为非常规油气储层。

4. 不规则超深海相碳酸盐岩成岩隐蔽圈闭

塔中碳酸盐岩圈闭不受局部构造高低控制，而受控于多期成岩作用形成的储集体空间分布，形成不规则的难以识别的圈闭系统。

良里塔格组储层不完全受控于礁滩体沉积微相，岩溶作用与断裂作用对储层具有重要的改造作用，形成复杂的孔隙网络（图4.4），不同于礁滩体岩性圈闭。尽管前期认为是大型的层状礁滩体油气藏，但油藏评价开发也表明，井间储层、流体性质与压力系统变化大，不是简单的大型岩性圈闭。由于礁滩体储层致密，基质孔隙度、渗透率与致密砂岩油气藏相当，并且大面积含油气，礁滩体之间可能没有明显的致密储层分隔。此外，现有地震技术难以有效区分储层之间的界线（图4.4），成为不规则的隐蔽圈闭。因此，即便进入开发阶段，已有大量钻井，仍然难以准确确定油气圈闭的边界。

鹰山组为风化壳岩溶缝洞体形成的缝洞型圈闭，是碳酸盐岩储层的不均一发育而形成的局部封闭储集空间，也不受局部构造控制。风化壳岩溶主要受古地貌和断裂系统控制，岩溶次高地、岩溶斜坡储层最为发育，平面上呈团块状分布，断裂附近储层更为发育，往往伴随断裂发育大型岩溶，纵向上储层主要发育于鹰山组上部约200m范围内。目前地震储层描述技术可以刻画数十米宽以上的大型缝洞体储层，但储层之间的连通性，以及储层外部边界的准确位置还不能确定。

总体而言，塔中碳酸盐岩凝析气藏的圈闭受控于成岩作用形成的储层分布，属于特殊的成岩圈闭类型。

5. 断控复式海相碳酸盐岩特殊油气藏类型

前期研究建立塔中碳酸盐岩准层状凝析气藏模型，但评价开发中发现油气藏内部储层、流体变化大，不是简单的层状油藏，不能指导油气藏的评价与开发。尽管塔中凝析气田以凝析气藏为主，但同时也有正常油藏、弱挥发油藏、干气藏等不同油藏类型。而且凝析气藏也具有不同的储层类型，不同的凝析油含量，差异极大。塔中凝析气藏表现出不同于常规的构造、岩性地层型凝析气藏的复杂特征：

（1）大面积差异含油气。塔中凝析气藏流体分布不受局部构造及闭合高度控制，在塔中北斜坡逾2000km² 范围内普遍含油气。不同于连续型油气藏，不同含油气区块间或油气藏间存在分隔，油气富集程度差异大。

（2）多类型非常规碳酸盐岩储层复合体。致密基质孔隙型储层、常规低孔低渗型储层与缝洞型高孔高渗型储层均有发育，前二者分布广泛，后者局部分布，形成常规与非常规油气藏的复合体。

（3）不规则隐蔽碳酸盐岩成岩圈闭群。多类型储层控制的碳酸盐岩圈闭空间分布复杂、边界难以界定，同时储层规模大多较小，组合成圈闭群，形成一系列小型油气藏的复合体。

（4）油气水分布复杂。油气水在纵横向上均有较复杂的变化，气柱高度受控于储层发育的程度与深度（Wang et al., 2013），但不同区块的油气充注程度也有较大的差异。鹰山组油气既受控于缝洞体储层，也沿断裂带富集。在同一缝洞系统中，往往部分有相同的气水界面，而在同一礁滩体中往往没有统一的气水界面。

根据储层类型划分，塔中碳酸盐岩油气藏可以分为良里塔格组礁滩体与鹰山组风化壳油气藏。但礁滩体油气藏的储层与油气也不完全受沉积微相控制，礁滩体大多储层致密，含油气储层也可能位于礁滩体之外。风化壳油气藏也多种多样，同时也有沿断裂带的埋藏岩溶与热液岩溶储层发育，不能完全概括所有的储层类型。由于致密基质孔隙型储层、常规低孔低渗型储层与缝洞型高孔高渗型储层中油气分别对应油气藏特征与机理不一样的致密油气藏、常规油气藏与缝洞型油气藏，因此根据储层的类型建立多类型复合油气藏模式（图4.5）。其中大多基质孔隙中的流体分布复杂，缺乏统一的油气水界面，重力分异不明显，为致密油气藏。礁滩体中可能发育层状溶蚀孔洞层，其中孔隙发育，具有油气水的分异，通常形成常规的边水油气藏。而在缝洞体储层中，往往具有很高的孔隙度与极高的渗透率，油气水界面明显，油气范围小、定容明显，形成管流流动，称为缝洞体油气藏。

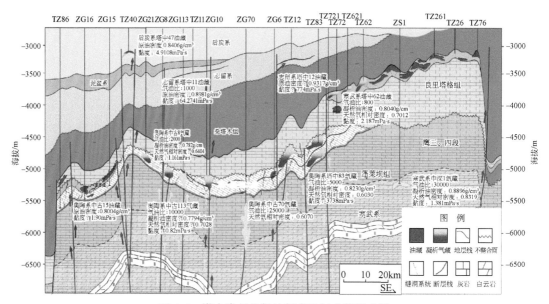

图4.5　塔中隆起北斜坡复式油气成藏模式图

三、塔中碳酸盐岩凝析气田

塔中凝析气田，亦称为塔中Ⅰ号气田，地处塔克拉玛干沙漠腹地，产层为上奥陶统良里塔格组礁滩体和下奥陶统鹰山组岩溶储集体。自2003年以来，塔中北斜坡奥陶系海相碳酸盐岩油气勘探取得了突破性进展，2005～2007年连片探明上奥陶统良里塔格组礁滩复合体亿吨级油气田，2008～2016年以来基本探明了塔中北斜坡下奥陶统鹰山组富油气区带，形成塔中北斜坡连片含油气的大型凝析气田，目前三级油气地质储量约10亿吨油当量，是我国最大碳酸盐岩凝析气田。相对于其他地区凝析气田，塔中凝析气田地层最古老，油气地质特征也最复杂。

（一）良里塔格组凝析气藏

塔中地区良里塔格组油气主要沿塔中Ⅰ号断裂带台缘带分布，流体性质变化大（杨海军等，2007a；杜金虎等，2010；邬光辉等，2016）。

原油总体上具有低密度、低黏度、低胶质+沥青质含量、中低含蜡、中低含硫的特征。原油密度在 0.78 ~ 0.87g/cm³（20℃），混有凝析油与正常油。原油黏度在 0.8847 ~ 8.117mPa·s（50℃），冰点温度在 18 ~ 16℃，平均含硫在 0.06% ~ 0.50%，含蜡量在 1.25% ~ 16.08%（杜金虎等，2010；邬光辉等，2016）。不同井点的原油性质、气油比都有较大差异（图4.6），出现高密度、中高的含蜡量、中等含硫量的异常，在凝析气藏中部的 TZ621 井区局部呈现正常原油特征。同一口井在不同测试层段或试采不同时期的原油性质也可能出现较大差异，如 TZ82 井下部油层段的原油密度低于上部层段，气油比高于上部层段；TZ622 井在试采的一年后原油密度从 0.79g/cm³ 上升到了 0.85g/cm³。

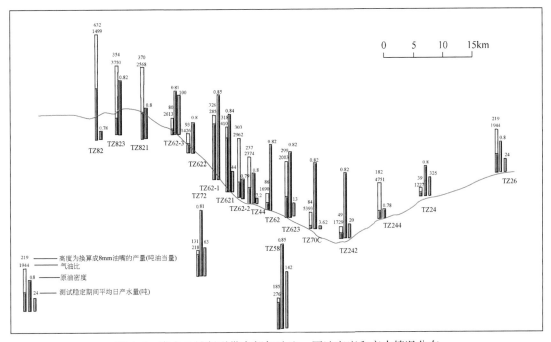

图4.6 塔中Ⅰ号断裂带东部气油比、原油密度和产水情况分布

塔中Ⅰ号断裂带天然气组分变化大（图4.7），甲烷含量为 80.57% ~ 92.5%，CO_2 含量为 0.1381% ~ 3.4782%，N_2 含量为 3.29% ~ 9.12%，天然气相对密度为 0.61 ~ 0.68。该地区天然气普遍含硫化氢，井间变化较大。天然气组分在平面上的变化具有分带性：TZ24 井区及其以东天然气普遍高含 N_2、低含 H_2S；TZ62-TZ82 井区具有较高干燥系数（>0.95）、中低含 N_2、低含 CO_2、中高含 H_2S；TZ82-TZ54 井区具有低含 H_2S、中高含 N_2；TZ45 井区具有低干燥系数、低含 CO_2、中低含 N_2 和中含 H_2S，表明天然气在成因和次生变化上存在差异。塔中Ⅰ号断裂带礁滩体气油比在 0 ~ 2600m³/m³ 较大范围内变化，其中大多超过

了 $1000m^3/m^3$，显示凝析气藏的特征。但也夹有低于 $600m^3/m^3$ 并有较高原油密度的区块与层段，呈现油藏特征。

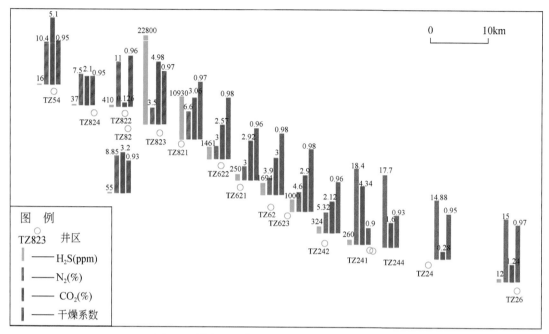

图 4.7　塔中 I 号断裂带天然气组分特征平面图

地层水为 $CaCl_2$ 型，平均密度在 $1.01 \sim 1.09g/cm^3$；总矿化度为 $62340 \sim 137900ppm$。在同一井区可能有较大的差异，表明没有统一的油气水界面。台缘礁滩体地层水总体较少，水侵程度远低于鹰山组风化壳油气藏。

礁滩体油气藏地温梯度较低，大约在 $2.15℃/100m$。地层压力系数一般为 $1.13 \sim 1.26$，呈现正常地层压力与少量异常压力油气藏。

（二）鹰山组凝析气藏

将 ZG8-ZG43 井主要油气区块进行统计分析，可知鹰山组凝析气藏具有复杂的流体特征。

原油性质整体上具有较低密度、低黏度、低含硫、低含胶质和沥青质，以及低凝固点与中-高含蜡的特征。凝析气藏地面凝析油密度为 $0.7724 \sim 0.8123g/cm^3$，平均值为 $0.7895g/cm^3$；50℃动力黏度为 $0.9137 \sim 1.8598mPa·s$，平均值为 $1.2270mPa·s$；凝固点 $-12 \sim -4℃$；含硫量为 $0.07\% \sim 0.29\%$，平均值为 0.14%；含蜡量为 $6.75\% \sim 10.29\%$，平均值 8.16%；胶质+沥青质含量为 $0 \sim 0.44\%$，平均值为 0.10%。

天然气相对密度为 $0.6167 \sim 0.8159$，平均为 0.6811；甲烷含量为 $69.00\% \sim 92.37\%$，平均为 84.64%；乙烷以上含量为 $1.71\% \sim 21.54\%$，平均为 8.11%；氮气含量范围为 $0.23\% \sim 4.8\%$，平均为 2.56%；二氧化碳含量范围为 $1.73\% \sim 10.25\%$，平均为 4.30%；H_2S 含量范围为 $4.1 \sim 93900mg/m^3$。总体上天然气以中-高含硫、低-中含氮气、低-高含

二氧化碳的气为主。

　　地层水分析数据统计结果表明，各缝洞系统地层水性质相近，地层水密度为 1.0532 ~ 1.142g/cm³，平均为 1.089g/cm³；总矿化度为 70930 ~ 169500mg/L，平均为 112258mg/L；pH 为 6.13 ~ 7.33，属中性-偏碱性，平均值 6.87；氯离子含量为 42100 ~ 118000mg/L，平均为 69908mg/L，地层水均为 $CaCl_2$ 型，表明整体保存条件较好，总体地下水活动相对较强。

（三）塔中凝析气藏 PVT 相态特征

　　尽管凝析气藏获取具有代表性的 PVT 取样难度较大，塔中凝析气藏中获取了 20 多个合格样品。根据凝析油含量标准，PVT 代表样可分为三种类型：低含凝析油（30 ~ 100g/m³）、高含凝析油（250 ~ 600g/m³）及中含凝析油（100 ~ 250g/m³），其中以高含凝析油为主。

　　根据高压物性资料（图4.8），ZG8 井和 ZG43 井区块主要以凝析气井为主，凝析油含量范围为 66.998 ~ 764.800g/m³。其中，ZG12 井缝洞系统主要以凝析气井为主，流体性质受构造高低控制，构造高部位 ZG12 井为低含凝析油凝析气井，构造较高部位 ZG14 井为高含凝析油凝析气井。ZG12 井地露压差为 8.56MPa，临界压力为 44.14MPa，临界温度为 -77.1℃，临界凝析压力为 67.42MPa，临界凝析温度为 348.9℃；定容衰竭过程中最大反凝析压力为 7MPa，最大反凝析液量在 1.84%；取样时生产气油比为 10252m³/m³，地面凝

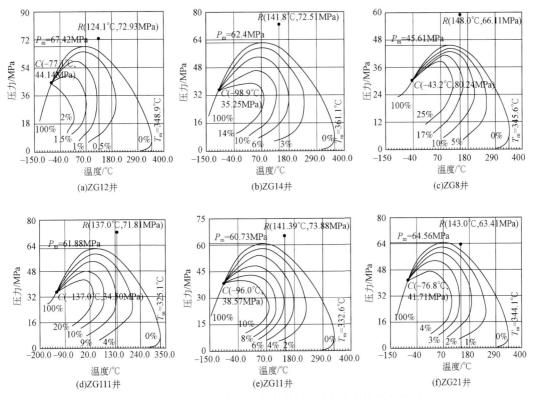

图 4.8　塔中中-下奥陶统风化壳凝析气藏代表井流体相态图

析油含量为 66.998g/m³（图 4.8）。ZG14 井地露压差为 13.14MPa，临界压力为 36.25MPa，临界温度为-98.9℃，临界凝析压力为 62.4MPa，临界凝析温度为 361.1℃；定容衰竭实验过程中最大反凝析压力为 23MPa，最大反凝析液量为 14.79%；取样时生产气油比为 1809m³/m³，地面凝析油含量在 306.65g/m³。

　　ZG8 井缝洞系统为凝析气藏，ZG8 井为高含凝析油凝析气井，该井地露压差为 21.50MPa，临界压力为 30.24MPa，临界温度为-43.20℃，临界凝析压力为 46.61MPa，临界凝析温度为 346.6℃；定容衰竭实验过程中最大反凝析压力为 23.0MPa，最大反凝析液量为 24.51%；取样时生产气油比为 910m³/m³，地面凝析油含量在 748.1g/m³（图 4.8）。ZG11 井缝洞系统为高含凝析油凝析气藏，凝析油含量范围为 354.82 ~ 376.12g/m³。ZG111 井地露压差为 16.6MPa，临界压力为 34.5MPa，临界温度为-130.6℃，临界凝析压力为 61.88MPa，临界凝析温度为 326.1℃；定容衰竭实验过程中最大反凝析压力为 24MPa，最大反凝析液量为 13.68%；取样时生产气油比为 1783.9m³/m³，地面凝析油含量在 354.82g/m³。ZG11 井地露压差为 18.17MPa，临界压力为 38.57MPa，临界温度为-96.0℃，临界凝析压力为 60.73MPa，临界凝析温度为 332.6℃；定容衰竭实验过程中最大反凝析压力为 15MPa，最大反凝析液量为 10.85%；取样时生产气油比为 2334m³/m³，地面凝析油含量在 376.12g/m³。ZG21 井为中含凝析油凝析气井，该井地露压差为 3.38MPa，临界压力为 41.71MPa，临界温度为-76.80℃，临界凝析压力为 64.56MPa，临界凝析温度为 344.1℃；定容衰竭实验过程中最大反凝析压力为 6.78MPa，最大反凝析液量为 16.0%；取样时生产气油比为 3893m³/m³，地面凝析油含量为 221.5g/m³。

　　上奥陶统礁滩体凝析气藏中 PVT 样品相态特征有较大不同。TZ82 井区 TZ82 井样为代表样（图 4.9），该井地饱压差为 2.53MPa，临界压力为 40.12MPa，临界温度为-89.8℃，临界凝析压力为 62.71MPa，临界凝析温度为 407.2℃；定容衰竭过程中最大反凝析压力为 14MPa，最大反凝析液量在 17.04%；取样时生产气油比为 1492m³/m³，地面凝析油含量在 459.1g/m³，属于高含凝析油样。TZ62-2 井区取 TZ62-2 井样为代表样，该井地饱压差为 0MPa，临界压力为 29.59MPa，临界温度为-99.2℃，临界凝析压力为 59.2MPa，临界凝析温度为 316.3℃；定容衰竭过程中最大反凝析压力为 8MPa，最大反凝析液量在 8.34%；取样时生产气油比为 3245m³/m³，地面凝析油含量在 191.4g/m³，属于中含凝析油样。

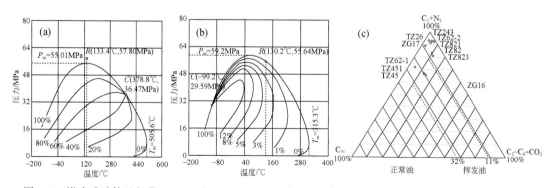

图 4.9　塔中礁滩体油气藏 TZ62-1 井（a）、TZ62-2 井（b）典型 PVT 相态图和流体组分三角图（c）

TZ24-TZ26 井区选取 TZ243 井样为代表样，该井地饱压差为 1.27MPa，临界压力为 26.18MPa，临界温度为-109.4℃，临界凝析压力为 56.82MPa，临界凝析温度为 309.3℃；定容衰竭过程中最大反凝析压力为 23MPa，最大反凝析液量在 8.42%；取样时生产气油比为 3282m³/m³，地面凝析油含量在 236.3g/m³，属于中含凝析油样。PVT 分析大多气样呈单一气相，并有中-高凝析油（图 4.9）。地层压力与露点压力之间差值极小，表明原油饱和度接近临界值。其中，也有个别井（如 TZ62-1）呈现弱挥发油或高饱和油特征，与邻近的凝析气不一致。

第二节　塔中隆起凝析气藏源灶中心厘定

塔里木盆地主力烃源岩是学术界长期争议的科学问题。"十二五"以来，通过原油生物标志物、原油单体烃碳同位素、芳构化类异戊二烯烃化合物，以及划分油裂解气和晚期干酪根裂解气重要依据碳同位素值等数据的应用，初步厘定塔中凝析气藏主力烃源岩为满加尔凹陷寒武系—下奥陶统欠补偿盆地斜坡相与潟湖泥质、灰质泥岩烃源岩。

一、原油地球化学特征及其来源

（一）原油物性及族组分组成

塔中隆起北斜坡原油物性差异性显著，因层位、区块而异，烃类分布包含稠油、正常油、轻质油、凝析油等多种表现形式。统计表明，奥陶系原油一般具有低密度（0.75 ~ 0.85g/cm³）、低黏度（0.5 ~8.69mPa·s）。塔中原油的族组分差异也很显著，51 个奥陶系原油的统计表明，饱和烃含量为 33.5% ~ 91.3%（均值 74.5%）、芳烃为 7.0% ~ 36.3%（均值 16.%）、非烃+沥青质为 0.8% ~46.9%（均值 10.1%）。多数志留系原油饱和烃含量相对较低（均值 48.4%）、非烃+沥青质含量（均值 26.3%）相对较高，与原油物性特征相吻合。

塔中原油物性与宏观组成的显著变化，指示油气成因与成藏的复杂性，反映多源、多期成藏。因此，不同成熟度与不同油源原油的混合在所难免，特别是沿多期成藏期的主干运移通道的大断裂分布的原油。如塔中I号断裂带及横切该断裂的走滑断裂带的油藏。塔中I号断裂带井间原油物性也有显著的差异，记录了油气多源、多期混合聚集的特征。

（二）原油生物标志化合物

已有研究表明，寒武系与下—中奥陶统源岩及相关原油有显著差异（梁狄刚等，2000；张水昌等，2000，2004；肖中尧等，2005；马安来等，2006；李素梅，2008a，2008b）：寒武系烃源岩和相关原油的生物标志化合物具有甲藻甾烷、三芳甲藻甾烷、4-甲基-24-乙基胆甾烷、24-降胆甾烷、伽马蜡烷丰度高，重排甾烷丰度低，规则甾烷呈 $C_{27} \leqslant C_{28} < C_{29}$ 的"斜线形"或"反 L 形"的特点；中—上奥陶统烃源岩和相关原油一般具有与上述相反的特征，其规则甾烷呈"V"字形分布（$C_{27} > C_{28} < C_{29}$）（图 4.10）。近年苯基类

异戊二烯也作为区分两套烃源岩及相关原油的重要标志。

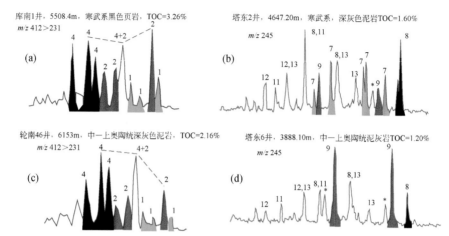

图 4.10　寒武系烃源岩中甲藻甾烷色质谱图（a）、三芳甲藻甾烷色质谱图（b）
及奥陶系烃源岩中甲藻甾烷色质谱图（c）、三芳甲藻甾烷色质谱图（d）

1：4a, 23, 24-三甲基胆甾烷；2：4a-甲基-24-乙基胆甾烷；4：3β-甲基-24-乙基胆甾烷；7：4, 23, 24-三甲三芳甾烷；
8：4-甲基-24-乙基三芳甾烷；9：3-甲基-24-乙基三芳甾烷（C$_{29}$）；11：4-甲基三芳甾烷（C$_{27}$）；
12：3-甲基三芳甾烷（C$_{27}$）；13：3, 24-二甲基三芳甾烷（C$_{29}$）；＊：不能识别

　　塔中原油甾萜类丰度差异显著、分布型式多样（图 4.11）。由于塔中相当部分原油
（特别是塔中 I 号断裂带奥陶系原油）热演化程度相对较高，部分原油特别是凝析油的
规则甾烷与五萜三萜烷看似遭受热裂解作用，如 TZ823（O）、TZ62-2（O）等
（图 4.11），对于部分成熟度较高原油而言，用生物标志物来识别混源显然存在一定的
局限性。

　　但是，通过甾萜类指纹与有关参数仍可识别出塔中分析原油中有十多个原油明显携带
寒武系成因特征，如 TZ452（O$_{1+2}$）、TZ62（S、O）及 TZ162（O）等。这些原油甲藻甾
烷、4-甲基甾烷和伽马蜡烷丰度相对较高，重排甾烷相对不发育，C$_{27}$-/C$_{29}$-规则甾烷比值
相对较低（李素梅，2008a）；C$_{27}$、C$_{28}$、C$_{29}$呈线形或反"L"形分布。塔中原油甾萜类的
分布特征反映多源、多期充注特征。

　　值得注意的是，塔中地区相当部分原油中检测出了一定丰度的 25-降藿烷系列，而这
些原油中也同时存在丰富的正构烷烃系列。虽然有时难以识别 25-降藿烷是何时以何种方
式存在于原油中的，如原地早期油藏破坏后经后期正常油二次/多次充注混合、异地混源
后期调整成藏、运移途中受降解运移烃的侵染等（Zhang et al.，2011）。因此可见，塔中
地区除了多源、多期混源外，尚有降解油与正常油的混源。

（三）原油单体烃碳同位素分布特征

　　单体烃同位素可反映烃类母源岩沉积环境与生源输入特征（张水昌等，2002），其受
成熟度、运移分馏的影响，但其影响程度相对较小，一般小于 3‰（赵孟军和黄第藩，
1995；段毅等，2003）。塔中地区不同层系、不同构造部位的原油的正构烷烃单体同位素

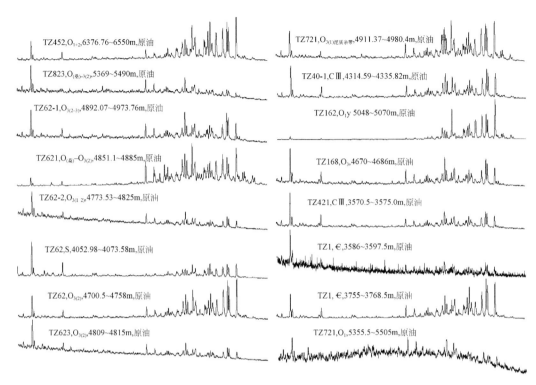

图 4.11　塔中隆起北斜坡奥陶系部分原油 m/z 217 质量色谱图

的分析结果表明（李素梅，2008a，2008b），多数原油的单体烃同位素值为-33‰～-32‰（图 4.12），反映多数原油成因相近。

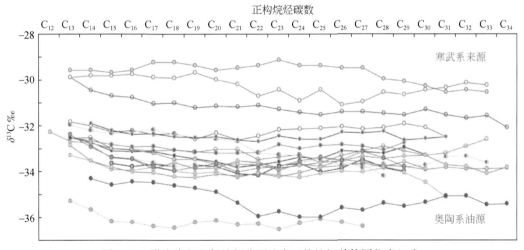

图 4.12　塔中隆起北斜坡部分原油中正构烷烃单体同位素组成

从生物标志物角度来看，塔东 2（TD2，O_1—$\in$）、英买 2（YM2，O_1）井原油分别被认为是塔里木盆地代表性的寒武系与中—上奥陶统烃源岩成因原油（张水昌等，2002；肖中尧等，2005）。这两类烃源岩来源的原油单体同位素具有显著的差异，前者明显偏重（-30‰ ~ -29‰）、后者偏轻（-35‰±），相差近5‰±，反映母源岩不同沉积环境与生源输入差异，进一步验证了其成因的差异。

塔中多数原油介于这两类原油之间，仅在个别志留系残余油藏原油中检测到与TZ2井原油相近的单体烃同位素，充分反映塔中地区多数原油为混源油。塔中多数原油单体烃同位素值相近，表明相当量的原油的混合作用发生在成藏之前或者混合作用较为均匀。塔中地区凝析油与正常原油同位素相差不大，表明成熟度影响相对较小。

（四）原油混源分析

从地球化学角度可识别出塔中地区存在丰富的混源油，正如前文所言，利用生物标志物定性识别混源油具有很大的局限性。例如，TZ162（O_1）与TZ168（O_3）井原油的甾类分布似乎有很大差异（图4.11），反映原油成因不同，然而两井原油正构烷烃单体同位素差异相对较为接近（图4.12），反映原油主体成分相似，成因大体一致。正构烷烃毕竟是原油的主体成分，而甾类为微量组分，塔中生物标志物反映的寒武系成因原油的看似零星分布，可能恰恰反映了寒武系成因原油的广泛混合。塔中原油、储层包裹烃的单体烃同位素分布结果验证了这种推断，即塔中原油混合尺度大、混源范围广，混源是普遍的（李素梅，2008a）。塔中原油的族组分同位素也较为接近，反映多数原油成因相近（即使表现为混源油形式），进一步表明塔中原油广泛混源。

多数学者认同塔里木盆地至少有两套烃源岩，即寒武系与中—上奥陶统。这两套烃源岩最有利的生油部位都不在塔中本地，其生排烃期有交叉叠合现象即同时供烃，故具备形成混源油的物质条件。从油气运聚的地质条件角度来看，一些主干断裂带显然具备了多期成藏阶段油气的输导作用，如塔中Ⅰ号断裂带及垂直并切割塔中Ⅰ号断裂带的走滑断裂带及其中，塔中Ⅰ号断裂带附近缝孔洞发育，相对于内带更接近油源区，混源现象更为突出。

前期研究认为塔中奥陶系发现的油主要来源于塔中低凸起的上奥陶统碳酸盐岩烃源岩。但钻探表明，上奥陶统烃源岩有机质丰度低、厚度小，似乎不可能作为大量生油的烃源岩。与泥岩烃源岩相比，碳酸盐岩烃源岩脆性较强，容易产生裂缝网络体系，因此受外来运移油的影响程度大，很可能造成局部高含有机碳的假象。

（五）全烃油气地球化学对比

以往油源研究中多采用生物标志化合物的方法，但生物标志化合物有其本身固有的缺点：生物标志化合物的含量受成熟度的控制，不同时期生成的油，其生物标志化合物含量可以相差极大，早期生成的油的生物标志化合物含量比大量生油期的生成的油多千倍以上，这样就可能造成处于早期生油阶段的烃源岩，哪怕是非主力烃源岩生成的油，都可以把主力烃源岩在大量生油时期生成油的生物标志化合物特征全部掩盖，时常造成了国内外利用生物标志化合物对烃源岩的误判。

正是由于生物标志化合物在油源研究中存在的固有欠缺，攻关研究中提出了全烃油气地球化学对比的油源研究方法，而不是仅仅依靠生物标志化合物的对比结果做出油源对比研究结论。这里全烃地球化学对比包括轻烃、中分子量烃以及生物标志化合物研究，具体涉及油或凝析油的轻烃（C_5—C_{10}）、中分子量烃（C_9—C_{20}）、生物标志化合物（大于C_{19}）和储层沥青等的研究。

塔中原油轻烃的研究发现，轻烃的散失现象严重，说明当时的封盖条件不是很好，因为在封盖条件不佳时才可能出现这种轻烃的散失。而塔中低凸起台地相的上奥陶统碳酸盐岩烃源岩在喜马拉雅期才开始生油，此时的保存条件很好，轻烃损失极少。因此推断烃源岩应该是在中、晚加里东期就开始生油的寒武系烃源岩，其聚集的油气遭受后期的多期构造运动的影响，使得其轻烃遭受不同程度的散失。

中分子量烃是原油的主要组成，是相对稳定的化合物，在原油中含量较高，其主要为异构和反异构烷烃等与细菌来源有关的烃类，经检测分析在所有的原油样品中含有相同的中分子量烃指纹特征，说明其来源一致。根据中分子量烃指纹一致性的特征，虽然不能具体判定是来源于寒武系，还是来源于上奥陶统烃源岩，但综合对轻烃的判识可以推断原油为寒武系来源。

甾烷和萜烷生物标志化合物是常用的油源对比指标，但其有前述的固有缺陷。本书在生物标志化合物的应用中选取了芳构化类异戊二烯烃进行对比研究，其为一种强还原环境下的特征产物，仅在寒武系烃源岩和下奥陶统烃源岩中检测出，而在上奥陶统碳酸盐岩烃源岩中没有检测到。这些化合物在塔中所有原油中都能检测出，说明油来自于相同的强还原沉积环境下产出的寒武系烃源岩，而非塔中低凸起台地内洼地氧化或者弱氧化环境下形成的上奥陶统碳酸盐岩烃源岩。

综上所述，塔中低凸起的油源来源于一套主力烃源岩，推断为寒武系烃源岩。有的学者研究发现生物标志化合物与台地相上奥陶统烃源岩对比性较好，便认为是主力源岩。但生物标志化合物不能解释原油的全貌，因为常用的生物标志化合物总量在油中都是以ppm计算的，含量极低，代表性差，而轻烃在占原油总量的1/3～1/2，凝析油中轻烃含量更高，代表性极强。此外，中分子量烃在原油中含量也非常高，有较强的代表性。所以用生物标志化合研究油源，从一定程度上讲并不可靠，应用全烃油气地球化学的分析理论方法比较可信，所得出的油源对比结论也更符合塔里木盆地的油气勘探实践和油气分布规律。

1. 轻烃散失特征

所谓轻烃损失是油的轻组分的散失，以前是从初熘点及200℃以前回收汽油烃量多少来判识，但这种判识不精确。因不同母质来源的油、成熟度不同的油以及相态不同的油（气相或油相），汽油烃含量存在差异，油的轻烃组分是裂解产生的，所以油的轻烃损失可用蒸馏法来判识。

一般认为油的轻烃组分是干酪根和油裂解产生，且都不是由特定的母质产生的。例如，不能说正己烷就是正庚酸脱羧形成的，因为正庚酸在自然界是不存在的，但任何生油母质，乃至任何稠油和重油都可以裂解出正己烷。在自然条件下，油的轻烃组分都具有相同的一面与不同的一面，其相同的一面是正构烷烃含量很高，且轻组分中总是低碳数的正构烷烃含量高于高碳数的正构烷烃含量，都含有异构烷烃、环烷烃、苯、甲苯等，考虑到从甲烷到分子量逐渐增大的正构烷烃的吉布斯生成自由能也是逐渐增加的，因此认为油的生成也符合稳态热力学规律。近来通过研究油的多种组分的热力学平衡，对石油生成的稳态热力学理论提出了质疑，但 Mango 对油轻烃研究后发现至少有些烃的组分是达到了平衡的，这种发现的理论贡献在于揭示了石油生成是一个很接近稳态热力学的过程。所以对油的轻烃损失的判识可以用油的正构烷烃的主峰碳数位置来确定，这一方法在 Mango 的文章发表前已有应用。但 Mango 的这种稳态热力学理论使得判识方法更合理，使用这些方法更放心。一般油气在经分馏器后，有些轻组分 nC_5、nC_6 往往随气相一起分离，而剩下的油在正常情况下的主峰碳是 nC_7，当轻烃受损失后，其主峰碳往后移，后移越多，轻烃损失越大。造成轻烃损失的因素很多，如轻烃的扩散、水洗还有生物降解。水洗判识的标志是看芳烃是否受到损失，因芳烃在水中溶解度大，其中苯的溶解度最大，其次为甲苯、二甲苯，再就是双环和多环芳烃。在油中最容易受生物降解的是较轻的正构烷烃，最容易受细菌降解的组分是 nC_7，但细菌种类繁多，如在 C_{10} 以前任何一种油的组分严重缺失而其他正构烷烃变化不大时都可认为是由细菌降解造成的。

　　用轻烃散失的方法可以判断油气在充注之后是否遭受过次生改造破坏。塔中Ⅰ号断裂带上奥陶统礁滩复合体油的轻烃受到散失影响，全烃色谱主峰碳后移至 C_{11}—C_{15}，个别井如 TZ62、TZ70 和 TZ24 井的苯缺失（图 4.13），甲苯含量降低，揭示油聚集时间早。

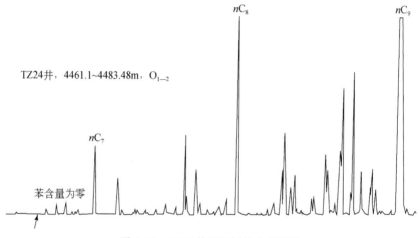

图 4.13　TZ24 井原油轻烃分析图谱

　　轻烃检测发现原油和凝析油受过不同程度的扩散、水洗影响，轻烃部分散失，苯、甲苯含量降低，更有甚者苯含量为零，说明油气聚集时间早，应该以生烃时间较早的寒武系烃源岩为主要来源，在喜马拉雅期才进入生油阶段的塔中低凸起的上奥陶统烃源岩生成的油数量极少，对上奥陶统礁滩体早期聚集的油气补充也极少，否则这种轻烃散失的特征会由于喜马拉雅期补充了塔中低凸起原地的上奥陶统烃源岩生成的新的油气而被掩盖。

2. 中分子量烃

　　中分子量烃的对比是最近国外兴起的一个油与油对比的新的方法，主要也是利用分子量相似的化合物构成配对化合物，采用的中分子量烃化合物（C_9—C_{18}）为一些碳数大体上相同的异构烷烃、反异构烷烃，带一个甲基取代基的其他的链烷烃以及异戊二烯类烷烃，这些化合物有一个共同的特点，都是细菌生源，但是是不同类型的细菌，对这类化合物的分布影响极为强烈，因此可以用于油与油对比。再加上，这类化合物的含量极高，用分辨力较高色谱就可以指认出，一般采用全油色谱。由于上述两大优点，自从它问世以来，深受地球化学家的重视，解决了许多过去仅用常规生物标志化合物难于解决的问题。因此，被一些学者称为油源判识的强有力的武器，本书采用的化合物的名称和指认方法依据 Hwang 等（1994）的文章。

　　塔中地区 I 号断裂带奥陶系的原油和凝析油中分子量烃指纹对比结果表明，各个区块样品之间具有非常好的相似性（图 4.14），说明它们具有相同的来源。另外，在 TZ62-2、TZ824、TZ621、TZ823 和 TZ821 井的油中，2-甲基十六烷（C_{17}异烷烃）/3-甲基十六烷（C_{17}反异烷烃）值（244/245）明显比其他井的高，2-甲基十六烷（C_{17}异烷烃）和 3-甲基十六烷（C_{17}反异烷烃）都属于细菌来源，其分子结构相近，两者的比值受不同油气相态和次生变化影响小，这种差异可能揭示有新的来源油的补充。

　　总之，塔中 I 号断裂带礁滩复合体原油、凝析油中分子量烃指纹特征主体一致，反映出具有同一个来源，也应该主要来源于寒武系烃源岩，局部差异可能揭示塔中低凸起北侧的斜坡相中—上奥陶统烃源岩有一定的贡献。

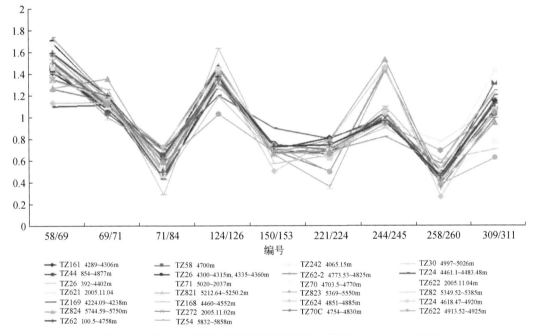

图 4.14　塔中地区中分子量烃指纹对比图（据 Hwang *et al.*，1994）

化合物编号：58. *n*-丙基环己烷；69. 2-甲基壬烷（C_{10}异烷烃）；71. 3-甲基壬烷（C_{10}反异烷烃）；84. 2，6 二甲基己烷（C_{11}异烷烃）；124. 2-甲基十一烷（C_{12}异烷烃）；126. 3-甲基十一烷（C_{12}反异烷烃）；150. 4-甲基十二烷（C_{13}异烷烃）；153. 3-甲基十二烷（C_{13}反异烷烃）；221.（正葵基环己烷+7 甲基十五烷+6 甲基十五烷）；224. 2-甲基十五烷（C_{16}异烷烃）；244. 2-甲基十六烷（C_{17}异烷烃）；245. 3-甲基十六烷（C_{17}反异烷烃）；258. 正十一烷基环己烷+5-甲基十七烷；260. 2-甲基十七烷（C_{18}异烷烃）；309. 2-甲基二十烷（C_{21}异烷烃）；311. 2，6，10，14-四甲基十九烷

3. 芳构化类异戊二烯烃化合物特征

芳构化类异戊二烯烃化合物主要产生于厌氧、强还原环境下的光合绿硫细菌，是强还原水体环境的标志。在塔中地区，无论是常规生物标志化合物判定为寒武系来源的油或者是判定为与上奥陶统烃源岩类似的油，都可以检测出芳构化类异戊二烯烃（图 4.15、图 4.16），

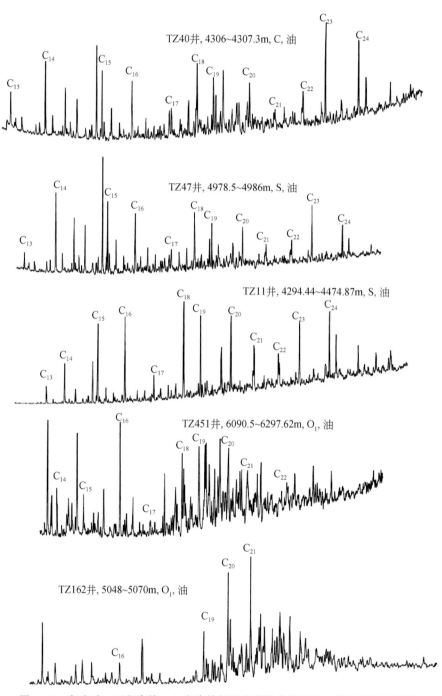

图 4.15　寒武系—下奥陶统、上奥陶统烃源岩芳构化类异戊二烯烃质量色谱图

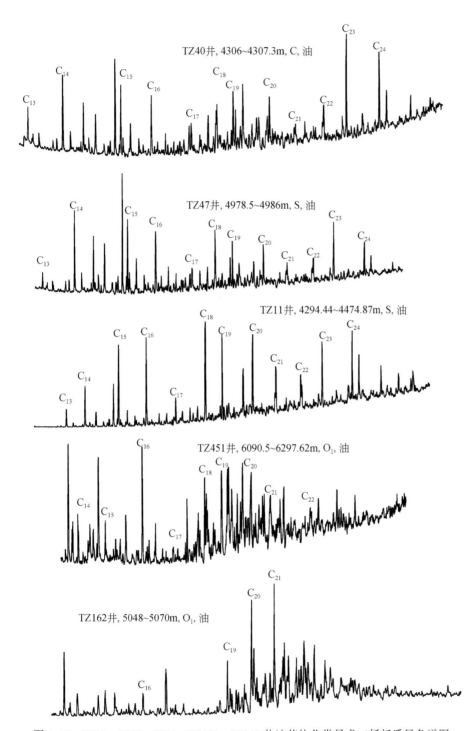

图 4.16　TZ40、TZ47、TZ11、TZ451、TZ162 井油芳构化类异戊二烯烃质量色谱图

证明这些油都是厌氧、强还原环境下沉积的烃源岩生成的，符合这种条件的环境只有塔里木盆地寒武系—下奥陶统烃源岩沉积时的环境，如在 TZ4 井广泛发育下—中寒武统台地相蒸发潟湖亚相优质烃源岩。塔中低凸起原地的上奥陶统碳酸盐岩烃源岩主要为开阔台地相泥灰岩，其中缺乏膏云岩，不能提供光合绿硫细菌代泄所需要的硫酸盐。

因此，从理论和实际检测结果来看，寒武系—下奥陶统欠补偿盆地斜坡相与潟湖泥质、灰质泥岩烃源岩应该是塔中原油和凝析油的主要贡献者。

二、天然气地球化学特征及来源

塔中隆起奥陶系天然气组分变化大，甲烷含量为 80.57% ~ 92.5%，CO_2 含量为 0.1381% ~ 3.4782%，N_2 含量为 3.29% ~ 9.12%，天然气相对密度为 0.61 ~ 0.68。该地区天然气普遍含硫化氢，井间变化较大。天然气组分在平面上的变化具有分带性：TZ241 井以东天然气普遍高 N_2 含量、低 H_2S 含量；TZ242 - TZ823 井区具有较高的干燥系数（>0.95）、中低 N_2 含量、低 CO_2 含量、中高 H_2S 含量；TZ82-TZ54 井区具有低 H_2S 含量、中高 N_2 含量；TZ45 井区具有低干燥系数、低 CO_2 含量、中低 N_2 含量和中等 H_2S 含量，这些都反映了天然气在成因和次生变化上存在差异。

塔中地区奥陶系碳酸盐岩油气藏中天然气的甲烷碳同位素值主体分布在 -46‰ ~ -37‰，乙烷碳同位素值主体分布在 -42‰ ~ -30‰，远低于腐泥型母质和腐殖型母质来源天然气的分界值（-28‰），属于海相腐泥型母质来源的天然气。$\delta^{13}C_{2-1}$ 值小，大多小于 10‰，反映天然气成熟度非常高。根据天然气 $\delta^{13}C_1$ 和 R_o 值关系式（黄第藩等，1996）换算出的天然气 R_o 值主体在 1.3% ~ 2.2%，说明天然气主体进入了高-过成熟阶段。这与塔中北斜坡上奥陶统烃源岩的成熟度不匹配，说明天然气主要来源于下—中寒武统烃源岩。例外的是 TZ45 井，具有异常轻的 $\delta^{13}C_1$，小于 -50‰，$\delta^{13}C_{2-1}$ 分别为 16.2‰ 和 23.3‰，干燥系数为 0.89，具有生物-热催化过渡带天然气的特征。

天然气碳同位素值是划分油裂解气和晚期干酪根裂解气的重要依据。前人通过对四川威远震旦系天然气的研究，当甲烷碳同位素为 -32‰ 时，仍然包含了 1/3 油裂解气的，如果排除油裂解气的影响，晚期干酪根裂解气的甲烷碳同位素可能比 -32‰ 还重。轮南 59 井石炭系天然气甲烷碳同位素为 -33.4‰，以晚期干酪根裂解气为主（图 4.17）。英南 2 井与和田河气田的玛 4 井的天然气成因研究表明以原油裂解气为主（李剑等，1999；陈世加等，2002；赵孟军，2002），这两口井的天然气甲烷碳同位素均在 -37‰ 左右，明显轻于轮南 59 井的干酪根裂解气的甲烷碳同位素。塔中古隆起奥陶系碳酸盐岩油气藏中天然气的甲烷碳同位素与塔里木典型的干酪根裂解气和原油裂解气的甲烷碳同位素的对比表明，塔中古隆起奥陶系天然气的甲烷碳同位素值明显与典型的原油裂解气相近或更轻，说明天然气主要为中—下寒武统来源的古油藏的原油裂解气（赵文智等，2009；韩剑发等，2009；邬光辉等，2016）。

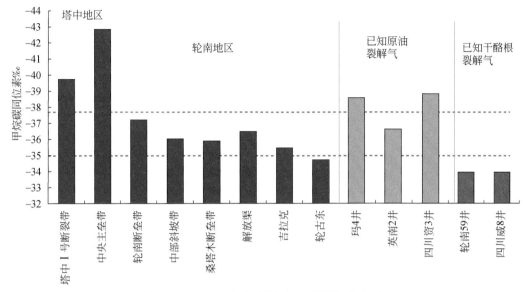

图 4.17　塔里木盆地天然气甲烷碳同位素对比图

第三节　塔中碳酸盐岩凝析气藏形成演化

塔中奥陶系碳酸盐岩凝析气藏油气相态类型、特征与分布极为复杂，不同于典型的构造类与地层岩性类凝析气藏。前期研究认为是古油藏经历晚期气侵形成的次生凝析气藏，但其证据与形成演化过程尚不明确。

一、塔中油气成藏期次

油气成藏时间是研究油气藏形成演化与分布规律的重要内容，主要包括传统的成藏期分析法和流体历史分析法两大类（肖娟娟等，2016）。成藏期分杆法是通过圈闭时间分析法、生排烃史分析法、油气藏饱和压力分析法来确定油气藏的形成时间，属于间接的成藏期研究方法，是对成藏期的外推，但该方法不能精确的推断出成藏时间，需要采用更直接有效的方法来研究成藏期。而流体历史分析法就是一种比较直接有效的新方法，主要是通过流体包裹体分析法、固体沥青分析法和成岩矿物定年分析法分析（表4.3）。

1. 生排烃史分析法

随着埋藏深度的加大与温度的逐渐升高，烃源岩进入生烃门限后开始生排烃，进入油气运聚成藏期（Tissot，1984；庞雄奇，2010）。含油气盆地中快速生油需要 5～10Ma，而慢速生油可能需100Ma 或更长的时间，该成藏时限主要取决于烃源岩经历生油窗的时间（Tissot，1984）。由于烃源岩达到生烃高峰时生产大量油气，大规模的油气成藏期往往与油气生成高峰期一致或滞后。

表 4.3　油气成藏期判识方法（据肖娟娟等，2016）

方法		相同点	不同点
传统成藏期分析法	圈闭时间分析法	都是研究油气成藏的主要方法	该法是大致给出范围，研究对象不是油气藏本身，而是对成藏时间的外推
	生排烃史分析法		该法总体上比圈闭法更接近油气藏成藏时间
	油气藏饱和压力分析法		适用于构造相对稳定、充注期次单一的单旋回盆地
流体历史分析法	流体包裹体分析法		适用于成藏史比较复杂、早期成藏的油气藏后期发生了调整再分配、造成原生与次生并存的盆地
	固体沥青分析法		适用于晚期成藏、单期改造的油气藏，对于多起改造的破坏的油气藏实用性较差或基本不适用
	成岩矿物定年分析法		适用多期生成盆地，同时遭受多期破坏、改造、调整、再聚集跨越多个构造期的盆地

　　塔中地区前期存在主力烃源岩是下—中寒武统或中—上奥陶统主力烃源岩的分歧，近年下—中奥陶统与寒武系更多的油气发现与研究揭示下—中寒武统为主力烃源岩。下—中寒武统源岩所处相带不同，埋深不同，因而造成成熟度的差异（图4.18）。塔中Ⅰ号断裂带下盘源岩在加里东期都先后进入生油窗，但到晚加里东期桑塔木组泥岩沉积后下—中寒武统全部进入高演化阶段了。

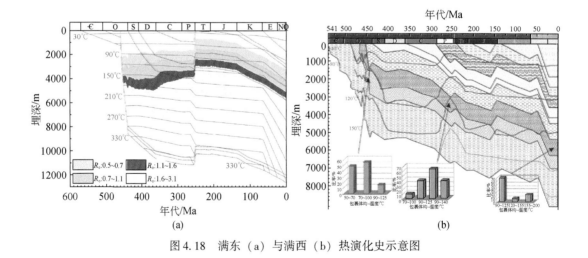

图 4.18　满东（a）与满西（b）热演化史示意图

　　研究表明，塔东盆地相下—中寒武统烃源岩，在下奥陶统沉积以后就开始大量生油[图4.18（a）]，并在奥陶纪晚期达到高–过成熟阶段。在满西地区，下寒武统烃源岩在中—晚奥陶世已经大量生油，塔中地区大量生油时期略滞后。由于塔里木早古生代逐渐转变为低地温梯度的冷盆，不同地区不同深度的烃源岩可能经历长期的生烃史，并在晚海西期、喜马拉雅期的再次深埋过程中再次生烃与成藏。

2. 圈闭时间分析法

油气藏是烃类流体在圈闭中聚集的结果，根据圈闭时间分析法确定油气藏形成的最早时间。由于圈闭的形成并不意味着立刻就有油气在其中聚集，只能限定油气成藏的最早时间。塔中地区主要经历中—晚加里东期、早海西期等多期构造运动，圈闭形成演化具有多期性。随着塔中古隆起的形成与发育，在上奥陶统良里塔格组沉积过程中形成鹰山组岩溶缝洞型圈闭，在桑塔木组沉积过程中形成良里塔格组礁滩体圈闭。在志留系与石炭系沉积过程中，其中的泥岩盖层与下伏碳酸盐岩风化壳形成潜山圈闭。此后塔中古隆起整体沉降，可能形成埋藏溶蚀控制的缝洞型圈闭。根据圈闭形成的时期分析，可能判别油气藏形成的大致时期。

通过圈闭分析，塔中隆起奥陶系碳酸盐岩圈闭在中晚加里东期已经形成，并与北部拗陷区下—中寒武统烃源岩生烃期一致，推断下奥陶统聚油时期是在良里塔格组含泥灰岩带沉积后，良里塔格组礁滩体聚油应该是在桑塔木组泥岩沉积期间。因此，塔中地区经历多期圈闭形成期，奥陶系碳酸盐岩圈闭主要形成于中—晚奥陶世，与中—晚加里东期生排烃期配置良好。塔中地区石炭纪之后长期稳定沉降，有利于圈闭的保存与晚海西期及喜马拉雅期的油气成藏。但志留纪与中晚泥盆世的构造运动对圈闭与油气成藏有一定破坏作用。此外，由于多期圈闭叠加与多期油气充注效应，圈闭法难以准确判识成藏期。

3. 流体包裹体分析法

流体包裹体记录了烃类流体和孔隙水的性质、组分、物化条件和地球动力学条件。在一定地区的水平和垂直方向上有规律取样，对储集岩成岩矿物中的流体包裹体进行期次、类型、丰度、成分等对比研究，结合储集层埋藏史和热演化史定量分析，可以确定烃类运移聚集的时间、深度、相态、方向和通道（肖娟娟等，2016 及其文献）。

一是通过储集层流体包裹体均一温度，结合埋藏史和热演化史特征，可以确定油气运移时间和成藏期次；二是包裹体中烃类成分与油气藏中烃类成分对比分析，可能确定各期次烃类流体对成藏的贡献；三是储集层含油流体包裹体丰度可作为古含油饱和度标志，识别古油层，确定油水界面的变迁史和成藏时序；四是通过包裹体均一温度、相态、成分认识流体性质，识别古代热流体的存在和活动时间；五是通过流体包裹体同位素地质年代分析进行不同期次油气藏的定年（Mark *et al.*，2005；肖娟娟等，2016）。

刘可禹等（2013）利用油气包裹体丰度、包裹体岩相学、包裹体荧光光谱和显微测温分析，研究了塔中地区奥陶系储集层油气成藏史。流体包裹体显微测温结果揭示塔中奥陶系储集层至少存在两期油充注，存在低盐度、中等盐度、高和超高盐度的四种类型地层水（图4.19），揭示了多期成藏与演化。

塔中奥陶系碳酸盐岩礁滩复合体油气藏储层包裹体的研究表明，有三期不同的包裹体，分别代表不同的成藏时期（表4.4，图4.18、图4.19）。

表 4.4　TZ82、TZ24 井区上奥陶统油藏包裹体温度及成藏时期

地区	层位	温度/℃		
		晚加里东期（奥陶纪末）	晚海西期（二叠纪末）	喜马拉雅期
TZ82 井区	O_3	70～90	110～130	140～150
TZ24 井区	O_3	70～90	90～120	115～140
与盐水包裹体共生的烃类包裹体特征		主要为液相包裹体，发黄色荧光，数量少	气–液两相包裹体，发黄色和黄绿色荧光，数量较多	主要为气态烃包裹体

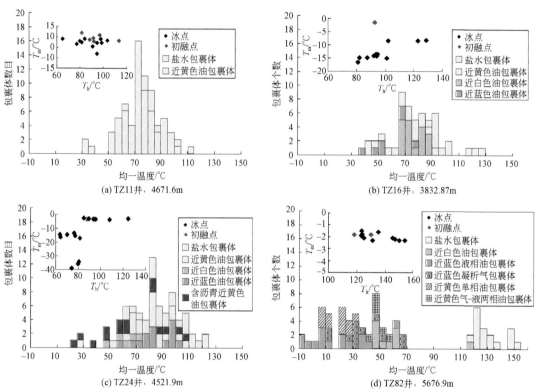

图 4.19　盐水和油包裹体均一温度直方图及盐水包裹体均一温度与冰点温度关系

　　第一期烃类包裹体共生盐水包裹体均一化温度在 70～90℃，推断其对应的形成时期为晚加里东期（晚奥陶世晚期）。尽管从现在残存的奥陶系和志留系叠加厚度来看，要达到此古地温，埋藏深度还显得较小，但如果考虑到上奥陶统桑塔木组泥岩还存在剥蚀，即可以弥补此不足。推断上奥陶统桑塔木组泥岩沉积以后，奥陶系礁滩复合体的埋藏深度达 2000m 以上，温度超过 80℃。也正是桑塔木组泥岩的快速堆积、油藏温度迅速升高，聚集的油气经受高温灭菌消毒，后期构造抬升埋藏变浅时没有受到生物降解。塔中礁滩体附近桑塔木组泥岩层现今残余厚度为 400～1100m，在桑塔木组泥岩盖层剥蚀后期，礁滩体油藏的温度最大不过 60℃。以最大埋藏深度 1100m 和古地温 3.5℃/100m 计算，仍然在遭受生物降解的温度范围内。因此，如果不是早期的深埋高温消毒作用，此期聚集的油气将全部遭受生物降解，而不是仅在与地表水连通的局部区域见到降解沥青，如 TZ44 井区见到

沥青垫，而与其邻近的同深度的 TZ62 井上奥陶统没有见到成为主要产层的沥青垫。

第二期共生盐水包裹体均一化温度较高（表 4.4），TZ82 井区该期包裹体温度为 110～130℃，TZ62-TZ24 井区该期包裹体温度为 90～120℃。推断其对应的成藏期为晚海西期（二叠纪）。该期是奥陶系礁滩复合体一个重要的油气补充聚集时期，主要是下伏古油藏的调整转移期。塔中该期的包裹体温度比根据地层厚度反推算出的当时的古地温要高，可能与早二叠纪火成岩相关的热液活动有关。除在 TZ45 井发现热液活动的证据之外，在其他井也发现了直接的热液作用证据，如萤石和石膏。

在目前所分析的样品中，第三期包裹体数量较少。分析可能是因为储层孔隙中充填了油，游离的地层水数量较少，包裹体的形成受到抑制有关。塔中奥陶系礁滩复合体油气藏现今的地层温度与埋藏深度有关，埋藏深度由西向东变浅，包裹体均一温度呈现明显的降低趋势。TZ82 井区该期包裹体温度为 140～150℃，TZ62-TZ24 井区该期包裹体温度为 115～140℃。

综合生烃史、构造演化史、油气成藏期次的分析，塔中下古生界碳酸盐岩主要有晚加里东期、晚海西期和喜马拉雅期三期油气充注，以及这三期与加里东末期—早海西期、印支期—燕山期等五期油气改造的复杂成藏史（图 4.20）。

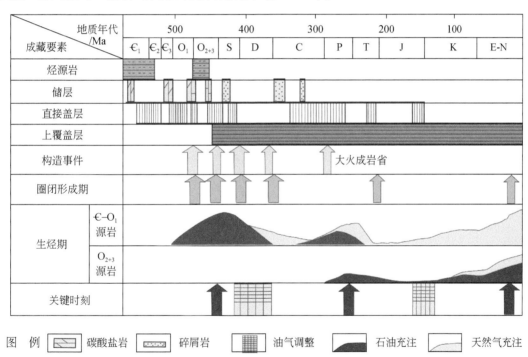

图 4.20　塔中凝析气田成藏综合要素图

二、凝析气藏成因机理

（一）凝析气藏成因模式

凝析气藏成因机理和成因类型复杂多样，通常分为原生和次生两种成因类型（杨德彬等，2010）。原生凝析气藏通过有机质生成凝析气并以气相运聚成藏，成藏过程中不存在相态变化；次生凝析气藏则通过油溶解于气中形成，成藏过程中流体相态发生了变化。温度和压力是凝析气田形成最重要的控制条件（李小地，1998；韩剑发等，2008b）。临界温度（T_c）和临界凝析温度（T_m）之间的温度区间，即为凝析温度区间。在该温度区间内，烃类变成凝析气相或凝析气、油两相。此时，若地层压力大于露点压力，则呈凝析气单相；如果地层压力小于露点压力，则呈凝析气和凝析油两相（图 4.21）。

　　原生凝析气藏是指有机质演化直接生成的为凝析气相，并且以凝析气相运移进入圈闭中聚集成藏。此时，圈闭必须满足地层温度介于临界温度和临界凝析温度之间，地层压力大于该烃体系在该温度下的露点压力［图 4.21（a）］（杨德彬等，2010）。随着凝析气向上部圈闭运移，地层的温度和压力都会降低，当压力逐渐接近该烃体系的露点压力时，凝析油开始析出，此时形成带油环的凝析气藏（图 4.21 中 a_2）。凝析气继续向上运移，进入两相区后地层压力小于该烃体系的露点压力，凝析气分离为气液两相进入上部圈闭，聚集成为带凝析气顶的油藏（图 4.21 中 a_3）。凝析气向更浅的圈闭运移，地层压力小于该烃体系的露点压力，地层温度小于烃体系临界温度，则油相进入上部圈闭，形成带气顶的正常油藏（图 4.21 中 a_4）。由于烃类向浅部圈闭运移或者圈闭构造抬升，形成了一个从深部至浅部的凝析气藏至油藏的相态分布模式。

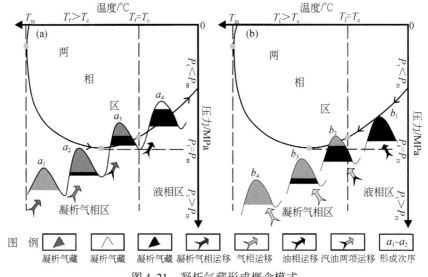

图 4.21　凝析气藏形成概念模式

（a）原生凝析气藏形成模式；（b）次生凝析气藏形成模式。T_m. 临界凝析温度；T_c. 临界温度；P_m. 露点压力；P_t. 地层压力；T_f. 地层温度；a_1. 凝析气藏；a_2. 带油环的凝析气藏；a_3. 带凝析气顶的油藏；a_4. 带气顶的油藏；b_1. 油藏；b_2. 带凝析气顶的油藏；b_3. 带油环的凝析气藏；b_4. 凝析气藏

　　次生凝析气藏是指经过后期改造而形成的凝析气藏。早期形成的油藏，随着埋深的不断增加，地层压力、温度也相应增大。烃源岩也会随之进入高成熟阶段，从而进入生气门限，开始生成天然气。天然气进入油藏，会在该圈闭中形成气顶［图 4.21（b）］，随着埋深的增大，当地层温度大于临界温度时，随着压力继续增大，原油中的一些轻质组分会反

溶于天然气中，形成带凝析气顶的油藏（图 4.21 中 b_2）。随着埋深的继续增加，地层温度升高使原油达到裂解条件，会生成原油裂解气，与烃源岩生成的天然气共同供给油藏。随着供给量的增大和地层压力大于该烃体系下的露点压力，更多的原油会反溶于天然气中，形成底部带有油环的凝析气藏（图 4.21 中 b_3）。随着地层温度、压力的继续增大，当天然气供给量继续增大至足以溶解所有原油，或圈闭幅度不具备保留油环的条件，则形成纯凝析气藏（图 4.21 中 b_4）。

塔里木盆地凝析油气资源丰富，已发现了 20 余个凝析气田（杨海军和朱光有，2013），包括库车拗陷的陆相油气来源的凝析气田和台盆区海相烃源岩来源的凝析气田。时代分布在奥陶纪—新生代，储层有碎屑岩，也有碳酸盐岩。这些凝析气田的气油比分布在 $600 \sim 19900 m^3/m^3$，凝析油含量在 $40 \sim 750 g/m^3$，储层温度在 $78 \sim 155 ℃$，地层压力在 $37 \sim 111 MPa$ 的较大范围内。研究认为，库车拗陷迪那 2 凝析气田代表煤系烃源岩在凝析油−湿气生成阶段所形成的原生凝析气藏。而次生凝析气藏包括两类：陆相油气来源的多期充注，晚期干气与早期油藏发生混合改造，形成了以牙哈为代表的陆相油气成因的次生凝析气藏；以海相油气来源，多期油气充注与晚期干气气侵，造成蒸发分馏，在运移、聚集和成藏过程中烃体系分异、富化，发生反凝析作用，从而导致次生凝析气藏的形成，塔中奥陶系凝析气藏即为这类次生凝析气藏。

（二）油藏气侵的证据

塔中凝析气田天然气总体上以中−高含硫、低−中含氮气、低−高含二氧化碳为主，但天然气组分变化大，甲烷含量为 $69\% \sim 92.5\%$，CO_2 含量为 $0.14\% \sim 3.48\%$，N_2 含量为 $0.23\% \sim 9.12\%$，H_2S 含量为 $0 \sim 93900 mg/m^3$，天然气相对密度为 $0.61 \sim 0.82$。天然气组分在平面上变化大，表明天然气在成因和次生变化上存在差异。地球化学研究多认为塔中地区油源主要来自中—上奥陶统烃源岩，但近年来的钻探表明塔中及其邻区中—上奥陶统缺乏有效烃源岩，而且深部下—中奥陶统与寒武系发现大量的油气资源，更多的研究认为塔中油源主要来自下—中寒武统烃源岩，石油资源形成于晚加里东期与晚海西期，而天然气则形成于晚喜马拉雅期（图 4.20）。由此可见，塔中地区具有早期成油、晚期注汽，形成次生凝析气藏的地质条件。

近期研究表明，塔中凝析油的形成很可能是古油藏遭受后期气侵的结果（杨海军等，2007b；邬光辉等，2008，2016；杜金虎等，2010；韩剑发等，2012；杨海军和朱光有，2013），但前期证据较少。经过油藏地球化学的分析，得到一系列证据。

（1）塔中凝析气藏中检测到三期包裹体均一温度，第三期烃类包裹体中气液烃包裹体和气烃包裹体的含量明显高于第一期和第二期包裹体。晚期包裹体均一温度在 $120 \sim 150 ℃$，出现第三期温度峰值，对应热史曲线上的新近纪（表 4.3）。

（2）天然气以原油裂解气为主（图 4.17），对应喜马拉雅期的深埋裂解。同时天然气干燥系数为 $0.89 \sim 0.98$，原油密度较高（多大于 $0.8 g/cm^3$），呈现"气干油重"特征，不是湿气与溶解气，揭示不同成藏期形成的原油与天然气。

（3）庚烷值和异庚烷值通常作为划分原油成熟度的标准（Thompson，1983）。分析表明塔中地区原油都聚类于脂肪族线上方的区域［图 4.22（a）］，呈现相似的 Ⅰ-Ⅱ 型有机质烃源岩特征，而且油与凝析油均处于高成熟阶段。综合相关资料分析，塔中地区油与凝析油的成熟度一致，凝析油并非比油的成熟度高，不是高成熟凝析油气生成阶段的产物，而是由油藏受气侵改造形成的。

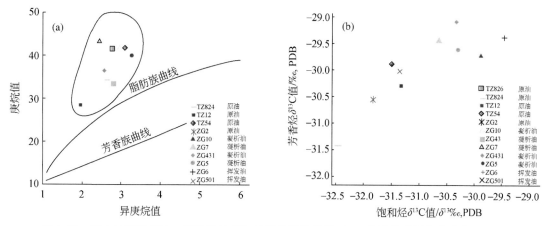

图4.22　塔中地区凝析油、原油庚烷值和异庚烷值关系图（a）及油的碳同位素分布图（b）

（4）油与凝析油的碳同位素分布 [图4.22（b）]，说明凝析油并非比油的碳同位素重，不是高成熟凝析油气生成阶段的产物，而是由油藏受气侵改造形成的。

（5）原油的蜡通常为碳数大于 nC_{22} 以上的正构烷烃，高含蜡量原油一般来源于受细菌改造的富含树木表皮蜡质层的陆相高等植物（韩霞等，2007）。塔里木盆地寒武系来源的以藻类和细菌为主要有机质生成的原油一般低含蜡（杜金虎等，2010），而塔中凝析气田原油出现异常高的含蜡量（图4.23），在鹰山组风化壳油气藏含蜡量高达 5.75% ~ 10.29%，良里塔格组礁滩体含蜡量高达 16.08%。分析推断，这些原油很可能是油藏受气侵之后 nC_{22} 以上的正构烷烃相对富集形成的次生高蜡油。另外，油藏受气侵之后容易形成沥青质沉淀，这种现象在凝析气藏中比较普遍。

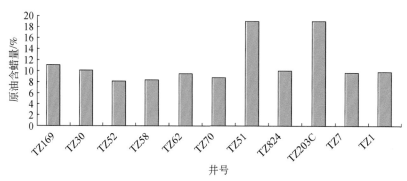

图4.23　塔中地区油含蜡量分布图

（6）油藏受气侵之后形成沥青质沉淀，这种现象在凝析气藏中比较普遍（图4.24）。分析表明，这是塔中古油藏遭受后期气侵作用的典型特征。此外，塔中凝析气田天然气干燥系数为 0.89 ~ 0.98，而原油密度较高（多大于 0.8g/cm³），呈现"气干油重"的特征。

这些天然气不是湿气与溶解气，揭示不同成藏期形成的原油与天然气。

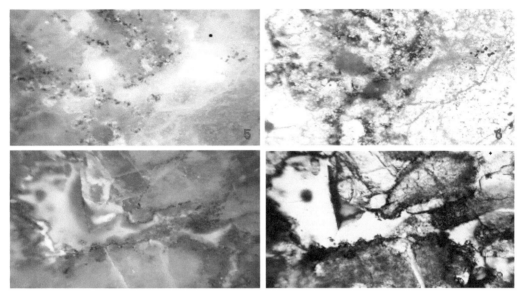

图4.24　油藏受气侵的沥青质沉淀

上部分别为 TZ822 井，5641.35m，O_3l，荧光照片与单偏光照片；

下部分别为 TZ823 井，5446.9m，O_3l，荧光照片与单偏光照片

三、凝析气藏成因模式

（一）次生凝析气藏成因模式

研究表明，塔中北斜坡广泛分布古油藏，尤其是塔中Ⅰ号断裂带良里塔格组礁滩体上覆巨厚桑塔木组泥岩，保存条件优越，存在大量前新生代形成的古油藏（图4.20），在喜马拉雅期气侵过程中，可能形成次生凝析气藏，并形成前文所述的复杂油气特征。这种成因机制已有很多论述（邬光辉等，2008；韩剑发等，2012；杨海军等，2013），在此结合油气藏概述其不同的形成模式。

综合分析，随着晚期天然气气侵的增加，古油藏中溶解的天然气渐趋饱和，会在该圈闭中形成高含凝析气的弱气侵的挥发油藏［图4.25（a）］，TZ45、ZG15 井区多见这种类型的油藏，处于凝析气藏形成的前期阶段。随着埋深增大，地层压力逐渐高于临界压力，随着气侵的加强，石油可能溶于天然气中，从而形成带凝析气顶的油藏［图4.25（b）］。TZ622 井区可能是该类型的油藏，在凝析气生产一年之后，开始产出正常原油。由于埋深加大、温度升高，原油逐渐达到裂解条件而形成原油裂解气，并且可能与干酪根生成的气进入油藏。由于天然气的供给不断增长及地层压力的增大，原油不断反溶于天然气中而成为底部带油环的凝析气藏［图4.25（c）］。这种类型的凝析气藏在 ZG8、ZG10 井区较多，伴随地层温度与压力的持续增长，天然气量可能溶解所有的原油，或是圈闭不足以保存油

环时, 可能形成无油环的中高凝析油–微凝析油含量的凝析气藏 [图4.25 (d)]。

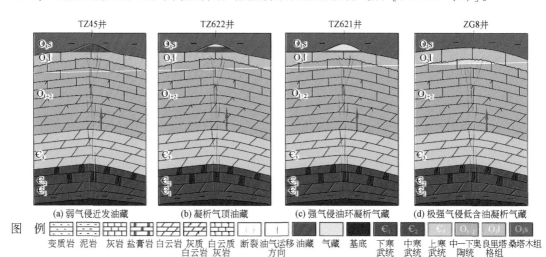

图4.25　次生凝析气藏模式图

值得注意的是, 形成凝析气藏的前提不仅需要烃类物系中气体数量多于液体数量, 而且地层温度介于临界温度与临界凝析温度之间, 地层压力超过该温度时的露点压力。塔中地区寒武—奥陶系碳酸盐岩凝析气藏临界温度与临界凝析温度差异巨大, 地层温度介于其间并与它们有很大的偏离, 具备形成凝析气藏的温度条件。但是, 地层温度所在的地层压力与该温度下的露点压力比较接近, 尤其是塔中东部的凝析气藏 (图4.26)。因此, 地层压力的变化对凝析气藏的形成具有重要的作用。通过压力推算, 在新生代沉积前, 即便有大量天然气的充注, 大多数气藏的地层压力可能低于露点压力, 也难以形成凝析气藏。TZ4 井区石炭系油气藏埋深浅, 地层压力小, 天然气较多的部位形成气藏或气顶。在塔中东部 TZ62 井区, 尽管有大量的晚期天然气充注, 在凝析气藏的开采过程中由于地层压力的亏空, 有的凝析气藏很快出现油气的分异。

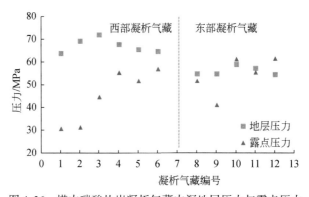

图4.26　塔中碳酸盐岩凝析气藏中深地层压力与露点压力

由于喜马拉雅期塔中地区寒武系—奥陶系碳酸盐岩基质储层致密、缝洞型储层分布复杂, 即使同一井区不同部位的气侵程度也有很大的变化, 受气侵程度与古油藏的规模差异的影响，塔中地区油气藏流体相态与流体性质差异极大。

(二) 原生凝析气藏成因模式

尽管塔中地区很多凝析气藏是古油藏遭受气侵而形成的次生凝析气藏，但综合相关资料分析也可能存在原生凝析气藏。

大多研究认为塔中地区的天然气是油型裂解气，很可能与深部的古油藏裂解有关，也可能来自深部烃源岩中未排出的原油与运移输导通道的分散油。天然气甲烷碳同位素可以判别天然气的来源 (图4.17)，塔中凝析气田 $\delta^{13}C_1$ 数值分布于 $-56‰ \sim -37‰$，因此分析塔中地区天然气主要为原油裂解气。由于塔中地区及其周缘在晚喜马拉雅期深埋，显生宙底部进入的原油裂解的门限，揭示天然气形成于晚近期。在现今寒武系—奥陶系碳酸盐岩深埋的温压条件下，原油裂解气很容易溶解尚未裂解的原油而形成凝析气，在向上运移过程中聚集在缺少古油藏的圈闭中可能形成原生凝析气藏。

近期地球化学研究表明 (史江龙等，2016；Liu *et al.*，2018)，塔中地区天然气复杂多样，可能同时存在原油裂解气和干酪根裂解气的混合气，可能既有寒武系烃源岩也有中—上奥陶统烃源岩的贡献。来源于寒武系烃源岩的天然气处于高成熟−过成熟阶段，以原油裂解气为主；而处于成熟阶段的天然气很可能来源于中—上奥陶统烃源岩的干酪根裂解气。因此，干酪根裂解气也很可能存在，从而形成特征复杂的混合气。尽管塔中古隆起周边的凹陷区寒武系烃源岩在喜马拉雅期已进入过成熟生产干气阶段，但在塔中古隆起的斜坡部位与邻近的满西地区，部分烃源岩干酪根 R_o 可能低于2.0%，具有生成凝析气的地质条件 (图4.20)。塔里木盆地台盆区寒武系与奥陶系烃源岩以 I - II 型干酪根为主，当干酪根镜质组反射率 (R_o) 达1.2% ~2.0%时，由于C—C链断裂与溶解天然气释放，气态烃不断增加而液态烃不断减少，轻质油便随温压增加出现逆蒸发，溶于气相而成为凝析气藏。在低地温条件下，深层高压有利于形成临界温度与临界凝析温度之间的地层温度，当地层压力高于露点压力是形成原生的凝析气藏的条件。这种干酪根裂解形成的原生凝析气藏在塔北隆起轮南东部地区已得到证实 (赵文智等，2012)，其油气源来自东边满东凹陷斜坡区的高−过成熟烃源岩。

综合相关资料分析，塔中凝析气藏具有多种原生凝析气藏的成因模式 (图4.27)。

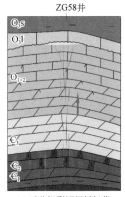

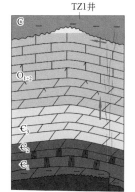

(a) 干酪根裂解凝析气藏　　(b) 油裂解凝析气藏　　(c) 油裂解气运移至浅层形成凝析气藏　(d) 无古油藏中形成原生凝析气藏

图4.27　原生凝析气藏模式图

图例同图4.25

　　塔中东部地区缺少古油藏，同时有利于接受来源于已证实的满东中—上奥陶统烃源岩生成的油气，在喜马拉雅期形成的干酪根裂解气向古隆起高部位缺少古油藏的圈闭中运聚，可能形成干酪根生成的低凝析油含量的凝析气藏［图 4.27（a）］。此外，研究表明塔中凝析气田的大量气源来自原油裂解气（图 4.27）。原油裂解气的来源可能来自深部的古油藏、输导路径与烃源岩中滞留的分散液态烃，液态烃裂解的油型气初始阶段可能溶于古油藏中，但随着裂解气与轻烃的增长，凝析气可能分离为气液两相，并伴随温压的增长造成原油中的轻质组分反溶于天然气中。由于喜马拉雅期寒武系—奥陶系碳酸盐岩地层温度介于临界温度和临界凝析温度，地层压力普遍高于露点压力，可能形成大量的深部凝析气源。在缺少古油藏的凝析气源地层中，很可能就近形成原生凝析气藏［图 4.27（b）］。同样，在喜马拉雅期的温压条件下，凝析气向上运移过程中的相态很可能不变，在奥陶系上部缺少古油藏的圈闭中，也可能聚集形成原生凝析气藏［图 4.27（c）］。同时，后期凝析气充注到已有凝析气藏或少量原油的圈闭中，也可能划归为原生凝析气藏，如 TZ162 井下奥陶统以偏干的凝析气为主［图 4.27（d）］。此外，这些凝析气向上运移过程中，可能在奥陶系上部的古油藏中聚集，进一步溶解原油，形成次生凝析气藏［图 4.27（d）］。当然，向上运移过程中，由于温压的降低，地层压力趋于露点压力时析出凝析油，从而可能形成带油环的凝析气藏，也可能形成带凝析气顶的油藏，而缺少气侵的古油藏则依旧保持油藏特征。

　　值得注意的是，塔中晚期天然气气侵极不均匀，不同于其他地区的次生凝析气藏。其主要原因是喜马拉雅期碳酸盐岩极为致密，而且喜马拉雅期断裂也停止活动，一系列天然气沿断层破碎带的裂缝网络向上渗流，并通过基质孔隙横向运移，天然气很大程度上可能是通过扩散作用运移，不同于常规的油气运移，从而造成从气源断裂向上倾方向的天然气含量逐渐降低，并在构造高部位保留油藏（杜金虎等，2010；邬光辉等，2016）。随着油藏中天然气的不断注入，在塔里木盆地低地温、深埋背景下，地层压力可能高于临界地层压力，原油不断反溶于天然气中时，在古油藏中形成凝析油含量很高的凝析气顶，造成油重气干的流体差异。伴随天然气的不断增加与地层压力逐渐大于露点压力，天然气中溶解石油不断增多而形成底部有油环的凝析气藏。塔中 I 号断裂带礁滩体凝析气藏可能属于这种类型，因此在开采一定时间后从以气为主转变为以油为主。由于塔中缝洞体油藏规模较小、横向连通性差，地层温度与压力不断增长，以及天然气的不断供给，原油逐渐完全溶解，古油藏逐渐形成低含油的凝析气藏（韩剑发等，2012）。同时，天然气也可能以凝析气的相态运移聚集，当这些凝析气在无古油藏的部位聚集，则形成原生凝析气藏。

　　由于凝析气成因多样，储层非均质性极强，晚期气侵的程度不一样，造成塔中凝析气田复杂的流体性质与相态，很多油气井的流体相态具有接近临界露点压力与饱和压力的特征，从而形成气油比变化极大、凝析油含量变化极大的复杂流体分布的非常规碳酸盐岩凝析气田，导致油气产出复杂，需要采取针对性的开发措施。

四、凝析气藏成藏演化

　　塔中凝析气田复杂的流体性质和相态与油气成藏密切相关，综合相关研究成果，塔中凝析气田经历多期不同特征的油气运聚与成藏过程，晚期气侵是形成次生凝析气藏的主要原因（图4.20、图4.28）（Li *et al*., 2010；Pang *et al*., 2012, 2013；Liu *et al*., 2013；邬光辉等，2016；Pang *et al*., 2018）。

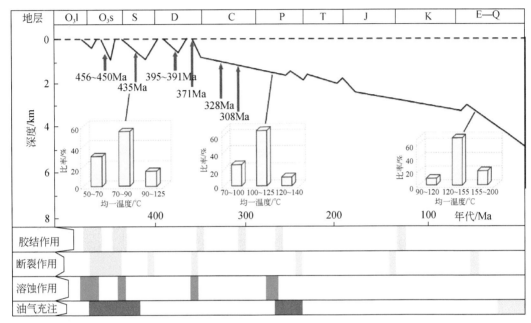

图4.28　塔中凝析气田构造-成岩与成藏事件图

晚奥陶世良里塔格组含泥灰岩沉积早期，塔中古隆起北部周缘的下寒武统烃源岩进入生油期，生成的油主要聚集在下—中寒武统以及下奥陶统碳酸盐岩圈闭中［图4.29（a）］。桑塔木沉积期，塔中古隆起周缘及其北部斜坡部位下寒武统烃源岩进入生油高峰期，生成的油聚集到上奥陶统礁滩体储层及其下伏碳酸盐岩储层中［图4.29（b）］，从而形成一系列碳酸盐岩储层控制的古油藏。

志留系沉积前、泥盆系沉积前、晚泥盆世东河砂岩段沉积前，塔中地区经历多期构造隆升与断裂活动，塔中东部与断裂带大量的油气遭受剖面（Pang *et al*., 2013），形成广泛分布的志留系沥青砂岩。同时，塔中Ⅰ号断裂带下盘与塔中深层油气也发生一系列的油气调整与再成藏。但由于塔中中西部有巨厚的上奥陶统桑塔木组泥岩与中寒武统盐膏层，深部较多的油气资源得以保存。

晚海西期（二叠纪），尽管早期推测的中—上奥陶统烃源岩在塔中与满西地区已为钻探证实不足以形成大规模油气有效烃源岩，但由于石炭系—二叠系沉积形成的近2000m的整体沉降，满东地区中—上奥陶统烃源岩与满西地区下—中寒武统烃源岩进入生油气高峰期，形成又一期油气充注。检测到大量的该期含油气包裹体，可能形成一期油气强烈充注期［图4.29（c）］。

喜马拉雅期气侵形成凝析气藏［图4.29（d）］。喜马拉雅期（新近纪）以来，寒武系古油藏、分散液态烃进入裂解生气阶段，同时满加尔凹陷中部分干酪根仍可能形成大规模的干酪根裂解气，在新构造运动巨大变革作用下，形成一期天然气充注期（图4.20、

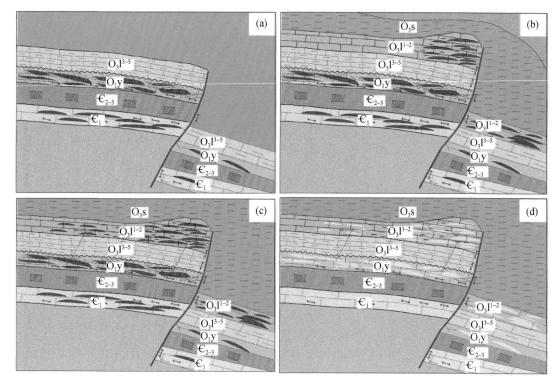

图 4. 29 塔中 I 号断裂带奥陶系油气成藏模式图

(a) 良里塔格组沉积早期寒武系泥岩生成的油在寒武系与下奥陶统的有效聚集;(b) 桑塔木组沉积早期寒武系灰岩生
成的油在上奥陶统的有效聚集;(c) 寒武系油藏在晚海西期向上调整转移再分配至奥陶系油藏;(d) 奥陶系油藏在
喜马拉雅期受寒武系油藏裂解气气侵形成凝析气藏

图 4.27)。寒武系中的原油裂解气向上运移,对上部地层的油藏进行气侵改造,使之形成
一系列的凝析气藏。在塔中隆起及其斜坡带的下—上奥陶统储层中聚集的裂解气均为低氮
气含量天然气(一般小于 1%),主要为早期聚集在寒武系中的油裂解气,为泥岩烃源岩
生成,故氮气含量低。在靠近塔中 I 号断裂带且较活化的地区聚集高含氮气的天然气,如
TZ24-TZ26 井区,主要是来源于早期聚集在塔中 I 号断裂带下降盘寒武系—奥陶系的油的
裂解气,由碳酸盐岩烃源岩生成,故氮气含量较高。同时,除 TZ24-TZ26 井区天然气硫化
氢含量较低,塔中其他区块天然气硫化氢含量均较高,其原因主要在于此处的硫化氢来源
于塔中低凸起寒武系中的烃类与膏岩形成 TSR 作用,进而形成高含硫化氢的裂解气,对上
部地层中的油藏气侵,故形成的凝析气藏硫化氢含量较高。而在塔中 I 号断裂带下降盘虽
然也存在由于膏岩与烃类作用生成的硫化氢气体,但由于在塔中 I 号断裂带处的膏岩垮
塌,封闭了下降盘寒武系中生成的高含硫化氢的裂解气,向上运移的天然气主要是奥陶系
中原油的裂解气,其硫化氢含量较低,造成了在诸如 TZ24-TZ26 井区这样为下降盘裂解气
气侵的区域,所形成的凝析气藏硫化氢含量较低。

值得注意的是,塔中晚期天然气气侵极不均匀,不同于其他次生凝析气藏。其主要原
因是喜马拉雅期碳酸盐岩极为致密,断裂成为天然气运移的主要通道。而喜马拉雅期断裂
也停止活动,一系列天然气沿断层破碎带的裂缝网络向上渗流,并通过基质孔隙横向运

移。由于基质孔隙渗透率极低，天然气运移不同于常规的油气运移，很大程度可能是通过扩散作用，从而造成从气源断裂向上倾方向的天然气含量逐渐降低，并在构造高部位保留油藏。因此，天然气气侵也可能是以非达西流机制为主，从而在同一油藏中分布也不均一，造成同一油藏中气油比的较大变化。随着油藏中天然气的不断注入，在塔里木盆地低地温、深埋背景下，地层温度容易高于临界温度，原油中的一些轻质组分反溶于天然气中，古油藏中可能形成凝析油含量很高的凝析气顶。随着供给量的增大和地层压力大于该烃体系下的露点压力，更多的原油会反溶于天然气中，形成底部带有油环的凝析气藏。塔中 I 号断裂带礁滩体凝析气藏可能属于这种类型，因此在开采一定时间后从以气为主转变为以油为主。由于塔中缝洞体油藏规模较小、横向连通性差，随着地层温度、压力的继续增大，天然气供给量的不断增大容易溶解油藏中所有的原油，在鹰山组风化壳古油藏中容易形成纯的凝析气藏。由于碳酸盐岩基质储层致密，具有强烈的非均质性，造成气侵沿运移路径和油藏中极强的不均匀性，从而形成气油比变化极大、凝析油含量变化极大的复杂流体分布的非常规碳酸盐岩凝析气田。

此外，在气侵过程中，深部的古油藏在气侵后可能形成凝析气藏，并随着气侵的加强向外溢出，可能也会发生以凝析气的方式向上调整运移。当这些凝析气在上部储层成藏时，可能形成类似原生凝析气藏的成藏机制。

第四节　塔中隆起断控复式油气富集规律

塔里木叠合复合盆地形成演化过程复杂，油气分布受古隆起斜坡与断裂破碎带等多重地质事件控制，空间分布十分复杂，塔中隆起具有典型的断控复式油气富集成藏特征，石炭系—志留系以碎屑岩油气藏为主，寒武系—奥陶系碳酸盐岩以凝析气藏为主。"十二五"科技攻关以来，在深化前期古隆起斜坡区油气富集规律研究的基础上，深化了断裂破碎带控储控藏机理研究，揭示了塔中隆起断控复式油气富集规律。

一、断控复式油气聚集特征

塔中隆起北斜坡志留系—石炭系碎屑岩的圈闭主要分布在断裂带上，断裂带聚集了93%的油气储量；碳酸盐岩发现的油气藏主要富集在断裂带上，断裂带上发现的油气储量、产量占比超过80%和90%。钻探证实塔中隆起油气储量与产量主要沿断裂带分布。由于断裂纵向分层、横向分段，断裂带地质条件与油气分布具有显著的差异性。

塔中隆起碳酸盐岩油气具有"下气上油"的特征。下奥陶统碳酸盐岩以高气油比的凝析气藏为主，而上奥陶统良里塔格组有挥发性油藏，以及气油比较低的凝析气藏，上覆志留系、石炭系以油藏为主。平面上塔中 I 号断裂带上奥陶统礁滩体油气相态也总体具有"下气上油"的特点，低部位的台缘带外侧以凝析气藏为主，南部高部位的台缘内带的TZ58、TZ16 等井区气油比很低，为正常油藏。

塔中台缘礁滩体沿古隆起边缘成带状分布，是优质储层发育的主要部位，油气主要分布在台缘礁滩体储层中，整体含油气，沿台缘带呈狭长条带状分布。鹰山组碳酸盐岩风化壳具有纵向分层、平面分带的特征，岩溶高地、斜坡、洼地具有分带分块特征。油气纵向分布在储层发育的风化壳顶面150m范围内，平面上岩溶储层受古地貌、古水文作用，呈不连续、分块发育。岩溶斜坡区储层明显分块，缝洞发育的储层区不到总面积20%，其油气的储量、产量都占潜山区的80%以上，岩溶缝洞体系统是油气的主要富集区。

其中，每一个礁滩体或缝洞单元或系统具有相对统一的油水界面和压力系统，是一个相对独立的凝析气藏，该类油气藏受缝洞系统严格控制；宏观上若干缝洞单元或系统构成诸多小油气藏群沿台缘坡折带、内幕不整合等成群成带排列、复式聚集、准层状分布，若干小凝析气藏构成塔中海相碳酸盐岩大型凝析气田，具有"藏小田大"的特殊油气田特征。

除TZ6井油气藏是围绕隆起高部位的地层超覆尖灭线分布外，塔中隆起泥盆系—石炭系的油气田都位于断裂带上，主要沿塔中10号构造带、中央主垒带的断裂分布，距离主断裂1.5km以外的探井几乎全部失利。

志留系遭受多期油气充注与破坏，沥青砂、重质油与常规油、天然气分布复杂，含油范围遍布塔中北斜坡，有晚期油气充注且局部构造发育的大型断裂带是油气富集的主体。其中，塔中10号构造带油气最为富集，油气井主要分布在断裂带附近2km范围内。

早期研究认为塔中奥陶系碳酸盐岩油气是受储集层控制的大型准层状油气藏，评价开发表明基质孔隙型储集层油气储量丰度低，现有技术条件下难以形成工业产能。目前钻探重点是与断裂相关的岩溶缝洞体，绝大多数油气产量大于5万吨的高效井分布在距断裂2.5km范围内，个别远离主断裂的高效井受局部构造高点控制。

相对于碎屑岩而言，碳酸盐岩油气井距离断裂的距离更大，高达4km。但是在断裂带1.5km范围内洞穴型储集层钻遇率、钻井成功率分别高达67%与87%，远高于距断层1.5km以上的33%与57%。断裂带平均单井油气累计产量明显更高，70%以上高效井位于大型断裂破碎带上。

二、断控油气差异富集规律

不同于中国东部含油气盆地复式油气富集特征，塔中隆起的断裂带油气聚集具有较大的差异性和特殊性，宏观上具有"上油下气"、"西油东气"和"南油北气"的差异分布规律。

（一）纵向差异性

塔中隆起具有油气沿断裂带复式成藏、差异聚集的典型特征。泥盆系—石炭系以常规油藏为主；志留系以重质油为主，有常规油，普遍存在沥青砂；奥陶系以凝析气为主，既有凝析气藏，也有挥发油藏和常规油藏，向上原油增多，呈现"上油下气、油重气干"的特点（图1.24、图2.6、图4.2）。

流体分析结果表明，奥陶系底部的蓬莱坝组和鹰三、四段基本为干气藏；鹰一、二段为典型的凝析气藏，气油比为910～3900m³/m³，平均为2180m³/m³；ZG434井区良里塔格组气油比继续降低，一般为83～531m³/m³，平均为306m³/m³，为油藏或凝析气藏。

综合分析认为，泥盆系—石炭系油气富集主要受控于断裂带圈闭规模，志留系油气富集受控于油源断裂与保存条件，奥陶系碳酸盐岩油气富集受控于断层相关的岩溶缝洞体储层。

（二）横向差异性

分析表明，贯穿寒武系—奥陶系的深大断裂通常是主力油源断裂，控制了油气的运聚成藏。次级断裂对局部构造圈闭与岩性圈闭具有一定控制作用，对碳酸盐岩缝洞体的发育亦具有重要影响，并导致油气沿大型断裂带差异性分布。横向上，塔中北斜坡油气主要沿大型断裂带富集，远离断层与缺少大断裂带的区域极少有油气分布。

钻探成果分析表明，北西向大型逆冲断裂对局部构造圈闭油气聚集具有明显控制作用。其中，塔中Ⅰ号断裂带奥陶系碳酸盐岩富集凝析气藏，塔中 10 号构造带与中央主垒带东部奥陶系—石炭系多层系含油气。北东向大型走滑断裂对奥陶系碳酸盐岩缝洞体发育具有重要的建设性作用，并控制碳酸盐岩油气富集成藏，自北向南从凝析气藏向油藏过渡。

受控于断裂分类、分级、分段与分布的差异性（杨海军等，2020），塔中隆起油气聚集在横向上具有较大的差异，不同层段流体性质具有较大的差异，北东向的走滑断裂带最为典型。大型走滑断裂带横向通常可划分为马尾破碎段、斜列走滑段、线性走滑段等（能源等，2018）。走滑断裂带自北向南呈现出气油比逐渐降低，原油密度、黏度、胶质沥青质逐渐升高的特征，油气层物理化学性质呈规律性变化，反映断裂带各段的巨大差异，揭示了自北向南油气充注的过程。

综合分析，塔中地区在"古隆起控油"基础上具有断控复式富集的特点，断裂带控制了绝大多数储量与产量，断裂带的差异性导致了油气分布与流体性质的分层、分带与分段。

三、断控复式成藏主控因素

（一）多旋回构造–沉积演化是断裂带油气差异聚集的基础

塔里木盆地塔中隆起寒武纪—奥陶纪为板内弱伸展背景，发育多旋回碳酸盐岩沉积。寒武系—下奥陶统以白云岩为主，中—上奥陶统以灰岩为主，形成多套储-盖组合（图4.3）。

早奥陶世末期，塔里木板块南部转向活动大陆边缘，在塔中隆起形成强烈的板内构造活动，发生强烈隆升并产生大量剥蚀，形成了塔中复式巨型背斜的基本格局。上奥陶统良里塔格组与下—中奥陶统鹰山组之间存在明显的角度不整合，形成遍及塔中隆起的鹰山组层间岩溶储集层。上奥陶统良里塔格组发育浅水的孤立台地，形成大面积台地边缘礁滩体储集层。白云岩化作用、层间岩溶作用、礁滩体沉积相控制了大型碳酸盐岩非构造圈闭的发育与分布。塔中Ⅰ号断裂带、中央主垒带、塔中 10 号构造带发育局部构造圈闭，断裂系统对塔中碳酸盐岩储集层具有重要的建设性作用，断裂带附近不仅缝洞型储集层发育，而且裂缝发育，有利于储集层之间的连通，高产稳产井多。志留纪，塔中隆起处于稳定沉降阶段，志留系从西向东、自北向南逐渐超覆沉积在奥陶系不整合之上，形成宽缓斜坡背景下的砂泥岩频繁互层的潮坪相、三角洲相沉积，有利于形成大面积薄互层岩性圈闭。志留纪末，塔中隆起发生隆升与断裂的继承性活动，塔中 10 号构造带志留系发育局部构造圈闭并叠加岩性圈闭。晚泥盆世，塔中隆起与周边发生整体沉降，发育滨浅海相巨厚东河砂岩沉积，在后期弱挤压构造作用下形成低幅度构造圈闭。

由此可见，塔里木盆地发育多旋回构造-沉积演化，局部构造圈闭欠发育，但地层岩性圈闭与复合圈闭发育。碳酸盐岩与碎屑岩形成多种有利储-盖组合，造成塔中隆起纵向上不同层位圈闭的差异（图2.6、图4.2），油气主要分布在构造活动的加里东期—早海西期地层中。

（二）多期油气充注与成藏是断裂带油气差异聚集的关键

1. 油气成藏演化的差异

依据生烃史、构造演化史、油气成藏期次的分析，特别是寒武系主力烃源岩的厘定成果，塔中隆起主要有晚加里东期、晚海西期（二叠纪）和喜马拉雅期等三期油气充注和加里东末期—早海西期、印支期—燕山期两期油气调整，具有复杂的油气成藏史（图4.20、图4.26）。

晚加里东期，上奥陶统巨厚泥岩快速沉积，满加尔凹陷东部寒武系烃源岩进入生烃高峰期，大量油气向塔中隆起寒武系白云岩、下—中奥陶统层间岩溶及上奥陶统礁滩体储集层中运移聚集成藏（图4.27）。此时这三类储集层埋藏浅、孔隙发育，形成广泛分布的大型古油藏。随着隆起的发育与断裂的活动，同时发生隆升作用与断裂作用对油气藏的改造，发生油气散失。

加里东末期（志留纪）—早海西期，塔中隆起遭受广泛的抬升剥蚀，形成奥陶系碳酸盐岩古潜山，志留系盖层基本被破坏，早期的古油藏几乎破坏殆尽，形成广泛分布的沥青砂岩。低部位上覆巨厚上奥陶统—志留系泥岩盖层，可能保存部分古油藏。

晚海西期发生古油藏调整与新生成油气的充注，是台盆区原油资源形成的关键时期，塔中隆起碳酸盐岩油藏大多以晚海西期烃类包裹体为主，包裹体均一温度为 90~130℃，反映晚海西期存在油气的补充聚集。

天然气的充注主要发生在喜马拉雅期，包裹体均一温度为 140~150℃，反映存在该期油气的聚集。晚喜马拉雅期，塔里木盆地受新构造运动作用，台盆区快速深埋，位于深层的古油藏、烃源岩与输导系统中分散油质，在深埋条件下可能发生裂解形成油裂解气（R_o 大于 2%），沿塔中北斜坡沿断裂带产生强烈气侵。气侵改造是该期典型特征，出现油气共存，低部位富气、高部位多油的"下气上油"特征（图1.15）。

2. 油气运聚的差异

上泥盆统—石炭系以海西期成藏的常规油藏为主，晚期局部调节性断裂活化成为气侵的有利输导格架，发生气侵形成凝析气藏或气藏。泥盆系—石炭系的油气藏受控断裂垂向运移及其控制的背斜圈闭，沿断裂断开的层位分布，流体重力分异明显。

志留纪末—中泥盆世，塔中地区发生强烈的隆升与断裂活动，大部分油藏遭受破坏，形成志留系稠油油藏与大面积分布的沥青。部分沿断裂带分布的志留系古油藏受到后期石油的补给，局部亦发生气侵，改善了古油藏的品质。古构造分析表明，塔中隆起在志留系不同地史时期一直保持南东向西北倾伏的大斜坡，油气在局部断裂发育区存在纵向运移，但以横向运移为主，这种近平行状油气运移方式决定了油气普遍分布的特征。

奥陶系北部塔中 I 号断裂带，早期形成常规油藏，晚期发生以北东向大型走滑断裂为进气口的强烈气侵，自西向东、由低到高、远离进气口的气侵逐渐减弱，造成生产气油比、氮气、硫化氢及其他天然气性质发生规律性变化。从塔中 I 号断裂带至塔中 10 号构造带，自北向南、由低到高呈现台缘凝析气藏向南演变为油藏。同时，远离进气口的断裂带向外气侵逐渐减弱，形成"下气上油"的分布特征。

（三）断裂活动规模与期次是油气差异富集的主控因素

塔中隆起断裂系统十分发育，既控制构造格局又控制油气富集，是油气差异聚集的主控因素。一系列北东向走滑断裂切割北西向逆冲断裂带，是控制泥盆系—石炭系和志留系碎屑岩圈闭形成、奥陶系碳酸盐岩缝洞体发育，以及油气网状复式成藏的关键，控制着油气的垂向运移与侧向调整、原生油气藏形成与次生油气藏的分布。

1. 断裂控制油气运聚有利方向

塔中地区钻探数据分析显示，若断裂与圈闭有效沟通，则能保持相对高产稳产；若断裂与圈闭未沟通，则圈闭钻探必然失利。不同类型、不同级别的断裂系统在空间形成三维输导网络，由于古老碳酸盐岩基质渗透率低，下寒武统烃源岩形成的油气主要通过断裂带优势通道垂向运移至上部的圈闭中聚集。大多油气藏具有垂向运移的特点，地球化学数据反映出明显的垂向运移特征，断裂形成的局部构造高部位是油气侧向运移的指向区。塔中隆起断裂带 95% 以上的探井有油气或沥青显示，失利井几乎都远离断裂带，表明断裂带普遍发生过油气充注，是油气运聚成藏的指向区。

塔中隆起 TZ4 井构造北部 TZ405 井圈闭石炭系油藏部署的 TZ405-S3 井 3681.0 ~ 3694.9m 层段气举后放喷测试日产油 160.9m³、日产气 3561m³，不含水。但在同一构造背景、圈闭类型下部署的 TZ405-S4 井在相同层段却未见良好的油气显示，分析主要原因是油源输导断裂不发育。

塔中隆起志留系油气主要来自深层寒武系烃源岩（杨海军等，2007b），沟通油源的深层大断裂是志留系油气成藏有效油源通道。获工业油流的钻井均位于靠近深层大断裂且具有构造背景的背斜圈闭上，如 TZ47、TZ11、TZ12、TZ50、TZ16 等井圈闭。而远离深层大断裂（如 TZ45 井），测井解释均为水层。深层油气通过深层大断裂向志留系运移、聚集，或调整再聚集于志留系圈闭中形成构造或构造–岩性油藏。

2. 断裂控制油气空间分布

受断裂带活动期次、规模等因素控制，塔中隆起碎屑岩与碳酸盐岩储集层油气富集特征纵向差异较大。断裂断及的层位通常高产稳产，而断裂未断及的层位基本都钻井失利，油气纵向分布与断裂断及层位密切相关。

塔中 I 号断裂带主要断至奥陶系，奥陶系以上地层油气产出很少。塔中 10 号构造带断层断至石炭系底部，形成石炭系、志留系、上奥陶统、下—中奥陶统等多层系复式含油气系统（图4.13）。油源断裂通常是基底卷入式的大型逆冲断裂与大型走滑断裂，大型油源断裂对油气的控制作用明显，往往形成大规模的油气聚集带。具有运移作用的输导断裂在塔中隆起碳酸盐岩中比较发育，通常规模较小，在空间上形成输导网络。

走滑断裂带解剖显示，奥陶系"从新到老、自上而下、由浅及深"呈现出明显"南油北气、上油下气"的特点，Ⅰ级油源断裂从南至北、从深至浅储集层均有发育，整体上断裂带油气充注强，有利区域广阔。Ⅱ级油源断裂由南至北储集层发育位置逐渐深移，油气充注强度相对较弱，南部浅层和北部深层为有利区域（图4.30）。

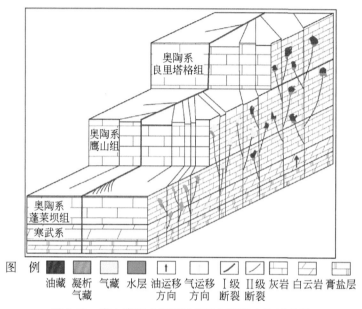

图4.30　塔中隆起走滑断裂带油气聚集立体示意图

3. 断裂控制流体性质的差异性

塔中隆起形成演化过程中，断裂系统作为主要的输导格架若长期有效地与一个圈闭沟通并多期次充注烃类，会导致油气藏具有较高的充注程度且难以达到相态平衡；断裂系统若阶段性地与多个圈闭沟通并充注不同成熟度烃类或古油藏调整油气，则油气藏的充注程度与流体性质具有较大差异。

油气生产、PVT实验分析表明，石炭系原油密度为 $0.7936 \sim 0.8280 \mathrm{g/cm^3}$、气油比小于 $200 \mathrm{m^3/m^3}$、临界压力低、临界温度高，局部构造受晚期断裂活动与气体充注发生调整改造，油气藏流体密度小、气油比高；志留系原油密度为 $0.7670 \sim 0.9555 \mathrm{g/cm^3}$，气油比小于 $74 \mathrm{m^3/m^3}$，与后期活动断裂有效连通的 TZ11 井区气体充注强烈，为油藏，而 TZ12 井区则为稠油油藏；寒武系、奥陶系普遍经历晚期气侵，以凝析气藏为主，局部相态复杂，表现为挥发性油藏、油藏、未饱和油藏等特征。

钻探实践证实，塔中隆起断控复式油气聚集区油气藏中往往存在多种烃类共存、多个流体界面或油气水关系倒置等复杂现象，同一油气藏在不同测试层段或试采的不同时期，原油性质存在较大差异，如 TZ62-6H 井累计产油 10.5 万吨、累计产气 2.5 亿 $\mathrm{m^3}$，生产初期原油密度为 0.799g/cm³（20℃）、气油比为 3500m³/m³，生产后期原油密度为 0.846g/cm³（20℃）、气油比为 1000m³/m³。另外，同一油气藏不同层位流体性质也有差异，如 M82 井下部产层的原油密度低于上部产层，下部产层的气油比高于上部产层，流体处于动态非平衡状态。

由于断裂带复杂的多期油气成藏与调整改造，造成不同层位、不同部位流体充注强度不同，特别是晚期天然气充注的差异，导致稠油油藏、常规油藏、凝析气藏、气藏混合分布，井间流体性质差异巨大。

总之，塔中地区具有多层段、多类型油气复式聚集成藏规律，油气沿古隆起北斜坡广泛分布，断裂带控制了油气复式成藏与规模富集，多期油气运聚成藏的差异性导致了"上油下气、西油东气、南油北气"的分布格局与流体性质的多样性。

参 考 文 献

蔡忠贤,吴楠,杨海军,等. 2009. 轮南低凸起凝析气藏的蒸发分馏作用机制. 天然气工业,29(4):21～24,131.

陈红汉. 2007. 油气成藏年代学研究进展. 石油与天然气地质,28(2):143～149.

陈景山,王振宇,代宗仰,等. 1999. 塔中地区中上奥陶统台地镶边体系分析. 古地理学报,1(2):8～17.

陈世加,付晓文,马力宁,等. 2002. 干酪根裂解气和原油裂解气的成因判识方法. 石油实验地质,24(4):364～366.

杜金虎,王招明,李启明,等. 2010. 塔里木盆地寒武—奥陶系碳酸盐岩油气勘探. 北京:石油工业出版社.

段毅,张辉,吴保祥,等. 2003. 柴达木盆地原油单体正构烷烃碳同位素研究. 矿物岩石,23(4):91～94.

高岗,黄志龙. 2007. 油气成藏期研究进展. 天然气地球科学,18(5):661～664.

韩剑发,王招明,潘文庆,等. 2006. 轮南古隆起控油理论及其潜山准层状油气藏勘探. 石油勘探与开发,(4):448～453.

韩剑发,梅廉夫,潘文庆,等. 2007a. 复杂碳酸盐岩油气藏建模及储量计算方法:以潜山油气储量计算为例. 地球科学(中国地质大学学报),32(2):267～278.

韩剑发,梅廉夫,杨海军,等. 2007b. 塔里木盆地塔中地区奥陶系碳酸盐岩礁滩复合体油气来源与运聚成藏研究. 天然气地球科学,18(3):426～435.

韩剑发,梅廉夫,杨海军,等. 2008a. 塔中Ⅰ号坡折带礁滩复合体大型凝析气田成藏机制. 新疆石油地质,29(3):323～326.

韩剑发,于红枫,张海祖,等. 2008b. 塔中地区北部斜坡带下奥陶统碳酸盐岩风化壳油气富集特征. 石油与天然气地质,29(2):167～173,188.

韩剑发,梅廉夫,杨海军,等. 2009. 塔里木盆地塔中奥陶系天然气的非烃成因及其成藏意义. 地学前缘,16(1):314～325.

韩剑发,孙崇浩,于红枫,等. 2011. 塔中Ⅰ号坡折带奥陶系礁滩复合体发育动力学及其控储机制. 岩石学报,27(3):845～856.

韩剑发,张海祖,于红枫,等. 2012. 塔中隆起海相碳酸盐岩大型凝析气田成藏特征与勘探. 岩石学报,28(3):769～782.

韩剑发,邬光辉,肖中尧,等. 2020. 塔里木盆地寒武系烃源岩分布的重新认识及其意义. 地质科学,55(1):17～29.

韩霞,田世澄,张占文. 2007. 高蜡油成因及其形成聚集的地球化学效应. 地质科技情报,26(5):73～78.

黄第藩,刘宝泉,王廷栋. 1996. 塔里木盆地东部天然气的成因类型及其成熟度判识. 中国科学(D辑),

26(4):1016~1021.

贾承造. 2004. 塔里木盆地板块构造与大陆动力学. 北京:石油工业出版社.

贾承造,魏国齐,姚慧君. 1995. 塔里木盆地构造演化与区域构造地质. 北京:石油工业出版社.

江同文,张辉,徐珂,等. 2020. 克深气田储层地质力学特征及其对开发的影响. 西南石油大学学报(自然科学版),42(4):1~12.

李剑,谢增业,罗霞,等. 1999. 塔里木盆地主要天然气藏的气源判识. 天然气工业,19(2):38~43.

李素梅,庞雄奇,杨海军,等. 2008a. 塔中隆起原油特征与成因类型. 地球科学(中国地质大学学报),33(5):635~642.

李素梅,庞雄奇,杨海军,等. 2008b. 塔中Ⅰ号坡折带高熟油气地球化学特征及其意义. 石油与天然气地质,29(2):210~216.

李小地. 1998. 凝析气藏的成因类型与成藏模式. 地质论评,44(2):200~206.

梁狄刚,张水昌,张宝民,等. 2000. 从塔里木盆地看中国海相生油问题. 地学前缘,7(4):534~547.

刘可禹,Bourdet J,张宝收,等. 2013. 应用流体包裹体研究油气成藏——以塔中奥陶系储集层为例. 石油勘探与开发,40(2):171~180.

刘立峰,孙赞东,韩剑发,等. 2014. 量子粒子群模糊神经网络碳酸盐岩流体识别方法研究. 地球物理学报,57(3):991~1000.

刘炜博,鞠治学,韩剑发,等. 2015. 塔里木盆地塔中Ⅲ区奥陶系碳酸盐岩各层系油气成藏特征及富集规律. 天然气地球科学,26(S2):125~137.

鲁新便,胡文革,汪彦,等. 2015. 塔河地区碳酸盐岩断溶体油藏特征与开发实践. 石油与天然气地质,36(3):347~355.

马安来,金之钧,王毅. 2006. 塔里木盆地台盆区海相油源对比存在的问题及进一步工作方向. 石油与天然气地质,27(3):356~362.

苗继军,贾承造,邹才能,等. 2007. 塔中地区下奥陶统岩溶风化壳储层特征与勘探领域. 天然气地球科学,18(4):497~500.

能源,杨海军,邓兴梁. 2018. 塔中古隆起碳酸盐岩断裂破碎带构造样式及其石油地质意义. 石油勘探与开发,45(1):40~50,127.

庞雄奇. 2010. 中国西部叠合盆地深部油气勘探面临的重大挑战及其研究方法与意义. 石油与天然气地质,31(5):517~534,541.

庞雄奇,罗晓容,姜振学,等. 2007. 中国西部复杂叠合盆地油气成藏研究进展与问题. 地球科学进展,22(9):879~885.

庞雄奇,周新源,姜振学,等. 2012. 叠合盆地油气藏形成、演化与预测评价. 地质学报,86(1):1~98.

屈海洲,刘茂瑶,张云峰,等. 2018. 塔中地区鹰山组古岩溶潜水面及控储模式. 石油勘探与开发,45(5):817~827.

史江龙,李剑,李志生,等. 2016. 塔里木盆地塔中隆起天然气地球化学特征及成因类型. 东北石油大学学报,40(4):19~25.

苏洲,张慧芳,韩剑发,等. 2018. 塔里木盆地库车拗陷中、新生界高蜡凝析油和轻质油形成及其控制因素. 石油与天然气地质,39(6):1255~1269.

孙龙德,李曰俊,江同文,等. 2007. 塔里木盆地塔中低凸起:一个典型的复式油气聚集区. 地质科学,(3):602~620.

王福焕,王招明,韩剑发,等. 2009,塔里木盆地塔中地区碳酸盐岩油气富集的地质条件. 天然气地球科学,20(5):695~702.

王招明. 2004. 塔里木盆地油气勘探与实践. 北京:石油工业出版社.

王招明,杨海军,王清华,等. 2012. 塔中隆起海相碳酸盐岩特大型凝析气田地质理论与勘探技术. 北京:科学出版社.

王振宇,严威,张云峰,等. 2007. 塔中16~44井区上奥陶统台缘礁滩体沉积特征. 新疆石油地质,28(6):681~683.

邬光辉,陈利新,徐志明,等. 2008. 塔中奥陶系碳酸盐岩油气成藏机理. 天然气工业,28(6):20~22,142.

邬光辉,庞雄奇,李启明,等. 2016. 克拉通碳酸盐岩构造与油气——以塔里木盆地为例. 北京:科学出版社.

吴楠,蔡忠贤,杨海军,等. 2013. 塔河-轮南地区奥陶系油气充注史的综合厘定. 中国科学:地球科学,43(9):1445~1455.

武芳芳,朱光有,张水昌,等. 2009. 塔里木盆地油气输导体系及对油气成藏的控制作用. 石油学报,30(3):332~341.

肖娟娟,季汉成,贾海波,等. 2016. 油气成藏时间研究方法综述. 内蒙古石油化工,42(6):134~139.

肖中尧,卢玉红,桑红,等. 2005. 一个典型的寒武系油藏:塔里木盆地塔中62井油藏成因分析. 地球化学,34(2):155~160.

杨德彬,朱光有,刘家军,等. 2010. 全球大型凝析气田的分布特征及其形成主控因素. 地学前缘,17(1):339~349.

杨海军,邬光辉,韩剑发,等. 2007a. 塔里木盆地中央隆起带奥陶系碳酸盐岩台缘带油气富集特征. 石油学报,28(4):26~30.

杨海军,韩剑发,陈利新,等. 2007b. 塔中古隆起下古生界碳酸盐岩油气复式成藏特征及模式. 石油与天然气地质,28(6):784~790.

杨海军,郝芳,韩剑发,等. 2007c. 塔里木盆地轮南低凸起断裂系统与复式油气聚集. 地质科学,42(4):795~811.

杨海军,朱光有,韩剑发,等. 2011. 塔里木盆地塔中礁滩体大油气田成藏条件与成藏机制研究. 岩石学报,27(6):1865~1885.

杨海军,朱光有. 2013. 塔里木盆地凝析气田的地质特征及其形成机制. 岩石学报,29(9):3233~3250.

杨海军,李世银,邓兴梁,等. 2020. 深层缝洞型碳酸盐岩凝析气藏勘探开发关键技术——以塔里木盆地塔中I号气田为例. 天然气工业,40(2):83~89.

翟光明,何文渊. 2004. 塔里木盆地石油勘探实现突破的重要方向. 石油学报,25(1):1~7.

张庆莲,侯贵廷,潘文庆,等. 2012. 皮羌走滑断裂控制构造裂缝发育的力学机制模拟. 地质力学学报,18(2):110~119.

张水昌,王飞宇,张宝民,等. 2000. 塔里木盆地中上奥陶统油源层地球化学研究. 石油学报,21(6):23~28.

张水昌,梁狄刚,黎茂稳,等. 2002. 分子化石与塔里木盆地油源对比. 科学通报,47(增刊):16~23.

张水昌,梁狄刚,张宝民,等. 2004. 塔里木盆地海相油气的生成. 北京:石油工业出版社:26~52.

赵孟军. 2002. 塔里木盆地和田河气田天然气的特殊来源及非烃组分的特殊成因. 地质评论,48(5):481~485.

赵孟军,黄第藩. 1995. 初论原油单体烃系列碳同位素分布特征与生油环境之间的关系. 地球化学,24(3):254~260.

赵孟军,秦胜飞,潘文庆,等. 2008. 塔北隆起轮西地区奥陶系潜山油藏油气来源分析. 新疆石油地质,29(4):478~481.

赵文智,朱光有,张水昌,等. 2009. 天然气晚期强充注与塔中奥陶系深部碳酸盐岩储集性能改善关系研究. 科学通报,54(20):3218~3230.

赵文智,朱光有,苏劲,等. 2012. 中国海相油气多期充注与成藏聚集模式研究:以塔里木盆地轮古东地区为例. 岩石学报,28(3):709~721.

赵宗举,王招明,吴兴宁,等. 2007. 塔里木盆地塔中地区奥陶系储层成因类型及分布预测. 石油实验地质,29(1):40~46.

周文,李秀华,金文辉,等. 2011,塔河奥陶系油藏断裂对古岩溶的控制作用. 岩石学报,27(8):2339~2348.

周兴熙,李绍基,陈义才,等. 1996. 塔里木盆地凝析气形成. 石油勘探与开发,23(6):7~11.

朱光有,张水昌. 2009. 中国深层油气成藏条件与勘探潜力. 石油学报,30(6):793~802.

朱光有,张水昌,梁英波,等. 2006. TSR 对深部碳酸盐岩储层的溶蚀改造作用——四川盆地深部碳酸盐岩优质储层形成的重要方式. 岩石学报,22(8):2182~2194.

朱光有,张水昌,王欢欢,等. 2009. 塔里木盆地北部深层风化壳储层的形成与分布. 岩石学报,25(10):2384~2398.

Cai Z X,Wu N,Yang H J,et al. 2010. Mechanism of evaporative fractionation in condensate gas reservoirs in Lunnan low salient. Tianranqi Gongye,29(4):21~24.

Han J F,Su Z,Liu Y F,et al. 2018. Reservoir controlling mechanism and hydrocarbon exploration potential of buried-hill belt in Yaha fault block,Tarim Basin. Acta Petrolei Sinica,39(10):1081~1091.

He J,Han J F,Pan W Q. 2007. Hydrocarbon accumulation mechanism in the giant buried hill of ordovician in Lunnan paleohigh of Tarim Basin. Acta Petrolei Sinica,28(2):44~48.

Hwang R J,Ahmed A S,Moldowan J M. 1994. Hydrocarbon accumulation mechanism in the giant buried hill of ordovician in Lunnan paleohigh of Tarim Basin. Organic Geochemistry,21(2):171~188.

Jiang Z X,Yang H J,Li Z,et al. 2010. Differences of hydrocarbon enrichment between the upper and the lower structural layers in the Tazhong Paleouplift. Acta Geologica Sinica-English Edition,84(5):1116~1127.

Li Q M,Wu G H,Pang X Q,et al. 2010. Hydrocarbon accumulation conditions of Ordovician carbonate in Tarim Basin. Acta Geologica Sinica,84:1180~1194.

Liu K Y,Julien B,Zhang B S,et al. 2013. Hydrocarbon charge history of the Tazhong Ordovician reservoirs,Tarim Basin as revealed from an integrated fluid inclusion study. Petroleum Exploration and Development,40:171~180.

Liu Q Y,Jin Z J,Li H L,et al. 2018. Geochemistry characteristics and genetic types of natural gas in central part of the Tarim Basin,NW China. Marine and Petroleum Geology,89(1):91~105.

Lu X X,Han J F,Wang X. 2012. Hydrocarbon distribution pattern in the upper ordovician carbonate reservoirs and its main controlling factors in the west part of northern slope of central Tarim basin,NW China. Energy Exploration & Exploitation,30(5):775~792.

Lue X X,Wang X,Han J F,et al. 2011. Hydrocarbon play of ordovician carbonate dominated by faulting and karstification—A case study of Yingshan Formation on northern slope of Tazhong Area in Tarim Basin,NW China. Energy Exploration & Exploitation,29(6):743~758.

Mark G,Williams P J,Oliver N H S,et al. 2005. Fluid inclusion and stable isotope geochemistry of the Ernest Henry Fe oxide-Cu-Au deposit,Queensland,Australia. 8th Biennial SGA Meeting.

Pang H,Chen J Q,Pang X Q,et al. 2012. Estimation of the hydrocarbon loss through major tectonic events in the Tazhong area,Tarim Basin,west China. Marine and Petroleum Geology,38:195~210.

Pang H,Chen J Q,Pang X Q,et al. 2013. Analysis of secondary migration of hydrocarbons in the Ordovician carbonate reservoirs in the Tazhong uplift,Tarim Basin,China. AAPG Bulletin,97:1765~1783.

Pang X Q,Jia C Z,Pang H,et al. 2018. Destruction of hydrocarbon reservoirs due to tectonic modifications:Conceptual models and quantitative evaluation on the Tarim Basin,China. Marine and Petroleum Geology,91:

401 ~ 421.

Thompson K F M. 1983. Classification and thermal history of petroleumbased on light hydrocarbons. Geochimca Cosmochimca Acta,47(2):303 ~ 316.

Tissot B. 1984. Geochemistry of resins and asphaltenes. Revuede L Institut Francais du Petrole, 39 (5): 561 ~ 572.

Wang Z M,Su J,Zhu G Y,et al. 2013. Characteristics and accumulation mechanism of quasi-layered Ordovician carbonate reservoirs in the Tazhong area,Tarim Basin. Energy Exploration and Exploitation,31(4):545 ~ 567.

Wu G H,Chen L X,Xu Z M,et al. 2008. Mechanism of hydrocarbon pooling in the ordovician carbonate reservoirs in Tazhong area of the Tarim basin. Natural Gas Industry,28(6):20 ~ 22,142.

Wu N,Cai Z X,Yang H J,et al. 2013. Hydrocarbon charging of the ordovician reservoirs in Tahe-Lunnan area, China. Science China. Earth Sciences,56(5):763 ~ 772.

Yang H J,Han J F. 2008. Accumulation characteristics and the main controlling factors of Lunnan multilayer oil province,Tarim Basin,China. Science in China, Series D:Earth Sciences,51:65 ~ 76.

Zhang Q L,Hou G T,Pan W Q,et al. 2011. Fractal study on structural fracture. Journal of Basic Science and Engineering,19(6):853 ~ 861.

Zhang Y P,Lu X X,Yang H J,et al. 2014. Control of hydrocarbon accumulation by Lower Paleozoic cap rocks in the Tazhong Low Rise,Central Uplift,Tarim Basin,West China. Petroleum Science,11(1):67 ~ 80.

Zhang Z Y,Zhu G Y,Zhang Y J,et al. 2018. The origin and accumulation of multi-phase reservoirs in the east Tabei uplift,Tarim Basin,China. Marine & Petroleum Geology,98:533 ~ 553.

Zhao M J,Wang Z M,Pan W Q,et al. 2008. Lower Palaeozoic source rocks in Manjiaer Sag,Tarim Basin. Petroleum Exploration and Development,35(4):417 ~ 423.

Zhao W Z,Zhu G Y,Zhang S C,et al. 2009. Relationship between the later strong gas-charging and the improvement of the reservoir capacity in deep Ordovician carbonate reservoir in Tazhong area,Tarim Basin. Chinese Science Bulletin,54(17):3076 ~ 3089.

第五章　塔中凝析气藏生产特征及开发潜力

基于碳酸盐岩凝析气藏理论认识与技术攻关，开展多学科动静态一体化研究，精细划分了缝洞系统与开发单元，系统总结了开发单元油气生产动态特征，创新了缝洞型碳酸盐岩凝析气藏地质储量与可动用储量评估方法，揭示了塔中缝洞型碳酸盐岩凝析气藏的开发潜力，打造了塔中海相碳酸盐岩凝析气田开发示范工程，取得了超深缝洞型凝析气藏评价开发的重大成效。

第一节　凝析气藏缝洞系统及开发单元划分

塔中海相碳酸盐岩储层非均质性极强，多缝洞多渗流单元复合油藏在生产中呈现出单井产能、含水变化多样特征（闫长辉等，2009；刘立峰等，2009；王福焕等，2010）。开发关键在于油气藏储层特征和流体分布规律研究，分析井间储层连通性及流体流动通道，进一步划分开发单元，制定合理的开发技术对策。

一、井间连通性分析方法

井间连通性判断分为间接方法和直接方法。间接方法包括构造成藏特征类比、压力趋势、生产干扰特征分析、流体性质对比、酸化压裂后储层压力特征分析等；直接方法包括干扰试井、示踪剂监测等。

（一）构造成藏特征类比

塔中地区奥陶系油气藏为三期成藏过程：第一期为晚加里东期成藏，油气来源于寒武系—下奥陶统烃源岩，早海西期构造抬升造成油气藏大范围破坏；第二期为晚海西期成藏，油气来源于中—上奥陶统烃源岩；第三期为晚喜马拉雅期，深层寒武系原油裂解气沿深大断裂向奥陶系充注，对油气藏进行气洗改造，从而形成凝析气藏。

塔中Ⅰ号断裂带与北东向走滑断裂为晚期天然气充注通道（杨海军，2011a，2011b，2011c，2011d），断裂附近储集体及圈闭形成良好的油气保存条件。远离走滑断裂的油气藏，受气侵作用弱，以油藏或挥发性油藏为主。因此，受多期成藏及走滑断裂影响，一系列缝洞型油气藏叠置连片，储集空间分布复杂、储层连通关系复杂，需要结合动态与静态资料综合研究油气储集单元之间的连通关系。

（二）压力趋势

根据"压降漏斗"理想化原理，油气藏在开发过程中，当压力波及整个边界，压降达到拟稳态后，储层内部各处压降趋于定值，压降只与时间有关，与位置无关。

当多口井处于同一个压力系统内（互为连通井组）正常生产时，各井井底流压下降趋势基本保持一致，即压降基本保持一致。

（三）生产干扰特征

同一压力系统下井组正常生产时，当其中某口井改变工作制度，势必造成储层内部压力场重新分布，从而影响其余井压力、产量。原理与干扰试井类似，故又称类干扰试井。

（四）流体性质对比

油气藏内流体非均质性特征可作为判断连通性的重要依据。油气藏相互连通时，流体混合作用可部分或完全消除油气在运移成藏过程中造成的组分差异。而油气藏之间相互不连通，由于油源差异、生物降解和后期成藏条件下温度压力的影响，流体差异性将长期保存。

各井流体性质、高压物性特征可作为判断油气藏内部横向及纵向连通性的依据之一。

（五）酸压后储层压力

酸化压裂为缝洞型碳酸盐岩储层改造的重要工艺。通过酸化压裂注入地层总液量大小与停泵后测压降时泵压大小相比较，可反映缝洞体规模特征。酸压人工裂缝有效沟通天然缝洞体时，往往停泵后泵压降低（闫长辉和陈青，2008）。而储层天然缝洞不发育，储层偏干时，人工裂缝也未能有效沟通天然缝洞，酸化压裂过程中泵压持续较高，井底附近泄压不畅，存在憋压，停泵后泵压较大。

当某口新完井酸化压裂后停泵测压降，停泵后井筒流体几乎不再流动，管柱内流体摩阻可忽略，此时井底压力可等效为井筒内流体液柱压力加井口泵压。即可折算此时井底压力，当某口井酸压后折算井底压力远小于区块原始地层压力时，说明地层能量亏空，缝洞体内流体已被采出。分析该亏空井周围邻井，判断与哪口井连通，可作为井间连通性判断依据之一。

（六）干扰试井

干扰试井一般以一口井为激动井，通过改变激动井工作制度，在地层内造成压力变化，形成干扰信号。并在观测井井底投放高精度电子压力计，测试压力变化，用以判断激动井与观测井之间的连通性。

（七）示踪剂监测

向井内注入示踪剂，并对观测井进行取样，分析化验样品内的示踪剂含量，从而判断井间连通特征。示踪剂包括：①化学示踪剂，易溶无机盐，如 SCN^-、Cl^-、Br^-、I^-、NO_3^- 等可作为水示踪剂；②放射性同位素，含氚化合物，如氚水（^3HHO）、氚化氢（^3HH）、氚化庚烷（$^3HC_7H_{15}$）等，可用作水示踪剂、油示踪剂、气示踪剂或油水分配示踪剂；③稳定性同位素示踪剂，无放射性同位素，如 ^{12}C、^{13}C、^{15}N、^{18}O、Gd（含 ^{157}Gd、^{155}Gd、^{152}Gd）等；④微量物质示踪剂，包含各类荧光物质、稀土元素、微量离子等，取样并利用电感耦合等离子质谱对样品进行分析，从而判断井间的连通性。

二、缝洞系统划分与评价

缝洞系统评价，是在缝洞带–缝洞系统–缝洞体划分的基础上，根据储层发育程度、油气富集程度、水体活跃程度来评价缝洞系统。

（一）缝洞带的划分

缝洞带是具有相同的油气成藏条件的油气聚集带，由大的断裂带和构造带控制，带与带之间具有明显的分界，控制着油气的分带富集。

缝洞带的划分遵从以下原则：①相同构造–岩溶背景；②大的断裂分割；③构造上具有分带性；④古地貌特征相近；⑤储层特征相似，带与带之间具有明显的分界线。在缝洞带划分时，需要综合考虑以上五个要素，当遇到相互之间矛盾时，以断裂和储层为主要的考虑因素。缝洞带的评价主要根据缝洞带规模、缝洞发育程度、成藏条件等因素进行评价。

TZ8 区块及周边地区连片处理区共划分为六个缝洞带，总面积为 1942.00km^2（表 5.1）。

表 5.1　TZ8、TZ43 区块及周边区块各缝洞带划分表

缝洞带	Ⅰ	Ⅱ	Ⅲ	Ⅳ	Ⅴ	Ⅵ	合计
缝洞带命名	TZ8	TZ10	TZ51	TZ44	TZ46	TZ43	—
面积/km^2	550.70	353.81	334.74	261.65	246.86	194.42	1942.00

（二）缝洞系统的划分

在缝洞带划分的基础上，通过动静资料结合进行缝洞系统划分，其基本原则是：

（1）位于同一缝洞带；

（2）具有相似控藏作用的逆冲–走滑断裂，构造位置相近；

（3）储层相对集中发育，预测边界范围可圈定；

（4）具有相似的油气藏特征；

（5）地质界线清楚。

综合考虑以上因素，在相互之间能够统一的基础上，进行缝洞系统的划分，TZ8、TZ43、TZ10、TZ51 共划分为 24 个缝洞系统。相同缝洞系统内，H$_2$S 含量级别类似；气油比变化与构造变化有一定的相关性，即构造高部位，气油比高，说明成藏过程中储层有一定的连通性，为同一油气藏。根据生产气油比及 PVT 相态特征分析，TZ8 区块和 TZ43 区块总体为凝析气藏。12 个缝洞系统中，10 个为凝析气区、2 个为油区（表 5.2）。

表 5.2 TZ8、TZ43 区块初期硫化氢与初期试采稳定气油比统计表

缝洞系统	试采井	H₂S 初值 /(mg/m³)	气油比 /(m³/t)	备注
TZ8 缝洞带	TZ12	TZ12	640	12510	高部位气油比高，低部位气油比低
		TZ13	450	185	
		TZ14	1907	1800	
		TZ14-2H	29	2369	
	TZ21	TZ21	54720	5743	小断裂多，相对复杂
		TZ21-1H	2200	—	
		TZ22	19500	2300	
		TZ22-2H	660	—	
	TZ11	TZ11	3800	2300	流体性质相近
		TZ111	2100	2815	
		TZ11-H7	3100	2731	
	TZ23	TZ21-H5	19	607	油藏，气侵弱、气油比低、硫化氢低
		TZ23	4	—	
	TZ8	TZ8	54300	1168	
TZ43 缝洞带	TZ48	TZ48	720	4294	TZ43 区块，H₂S 变化规律：由南向北，南边高、北边低；自西向东，西边低、东边高。局部构造内高部位气油比高
	TZ44	TZ441	12100	3008	
		TZ44	10600	—	
		TZ44c	—	3260	
	TZ46	TZ46	19900	10572	
		TZ461	1300	—	
		TZ46-H3	2200	—	
	TZ45	TZ462	130	1924	
		TZ201C	20700	3810	
		TZ45	14900	778	
	TZ43	TZ43	38425	1205	
	TZ431	TZ431	81500	589	油藏，局部高点为气顶
		TZ432	88500	176	
		TZ431-H1	6600	1786	
	TZ106	TZ106	8000	1666	—
		TZ47	120	—	
		TZ451	—	—	

TZ8 区块凝析气区划分为 TZ12、TZ11、TZ21、TZ8 等四个缝洞系统，油区为 TZ23 一个缝洞系统，此外 TZ12 缝洞系统的局部 TZ13 井区为油区。TZ43 区块凝析气区划分为 TZ48、TZ44、TZ46、TZ45、TZ43、TZ106 等六个缝洞系统，油区为 TZ431 一个缝洞系统。TZ8、TZ43 区块各缝洞系统面积与特征统计见表 5.3。

表 5.3　TZ8 区块和 TZ43 区块探明储量框内缝洞系统面积统计

类别	区块	缝洞系统名称	缝洞系统面积/km²	不同地震反射类型储层面积/km²			
				串片	纯片	杂乱	合计
气区	TZ8 区块	TZ12	91.80	11.90	7.18	22.41	41.49
		TZ11	59.98	16.28	1.30	17.47	36.05
		TZ21	39.77	1.51	0	28.19	29.70
		TZ8	28.20	16.13	1.99	8.75	26.87
		井区小计	219.75	46.82	10.47	76.82	133.11
	TZ43 区块	TZ48	27.50	4.20	0.00	14.84	19.04
		TZ44	43.60	16.85	1.05	16.50	34.40
		TZ46	38.85	0	8.98	31.28	40.26
		TZ45	56.90	19.36	1.86	13.93	36.15
		TZ43	20.12	4.67	0.70	9.78	16.15
		TZ106	31.70	0	14.46	16.48	29.94
		井区小计	218.67	46.08	27.05	101.81	173.94
	气区总计		438.42	90.90	37.52	178.63	307.05
油区	TZ8 区块	TZ12（TZ13 井区）	0	2.25	6.18	8.79	17.22
		TZ23	36.30	0	16.00	11.04	27.04
	TZ43 区块	TZ431	31.72	6.74	0	10.16	16.90
	油区总计		68.02	8.99	22.18	29.99	61.16

（三）缝洞系统评价

根据塔中凝析气田开发地质特征，确定缝洞系统评价主要内容为构造特征、储层特征、地震属性、压力系统、流体性质。通过评价开发探索，明确其评价标准如下：

（1）具有相同的构造背景。每个缝洞系统都发育在同一构造带上或同一沉积背景的沉积相带上，并且在同一构造带上的二级或三级构造单元上。

（2）具有相同的储层控制因素及发育规律。不同缝洞系统内的裂缝、溶蚀孔洞发育程度不同，流体性质也可能呈现较大差异。空间上不同规模的缝洞系统可以相互叠置，每个系统具有极强的形态不规则性、内部结构及孔渗的非均质性。

（3）压力系统相近。每个缝洞系统内都具有相对独立的压力系统，或相对一致的压力变化规律，以及相似的流体性质，在生产中可作为一个相对独立的流体单元和油气开采的基本单位。

（4）相对封闭。缝洞系统可以是若干孤立分布储集体联合而成的较大规模的缝洞连通体，也可独自成一个孤立的储渗体系即封闭定容体，开采过程中单元间互不干扰，产能、流体性质相差也很大，在生产中可作为油气开发的基本单元。

由于碳酸盐岩储层非均质性极强，油气分布极其复杂，为了更合理地划分研究区的缝洞系统，从构造、储层及油藏等三个方面开展深入分析，制定相应的缝洞系统评价流程（图 5.1）。

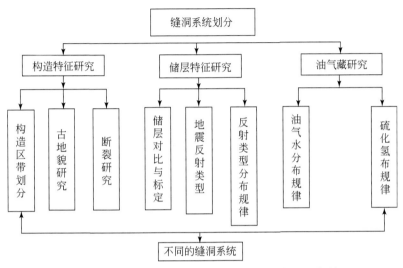

图 5.1　碳酸盐岩储层缝洞系统评价流程示意图（据彭更新等，2017）

在具体缝洞系统内，根据储层发育程度、油气富集程度、水体活跃程度开展评价。以评价结果作为开发的依据，第一轮以油气井较多的 TZ11、TZ8、TZ5 缝洞系统优先建产和攻关，第二轮以 TZ12、TZ46、TZ43 建产，第三轮以 TZ44、TZ106 为主，第四轮以储层较复杂的 TZ21、TZ48 为主（表 5.4）。

表 5.4　TZ8、TZ43 井区建产区各缝洞系统气藏特征统计表

井区	缝洞系统	完钻井数		储层特征	构造特征	气藏特征	水体特征	硫化氢	建产	备注
		口	井号（反射类型、评价）	（已钻井）						
TZ8	TZ12	4	TZ13（串珠、中产）、TZ12（串珠、高产）、TZ14-2H（片状、低产）、TZ14（串珠、中产）	洞穴型、裂缝孔洞型	斜坡	凝析气藏+油藏	比较活跃	低–中含硫	第二轮	优先动用气区，反射类型多样，面积大，试采井多
	TZ11	3	TZ11（串珠、中产）、TZ111（串珠、高产）、TZ11-H7（串珠、高产）	裂缝孔洞型、洞穴型	斜坡	凝析气藏	比较活跃	低含硫	第一轮	反射类型多样，分布高产井，长期试采

井区	缝洞系统	完钻井数		储层特征	构造特征	气藏特征	水体特征	硫化氢	建产	备注
		口	井号（反射类型、评价）	（已钻井）						
TZ8	TZ21	4	TZ21（串珠、中产）、TZ22（串珠、中产）、TZ21-1H（杂乱、低产）、TZ22-2H（杂乱、低产）	裂缝孔洞型、孔洞型、洞穴型	长轴背斜	凝析气藏	不活跃	低–中–高含硫	第四轮	杂乱为主，少量片状
	TZ8	1	TZ8（串珠、高产）	洞穴型	斜坡	凝析气藏	不活跃	高含硫	第一轮	布高产井，长期试采，面积适中
TZ43	TZ48	1	TZ48（串珠、低产）	小型洞穴型	斜坡	凝析气藏	比较活跃	低含硫	第四轮	构造位置低，试采井见水
	TZ44	2	TZ44（片状、低产）、TZ441（串珠、中产）	裂缝孔洞型、洞穴型	斜坡	凝析气藏	不活跃	中含硫	第三轮	存在正钻井，以中低产井为主，反射类型多样，面积适中
	TZ46	2	TZ46（片状、中产）、TZ461（杂乱、低产）	裂缝孔洞型、孔洞型	长轴背斜	凝析气藏	中等活跃	低–中含硫	第二轮	存在正钻井，反射类型多样，面积适中
	TZ45	3	TZ45（片状、中产）、TZ462（片状、高产）、TZ201C（片状、中产）	裂缝孔洞型	长轴背斜	凝析气藏	不活跃	低–中含硫	第一轮	分布高产井，长期试采，面积适中
	TZ43	1	TZ43（串珠、高产）	洞穴型	背斜	凝析气藏	不活跃	高含硫	第二轮	分布高产井，长期试采
	TZ106	3	TZ106（串珠、中产）、TZ47CH（片状、低产）、TZ451（片状、工程报废）	孔洞型、裂缝孔洞型	斜坡	凝析气藏	目前未见水	低–中含硫	第三轮	中、低产井为主，以片状和杂乱为主

（四）缝洞体评价

基于碳酸盐岩缝洞系统划分与评价，依据每个缝洞系统的动、静态信息进行缝洞体（单元）划分并进行评价（彭更新等，2017），支撑开发井组的部署（图5.2）。

在上述缝洞系统影响因素研究的基础之上，将每个系统的动、静态信息结合进行精细的单元划分。结合研究储层段的储层、断层、钻井的动态资料、静态信息等进行缝洞单元优化，探索每个缝洞单元的最大油气产量。

首先根据储层平面分布规律、断裂发育特征及构造发育程度等信息，采用静态判别法分析缝洞单元的连通性；在此基础上根据井间的干扰测试、压力差别等动态信息分析井间

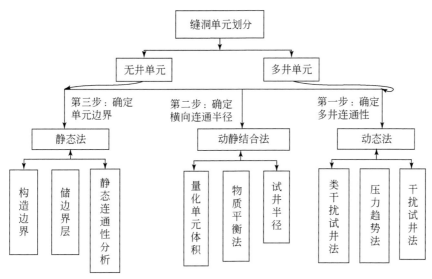

图 5.2　缝洞单元划分、评价流程示意图

的连通性，判别井间是否属于同一个压力系统，模拟缝洞单元的泄油半径，预测该单元的最大产量。此外利用地质统计学反演成果为辅，开展缝洞单元的量化研究，先预测该单元当前动态产油量是否与实际产量吻合，若吻合效果好再进行整个单元的最大静态、动态产油量评估。以 TZ62-7H 缝洞单元为例，预测的天然气动态储量为 46 万 m^3、天然气静态储量为 121 万 m^3。利用 TOPAZE 生产分析软件包分析的边界距离计算得到弹性体体积和动态储量，与 RTA 不稳定分析法计算的动态储量相比，结果与井数据基本一致（图 5.3）。根据以上方法优化缝洞单元，使得单元划分更为合理，研究表明 TZ62-7H 单元与 TZ622 单元不是同一个单元，各自缝洞单元内的储藏空间足以达到自身的开采量。

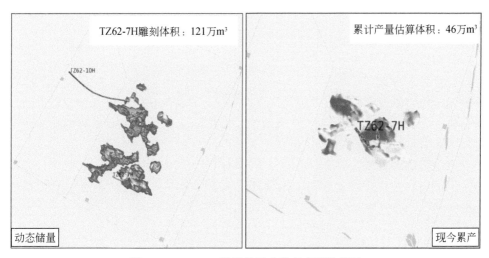

图 5.3　TZ62-7H 缝洞单元动静态产量雕刻图

三、开发单元划分及应用

(一) 开发单元划分思路

缝洞型碳酸盐岩油气藏边界难以判识,需要进行储层连通性分析和开发单元划分。首先进行井间连通性分析,判断油气藏为单井单元或多井单元,再利用压力恢复不稳定试井判断油气藏边界,以生产试井数据分析动储量及泄流面积,结合地震反演储层预测及缝洞雕刻等静态地质特征并相互约束,再利用数值试井划分连通储层进行动态拟合验证。当拟合效果较好时,则认为划分连通储层边界可靠,当拟合效果不佳时,重新结合储层预测及缝洞雕刻刻画边界,并调整相关储层参数 [流度比 (M)、分散比 (D)],直至拟合效果良好。通过动态、静态结合进而精细刻画连通储层边界,可以合理划分开发单元。结合具体的开发地质特征,形成了完善的划分开发单元技术方法,储层连通性分析流程如图 5.4 所示。

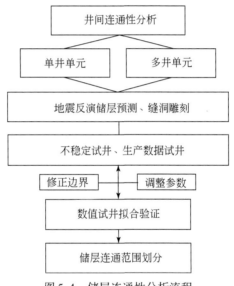

图 5.4　储层连通性分析流程

缝洞系统边界依据沉积、古地貌、构造、断裂、岩溶及相带进行划分,以成藏、生产特征进行修正。通过开展"区–带–缝洞系统"分级评价,划分落实开发单元,具体划分方法如图 5.5 所示。

综合动态、静态资料,通过细化划分依据,展开了 16 项系统细化依据分类评价,依据区块、井间差异性特征划分重要依据类 7 项、次级参考类 3 项、其他 6 项(参考价值小)(图 5.6)。

(二) 开发单元划分实例

1. ZG22、ZG22-H5、ZG22-H1、ZG22-H4 井组的应用

应用于 ZG22 井组的四口井,最晚投产的是 ZG22-H5 井,发生钻井漏失、放空。距

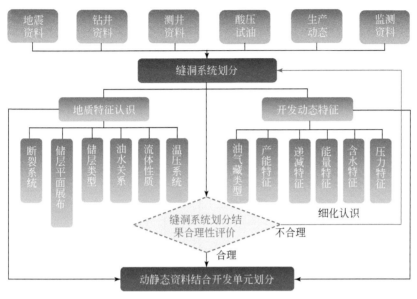

图5.5　塔中Ⅱ区鹰山组缝洞系统及开发单元划分方法

分类	资料名称	评价	合计
静态资料	储层展布	重要依据类	3
	断溶体	重要依据类	
	断裂系统	重要依据类	
	储层类型	次级参考类	2
	压力系数	次级参考类	
	地温梯度	参考价值弱	2
	地层系数	参考价值弱	
流体性质	原油密度	重要依据类	2
	油气藏类型	重要依据类	
	地层水矿化度	参考价值弱	2
	硫化氢含量	参考价值弱	
动态特征	井间连通性	重要依据类	2
	天然能量	重要依据类	
	产能特征	次级参考类	1
	含水特征	参考价值弱	2
	递减特征	参考价值弱	

图5.6　缝洞系统细化依据分类评价

设计 B 点提前175m完钻，井底距离 ZG22-H1 井 A 点833m，距离 ZG22 井476m，酸压过程井底压力持续较低，最终井底压力仅为54MPa，折算地层系数为0.95，存在亏空特征（图5.7）。

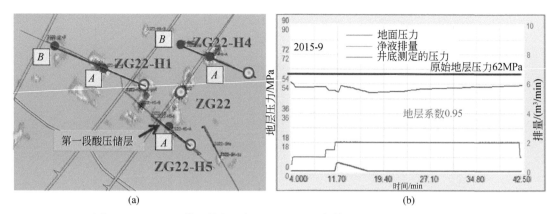

图 5.7　ZG22-H5 井组均方根振幅属性（a）与第一段酸压井底压力（b）

首先，分析四口井之间的连通关系，对四口井中最外围的 ZG22-H4 进行分析。ZG22-H4 钻井过程累计漏失钻井液 2289m³，钻遇天然缝洞。分七段酸压累计注入 3426m³，酸压过程井底压力持续较高，仅在第六、七段沟通天然缝洞（图 5.8）。与地震特征对比，沟通 A 点附近天然缝洞。最终停泵泵压较高 34.3↓32.8MPa（25min），停泵测压降过程，井底泄压不畅，存在憋压特征（图 5.9）。从酸压情况看，储层未出现亏空特征，且仅在第六、七段沟通一个天然缝洞。从后期的生产动态分析，该井为一个独立的缝洞体，独立的开发单元，与邻井不存在连通关系（图 5.10）。

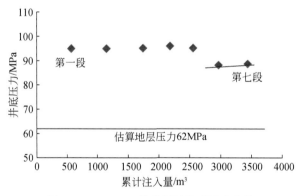

图 5.8　ZG22-H4 井酸压过井底压力变化

另一口外围井 ZG22-H1，"串珠+片状"地震响应特征明显，水平段长 734.88m，钻井过程钻遇天然缝洞体，累计漏失钻井液 6260m³。分九段酸压，累计注入地层液量为 3326m³，各段酸压完井底压力呈现两段线性关系，显示良好沟通的两个天然缝洞体。结合静态地质特征，酸压可能沟通了两个天然缝洞体（图 5.11）。

结合静态地质特征，构建有限元数值试井平面属性模型，拟合双对数曲线（图 5.12），评价不同渗流区域储层渗流特征，并确定油气藏边界，进而合理划分开发单元。

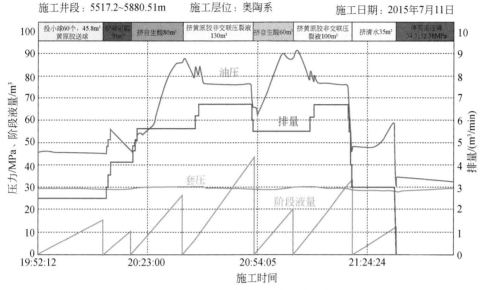

图 5.9　ZG22-H4 井第七段酸压施工曲线

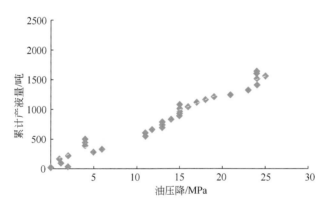

图 5.10　ZG22-H4 井累计产液压降曲线

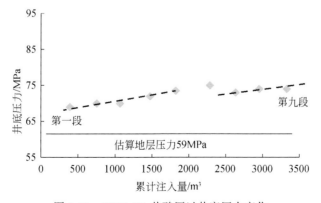

图 5.11　ZG22-H1 井酸压过井底压力变化

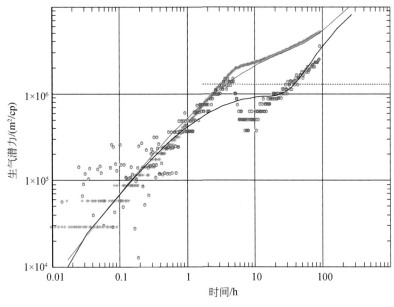

图 5.12　ZG22-H1 井双对数曲线拟合

从动态上分析了 ZG22-H1 井压力波及范围，储层边界未达到 ZG22 和 ZG22-H5 井。评价出 ZG22-H1 井为水平段控制两套天然缝洞的独立开发单元，与邻井不连通。内区渗透率 66.7mD、Ⅰ区渗透率 12.2mD、Ⅱ区渗透率 9.6mD、外区渗透率 0.59mD，井控储层边界范围 0.33km²。

同时利用 ZG22-H1 井生产过程压力产量数据，构建 Log-Log 曲线拟合分析（图 5.13），并利用生产全过程产量、压力历史拟合验证（图 5.14），同时利用现代产量递减分析 Blasingme 曲线拟合（图 5.15），评价得到 ZG22-H1 井动储量：油 38.27 万吨、气 4.21 亿 m³。目前累计产油 3.98 万吨（采收率为 10.4%）、累计产气 6.4 亿 m³（采收率为 16.2%）。

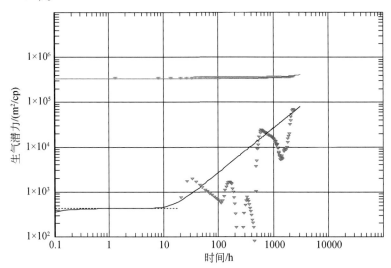

图 5.13　ZG22-H1 井 Log-Log 曲线拟合

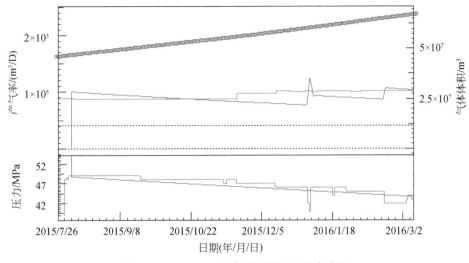

图 5.14　ZG22-H1 井产量压力历史拟合验证

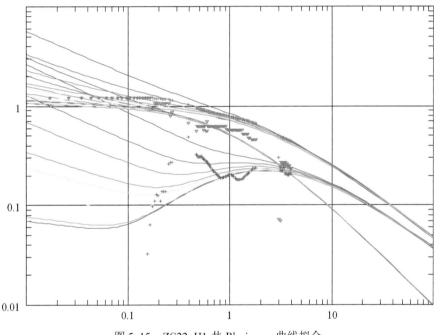

图 5.15　ZG22-H1 井 Blasingme 曲线拟合

通过分析评价井区内四口井，ZG22-H4、ZG22-H1 井为独立的开发单元。ZG22-H5 井发生地层亏空，分析可能是与 ZG22 井连通所致。静态资料分析 ZG22、ZG22-H5 井为同一个雕刻缝洞体，有连通的可能（图 5.16），两口井井底距离仅 476m。

综合相关资料，构建了井组区域数值试井模型，分析评价了井控压力波及范围，在此基础上可以划分已动用单元和未动用单元。实例分析表明，ZG22-H5 井钻井过程中发生漏失放空，提前完井未钻到靶点，为未动用区域，后期可进行侧钻作业，开发其资源潜力（图 5.17）。

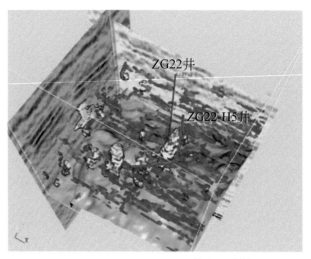

图 5.16　ZG22、ZG22-H5 井缝洞雕刻

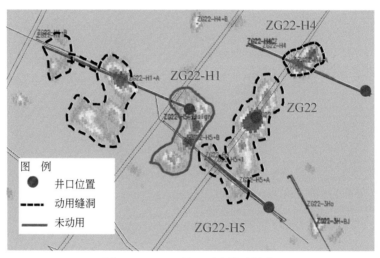

图 5.17　ZG22 井区开发单元划分

2. ZG11-H2 与 ZG11-H13 井组的应用

ZG11 井区已完钻 11 口井，投产 10 口井。其中 ZG11-H13 钻井过程中出现漏失及管柱液面降低现象，钻井现场分析可能钻遇大型天然缝洞或钻遇亏空储层。完井后分四段酸压，酸压第二段时，泵压几乎不起压，呈现出储层亏空的特征。分三段酸压，评价各段酸压完井底压力变化特征，反映出在第二段沟通亏空天然缝，最终停泵泵压为 0，酸压完后油管内液面在 1685m，折算地层压力系数 0.73，验证了储层亏空特征。

静态地质特征上，ZG11-H13 井酸压第二段储层亏空段与 ZG11-H2 井底段 B 点储层有可能连通。而 ZG11-H2 井完井时分八段酸压，通过各段酸压完后井底压力特征分析，ZG11-H2 井沟通了两个天然缝洞，其中包括井底段 B 点天然缝洞以及井段 A 点附近天然缝洞（图 5.18）。

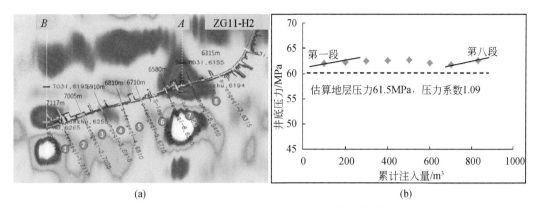

(a)　　　　　　　　　　　(b)

图 5.18　ZG11-H2 地震剖面（a）与酸压过程各段井底压力（b）

从投产情况分析来看，ZG11-H2 井 2014 年 6 月投产，而投产九个月后暴性水淹。2016 年 1 月 21 日 ZG11-H13 井试油，储层亏空无法自喷，气举生产，日产气 19652m³、日产水 148.58m³，测试结论含气水层。从构造位置及钻揭储层深度来看，ZG11-H13 井位置更深，符合两井储层都存在底水的特征。

动静态结果一致性表明，ZG11-H13 与 ZG11-H2 两井连通。再结合静态储层预测，构建井组数值试井模型拟合分析，划分连通井组储层边界范围，从而合理划分井组开发单元（图 5.19）。

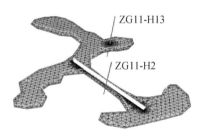

图 5.19　ZG11-H13 井组储层压降波及范围

四、台缘带稳产上产领域

塔中Ⅰ号气田包括上奥陶统良里塔格组台缘礁滩体油气田与下—中奥陶统鹰山组凝析气田，目前围绕主要的油气富集单元进行开发。

（一）油气资源量分布及产量构成

塔中Ⅰ号气田东西长 220km、南北宽 2～30km，面积约 4000km²，三维地震覆盖面积 6459.3km²。根据气藏地质特征及开发状况，自东向西划分为三个区（Ⅰ、Ⅱ、Ⅲ区），本次开发实施方案区域为塔中Ⅰ号气田Ⅱ区。

塔中Ⅰ号气田油气资源丰富，整体开发形势较好，油气产量持续上升，2014年9月下旬，塔3联投运以来，日产油突破2000吨（图5.20、图5.21）。

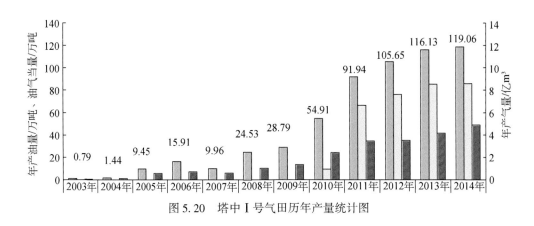

图5.20　塔中Ⅰ号气田历年产量统计图

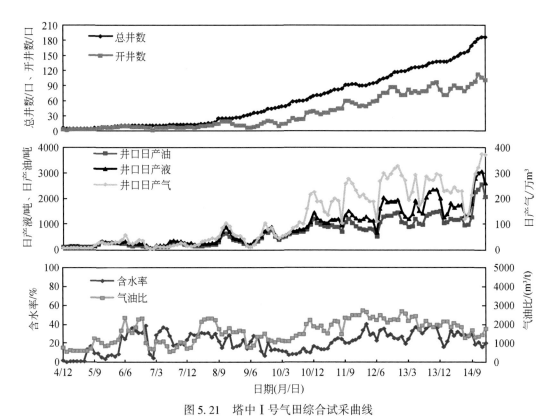

图5.21　塔中Ⅰ号气田综合试采曲线

（二）典型区块开发效果

在缝洞系统与开发单元的分级评价基础上，开展了重点区块的试采与开发实践。通过典型单元动态储量与动用储量对比分析，塔中凝析气藏的开发效果不断提升。目前，塔中Ⅰ号气田Ⅱ区处于建产高峰期，井网密度整体较低，局部井网密度较高。为了验证上述动用储量评价的准确性和科学性，选取了井网密度较高的 TZ14 井区进行分析。对 TZ14-3H、TZ14-1、TZ14-H6、TZ14 井等四口生产井分析表明，四口井未发现连通（图 5.22）。

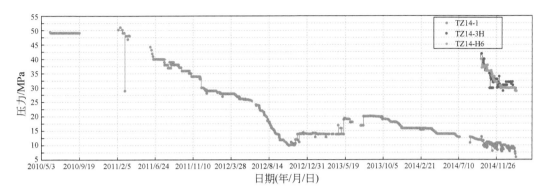

图 5.22　TZ14-1 井区油压对比曲线

根据动态计算四口井的动态储量为气 8.22 亿 m³、油 46.11 万吨（表 5.5）。另外，该区四口待钻井按照已生产井平均动态储量为气 2.06 亿 m³、油 11.28 万吨，计算三口待钻井动态储量为气 6.17 亿 m³、油 33.83 万吨。据此，该井区全部七口井共动用气 14.39 亿 m³、油 78.94 万吨。

表 5.5　TZ14-1 井区单井动态储量计算表

	序号	井号	试采天数/天	目前采出		动态储量		预计可采	
				天然气/亿 m³	凝析油/万吨	天然气/亿 m³	凝析油/万吨	天然气/亿 m³	凝析油/万吨
生产井	1	TZ14-1	1243	1.08	1.74	2.28	9.56	1.32	1.38
	2	TZ14-3H	123	0.14	0.92	2.76	16.67	1.6	4.5
	3	TZ14-H6	124	0.1	0.37	1.41	13.33	1.3	3.6
	4	TZ14	115	0.15	0.86	0.78	6.56	0.45	1.5
	小计	—	1605	1.37	3.89	8.22	46.11	4.77	11.18
	平均	—	—	0.37	0.97	2.06	11.28	1.19	3.05
待钻井	—	待钻井三口	—	—	—	6.17	33.83	—	—
合计	—	—	—	—	—	14.39	78.94	—	—

TZ14 井区强片状地震反射面积为 2.77km²、弱片面积为 1.1km²，串珠面积为 0.74km²。按照 TZ8 井区平均储量丰度，强片、串珠：气 12.63 亿 m³、油 69.5 万吨，弱片：气 7.14 亿 m³、油 34.02 万吨；该井区动用储量为气 19.78 亿 m³、油 103.52 万吨（表 5.6）。因该井区 1 口井失利，故根据生产动态计算的单井动态储量为分类地震储层预测丰度方法的 75% 左右。若 TZ14-H6 井取得成功，两种方法计算的动用储量吻合率

达到 85%。

表 5.6　TZ14 井区不同反射动用储量计算表

区块	类型	串珠			强片			弱片			合计		
		面积 /km²	气 /亿 m³	凝析油 /万吨	面积 /km²	气 /亿 m³	凝析油 /万吨	面积 /km²	气 /亿 m³	凝析油 /万吨	面积 /km²	气 /亿 m³	凝析油 /万吨
TZ14-1	气藏	0.74	2.66	14.65	2.77	9.97	54.85	1.10	7.14	34.02	6.61	19.78	103.52

　　2012~2014 年方案共完钻 42 口井，试油完井 41 口，成功 35 口，部分井单井生产动态数据计量准确，可单独进行产能评价。部分井因为缺乏井口计量装置，因此单井动态数据不准，需要根据累计产量数据进行总体评价。

第二节　缝洞型碳酸盐岩凝析气藏生产特征

　　塔中碳酸盐岩油气藏类型复杂，凝析气藏和油藏并存，单井间的连通性较差，表现为"一井一藏"的特征，衰竭生产后，无法通过完善注采关系补充能量提高油气采出程度。以上特征造成了碳酸盐岩单井的采出程度较低，井底赋存大量的反凝析油无法采出。

一、凝析气藏产能特征

　　油气田的合理产能是衡量开发方案执行情况以及制订开发调整方案的基本依据，通常利用采油气指示曲线法、数值模拟法、产量不稳定分析法以及生产统计法等方法确定合理的产能方案。由于塔中凝析气藏地质条件与油气产出极为复杂，难以准确描述油气藏特征，简单利用已有的方法难以有效确定合理产能。在油气藏分级评价的基础上，根据试采资料分析研究，确定了合理产能的选取原则：①水体能量弱区主要考虑稳产期；②有一定水体能量区保持一定的生产时间且不见水。

　　根据凝析气藏的地质特征和动态特征，通过在试采期间进行各种方法的应用，选择合理的方法来确定合理产量，并分析评价各种方法的优缺点和适用性，合理产能确定方法主要有生产资料统计法、水锥极限产量法。

（一）生产资料统计法

　　生产资料统计法是总结油气井在长期生产过程中表现出来的生产规律得到的经验性认识，这些认识针对性及可操作性较强，对相同油气藏的油气及配产具有较好的应用效果。该方法是根据单井生产动态得到的曲线基础上计算的结果，由于缝洞型碳酸盐岩油气藏非均质性极强，不同的井间区别较大，不同区块地质条件相差也较大，要根据实际情况调整配产。

　　根据研究区稳定生产时的油气产量及生产时间确定合理产能。例如，TZ62 井区 OI 气层由 TZ62-6H、TZ62-7H、TZ623 井组成生产井组。TZ62-7H 井平均日产气 8.5 万 m³、稳定日产气 7.4 万 m³；TZ623-H1 井平均日产气 6.1 万 m³、稳定日产气 3.3 万 m³（表 5.7）。

由此可见，稳定日产量大约是平均日产量的 54% 以上。根据稳定生产期产量和与 TZ62-7H 井相似的 I 类油区直井配产为 7.0 万 m³/d，与 TZ623-H1 井相似的 II 类油区直井配产为 3.0 万 m³/d。

表 5.7　塔中 I 号气田气井生产动态统计表

井区	井号	地质分类	累计产油量/吨	累计产气量/万 m³	平均日产量		稳定日产量		开关井情况
					油/吨	气/万 m³	油/吨	气/万 m³	
TZ62	TZ62-6H	I	84984	21531	34.3	8.7	22.7	6.8	生产
	TZ62-7H		90392	15852	48.2	8.5	26.7	7.4	生产
TZ623	TZ623-H1	II	11411	5670	10.4	6.1	7.5	3.3	生产

TZ82 井区的 TZ821-1H 井试油稳定气油比为 1445m³/m³，阶段末试气产量为 9.7 万 m³/d，参考 TZ62 井区的试油情况，配产为 6.5 万 m³/d。

(二) 水锥极限产量法

通过单井合理产能控制底水锥进是塔中凝析气藏开发面临的重要问题。需要确定合理的避水高度、生产压差，防止底水快速突破。底水油气藏油井生产过程中，在井底形成压降漏斗，产生锥状水体进入油井，油井开始见水。水锥的高度受控于井底压降，水锥的形状为两边呈曲线的锥形。由于底水锥进直接影响油气产量与含水率，通过水锥特征模型研究也可以确定合理产能。塔中 I 号气田 OI 气层组目前见水区块为 TZ62-1、TZ82 井区，采用水锥极限产量计算方法 [式 (6.1)]，计算 TZ62-1、TZ82 井区的水锥极限产量。

$$q_c = 1.27 \times k_o \times h \times \Delta\gamma \times (h - b) \times \gamma_o / (B_o \times \mu_o) \tag{5.1}$$

式中，q_c 为水锥极限产量，t/d；k_o 为油层渗透率，μm^2；h 为油层厚度，m；$\Delta\gamma$ 为地层油水相对密度差，t/d；b 为油层钻开厚度，t/d；γ_o 为脱气原油相对密度；B_o 为地层原油体积系数；μ_o 为地层油黏度，mPa·s。

TZ62-1 井截至某日累计产油 2.05 万吨、累计产水 2.07 万吨，推测油水厚度接近，油层厚度推测有 60m；钻开油层厚度为 11.3m，油层渗透率为 11.15mD，地层原油相对密度为 0.5799，地面脱气原油密度为 0.8411g/cm³，原油体积系为 1.8312，地层原油黏度为 0.352mPa·s，把以上参数代入式 (5.1)，水锥极限产量为 44.5t/d。

TZ62-1 井区直井实际配产为 40t/d，低于水锥极限产量为 44.5t/d。

TZ722 井试油，射开 O III 气层组 5356.70 ~ 5750m，8mm 油嘴日产油 154.87 ~ 266.59m³、日产气 28202 ~ 49915m³、日产水 76.79 ~ 116.6m³。虽无试采资料，但试油产量与 TZ62-1 井接近，采用 TZ62-1 井区产能代替，直井合理产能为 40t/d，效果良好。

根据水平井生产与试采资料分析，水平井 I 类油区配产为 80t/d，II 类油区配产为 60t/d，取得了很好的开发效果。

二、凝析气藏含水特征

综合资料分析表明，塔中 I 号气田产水井较多。投产井初期，不含水井 18 口，仅占

36.7%；低含水井 12 口，占 24.5%；中、高含水井 19 口，占 38.8%（图 5.23）。

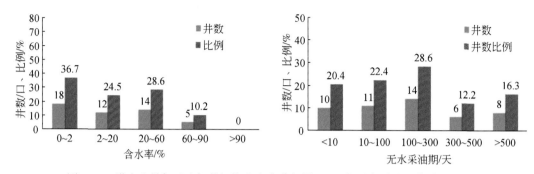

图 5.23　塔中 I 号气田油气井初期含水率分级图（a）与无水采油天数分级（b）

根据含水曲线变化特征，油气井含水类型可划分为四种（图 5.24）。

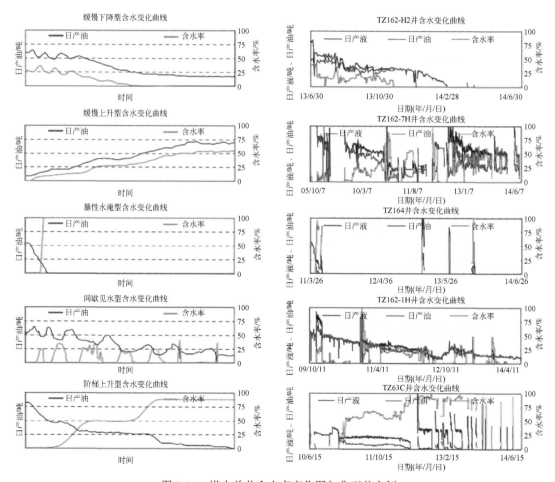

图 5.24　塔中单井含水率变化图与典型井实例

（1）间歇见水型：含水、水气比突然上升后下降，间歇含水，出水后产量大幅下降，不产水时产量、压力平稳。该类井钻遇储集体规模较大，油气充注强，可能储集体底部赋存少量水体。

（2）缓慢下降型：投产初期含水高，一段时间后含水下降，含水率呈逐渐下降趋势。该类井通常钻遇储集体底部，且储集体表现为定容特征。随着开发的进行，水体逐渐被采出，且没有外界水体补给。

（3）缓慢上升型：产水后，含水率呈逐渐上升趋势。该类井通常钻遇储集体中-上部，储集体底部赋存一定规模的水体，随着开发的进行，水体呈现水锥上升特征。

（4）快速上升型（阶梯上升型和暴性水淹型）：产水后，含水率快速增长，在很短时间内（一般几天内）上升到较高程度。一般将含水直接上升至90%以上时定义为暴性水淹型，小于90%且稳定半年以上定义为阶梯上升型。此种含水特征井一般是水体窜进至井底附近后沿裂缝、溶洞突破所致。

统计分析表明，塔中Ⅰ号气田油气井含水类型以快速上升型为主（占41.2%），其次为间歇见水型（占36.1%）和缓慢上升型（占12.8%），最后是缓慢下降型（占9.9%）。含水快速上升型井在出水井中所占比例较高，反映了碳酸盐岩缝洞型油气藏水体活跃，同时储层裂缝发育、非均质性强的特征。

1. 塔中Ⅰ区礁滩体含水变化特征

主要以局部封存水为主，含水类型以间歇见水型、平稳型为主。其中，见水井比例为66.7%，气井中气产量占比为69.7%，油井中油产量占比为82.69%。

Ⅰ区礁滩体油气藏以凝析气藏为主，局部富油，水体不活跃。见水受成藏单元控制，高部位低含水，低部位见水较快、含水高。从含水分级数据分析，东部试验区处在低含水采气阶段，高含水井主要分布在 TZ62 区块西部和 TZ26 区块西部，其中见水井含水率在60%以上有 17 口，占比达 22.44%（图 5.25）。

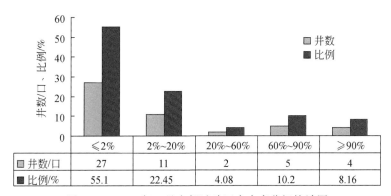

	≤2%	2%~20%	20%~60%	60%~90%	≥90%
井数/口	27	11	2	5	4
比例/%	55.1	22.45	4.08	10.2	8.16

图 5.25　2015 年 5 月东部试验区含水率分级统计图

2. 塔中Ⅱ区鹰山组油气藏含水变化特征

该区见水类型以缓慢上升、基本平稳为主。见水井比例为44.9%，气井中气产量占比为53.4%，油井中油占比为53.3%（表5.8）。

表 5.8 塔中Ⅱ区见水井分类表

含水类型	井数/口	比例/%
间歇见水型	16	28.57
缓慢上升型	3	5.36
基本平稳型	13	23.21
快速上升型	24	42.86
合计	56	100.00

3. 塔中Ⅲ区含水变化特征

该区根据不同的见水特征，含水类型分为四种类型，分别为缓慢下降型、间歇见水型、暴性水淹型、台梯上升型。其中断裂破碎带水体能量大、含水高，以快速上升型为主，暴性水淹井较多（表 5.9）。

表 5.9 塔中Ⅲ区见水井分类表

含水类型	井数/口	比例/%
缓慢下降型	4	28.57
间歇见水型	3	21.43
暴性水淹型	2	14.29
台梯上升型	5	35.71
合计	14	100.00

三、凝析气藏递减特征

塔中历年投产的新井产量统计结果分析表明，碳酸盐岩缝洞型油气藏凝析油产量呈现出明显的两段式递减规律。原油产量在投产 12 月内递减率较大，递减率高达 35% ~ 60%。随着开采时间的延长，递减率有所降低，为 20% ~ 35%。天然气多为一段式递减，递减率一般在 25% ~ 35%。统计研究表明，塔中Ⅰ号气田油气递减规律符合指数递减规律（图 5.26、图 5.27）。

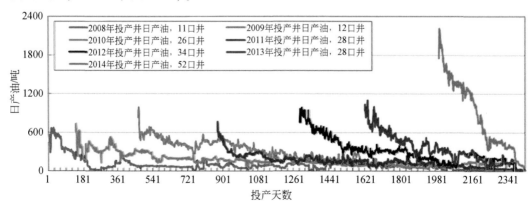

图 5.26 塔中Ⅰ号气田历年新井日产油水平拉齐曲线

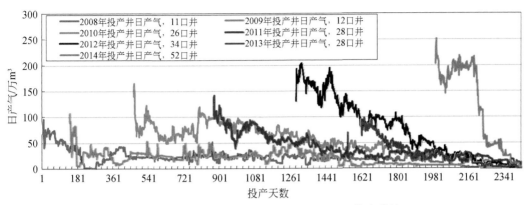

图 5.27 塔中 I 号气田历年新井日产气水平拉齐曲线

分析表明，造成产量递减的原因主要为天然能量不足和含水上升快两种因素。产水是产量递减的重要因素，统计 83 口高含水井的生产资料，73 口井见水后，含水上升很快，三至五个月就上升到高含水期。50 口油井生产不到一年含水高达 90% 以上，其中有 30 口井为暴性水淹，产量快速递减，平均月递减高达 20% 以上，由高产井突变为低产低效井。能量下降是导致产量递减的最重要原因，利用单位压降产量分析，结合井口油压的变化特征，评价了塔中 I 号气田试采井的地层能量。结果表明，塔中碳酸盐岩凝析气田总体能量中等偏弱，试采井天然能量较为充足的不到 1/3（表 5.10）。

表 5.10 塔中 I 号气田 2011～2015 年年产量递减分因素统计表（两点法）

分类	平均影响日产量														
	2011 年			2012 年			2013 年			2014 年 12 月			2015 年 5 月		
	井数/口	油/吨	气/万 m³	井数/口	油/吨	气/万 m³	井数/口	油/吨	气/万 m³	井数/口	油/吨	气/万 m³	井数/口	油/吨	气/万 m³
能量下降	18	387	47	30	310	67	36	477	78	38	586	94	25	639	16
含水上升	12	284	62	7	102	12	16	284	54	8	186	34	5	126	14
其他	0	0	0	1	0	12	9	78	1	1	4	1	16	183	46
合计	30	671	109	38	412	91	61	839	133	47	776	129	46	948	76

四、凝析气藏地层能量

对油藏采用弹性产量比和 1% 采收率的压降值作为评价标准。气藏采用 $P/Z\text{-}G_p$ 的关系图判断水体活跃程度和驱动类型（表 5.11、表 5.12）。

表 5. 11　油藏天然能量评价标准（SY/T 5579. 1—2008）

地层压降指标（ΔP）/MPa	弹性产量比（N_{pr}）	能量大小评价
<0.2	>30.0	天然能量充足
0.2 ~ 0.8	8.0 ~ 30.0	天然能量较充足
0.8 ~ 2.0	1.3 ~ 8.0	天然能量不足
>2.0	<1.3	天然能量微弱

表 5. 12　水驱气藏水体活跃程度评价

条件	结果
P/Z 曲线偏离时间	水体活跃评价
<10% 采收率	水体比较活跃
10% ~ 30% 采收率	水体中等活跃
>30% 采收率	水体不活跃

（一）油井

根据上述评价标准，对 TZ12 和 TZ43 缝洞系统的地层能量进行了评价（表 5. 13）。

表 5. 13　TZ12 和 TZ43 区块油井地层能量评价汇总表

缝洞系统	井号	P_i/MPa	P/MPa	N/万吨	N_p/万吨	N_{pr}	ΔP	评价
TZ12	TZ13	73.27	60.15	0.54	1.56	1.37	4.5	能量微弱
TZ43	TZ431	64.00	51.39	0.76	13.60	9.53	0.70	能量较充足
	TZ432	62.22	53.99	0.45	7.80	4.24	0.97	能量不足

从油井的地层能量分析结果看，TZ12 缝洞系统的天然能量微弱，驱动类型以弹性驱为主。TZ43 缝洞系统的天然能力介于较充足和不足之间，结合生产曲线综合分析认为驱动类型以弹性驱为主。TZ23 缝洞系统因缺少地层能量评价资料，结合生产曲线分析认为驱动类型以弹性驱为主。总体上看，TZ12 和 TZ43 区块油藏驱动类型以弹性驱为主，天然能量偏弱。

（二）凝析气井

同样，以 TZ8 和 TZ43 区块凝析气藏为代表，对研究区凝析气藏水体活跃程度进行评价（表 5. 14）。

表 5. 14　TZ8 和 TZ43 区块气井的水体活跃程度汇总表

缝洞系统	井号	偏移值	水体活跃程度
TZ8	TZ8	无偏离	不活跃
TZ11	TZ11	2%	比较活跃
	TZ111	无偏离	不活跃

续表

缝洞系统	井号	偏移值	水体活跃程度
TZ12	TZ14	9%	比较活跃
TZ43	TZ43	无偏离	不活跃
TZ45	TZ201C	无偏离	不活跃
	TZ462	无偏离	不活跃
	TZ45	11%	中等活跃
TZ44	TZ441	无偏离	不活跃

（1）TZ8 缝洞系统初步认为不含水，驱动类型以弹性气驱为主。

（2）TZ11 缝洞系统处于低部位的 TZ11 井以底水为主，总体以弹性气驱为主，低部位气井以弹性气驱和水驱共同作用。

（3）TZ12 缝洞系统中高部位斜坡位 TZ12、TZ14-2H 井短期试采见水关井，含水规律不明显。低部位 TZ13 井试采至停喷阶段均不见水，说明没有统一水界面，驱动类型以弹性气驱和水驱共同作用。

（4）TZ43 缝洞系统水体不活跃，驱动类型以弹性气驱为主。

（5）TZ45 缝洞系统低部位含水，水体中等活跃，分析为缝洞体底水，高部位气井以弹性气驱为主，低部位气井以弹性气驱和水驱共同作用。

（6）TZ44 缝洞系统水体不活跃，驱动类型以弹性气驱为主。

从以上六个缝洞系统计算的水体活跃程度结果看，水体不活跃的单井占67%、中等活跃的占11%、比较活跃的占22%，基本表现为水体不活跃。

五、凝析气藏开发方式

综合油气藏地质与工程研究，塔中Ⅰ号凝析气田单井开发方式主要采用衰竭式开发、气举开发和注水开发三种方式。

1. 衰竭式开发

碳酸盐岩凝析气井和油井以衰竭式开发为主，利用天然能量将油气采出。衰竭开采后，通过关井恢复能量的方式进行间歇开井生产，可以最大限度地提高单井采出程度。

TZ261 井投产初期油压 32.07MPa，连续自喷生产七个月后因产量低关井，此时油压为 5MPa，该阶段累计产气 355 万 m^3、累计产油 273 吨。后期该井通过关井恢复压力，油压最高可恢复至 20MPa，间开生产 11 轮次，累计产气 166 万 m^3、累计产油 842 吨（图 5.28）。

2. 气举开发

单井生产能量衰竭后无法自喷，通过压力测试的方式，部分井井筒中存在油相流体。自 2014 年开始对该类井试验气举开发的方式，通过气举生产，有效延长了单井的生产周期。

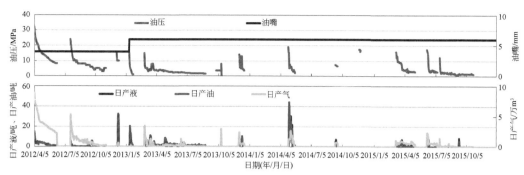

图 5.28　TZ261 井采气曲线

　　TZ622 井为塔中第一口气举井（图 5.29），自喷生产 2944 天，累计产气 2847 万 m³、累计产油 31029 吨。无产出后，开始气举采油气，平均日产气 1.3 万 m³、平均日产油 8.5吨，累计产气 535 万 m³、累计产油 3375 吨。

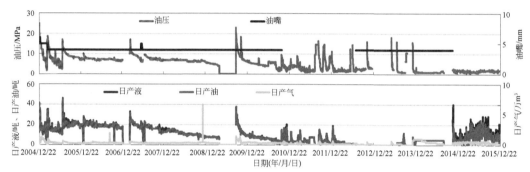

图 5.29　TZ622 井采气曲线

3. 注水开发

　　单井钻遇定容型储集体中上部，衰竭后通过关井通常无压力恢复。研究表明，通过注水可以补充定容型缝洞体的能量（李生青等，2011），在重力分异作用下，利于井底凝析油的采出。

　　TZ431-H5 井投产四个半月后油压落零（图 5.30），累计产气 97 万 m³、累计产油 7805吨。关井后无压力恢复，注水 6567m³ 后，油压升高至 23.5MPa，地层能量获得补充，再次开井，累计产气 32 吨 m³、累计产油 4506 吨。

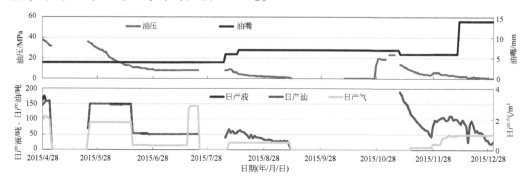

图 5.30　TZ431-H5 采气曲线

第三节　缝洞型碳酸盐岩凝析气藏储量评价

复杂碳酸盐岩油气藏评价技术和储量计算方法是制约储量准确计算的关键。与储集类型简单、油气藏特征清楚的碳酸盐岩油气藏相比，塔中缝洞型碳酸盐岩凝析气藏储集空间更为复杂、非均质性更强、流体性质和空间分布异常复杂，是极为少见的复杂碳酸盐岩油气藏。勘探阶段储量计算以容积法为主，与常规油气藏相似，很难准确评价复杂隐蔽碳酸盐岩油气规模与分布，需要创新并形成适合复杂碳酸盐岩凝析气藏的储量计算配套方法。

在总结前期研究成果的基础上，采用动态、静态相结合的方法，对塔中 I 号气田碳酸盐岩油藏和气藏进行了分区分类评价。根据不同的勘探开发阶段，采用不同的储量评价方法，分别解决不同的生产问题，力求储量评价的科学、准确。静态储量是在储层分类和储层预测的基础上，结合岩心、测井储层评价和 PVT 分析确定储量参数，最终算出优质储量。动态储量计算主要运用压降法、产量不稳定分析方法和凝析气井的 PVT 法等。

一、雕刻法储量评价

从探明储量的本质作用–开发的物质基础及生产企业的价值体现角度看，国内探明储量定义内涵与国际通行标准趋于一致，储量评估的对象一定是已发现的、目前的技术手段可以识别的油气藏。经过多年的探索与实践，认识到在缝洞型碳酸盐岩油气藏，地震剖面上的"串珠状"、"片状"或"杂乱"异常反射特征为优质缝洞储集体的响应标志（孙东等，2010b；董瑞霞等，2011；焦伟伟等，2011）。塔中 I 号气田钻探结果表明，以地震剖面"串珠状"、"片状"或"杂乱"异常反射特征为目标的钻井，均获得工业油气流。在对缝洞型碳酸盐岩油气藏进一步认识和酸盐岩缝洞系统地震识别技术发展的基础上，对建产区容积法储量计算进行改进。

常规的容积法储量参数研究存在两方面的主要问题。一是含烃范围的均质性与缝洞型油气藏储层非均质性特征矛盾。含油面积是影响储量误差较大的参数，识别控制油气水分布规律的因素和油气藏类型是正确划分含油边界和确定含烃面积的基础。由于缝洞型油藏裂缝、溶洞发育的非均质性，其储层纵、横向变化较大，缝洞体态不规则、缝洞发育不均一、空间分布随机性大，难于确定其分布规律，常规容积法含烃面积圈定主要利用井控外推一定倍数开发井距的办法，从而造成含烃范围与缝洞体分布范围的矛盾。二是储量孔隙度和饱和度参数平均方法不合理，难以达到最佳评估值的要求。常规容积法储量单元平均孔隙度、饱和度参数的求取主要利用储量单元内单井平均值，结合油气藏储层及流体分布特征作等值线图，而后采用等值线面积均衡或体积均衡的方法获取，但该方法建立在对油气藏储层与流体认识的基础上。而且缝洞型油气藏储层具有非均质性，同一储量计算单元内分布有多套缝洞体，而该方法采用的等值线在同一储量计算单元内呈现的储集体为均一化的储集体，与缝洞型油气藏储层分布和流体分布特征不符，该方法获取平均值难以达到最佳估计值的要求。

由于基质孔隙中油气难以采出，计算方法以缝洞系统（油气富集区）为基础，以目前地震技术可识别、钻井证实有工业产能储集体（串珠、片状及部分产油气杂乱弱反射）为计算对象，充分利用波阻抗反演、钻井数据计算建产区储量。在此基础上提出参数求取的"三分法"：分缝洞系统求取流体参数（密度、汽油比、原始气体偏差系数、温度和压力），分地震反射类型求取面积、厚度、孔隙度和饱和度参数，分缝洞系统、分地震反射类型进行容积法储量计算（图5.31）。

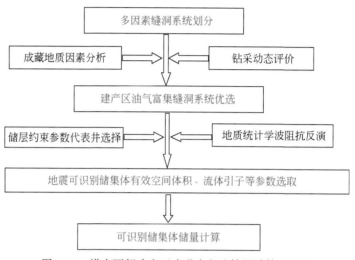

图5.31　塔中西部建产区改进容积法储量计算流程图

（1）根据构造、断层、储层及流体（硫化氢含量、汽油比）参数划分工区内的缝洞系统；

（2）对工区三种地震异常反射类型（"串珠状"、"片状"或"杂乱"异常反射）进行分类雕刻，获得各个不同反射类型平面分布及面积数据；

（3）储层精细标定，完成井控地震波阻抗反演和孔隙度反演，生成有钻井校正的有效厚度和有效孔隙度数据体；

（4）对每一个缝洞系统流体参数进行求取；

（5）分缝洞系统、分地震反射类型进行容积法储量计算。

通过实例分析，某计算单元2008年估算天然气探明地质储量，计算单元内钻井四口、外围钻井五口，依据容积法估算探明储量面积为50.09km^2、天然气储量为311.84亿m^3、凝析油储量为128.44万吨。根据试采后的资料现状，对该计算单元进行储量评估。首先通过缝洞单元雕刻，确定储集体平面分布及大小，综合气源充注条件、钻探油气井分布及参考烃类检测结果，划定含气面积为34.26km^2。鉴于塔里木盆地钻井以深井和超深井为主，"稀井高产"是油气勘探开发的钻井原则，计算单元内有钻井四口，钻井累计钻遇油气层厚度超过150m，钻遇油气层通过测井处理，可以得到足够样本容量建立有效孔隙度和含气饱和度这两个有一定取值范围变量的概率分布函数。将求得的有效厚度、有效孔隙度、原始含气饱和度的大于累积分布曲线概率相乘之后，再乘以缝洞雕刻含气面积及其他定值参数和常系数，其结果即为储量期望（概率）曲线，进而可求出储量的期望值等。计算单元天然气储量期望值为375.34亿m^3（上、下限储量范围值为293.59亿~493.50亿m^3）。

通过已动用储量区块研究表明，容积法计算的基质储层中的大量储量不能动用，通过雕刻法计算的储量结果与此前容积法计算的储量有较大的差异，但比较合理地计算了缝洞体储层的有效储量，与地下实际更为接近，为油气藏开发方案提供了较为准确的动用储量。

二、动态法储量评价

塔中 I 号气田碳酸盐岩凝析气藏具有储层非均质强、流动机理复杂等特点，传统的动态法储量评价面临巨大的挑战。

(一) 评价方法

所谓动态储量（即动储量），就是计算到地层压力为 0 时能够动用的地质储量。单井控制储量的大小（尤其是动态储量）是确定气井合理稳定产能和井网密度的重要依据，是编制整体开发方案的基础，在气田开发中具有重要的意义。本次研究主要运用压降法、产量不稳定法计算和 PVT 动态法来计算单井的动储量。

1. 压降法

压降法又称物质平衡法，是建立在物质平衡方程式基础之上的气井动储量计算方法。压降法所需参数简单，仅需气井原始及目前地层压力、累计采气量这三个数值，故在气井控制储量计算中，该方法运用广泛。压降法计算公式如下：

$$\frac{P_R}{Z_R} = \frac{P_i}{Z_i}\left(1 - \frac{G_p}{G_d}\right) \tag{5.2}$$

式中，G_d 为气藏动储量，亿 m^3；G_p 为气井累计产气量，亿 m^3；P_i 为原始地层压力，MPa；P_R 为目前地层压力，MPa；Z_i 为原始气体偏差系数；Z_R 为目前气体偏差系数。

由于压降储量的计算避开了难以求准的储层容积参数（有效孔隙度、厚度、含气面积和含气饱和度），而大型缝洞体中油气的产出与压降密切相关，因此压降法适用于计算碳酸盐岩气藏储量。

压降法计算储量比较简单和实用，但如果资料取得不准，将会造成较大的误差，所以在选取资料方面应注意以下事项。

首先，压力的测取应采用高精度电子压力计，以保证所测压力的准确性。

其次，如果进行全气藏关井录取地层压力，采出量达到 3% ~5% 时就有可能算准压降储量。

最后，当含气面积较大时或因生产需要，不能全气藏关井时，采取单井关井或分片轮流关井，在采收率达到 10% ~15% 时，压降储量才具有规定的精度。

2. 产量不稳定法

虽然压降法比较简单和实用，但必须要求进行关井测压。塔中 I 号气田大部分的区块和井没有进行关井测压，今后也不可能定期进行关井测压。就目前的测压资料来看，根本无法计算出所有区块和所有井的动储量。而计算动储量又是气藏稳产期动态分析的一项重要工作。本次研究我们引入了一种新的计算动储量的方法——产量不稳定方法。

所谓产量不稳定法就是利用单井的生产动态历史数据（即产量和流压），进行物质平衡分析，进而计算单井控制动储量的方法。除了可以计算动储量外，该方法还可以计算渗透率和表皮系数，建立具有外边界控制的地质模型。其特点是可以利用丰富的单井日常生产数据，不必进行关井测压，也不必进行定产或定压生产，对产量和流压数据没有特殊要求。产量不稳定法包括 Blasingame 方法、Agarwal-Gardner 方法、NPI 方法、Transient 方法四种常用方法。

产量不稳定法分析流程如下：产量不稳定法要求使用单井每天记录的井底压力数据，而塔中 I 号气田生产井的日常生产数据基本上包含了油压、套压、日产量等数据。这就需要把油套压数据折算成气层中深的压力，然后对经过处理的数据运用这几种产量不稳定分析法，计算储层的渗透率、表皮系数以及单井控制动储量，在此基础上，建立气藏地质和数学模型，通过渗流方程，计算单井生产历史数据（给定产量，计算井底压力），并调整渗透率、表皮系数和控制动储量等参数，使计算的生产史与单井实际生产史相吻合，这时的参数基本上反映了地层的实际情况（图 5.32）。

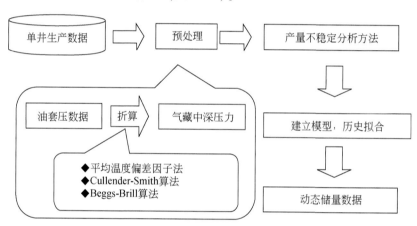

图 5.32　产量不稳定法分析流程

产量不稳定法数据预处理流程如下：运用产量不稳定法必须知道气井的日产量和相应的井底压力。其中井底压力可以通过井底下压力计方式来直接测量，但考虑到工艺和经济方面的可行性，显然绝大多数的井不可能进行超长期的井底压力监测。因此，采用井口油套压数据来折算井底压力。对于不产水的气井来说，一般采用平均温度偏差因子法、Cullender-Smith 法对油压或套压折算井底压力，而对于产水井，则采用 Beggs-Brill 算法对油压进行折算。

3. PVT 动态法

该方法是利用等容衰竭实验数据绘制出气藏井流物采出程度和压降程度的关系曲线，然后根据气藏的累计产烃量和对应的压降值来计算气藏的动用地质储量。等容衰竭实验是保持 PVT 筒中储层流体的容积不变，通过排气降压过程模拟实际凝析气田的生产过程。从理论上讲，这种实验可以近似地代表气田的实际生产过程。

PVT 分析方法适用于气田开发早期，此时气田生产动态资料较少，用其他动态法还无法进行地质储量计算。

鉴于方法的适用性及资料录取情况，塔中Ⅰ号气田主要利用产量不稳定法进行动态储量的计算。

(二) 气井分析实例

1. 参数准备

某井气藏参数如下：原始地层压力为 9.20MPa，地层温度为 48.9℃，有效厚度为 6.04m，缝洞体孔隙度为 20%，含气饱和度为 80%。本井气产量远远高于临界携液产量，数据取自对气产量和井底流压连续测量值（图 5.33）。

2. 分析过程

步骤 1：先利用"生产历史曲线"审查数据。本例中，产量和压力之间的相关性很好，这表明数据质量较高，有利于进行可靠的分析。

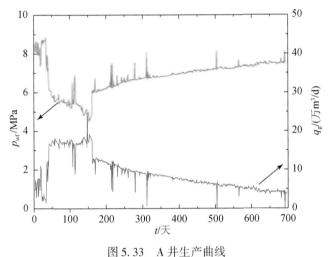

图 5.33　A 井生产曲线

步骤 2：对 A 井 Arps 产量递减分析（图 5.34）结果表明，若按指数递减规律，当产量为零时，预测累计产量只有 0.82 亿 m³。

步骤 3：对 Blasingame 方法典型曲线图进行分析，结果表明 Blasingame、Agarwal-Gardner、NPI 典型曲线拟合结果一致，生产是受边界控制的，动态储量接近于 6.5 亿 m³（图 5.35）。

步骤 4：对动态物质平衡方法动态储量曲线分析（图 5.36），结果表明原始天然气地质储量（OGIP）约为 6.3 亿 m³。与曲线拟合结果接近。如果假定废弃压力为 1.1MPa，预期最终可采储量大约为 6.1 亿 m³。

其中后两种步骤计算结果比较一致，可信度较高，而与 Arps 递减分析结果有较大的差异，很可能是受到流动压力的影响。由于 Arps 递减分析与生产条件相关联，其预期最终可采储量就依赖于压降的大小（这个量是很小的）。一旦将流动压力（大小和趋势）的影响考虑进去，实际的 OGIP 远远高于 Arps 方法得到的预测值。因此，在目前条件下（即

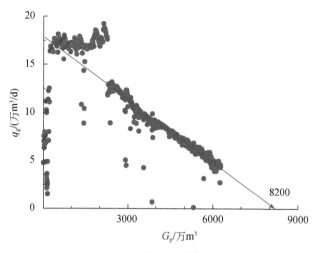

图 5.34　A 井 Arps 分析结果

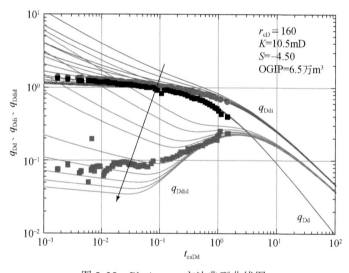

图 5.35　Blasingame 方法典型曲线图

"不采取任何措施"的情况)的采收率将非常低(0~13%)。相反,FMB 法提出的预期最终可采储量不受较低压降的限制,显示的可采储量高得多。综上所述,该井是一口非常好的备选增压井。

(三)油井分析实例

1. 参数准备

该井、油藏参数如下:原始地层压力为 70.8MPa,地层温度为 136.4℃,有效厚度为 26.0m,孔隙度为 3%,含气饱和度为 80%,有六次梯度测试资料,生产数据如图 5.37 所示。

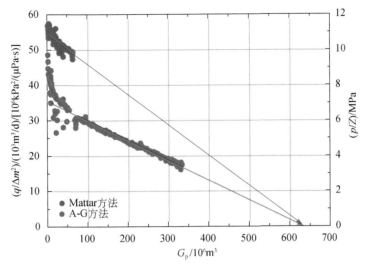

图 5.36 动态物质平衡方法动态储量分析

2. 分析过程

步骤 1：产量和压力之间相关性很好。利用井筒管流软件，将井口油压折算到油层中深，折算后的流压如图 5.37 所示，在折算过程中以梯度测试资料数据点为准进行校正。

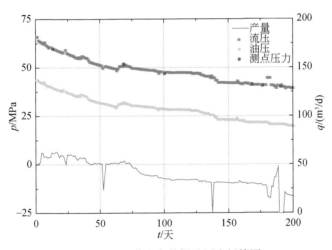

图 5.37 A 井生产数据及压力折算图

步骤 2：多种方法联合起来进行分析，确定地层参数及井控储量。计算的 Agarwal-Gardner 方法流动物质平衡法曲线如图 5.38 所示，动态储量计算结果为 9.2 万 m^3。

Blasingame、Agarwal-Gardner、NPI、Transient 方法典型曲线拟合结果表明，生产是受边界控制的，各种方法结果基本一致，动态储量接近于 9.2 万 m^3，如表 5.15 及图 5.39 ~ 图 5.42 所示。

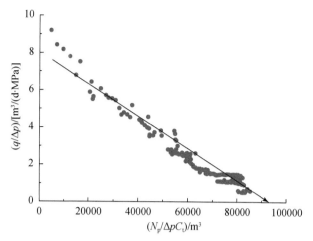

图 5.38　A 井 Agarwal-Gardner 方法流动物质平衡法曲线

表 5.15　A 井曲线拟合方法计算结果统计表

方法	拟合半径 (r_{eD})	动态储量 (N) /万 m³	井控面积 (A) /万 m²	渗透率 (K) /mD	表皮系数 (S)
Blasingame	7	9.27	27.8	0.21	−6.26
Agarwal-Gardner	7	8.84	26.5	0.23	−6.96
NPI	7	9.70	26.8	0.25	−6.97
Transient	7	8.94	29.1	0.19	−6.01
平均	—	9.19	27.6	0.22	−6.80

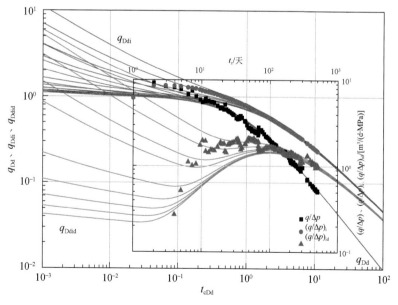

图 5.39　Blasingame 方法拟合曲线

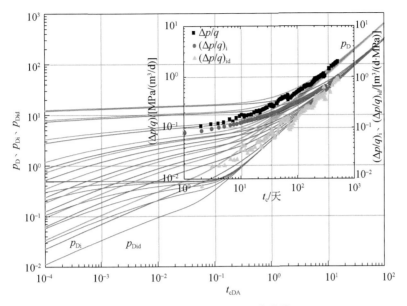

图 5.40　Agarwal-Gardner 拟合曲线

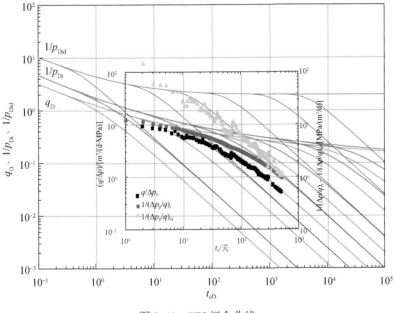

图 5.41　NPI 拟合曲线

　　大量的分析实例表明，产量递减分析方法不能处理所有类型的数据和油气藏，流动压力对于分析质量的影响几乎和产量一样重要。如果忽略流动压力，很可能得到错误的解释。因此对于井筒流动复杂的中、高产井一定要重视井底流压的定期监测，以便为该井的动态预测与措施调整奠定基础。基于上述过程建立单井动态模型，可用来进行单井的动态

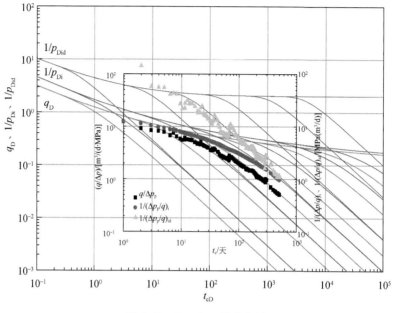

图 5.42　Transient 拟合曲线

预测（图 5.43）。

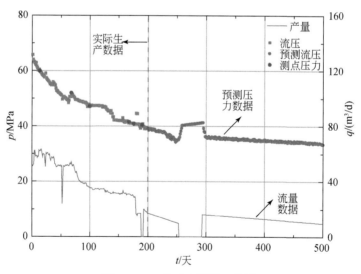

图 5.43　A 井动态预测示意图

利用产量不稳定法对塔中Ⅰ号气田部分井动态储量进行计算。与压降法或 PVT 动态法计算结果相比（表 5.16），同一口气井用不同方法计算的动态储量非常接近，说明产量不稳定法计算的动态储量较为可靠。

表5.16　塔中 I 号气田不同方法计算的气井动态储量

井号	压降法/亿 m^3	产量不稳定法/亿 m^3	PVT 动态法/亿 m^3
TZ62-2	3.54	3.25	3.95
TZ62	1.31	1.25	1.22
TZ623	—	1.72	1.57
TZ242	0.45	0.48	0.47
TZ26	1.31	1.30	1.33

　　压降法计算储量避开了储层的容积参数（有效孔隙度、厚度、含气面积和含气饱和度），而这些参数在碳酸盐岩裂缝性气层中难以求准，因此压降法计算储量在缝洞型碳酸盐岩气藏中比较适用。在分析储量误差时，可以以压降法计算的动态储量为基础分析相对误差。

　　从表5.17 可以看出压降法与产量不稳定法计算动储量的相对误差最大的只有 8.2%，而最小的只有 0.8%，这两种方法计算的动储量比较接近、可靠性高。压降法与 PVT 动态法计算动储量的最大相对误差有 11.6%，最小为 4.4%，因此计算的动储量具有较大可信度。

表5.17　三种方法计算的动储量的相对误差分析

井号	压降法与产量不稳定法计算动储量的相对误差/%	压降法与 PVT 动态法计算动储量的相对误差/%
TZ62-2	8.2	11.6
TZ62	4.6	6.9
TZ242	6.7	4.4
TZ26	0.8	9.2

参 考 文 献

蔡露露,孙赞东,王康宁,等. 2011. 塔里木盆地塔中地区深埋白云岩储层特征及综合预测研究. 石油天然气学报,33(6):191~194,13.

陈军,秦柯,任洪伟,等. 2015. 利用气藏生产指示曲线计算凝析气藏水侵量. 岩性油气藏,27(2):103~108.

陈利新,杨海军,邬光辉,等. 2008. 塔中 I 号坡折带奥陶系礁滩体油气藏的成藏特点. 新疆石油地质,29(3):1865~1885.

陈青,王大成,闫长辉,等. 2011. 碳酸盐岩缝洞型油藏产水机理及控水措施研究. 西南石油大学学报:自然科学版,33(1):125~130.

陈青,易小燕,闫长辉,等. 2012. 缝洞型碳酸盐岩油藏水驱曲线特征——以塔河油田奥陶系油藏为例. 石油与天然气地质,31(1):33~37.

陈玉祥,马发明,王霞,等. 2005. 凝析气藏物质平衡方程技术新方法. 天然气工业,25(2):104~106.

成友友,郭春秋,王晖. 2014. 复杂碳酸盐岩气藏储层类型动态综合识别方法. 断块油气田,21(3):326~329.

董瑞霞,韩剑发,张艳萍,等. 2011. 塔中北坡鹰山组碳酸盐岩缝洞体量化描述技术及应用. 新疆石油地质, 32(3):314~317.

高涛. 2010. 采用动静结合方法划分徐深气田气井出水类型. 天然气工业,30(9):42~45.

郭平,李士伦,杜志敏,等. 2002. 凝析气藏开发技术现状及问题. 新疆石油地质,23(3):262~264.

韩剑发,徐国强,琚岩,等. 2010. 塔中54-塔中16井区良里塔格组裂缝定量化预测及发育规律. 地质科学, 45(4):1027~1037.

韩剑发,孙崇浩,于红枫,等. 2011a. 塔中Ⅰ号坡折带奥陶系礁滩复合体发育动力学及其控储机制. 岩石学 报,27(3):845~856.

韩剑发,周锦明,敬兵,等. 2011b. 塔中北斜坡鹰山组碳酸盐岩缝洞储集层预测及成藏规律. 新疆石油地 质,32(3):281~284.

韩剑发,王清龙,陈军,等. 2015. 塔里木盆地西北缘中—下奥陶统碳酸盐岩层序结构和沉积微相分布. 现 代地质,29(3):599~608.

韩剑发,程汉列,杨海军,等. 2016. 塔中缝洞型碳酸盐岩储层连通性分析及应用. 科学技术与工程,16(5): 147~153.

何晓东,邹绍林,卢晓敏,等. 2006. 边水气藏水侵特征识别及机理初探. 天然气工业,26(3):87~89.

胡永乐,李保柱,孙志道. 2003. 凝析气藏开采方式的选择. 天然气地球科学,14(5):398~401.

焦伟伟,吕修祥,周园园,等. 2011. 塔里木盆地塔中地区奥陶系碳酸盐岩储层主控因素. 石油与天然气地 质,32(2):199~206.

鞠玮,侯贵廷,潘文庆,等. 2011. 塔中Ⅰ号断裂带北段构造裂缝面密度与分形统计. 地学前缘,18(3): 317~323.

李骞,李相方,郭平,等. 2010. 异常高压凝析气藏物质平衡方程推导. 天然气工业,30(5):58~60.

李骞,李相方,郭平,等. 2011. 凝析气藏生产过程中气油比异常原因分析. 天然气工业,31(6):63~65.

李生青,廖志勇,等. 2011. 塔河油田奥陶系碳酸盐岩油藏缝洞单元注水开发分析. 新疆石油天然气,7(2): 40~44.

李宗宇. 2008. 塔河缝洞型碳酸盐岩油藏油井见水特征浅析. 特种油气藏,15(6):52~55.

刘立峰,孙赞东,杨海军,等. 2009. 缝洞型碳酸盐岩储层地震属性优化方法及应用. 石油地球物理勘探, 44(6):747~754,783,648~649.

刘青山,赵海洋,邹宁,等. 2010. Blasingame产能分析方法在塔河油田的应用. 油气井测试,19(5):33~34.

刘蕊,盛海波,等. 2011. 塔河油气田AT1区块凝析气藏三维地质建模研究. 地球科学与环境学报,33(2): 168~171.

刘应飞,刘建春,韩杰,等. 2014. 溶洞型碳酸盐岩油藏试井曲线特征及储层评价. 科学技术与工程,14(6): 121~126.

罗娟,鲁新便,巫波,等. 2013. 塔河油田缝洞型油藏高产油井见水预警评价技术. 石油勘探与开发,40(4): 468~473.

吕修祥,杨海军,王祥,等. 2010. 地球化学参数在油气运移研究中的应用——以塔里木盆地塔中地区为例. 石油与天然气地质,31(6):838~846.

彭更新. 2017. 超深海相碳酸盐岩地震勘探与缝洞雕刻技术. 北京:石油工业出版社.

荣元帅,涂兴万,刘学利,等. 2010. 塔河油田碳酸盐岩缝洞型油藏关井压锥技术. 油气地质与采收率, 17(4):97~100.

苏海芳. 2010. 变压力变流量生产动态分析新方法研究. 石油天然气学报,32(2):313~314.

孙东,潘建国,潘文庆,等. 2010a. 塔中地区碳酸盐岩溶洞储层体积定量化正演模拟. 石油与天然气地质, 31(6):871~878,882.

孙东,潘建国,雍学善,等. 2010b. 碳酸盐岩储层垂向长串珠形成机制. 石油地球物理勘探,45(S1):101 ~ 104,239,251.

孙东,张虎权,潘文庆,等. 2010c. 塔中地区碳酸盐岩洞穴型储集层波动方程正演模拟. 新疆石油地质, 31(1):44 ~ 46.

孙东,张虎权,王宏斌,等. 2010d. 一体化研究方法在塔中地区碳酸盐岩储层预测中的应用. 海相油气地质,15(1):68 ~ 72.

王福焕,韩剑发,向才富,等. 2010. 叠合盆地碳酸盐岩复杂缝洞储层的油气差异运聚作用——塔中 83 井区表生岩溶缝洞体系实例解剖. 天然气地球科学,21(1):33 ~ 41.

王娟,郭平,王芳,等. 2015. 物质平衡法计算缝洞型凝析气藏动态储量. 特种油气藏,22(4):75 ~ 77.

王鸣华. 1981. 碳酸盐岩气田气井的出水类型及其特征. 天然气工业,1(2):51 ~ 56.

王清龙,林畅松,李浩,等. 2018. 塔里木盆地西北缘中下奥陶统碳酸盐岩沉积微相特征及演化. 天然气地球科学,29(9):1274 ~ 1288.

王禹川,王怒涛,唐刚,等. 2012. 哈拉哈塘地区缝洞型碳酸盐岩油藏单井生产特征. 特种油气藏,19(3): 87 ~ 90.

王振宇,孙崇浩,张云峰,等. 2010. 塔中 I 号坡折带上奥陶统成礁背景分析. 沉积学报,28(3):525 ~ 533.

王宗贤,陈泽良,杨树合,等. 2005. 流体相态研究在凝析气藏开发中的应用. 天然气地球科学,16(5): 662 ~ 665.

武芳芳,朱光有,张水昌,等. 2010. 塔里木盆地塔中 I 号断裂带西缘奥陶系油气成藏与主控因素研究. 地质论评,56(3):341 ~ 350.

薛学亚,林畅松,韩剑发,等. 2017. 塔中隆起北斜坡鹰山组碳酸盐岩古岩溶结构特征. 东北石油大学学报,41(5):1 ~ 12.

闫长辉,陈青. 2008. 塔河油田奥陶系碳酸盐岩油藏不同部位油井生产特征研究. 石油天然气学报,30(2): 132 ~ 134.

闫长辉,刘遥,陈青,等. 2009. 利用动态资料确定碳酸盐岩油藏油水分布——以塔河 6 号油田为例. 物探化探计算技术,31(2):1 ~ 35.

杨广荣,余元洲,陶自强,等. 2004. 凝析油可采储量计算经验公式. 石油勘探与开发,31(2):109 ~ 111.

杨海军,韩剑发,李本亮,等. 2011a. 塔中低凸起东端冲断构造与寒武系内幕白云岩油气勘探. 海相油气地质,16(2):1 ~ 8.

杨海军,韩剑发,孙崇浩,等. 2011b. 塔中北斜坡奥陶系鹰山组岩溶型储层发育模式与油气勘探. 石油学报,32(2):199 ~ 205.

杨海军,韩剑发,孙崇浩,等. 2011c. 塔中 I 号坡折带礁滩复合体大型油气田勘探理论与技术. 新疆石油地质,32(3):224 ~ 227.

杨海军,朱光有,韩剑发,等. 2011d. 塔里木盆地塔中礁滩体大油气田成藏条件与成藏机制研究. 岩石学报,27(6):1865 ~ 1885.

易劲,贾永禄,赵海洋,等. 2008. 凝析气藏水平井底压力动态分析. 断块油气田,15(2):54 ~ 57.

张庆莲,侯贵廷,潘文庆,等. 2010. 新疆巴楚地区走滑断裂对碳酸盐岩构造裂缝发育的控制. 地质通报, 29(8):1160 ~ 1167.

赵文智,朱光有,张水昌,等. 2009. 天然气晚期强充注与塔中奥陶系深部碳酸盐岩储集性能改善关系研究. 科学通报,54(20):3218 ~ 3230.

郑小敏,钟立军,严文德,等. 2008. 凝析气藏开发方式浅析. 特种油气藏,15(6):59 ~ 63.

Blasingame T A, Johnston J L, Lee W J. 1989. Type-curve analysis using the pressure integral method. SPE,18799.

Fetkovich M J. 1980. Decline curve analysis using type curves. Journal of Petroleum Technology, 32 (6): 1065 ~ 1077.

Geng X J, Lin C S, Han J F, et al. 2015. FMI facies research in the karst reservoir of the middle-lower ordovician Yingshan Formation in the northern slope of Tazhong area. Natural Gas Geoscience, 26(2): 229 ~ 240.

Han J F, Song Y B, Xiong C, et al. 2014. Production test dynamic and developing technique strategies for the condensate gas of marine carbonate in Tazhong Area, Tarim Basin. Natural Gas Geoscience, 25 (12): 2047 ~ 2057.

Han J F, Sun C H, Wang Z Y, et al. 2017. Superimposed compound karst model and oil and gas exploration of carbonate in Tazhong uplift. Earth Science-Journal of China University of Geosciences, 42(3): 410 ~ 420.

Hedong S, Xu Y M, Han J F, et al. 2011. Integrating Geological Characterization and Historical Production Analysis to Evaluate Interwell Connectivity in Tazhong1 Ordovician Carbonate Gas Field, Tarim basin. SPE EUR-OPEC/EAGE Annual Conference and Exhibition.

Li X G, Xu G Q, Han J F, et al. 2012. Application of a new method for quantitative calculating of fault-related fracture: A case study from Lianglitage Formation in Tazhong X well area, Tarim Basin, China. Journal of Jilin University(Earth Science Edition), 42(2): 344 ~ 352.

Liu L F, Sun Z D, Yang H J, et al. 2010. Modeling of facies-controlled carbonate reservoirs in the Tazhong area and its application. Acta Petrolei Sinica, 31(6): 952 ~ 958.

Liu L F, Sun Z D, Yang H J, et al. 2011. Seismic integrative prediction of fracture-cavity carbonate reservoir: Taking ZG21 well area in Tarim Basin as an example. Journal of Central South University (Science and Technology), 42(6): 1731 ~ 1737.

Ren P, Lin C S, Han J F, et al. 2015. Microfacies characteristics and depositional evolution of the lower ordovician Yingshan Formation in north slope of Tazhong area, tarim basin. Natural Gas Geoscience, 26(2): 241 ~ 251.

Wu X S, Wei J X, Chang J B, et al. 2009. Difficulty and countermeasures in carbonate paleokarst reservoir prediction. Journal of China University of Petroleum, 33(6): 16 ~ 21.

第六章 碳酸盐岩凝析气藏开发技术与成效

针对碳酸盐岩凝析气藏单井累计产量少、见水快、采收率低、开发效果差等生产问题，提出勘探优选高产井点—评价培植高产井组—开发建立高产井区—勘探开发一体化推动碳酸盐岩凝析气田效益开发的总体思路，集成创新形成了六线法凝析气藏刻画技术、超深水平井钻井技术、储层分段改造技术及提高凝析气藏采收率技术，打造了超深海相碳酸盐岩凝析气藏开发示范工程。

第一节 碳酸盐岩水平井轨迹优化设计技术

塔里木盆地下古生界强烈非均质次生孔隙为主体的（超）深层碳酸盐岩凝析气藏地质条件异常复杂，全球罕见，缺乏油气开发的可借鉴先例。针对塔中碳酸盐岩凝析气藏的特殊性，提出了"六线"法刻画油气藏、不规则井网和以水平井为主的开发方案，形成适用的（超）深层碳酸盐岩凝析气藏水平井开发钻完井技术、大规模储层改造技术及单井提产增效方法技术，实现了（超）深层碳酸盐岩凝析气藏的效益开发，打造了塔中凝析气田开发示范工程。

一、六线法碳酸盐岩凝析气藏精细刻画技术

塔中地区下古生界碳酸盐岩经历多期复杂的构造–成岩作用，以次生孔、洞、缝三重孔隙为主，基质孔渗极低、非均质性极强，油气藏空间分布极不规则，圈闭难以描述，而且油气水关系复杂、油气产出极不稳定，常规方法进行油气藏描述不能满足凝析气藏开发部署的需求。

研究表明，圈闭线、储层有效边界线与流体分界线是塔中碳酸盐岩凝析气藏的主控因素，是油气藏描述与井位部署的基础。这三项油气藏边界可以"六线"法进行刻画，即利用构造等高线、断层线、地层（含盖层）尖灭线、有效与无效储层的分界线（物性线）刻画油气藏形态（图6.1），指导井位部署。

（一）圈闭线刻画

断层线、构造等高线是圈闭描述的基本要素。塔中奥陶系碳酸盐岩油气分布与断层密切相关，精细刻画三级断层的空间分布是井位部署的基本要求。以断层为核心，精细解释断裂带储层顶面构造等高线是精细刻画断裂带微地貌与缝洞体分布的基础（图6.2）。

由于鹰一、二段向南逐渐削蚀，沿不同层段尖灭线出露的地层、岩性差异大，导致岩溶作用沿尖灭线条带状分布，因此地层尖灭线也是圈闭描述的基本要素。鹰一段北倾，顶部被削蚀，在北部斜坡带中部尖灭形成鹰一段地层圈闭（图6.2）。碳酸盐岩内幕在油气

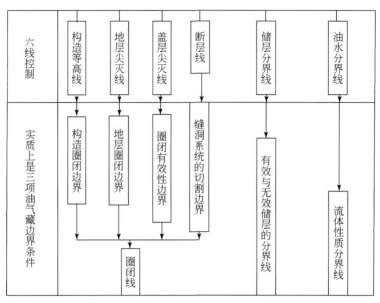

图 6.1　"六线"法刻画凝析气藏流程图

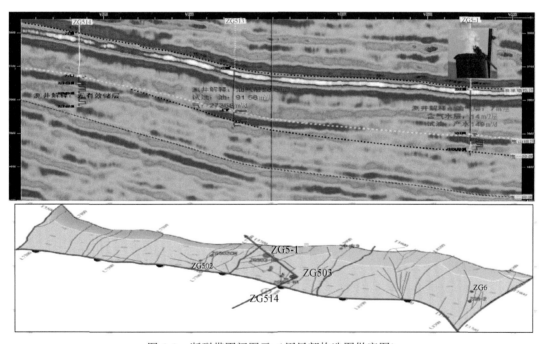

图 6.2　断裂带圈闭图示（用局部构造图做底图）

分布依赖区域性盖层与直接致密碳酸盐岩盖层，盖层的尖灭可影响圈闭的有效性，如 ZG502 局部凸起，因区域性盖层桑塔木泥岩被剥蚀，造成鹰山组背斜圈闭无效，储层主要含水。因此塔中北斜坡下奥陶内幕层间岩溶圈闭评价除了考虑断层线、构造等高线等常规的构造因素外，还要考虑地层尖灭线及桑塔木泥岩区域盖层分布等因素。

通过圈闭线（包括断层线、构造等高线、地层尖灭线、区域盖层尖灭线）刻画，基本查明了塔中隆起北斜坡 3D 内奥陶系鹰山组层间岩溶圈闭分布。结果表明，90% 以上工业油气流井分布沿大型断裂带、鹰一段地层尖灭带和盖层尖灭线内的局部构造高部位，而且高效井均位于圈闭线内。

（二）有效储层分界线

由于塔中凝析气藏受控于碳酸盐岩储层，有效与无效储层分界线刻画是开发井位部署的基础。

储量研究表明，有效产层的孔隙度下限是 1.8%。在此基础上，通过钻井标定，进行碳酸盐岩有效储层空间分布的地震储层预测，并确定储层的边界。值得注意的是，在裂缝不发育的基质孔隙中，渗透率一般小于 0.1mD，实际生产过程中难以获得工业产能。但孔隙度小于 1.8% 的储层仍然是油气运移的良好渗透层，因油气运移过程是以数万年或百万年计量的，每天渗透运移 1kg 原油的储层对油气生产来说是无效的，但即使这样差的储层，1Ma 也可运移 36.5 万吨原油。因此，从油气运移的角度分析本区不存在完全封闭的缝洞系统。但在油气生产过程中缝洞单元之间存在着严重的非均质性，其间致密碳酸盐岩可以作为非渗透边界。同一含油气圈闭内，也有钻遇无效储层导致钻探失利的例子（图6.3）。因此，以地震缝洞单元刻画为主，兼顾缝洞单元之间的致密隔层，从而确定有效圈闭的外部边界。

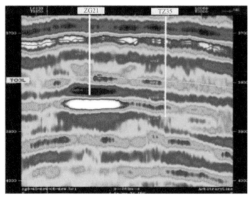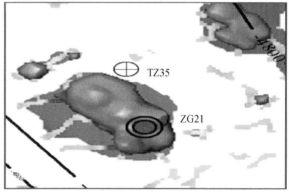

图 6.3　有效储层分界线地震剖面及缝洞雕刻平面图

当钻井接近缝洞体油–水界面时，往往容易出现快速产水，甚至暴性水淹，因此油–水界面的判识对油气藏的开发非常重要。由于不同的缝洞单元油–水界面可能有较大差异，同一缝洞单元中不同缝洞体也可能具有不同的油–水界面，因此高部位缝洞体出水时，低部位定井需要判别缝洞体是否连通，是否有统一油–水界面。井位部署时需要进行烃类检测与预测，进行油–水界面的判识与预测，为提高钻井成功率奠定基础。

（三）碳酸盐岩凝析气藏烃类检测技术

通过研究地层介质对地震波的吸收性可能判识地下缝洞体的含油气性，并形成了多种方法技术（王招明等，2012）。

（1）主频迁移判别法。该方法是基于当地震波穿越含油气层时，会产生高频损失现象，通过标准化表现为高频降、低频增强的现象，出现地震时频体由高频向低频迁移。实际操作中以离散傅里叶变换（discrete Fourier transform，DFT）将时间域的数据变换为频率域的频率道集，通过纵向对比不同频率的能量来分析由于油气吸收衰减引起的高频向低频迁移的现象。其中离散振幅频率道集技术（VVD）是基于储层中的流体会导致地震信号的衰减，也会导致垂向地震波信号能量的缺失，随着信号能量的缺失，信号的频率也会下降，即地震信号衰减越严重，信号频率响应越低（胡太平等，2011）。

（2）能量比值判别法。油气储集层是典型的双相介质，即由固相的具有孔隙的岩石骨架和孔隙中所充填的流相的油气水所组成。不同性质的流体，第二纵波的特征会有差异。研究发现，当流体为油气时，地震记录上具有更为明显的"低频共振、高频衰减"动力学特征，可以用来判识目的层段内含油气性。按照所用方法的不同，其进行油气检测又可分为 CM 油气检测与 DHAF 油气检测。

（3）多参数综合判别法（MDI）。缝洞系统充满天然气后，对地震波有更大的能量衰减和高频吸收作用，MDI 软件可以选用低频能量、平均频率、吸收系数等三种属性进行油气检测。

（4）基于时频分析的 WVD 技术。WVD 技术主要是在传统的傅里叶变换和小波变换的基础上进行了改进，将地震资料处理中分频处理的思路应用到油气检测中（王招明等，2012；陈猛等，2016）。针对目的层段提取的地震子波，首先利用频谱分析的方法确定出地震子波的有效频段，然后设计模型，对地震子波进行分频处理并对其结果进行叠加，再分别求取地震子波的能量在高低频段的分布情况，最后根据能量在高低频段的分布情况来识别地下的含油气情况。含油气后的能量曲线特征表现为：低频段能量强，高频段能量弱。

（5）分频段 PCA-RGB 融合技术。马乾等（2018）提出了一种分频段 PCA-RGB 融合技术，首先利用广义 S 变化对地震数据分频，再对高、中、低瞬时谱数据分别做主成分分析，依次选取第一主成分映射到 RGB 三原色上做融合显示。通过塔河油田应用，该法较分频段升余弦窗 RGB 融合和 PCA-RGB 融合效果更明显，可以有效地区分干层、水层和油层。

（6）叠前 AVO 烃类检测。振幅随炮检距变化（AVO）可能反映的地下岩性及孔隙流体的性质。塔中奥陶系碳酸盐岩大型缝洞体储层被不同的流体及泥质充填后，储层的地震响应呈现"串珠状"反射，但储层的 AVO 响应不同。通过正演可以判识储层充填不同流体的 AVO 响应，从而确定 AVO 异常的类型，然后进行 AVO 属性反演（P、G 等属性）预测不同的流体（鲜强等，2017）。

这些方法在大型缝洞体储层中烃类检测取得良好的效果（图 6.4），成为井位部署的重要方法技术。但由于地下地质条件极为复杂，不同方法技术均有一定的局限性，实际工作中需要结合精细的油藏地质模型来分析判断。

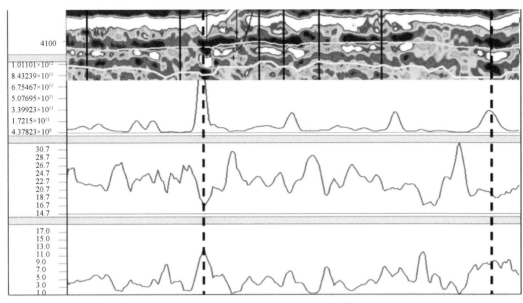

图 6.4　TZ162、TZ16 井 MDI 烃类检测

二、缝洞型碳酸盐岩凝析气藏井网设计技术

(一) 建立缝洞带–缝洞系统–缝洞体三级评价体系

开发地质研究突破了勘探阶段建立的大型准层状油气藏理论模型，通过转变碳酸盐岩研究思路和流程，实现了以构造圈闭为基本单元向以缝洞单元为基本单元转变。遵循碳酸盐岩油藏的特点，以提高钻井成功率为目标，改变过去区带、圈闭、油藏三级研究层次，建立了缝洞带–缝洞系统–缝洞体（缝洞单元）三级描述评价体系，由以往地震资料解释做构造图、圈闭图转变为缝洞单元、缝洞系统的三维空间雕刻，建立了缝洞体量化雕刻技术体系，摒弃了传统井网部署的理念，明确了洞在哪里、缝在哪里，就应把井部署到哪里的井位部署原则。

勘探早期工作重点在不同缝洞带的整体优选预探，勘探发现之后工作重点在评价富油气的缝洞系统，查明油气最富集的"甜点"，为开发前期介入与建设高产稳产井组夯实基础。油气藏评价有了较深入认识后，通过完善的缝洞系统划分和评价，根据不同缝洞系统的特点制定差异化的开发对策。缝洞单元相当于一个小油藏，是开发的基本单元，随着油气藏动静态资料的不断丰富，开展缝洞单元的精细描述，确立以缝洞单元（缝洞体）为基本开发单元的油气藏管理方式。

(二) 实施勘探开发一体化的组织

针对塔中复杂凝析气藏的开发，通过转变勘探开发生产组织模式，由勘探开发接力式的传统工作方式转变为勘探开发相融合的一体化工作模式。

以强化勘探开发整体规划部署，勘探开发一体化整体评价为出发点，弱化井别，牢固树立"探井就是开发井、开发井在某种程度上也可以起到探井作用"的理念。确立了探井的任务是"打认识、打类型、验技术、定井型、拿产量"，开发井的任务"获得高产、深化认识"的指导思想。勘探依靠连片大面积三维、缝洞刻画发现富集区，开发在富集区集中建产。2008～2015年，完钻探井145口，其中100口投产，现年产油能力达31万吨，勘探、开发钻井成功率保持了高水平。

以实现碳酸盐岩上产增储、实现规模效益为目标任务，强化一体化组织，实现勘探开发一套科研人马、一个生产组织机构。形成了具有塔里木特色的"六个一体化"融合式工作架构，即组织结构一体化、投资部署一体化、科研生产一体化、生产组织一体化、工程地质一体化、地面地下一体化（图6.5）。确立了"四提高"的开发工作目标：提高钻井成功率、提高单井产量、提高采收率和提高钻井速度。通过2008年以来的不断实践，在科研方面，形成了碳酸盐岩"产学研"跨专业一体化的研究组织模式，开展井位研究、随钻跟踪、方案编制、开发技术研究、措施研究等全生命周期油气藏研究工作。在现场生产方面，组建了勘探开发一体化项目经理部，组织井位部署、钻完井实施、随钻跟踪与生产决策、试采、地面建设、油气井开发管理等一体化施工作业。加强了科研生产无缝融合：一起办公、一起研究、一起决策，通过科研认识紧跟生产，实现了井位部署一体化、钻完井实施一体化和油藏管理一体化。

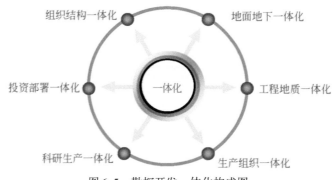

图6.5　勘探开发一体化构成图

（三）超长水平井轨迹优化与设计

为在碳酸盐岩中获得高产稳产的工业油气流，研究中创新了大沙漠区超深层碳酸盐岩超长水平井轨迹优化与设计。

1. 高效井位优选原则

随着塔中碳酸盐岩研究的深入，考虑到碳酸盐岩储层及油气成藏规律和建立高产稳产井点的原则，在井位优选上形成了一整套规则，也就是井点必须满足这些条件才可以上钻，总结起来有六点。

（1）油气藏地质优越，保证钻探位置位于富油气区；

（2）与已经钻探高稳产井特征相似；

（3）地震反射串珠强；

（4）缝洞雕刻体积大；

（5）缝洞单元部位高；

（6）烃类检测油气富。

2. 水平轨迹优化原则

由于碳酸盐岩的非均质性极强，油气分布在一系列有间隔的缝洞体中，因此利用水平井钻穿多套缝洞体储层是提高产量的一种非常有效的方法。为保障钻探顺利进行，创新了精准储集体标定与水平井轨迹设计调整技术，结合储层的认识确定了水平井轨迹优化原则：①"A 点裂缝孔洞型，B 点缝洞型"；②"近小断层远大断层"；③轨迹根据深度误差、油气显示和产能要求及时进行调整。

其中，前两点保证水平井的顺利钻探，后一点保证钻探遇油气。为了防止井漏等复杂事故发生，对水平段垂向位置进行优化，用"穿头皮"思路设计水平段轨迹。"穿头皮"设计即是水平段距"洞"有一段距离，垂向距离一般控制在 10～20m，防止钻到洞穴发生井漏，同时也保证完井酸后化能沟通洞穴。TZ62-11H 井总水平位移为 1172m，水平段长 933m，酸化后沟通了两套缝洞体（图 6.6）。精细标定可见该井基本钻至孔洞型储层，保证了钻井工程的顺利进行，该井钻至 A 点后及时下调，保证了获得高产稳产的油气。

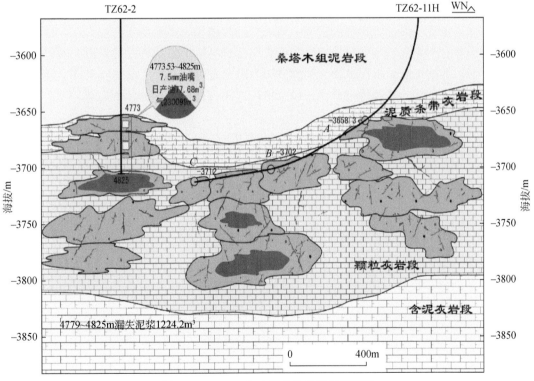

图 6.6　TZ62-11H 水平井钻井地质模型图

第二节 超深水平井随钻精准地质导向技术

由于直井难以沟通多套缝洞体，供烃半径受限，且难以有效控制底水锥进，因此直井开发面临单井产能低、含水上升快、产量递减大等难以克服的实际问题。同时，前期尚未发现可靠的区域标志层，不明确标志层与主力产层的配置关系，水平井轨迹设计、随钻动态研究与精准中靶面临巨大挑战。地质导向作为 20 世纪 90 年代前沿技术，经过长期攻关取得了长足进步，但是仍然难以确保塔中超埋深碳酸盐岩水平井能够钻遇多套缝洞体，实现提高单井产量、延长生产周期目的。

2008 年建立塔中碳酸盐岩开发试验区，通过不断的勘探开发实践，从碳酸盐岩储层特征和凝析气藏特殊性出发，确立了以水平井为主要井型的开发方式。

2012 年针对塔中海相碳酸盐岩凝析气藏地质认识与钻完井工程技术挑战，系统开展了碳酸盐岩水平井精准地质导向理论研究、技术攻关与现场试验，夯实了导向地质基础，创新了导向关键技术，推进了塔中碳酸盐岩凝析气田规模效益开发。

一、超长水平井精准导向地质基础

研究表明，鹰山组不整合附近发育沉积型与充填型两套高伽马段。其中，沉积型的高伽马段，即高伽马二段位于不整合顶部，与表层岩溶相关；充填型的高伽马段，即高伽马二段位于不整合中上部，与层间岩溶控制的缝洞型储集体相关。通过建立塔中奥陶系高频层序地层格架、精细划分沉积微相，明确高伽马段标志层地质特征及其储集体空间组合配置关系，指导了水平井轨迹优化设计，以及精准导向与超长水平段分段改造。

（一）储层空间分布

（1）高频层序格架建立。依据高精度地震、成像测井、岩心、薄片、野外资料，结合塔里木克拉通区沉积演化特征，建立了塔中碳酸盐台地内高频层序格架。识别出塔中隆起奥陶系鹰山组内部四个不整合面，划分出五个三级层序（大致相当于鹰山组的四个岩性段）及层序内部准层序组（图 6.7）。

（2）沉积微相精细划分。基于普通薄片和铸体薄片的鉴定分析，依据 Dunham 碳酸盐岩岩石学分类方法，系统描述了沉积结构、颗粒类型及含量、主要生物化石类型、泥质含量和早期成岩特征，识别出指示不同台地位置和沉积水动力条件的 10 种沉积微相（图 6.6）。

（3）层序间微相差异性。在层序格架下，建立不同三级层序间微相类型与模型差异性。

（4）在储层量化雕刻的基础上，明确缝洞体–缝洞系统的空间分布。

（二）导向标志层的确定

（1）高伽马段的特征：塔中碳酸盐岩鹰山组储层顶部普遍发育高伽马段，但区域上高

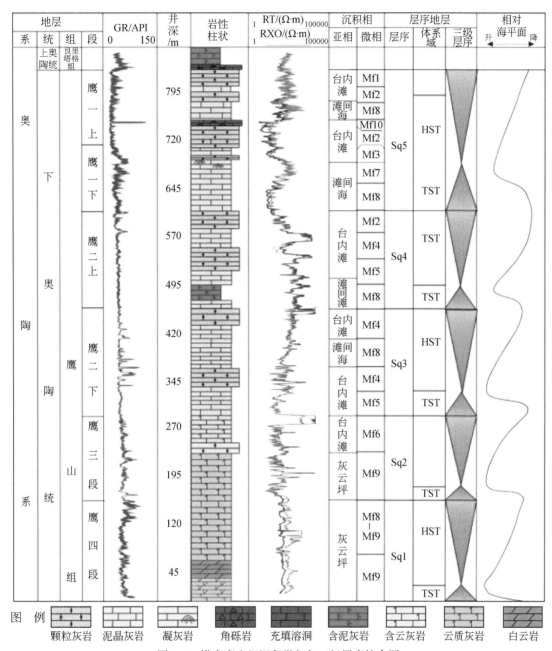

图 6.7 塔中鹰山组沉积微相与三级层序综合图

伽马段发育位置存在不确定性，根据地震响应无法准确确定储层发育位置。通过系统分析塔中碳酸盐岩区域性特征高伽马段展布规律，发现塔中 Ⅱ 区鹰山组发育普遍发育两套高伽马段（表 6.1）。高伽马一段位于鹰山顶界面，岩屑表现为浅灰色、片状，伽马值平均为 30～60API，为层状泥质条带。高伽马二段位于鹰山组内幕，为洞穴（半）充填泥质，伽马值平均为 90～120API。

表 6.1　高伽马一段与高伽马二段岩性对比统计表

类型	岩性	颜色	形状	伽马值/API	发育位置	厚度/m	可钻性	酸蚀速度
高伽马一段	含泥灰岩	浅灰色	片状	30～60	鹰山顶界面	10～15	略好	慢
高伽马二段	含泥灰岩、泥质灰岩	灰、褐色	团状	90～120	鹰山组内幕	5～10	略差	慢

（2）导向标志层确定：依据上述分析，塔中地区鹰山组中上部主要有两套储-盖组合。第一套是由鹰山组顶部不整合形成的表生岩溶地层被泥质充填形成的盖层与下伏缝洞体形成的储-盖组合，在测井上表现为高伽马一段与下伏地层的组合；第二套是由潜水面附近的洞穴被泥质充填后形成的盖层，与洞底的缝-洞层形成的储-盖组合，在测井上表现为高伽马二段与下伏地层的组合（图6.8）。

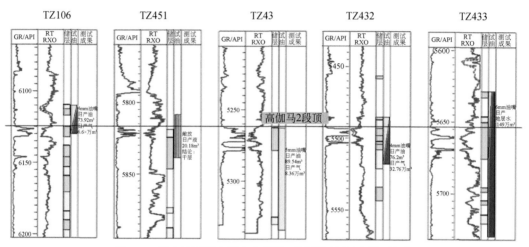

图 6.8　塔中地区鹰山组高伽马段-缝洞体的空间配置关系

通过塔中碳酸盐岩区域性高伽马段及储层展布规律研究，明确了有效储层发育位置与高伽马段的对应关系，即高伽马二段发育时则下伏的缝洞型储集体发育，反之，高伽马二段不发育时则下伏的缝洞型储集体也不发育。

因此，确定高伽马二段作为区域标志层，其下部优质储层发育段为水平井轨迹设计的主要目的层段（图6.8），依据高伽马二段来落实储层发育位置，精准设计靶点，保证水平井轨迹设计的准确性和合理性。

二、超长水平井精准导向关键技术

（一）轨迹优化设计

按照"整体部署、分批实施、区域控制、系统开发"的原则，结合"以好带差、好中兼顾"的开发思路，进行碳酸盐岩凝析气藏整体开发井网与井位优化设计。

超深水平井钻探最关键的环节是精确的轨迹设计，主要依据储层预测评价、区域应力场研究与碳酸盐岩凝析气藏形态精细刻画等，特别是高伽马段与储层段的空间组合关系。重点是严格控制"靶点、靶向、靶层与避水高度"，即水平井轨迹紧贴高伽马段之下，确保井点井网位置最佳、钻探层位最准、轨迹方向最佳、避水高度最大、尽可能沟通多个缝洞单元，提高储层钻遇率和提高单井累计产量，同时确保井眼轨迹平滑，为下入较复杂的完井管柱对长水平段储层分段改造提供良好的井筒条件。

根据地质条件，水平井轨迹设计一般位于高伽马二段以下 10~15m（垂深），上下靶高±5m，左右靶宽±10m。

（二）管柱优化组合

1. 管柱组合革新

早期的仪器组合如海蓝 YST-48R 采用的坐键式固定方法，下钻过快、震动过大时可能出现脱键现象，导致仪器没有信号。采用悬挂固定方式，既保证了随钻伽马短节最接近钻头，又兼顾了最上部的旋转脉冲发生器能够畅通无阻地传输泥浆脉冲信号。

早期传统的"蘑菇头式"脉冲发生器，对泥浆洁净程度以及添加剂非常严格，施工过程中易被堵塞而不能解码。塔中革新旋转式脉冲发生器对堵漏剂限制更加宽松，施工过程中不易被堵塞，耐冲蚀（哈里伯顿 650 脉冲发生器甚至可能被钻具内部的铁锈损坏），并且适应更广范围的钻井液比重。

塔中随钻伽马距离钻头最近，能及时获得伽马数据并调整轨迹。随钻伽马测井仪器从上到下组合：打捞头+定向探管+扶正器+电池+扶正器+伽马探管+扶正器+脉冲发生器+底部总成。另外，针对塔中碳酸盐岩水平井钻井易喷易漏的情况，精细控压钻井时可配合 PWD 探管。不加 PWD 钻具组合：无磁钻铤+定向短节+浮阀+螺杆+钻头，适用于 5 7/8″~12 1/4″井眼。根据螺杆长度调整，伽马零长为 8.09~9.90m，较之早期随钻伽马零长缩短 5~10m。

2. 实时数据传输

较传统水平井定向方式，塔中随钻伽马导向仪器增加伽马、井底温度、井底压力等数据，能为地质决策提供丰富的数据依据。随钻伽马实时测井数据采用广泛使用的泥浆脉冲传输方式，相对于电磁波干扰小，其数据从采集到传输至计算机中形成曲线，得到真实的自然伽马测井曲线。

3. 实时轨迹控制

现场随钻根据收集的资料将钻井液密度、环空尺寸、无磁钻铤内外径、材料类型、材料密度及伽马短节的 API 校正参数等信息输入实时监控软件，软件接收到解码箱传来的数据后，会根据这些参数自动对数据进行一系列相关校正计算，最终绘制成实时伽马测井曲线图显示在软件窗口中。

另外，还可以根据实时解码的井斜、方位数据自动计算垂深数据，实时自动描绘出斜深伽马图和相对应的垂深伽马图。现场导向工程师根据实时数据共同讨论制订轨迹调整方案。

（三）技术操作要点

严格按照水平井轨迹优化设计，紧跟随钻动态，特别是实时伽马数据分析处理结果，抓住四个关键点，层层递进、及时、合理、精细优化设计轨迹，确保水平井精确入靶，提高储层钻遇率，增加泄油面积，有效提升单井产量，创新出一套水平井随钻跟踪技术。

1. 基本原理

精准地质导向技术是以缝洞型碳酸盐岩油气藏地质认识为基础，依据随钻实时伽马、电阻率、井斜角、方位角等数据，结合综合录井（钻时、岩屑-形状、大小、颜色、荧光等）和气测录井资料，确定和控制井眼轨迹质量的地质工程有机结合、一体化管理的综合导向技术。

导向的核心是钻井过程中利用钻井液压力脉冲将油气藏地质参数、钻井工程参数传输到地面，石油地质、油藏工程研究人员，特别是导向工程师将钻井技术、测井技术和油藏工程技术融合为一体，根据综合地质研究与实时数据，控制并及时调整井眼轨迹，使钻头能够安全有效地在设计靶盒中延伸。

2. 量化调整

为有效的控制水平井井身轨迹平滑，最大化水平井在储层中的延伸能力，并减小后期分段改造的工程风险。通过系统分析入靶角度与轨迹调整合理化的对应关系，实现了水平井轨迹定量调整，确定最佳入靶角度范围，在避免工程风险的同时兼顾钻探潜力，增加轨迹调整合理性和实用性，实现了水平井钻探轨迹量化调整。

3. 操作要点

节点1，根据实钻良里塔格组顶，依据地震标定宏观确定靶层深度，进行初步调整，调整幅度大于20m；节点2，井斜为60°~70°，依据随钻伽马曲线确定井底位置，与邻井精细对比，对靶层进行优化调整，调整幅度为10~20m；节点3，入靶前，井斜为80°~84°，结合区域储层顶部伽马特征，根据随钻伽马曲线变化，准确确定靶点位置，调整幅度为5~10m；节点4，目的层水平段钻进，根据随钻伽马特征、录井显示及地震响应形态进行精确调整，调整幅度小于5m（图6.9）。

TZ102-H1井是塔中气田针对Ⅱ、Ⅲ类储层部署的水平井，设计靶前距400m，水平段AB长772m，旨在利用精准地质导向技术钻探长水平井，提高储层钻遇率和单井产量。钻探过程中地质与工程有机结合、一体化管理，通过三个节点控制确保了精准中靶，实现了油气藏地质目标。该井钻至7256.8m发生放空，累计放空6.7m至井深7261.5m，见良好显示，由于放空漏失严重，提前完钻，实钻水平段长度为779m。完井测试日产油40.8m³、日产气106448m³，试采效果良好。

三、超长水平井精准导向技术应用

1. 提高了储层钻遇率

水平井精准地质导向技术从2012年试点应用，到2013年、2014年全面推广，效果十

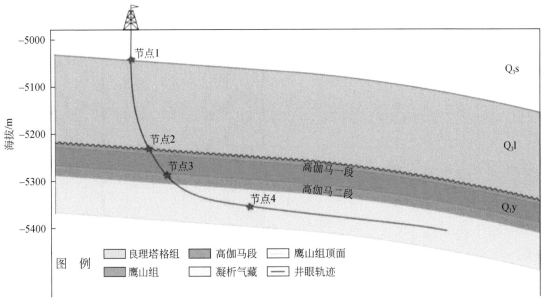

图 6.9　四个关键节点油藏剖面示意图

分显著，储层钻遇率明显上升。2012 年碳酸盐岩水平井平均储层钻遇率 37.40%，较 2011 年提高 70.1%；2014 年达到 48.3%，较 2011 年提高 120.5%。

2. 提高了钻井成功率

2012~2014 年，塔中地区精准地质导向技术成功应用 80 口井，仪器一次下井成功率高，"片状、杂乱"地震反射储层水平井钻探取得效果大为改观，超深碳酸盐岩水平井试油完井 32 口，钻井成功率达 90.6%，且水平井生产过程中能够保持高产稳产。

3. 建成了大型油气田

精准地质导向技术已趋成熟，有效实现了水平井钻遇多套缝洞体的目的，难以开发的具有"片状、杂乱"地震反射的Ⅱ、Ⅲ类储层也得到开发，提升了水平段延伸能力，提高了单井产能，实现了水平井高产稳产目标，特别是提高了储量动用程度，推动了塔中超深碳酸盐岩凝析气藏油气产量，2014 年突破 120 万吨油当量，2015 年突破 170 万吨油当量，建成年产 200 万吨级凝析气田。

第三节　超深碳酸盐岩水平井储层改造技术

塔中凝析气田缝洞型碳酸盐岩储集层非均质性较强、缝洞连通性较差，79% 的碳酸盐岩储层须经过改造才能获得工业油气流。埋藏深、温度高的特点（埋深多在 6000m 以上，温度最高达 180℃）给储层改造带来了巨大挑战。以往储层改造工艺为常规酸压，所用酸液类型以胶凝酸为主，存在三大不足：①酸液有效作用距离有限，酸蚀裂缝对储层的沟通能力弱；②深井长井段布酸不均匀，最需要改造的中低渗和高污染层段酸蚀程度低；③纵向上定向改造难度大，储集体附近有水层时，人工裂缝易沟通水层导致改造失败。

由于常规酸液工艺和液体的诸多局限性，攻关前台盆区碳酸盐岩储层改造有效率仅54%，改造后平均单井产量仅 14.9t/d。因此，急需探索适合塔里木超深碳酸盐岩储层的深度改造技术，提高酸压裂缝对储集体的沟通能力，改善单井产能。

通过精细评估缝洞体和井眼的相对方位来确定酸压裂缝的有利沟通方向，并研发新型酸液体系，完善配套高效酸压工艺技术，形成以缝洞方位为主导的碳酸盐岩储层高效改造模式。研发分段改造工具，革新分段改造管柱结构，完善地面配套工艺技术，从而达到分段酸压效果。应用于研究区，有效提高分段酸压效果，实施井成功率大幅提高，为增储上产起到了巨大作用。

一、缝洞型碳酸盐岩储层深度改造技术

（一）缝洞型碳酸盐岩储层深度酸压思路

针对塔里木超深缝洞型碳酸盐岩储层酸压裂缝对储集体沟通能力差的问题，研究通过精细评估缝洞体和井眼的相对方位来确定酸压裂缝的有利沟通方向，通过研发温控变黏酸、清洁自转向酸、地面交联酸、自生酸、固生酸等新型酸液体系实现酸蚀裂缝的深穿透和可控转向，通过配套高效酸压工艺来实现酸蚀裂缝的深部沟通和高效导流能力，通过探索缝高控制技术来实现裂缝在纵向上的可控延伸，最终形成以缝洞方位为主导的碳酸盐岩储层高效改造方法（图 6.10）。

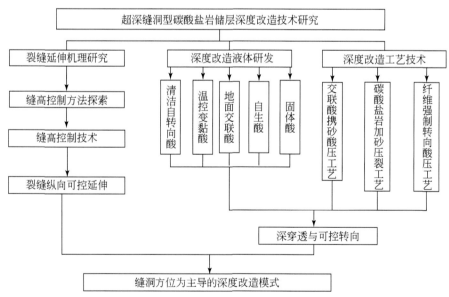

图 6.10　超深缝洞型碳酸盐岩储层深度改造技术研究思路

（二）缝洞型碳酸盐岩储层深度酸压模式

研究通过深度酸压液体研发和深度酸压工艺配套形成了以沟通缝洞发育带为目标的多

元化碳酸盐岩储层改造配套技术。

（1）井眼钻至缝洞顶部，油气显示好，采用垂向酸化或酸压工艺疏通流动通道，沟通缝洞体，酸液类型以胶凝酸为主。

（2）井眼钻至强反射区附近，油气显示差，且最大主应力方向与缝洞方位一致，则采用深穿透酸压工艺造长缝，通过增加有效酸蚀缝长来沟通缝洞体，所用酸液类型以温控变黏酸和交联酸为主，并探索了自生酸、固体酸等新型酸液体系。

（3）井眼钻至强反射区附近，油气显示差，且最大主应力方向与缝洞方位不一致，则通过转向酸压工艺造转向缝来沟通缝洞体，转向工艺采用清洁自转向酸酸压或纤维强制转向酸压。

（4）井眼钻遇杂乱反射的裂缝孔隙型储层，但油气显示不好，则以建立高导流能力的流动通道为主要目标，改造工艺采用加砂压裂或交联酸携砂酸压。通过技术攻关，形成了缝洞型碳酸盐岩储层深度改造模式（表6.2）。

表6.2 缝洞型碳酸盐岩储层深度改造模式

钻井情况	测井解释	改造主导思路	工艺方法
直接钻遇"串珠"，油气显示好	Ⅰ类储层	解除伤害，优选中小规模酸压工艺	垂向酸化（压）
钻至强反射区，显示差，裂缝与地应力方向匹配好	Ⅱ、Ⅲ类储层	形成一条较长的酸蚀裂缝，兼顾裂缝的高导流能力	深穿透酸压
钻至强反射区，显示差，地应力方向不匹配	Ⅱ、Ⅲ类储层	转向酸压，采用转向剂强制转向沟通储层	转向酸压
井眼钻遇杂乱反射的裂缝孔隙型储层，但油气显示不好	Ⅱ、Ⅲ类储层	建立高导流能力的流动通道为主要目标	加砂压裂、交联酸携砂酸压

二、超深碳酸盐岩水平井分段酸压技术

由于水平井常规酸压改造目的性不明确，酸压裂缝对储层的沟通程度有限，水平井产能得不到充分发挥。通过水平井分段酸压技术从水平井分段方法优化和水平井分段改造工具配套两个层面开展技术攻关，攻克了塔里木深层碳酸盐岩水平井改造后稳产难的问题，有力支撑了塔里木深层碳酸盐岩油气藏的高效开发。

（一）存在问题及技术需求

塔中奥陶系碳酸盐岩储层总体发育有两套储集体：上奥陶统良里塔格组以礁滩体为主，具有准层状特征，整体含油，天然水体能量较弱，适宜采用水平井开发；下奥陶统鹰山组岩溶发育，以大型溶洞为主，对于多个缝洞系统采用水平井衰竭式开采具有一定优势。

由于碳酸盐岩储层非均质性强的特征，大部分油藏需要通过酸压手段改造沟通近井带的有效储集体后才能获得工业油气流。但是本研究实施前，塔里木台盆区碳酸盐岩水平井以常规笼统改造方式为主，酸压裂缝对储层的沟通程度有限；水平井段长，滤失量极大；

酸岩反应速度快，酸液沿程损耗严重等因素。虽然采取限流压裂等措施，但形成的裂缝分布极不理想，只有水平井的趾部和根部得到改造，水平井产能完全得不到充分发挥，仍未解决产能衰竭迅速、最终采出量低、效益成本比小的问题。

2007～2008 年，塔里木油田在 TZ9-H5、TZ62-13H 等井尝试了碳酸盐岩水平井改造作业（图 6.11），施工规模较大（环空、油管分别注入），但采用的是笼统改造方式（仅加入了碳酸钙粉末固相转向剂）。

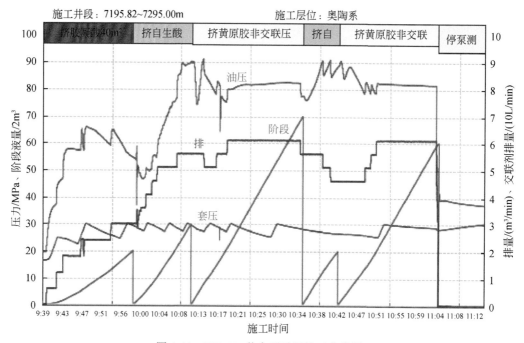

图 6.11　TZ9-H5 井大型酸压施工曲线图

从压后试采情况来看：改造后产量不理想，平均单井产量仅 24.8t/d，且产量下降较快、累计产量欠佳。TZ62-13H 改造后虽有 40 吨的日产油，但试采 236 天、累计产油 1525 吨、累计产气 314 万 m³ 后，因产能衰竭而关井。笼统酸压不能发挥水平井增产的优势，探索能够实现裂缝对储层多级穿切的水平井分段改造工艺非常必要。然而，塔里木油田碳酸盐岩水平井垂深多在 5000m 以上，地层温度最高达 180℃，攻关前国内没有适合该储层条件的分段酸压工具。须从分段改造工具的研制入手，配套形成深层碳酸盐岩水平井分段酸压工艺技术。

（二）分段改造工具优选

机械封隔由于封隔准确、可靠性强等特点在水平井分段改造中得到了广泛应用，其核心技术为分段改造工具，国内外应用较多的机械封隔分段压裂技术可分为以下三类。

（1）单封隔器+可钻/捞式桥塞。主要用于套管井，其优点是可实现较为准确的定点（射开处）压裂，缺点是施工步骤复杂，施工周期长，施工后各层间无封隔，单层出水后处理难度大。核心技术是桥塞，引进哈里伯顿的易钻式桥塞。该技术在水平井分段改造施工前期应用较多，现较少应用。

（2）环空封隔器和双封隔器单卡分段压裂。主要应用于浅层，且需要压井等作业，造成二次伤害，施工周期长，封隔器易出现砂卡的问题。

（3）多级封隔器分段改造。多级封隔器分段改造技术由于其封隔可靠，不动管柱可快速、高效地实现多层压裂，已成为现在水平井分段改造的主流技术，并且已经针对不同的完井方式形成了技术配套。

按照封隔方式及封隔器类型，目前国内外使用较多的主要有以下三种。

（1）适用于裸眼井的多级封隔器+滑套分段压裂工具：封隔器又可以分为遇油-水膨胀封隔器和机械-液压座封封隔器。其通过油浸泡或者液压座封后将各层分开，而每两个封隔器间安装有一个球座，通过投球可以打开封隔器间的滑套装置，实施酸压-加砂压裂。

（2）若滑套处再配合水力喷射诱导压裂技术，即可实现较为准确的预想定点人工裂缝形态，若无水力喷射诱导转置，则裂缝在裸眼井段薄弱区处起裂，虽然进行了分段改造，裂缝分布情况仍不明了，特别是在横向缝状态下易形成多裂缝，这点在裸眼完井中要尤其重视。本工具要求井眼较为规则，其缺点是如果滑套不能有效关闭不能实现多层的分层开采，所以在一层出水后处理困难，应尽量避免压入水层或者尽量延长无水采油-气期。

（3）适用于套管射孔完井的分段改造工艺：除了上述封隔器也适用于套管井中外，套管井还可以通过采用酸溶性固井材料固井后结合井下可开关滑套进行分段改造，其关键技术是井下可开关的滑套装置可通过连续油管/油管进行机械开启/关闭，且采用酸溶性水泥固井从而可以实现定点压裂，且层数不受限制，改造后能够实现各层独立作业，避免了合采单层出水难以处理的问题。此外 BJ 公司还开发了一种套管外射孔分层改造一体化技术，通过常规固井技术将射孔模块一起固入水泥中，并通过控制管线地面控制射孔和井下分段压裂阀的开关。在一层压裂后，进行第二层射孔并关闭与第一层的联通阀，进行第二层压裂，从而实现定点、多层分段改造，具有效率高、射孔-分层-改造一体化、层数不受限的优点，但根据文献报道目前该套工具适用于的套管尺寸不大于 3 1/2″。对国内外水平井分段改造技术情况总结如表 6.3 所示。

表 6.3　国内外水平井分段改造技术情况表

类型	工艺	适用井况	拖动管柱	分段数	供应商及商品名	应用	施工简便	缺点
限流压裂	笼统改造	套管射孔	否	1	—	少	是	可靠性差
投球压裂	笼统改造	套管射孔	否	1	—	少	是	可靠性差
化学隔离		套管未射孔	是	不受限	胶塞	少	否	伤害大
连续油管压裂	光连续油管	套管未射孔	是	不受限	BJ OptiFrac 系列，Halliburton-CobraMax	多，胜利、四川	一般	深度受限
	连续油管+单封隔器	套管未射孔					是	
	连续油管+跨隔封隔器	套管射孔					是	

续表

类型	工艺	适用井况	拖动管柱	分段数	供应商及商品名	应用	施工简便	缺点
水力喷射诱导	拖动式	各种井况	是	不受限	Halliburton-Surgifrac 分院、石油大学等	多，长大、大庆、吉林、新疆等	是	需不压井装置
	滑套式	各种井况	否	3~8?	石油大学（北京）	多，西南、四川广安、吐哈、鄂尔多斯、大庆	是	套管无封隔
机械封隔	双封单卡	套管	是	不受限	大庆、胜利	少，大庆	一般	易砂卡
	封隔器+桥塞	套管	是	不受限	Halliburton-特殊桥塞	少，长庆	否	施工周期长
	滑套+环空封隔器	套管	否	3	吉林	少，吉林	一般	环空压裂
	多级封隔器	裸眼套管	否	决定于管径及球机械开关不受限	SLB-StageFRAC	1500+，13 级	是	成本高
					Halliburton-Delta Stim			
					Baker Huges-Frac Poin	500+，9 级		
					BJ-DirectStim	美国，加拿大		
					胜利、大庆、新疆	初步实验		

　　由于塔里木油田碳酸盐岩井眼稳定性好，且深井水平井固井质量难以保证等原因，一般采用裸眼完井，根据国内外水平井分段改造技术分析，适合塔里木油田碳酸盐岩储层分段改造的技术主要有两大类。

　　（1）多级封隔器技术：从表6.3中可以看到该项技术在国内外应用较多，且逐步成为水平井分段改造的主流技术，比较适合在塔里木油田使用。但其封隔器、滑套、尾管悬挂器等配件，特别是国外公司产品，价格较高，使得单井改造费用很高。目前国内该类型工具尚处于起步阶段，因此实现该类工具的国产化配套是未来的发展方向。

　　（2）水力喷射诱导技术：该项技术前期由于需要不压井起下钻装置，井控安全风险较大，因此推广应用难度较大。但随着工具的改进，通过滑套式喷射器的应用，可实现不动管柱的多段改造，且不需要采用封隔器分隔，使得成本大幅度降低，因此这是一项非常有发展潜力的水平井分段改造技术。

　　二者的优缺点及需改进的方面如下。

　　（1）横向多裂缝问题：对于塔里木油田碳酸盐岩，在井眼沿最大水平主应力方向时（多数布井为此情况），对于裸眼多级封隔器，在同一压裂段内易产生多条横向缝，使得滤失分流增加严重，有效缝长受限较大；而水力喷射辅助压裂由于可以实现定点喷射诱导起裂、延伸，因此不存在多裂缝问题，从这方面来讲其更适合在碳酸盐岩水平井分段改造中应用。

（2）安全性问题：从工具工艺来看，多级封隔器技术具有安全性的优点，水力喷射诱导技术由于需要从套管补液或注液，因此其存在一定的井控风险，需要进一步改进使其能够适应超深水平井碳酸盐岩分段改造。

（3）后期开采问题：水力喷射诱导技术对裸眼改造，由于各层间无封隔，在特定完井生产管柱的情况下只能采用多层合采的开采方式；而对于多级封隔器技术，若其压裂滑套在打开后不能关闭，则其也是只能合采，而一层一旦出水则给生产带来极大影响。因此，开发可多次开关的滑套也是一项未来需要发展的技术。

（三）深层小井眼碳酸盐岩水平井分段酸压研究思路

通过攻关研究，形成了碳酸盐岩小井眼水平井分段酸压研究的基本思路（图6.12）：从水平井布井策略优化、水平井分段方法优化和水平井分段改造工具配套三个层面开展了技术攻关，形成了碳酸盐岩小井眼水平井分段酸压配套技术。水平井布井策略是：使水平井眼在平面上贯穿多套储集体、垂向上尽量靠近储集体（打"头皮"策略），同时使井眼轨迹大角度斜切最大主应力方向，为后期分段改造创造有利条件。水平井分段策略是：将井眼轨迹投影在地震剖面和储层平面预测图上，以地震对储层的预测为主，结合钻井过程中的油气显示和测井解释成果进行标定和分段。水平井分段改造工艺方面，通过研制全通径压控式筛管，配置了全通径分段改造管柱。

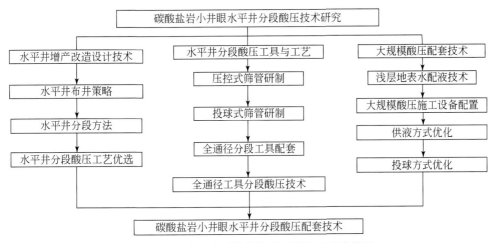

图6.12 小井眼水平井分段酸压研究技术路线图

通过研制耐高温裸眼封隔器和压裂滑套，配置裸眼封隔器+滑套分段改造管柱；通过研制全通径压控式筛管，配置全通径分段改造管柱；通过研制适合深井作业的水力喷射分段工具，配套形成水力喷射分段酸压管柱。通过一系列技术攻关，支撑了台盆区碳酸盐岩水平井的高效开发。

(四) 裸眼封隔器滑套分段酸压技术

1. 耐高温裸眼封隔器

国产耐高温裸眼封隔器是一种新开发的大通径耐高温高压、防硫封隔器，可用于简单封隔地层，对裸眼段进行集中酸压作业。由于裸眼井眼的不规则性，根据井眼大小分别设计了两种外径胶筒，分别为128mm和138mm型封隔器，可以根据井眼大小的变化选择相应外径的裸眼封隔器，保证了封隔器胶筒和井壁的充分结合，增大酸化、压裂作业的成功率。新型可回收式液压封隔器下在套管内，室内试验管内分级打压5MPa、10MPa、15MPa、20MPa、25MPa，分别稳压10min封隔器坐封，管内泄压后环空打压70MPa，稳压30min压力不降。

国产耐高温裸眼封隔器属于液压膨胀式封隔器，封隔器胶筒采用内胶筒、叠层不锈钢片和外胶筒组合。通过从油管正打压产生正压差，使胶筒膨胀座封，从而达到封隔裸眼井段地层的作用。室内和现场试验应用验证该设备达到了设计目的，具备操作简单、密封严密、安全可靠的特点。该产品可以满足油田高温高压超深井酸化压裂作业，节约作业成本，加快勘探开发进度。

2. 分层改造滑套

由于碳酸盐岩非均质性，碳酸盐岩水平井在分层改造过程中，每段的施工压力和改造规模存在差异，为了实现水平段定点改造，必须研发能定点打开特定层位的开孔井下工具，也就是分层改造滑套。该分层改造滑套采用投球打压打开方式，主要包括上接头、防转螺钉、滑动套、球座、下接头和剪切销钉。

耐高温封隔器和压裂滑套组合，形成了适合台盆区碳酸盐岩深井的分段酸压工具管柱。

(五) 应用实例

1. TZ62-11H井裸眼封隔器六级分段改造

TZ62-11H水平井分段酸压改造创下了塔里木油田水平位移最大、水平段最长、分段最多、规模最大、连续酸压一次成功等五项新纪录。该井属典型的"打头皮"水平井，进行三次轨迹调整，纵向上井眼距缝洞储集体中部的距离为33~45m；在平面上除第2、6段在井眼正下方外，其他段在井眼下方50~100m的距离。4869~5843m井段实行控压钻进，进尺974m，泥浆密度为1.07~1.08g/cm³，仅5789m漏失4.1m³。

该井在良里塔格组共发现气测显示234m/31层，其中有四段显示最好：①5093~5115m，厚度22m，全烃：0.35↑13.41%，C_1：0.1710↑6.2528%，其他组分齐全，现场解释为油气层，并脱气点火；②5440~5461m，厚度21m，全烃：0.27↑8.28%，C_1：0.1008↑7.0758%，其他组分齐全，现场解释为气层；③5537~5560m，厚度23m，全烃：0.53↑4.98%，C_1：1.4583↑4.6401%，其他组分齐全，现场解释为差气层；④5790~5843m，该井段为全水平段显示最好层段，全烃最高70.47%。

TZ62-11H井水平井段处于储层发育区，成藏条件有利。通过本井区地应力、天然裂缝走向分析，井眼轨迹与本区最大地应力方向近于垂直，水力裂缝基本是垂直井身方向横向开启和延伸，横切井筒的人工裂缝有利于沟通天然裂缝。根据油气显示、地质录井、测井解释情况，对 TZ62-11H 井水平段采用尾管悬挂器+遇油膨胀封隔器分层管柱分六段进行改造。

该井井眼轨迹与溶洞发育方向一致，根据地震标定情况，在第二改造层段和第六改造层段正下方分别存在距离井眼 33m 和 45m 的串珠状反射，同时第五改造层段侧面北东向约 30m 处存在强反射储集体。根据以上地震预测情况并结合其他地质特征，拟对第一改造段 5691.58～5843m 采用中等规模前置液酸压，第二改造段 5489.98～5686.65m 采用大规模前置液交联酸两级酸压，第三改造段 5393.29～5489.98m 采用中规模前置液酸压，第四改造段 5228.44～5387.36m 采用小规模前置液酸压，第五改造段 5036.81～5222.51m 采用大规模前置液交联酸两级酸压，第六改造段 4861～5029.88m 采用大规模交联酸两级酸压。

2009 年 4 月 22 日对 TZ62-11H 井进行六段分段改造，共注入地层总液量为 2541.5m^3，其中前置液为 1544.1m^3、低浓度交联酸为 300.1m^3、高浓度交联酸为 390.9m^3、胶凝酸为 281.1m^3、原井筒液+顶替液为 26.3m^3，施工排量为 4.8～7.04m^3/min，油压为 36.3～91.8MPa。整个施工过程顺利，完井分段酸压工艺成功。六段施工压力响应存在差异，打开滑套压力显示明显，表明封隔器坐封良好。施工停泵压力反应储层压力系数小于 1.02，从每段施工压力降落情况分析，认为酸压过程中沟通缝洞及酸蚀效果明显。酸后用 12mm 油嘴测试日产油 82m^3、日产气 261258m^3（图 6.13）。

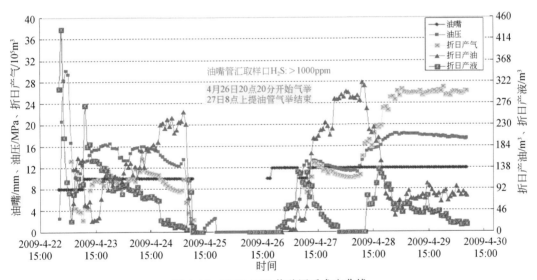

图 6.13　TZ62-11H 井酸压后求产曲线

2. TZ162-1H 井Ⅲ类储层分段改造获高产油气

根据 TZ162-1H 井地震预测情况并结合地质特征分析结果，第一改造段 6780～6730.64m 下方 50m 有强串珠反射，采用较大规模前置液酸压，通过人工裂缝垂向上的延伸沟通下部串珠状强反射体；第二改造段 6727.71～6337.4m 下部存在水平状较强振幅，采用大排量中等规模前置液交联酸酸压，力求获得突破；第三改造段 6334.47～6094.83m

振幅较弱，采用大排量中等规模前置液交联酸压改造以求在准层状地层中获得突破，并深化对地层整体含油性的认识。

2009年10月9日对TZ162-1H井奥陶系良里塔格组进行水平井分段改造，注入地层总液量为2422.19m³，压裂液用量为1977m³，酸液用量为397m³；泵压大为90.1MPa、小为34MPa，一般为80MPa；排量大为6.1m³/min、小为0.41m³/min，一般为3.3～4m³/min。酸压后用6mm油嘴定产获得高产，TZ162-1H井创下了塔里木盆地碳酸盐岩水平井埋藏最深（测深6780.00m-垂深6320.24m）、Ⅲ类储层高产（酸后6mm油嘴，油压为39MPa，日产油114.08m³、日产气27123m³）两项纪录。

三、全通径裸眼工具分段酸压配套技术

为了满足高温深层碳酸盐岩超长水平井储层的分段改造需求，同时实现成本可控，塔里木油田组织研发了国产全通径裸眼分段改造工具，该套工具主要由裸眼封隔器、投球式筛管和压控式滑套三部分构成。裸眼封隔器主要依靠芯管内外压差剪断销钉，外滑套下行挤压胶筒，完成坐封。四段胶筒的硬度由下至上依次升高，可保证每段胶筒充分膨胀，依次坐封，提高裸眼封隔效果，同时止退机构能有效防止外滑套回退，保证永久有效。主要特点有：有效封隔压差为70MPa；全通径，最大通径Φ86mm，可为后期作业提供有利条件；耐温达到204℃；外滑套最大行程为800mm，最大膨胀比为1.19，坐封后的有效密封长度为1200mm，可对裂缝地层有效封隔，适用于碳酸盐岩的裸眼完井分段改造。

1. 全通径分段改造管柱

送入管柱配置自上而下为：钻杆+校深短节+钻杆三根+APC阀（钻杆扣）+锚定密封+国产套管悬挂封隔器+油管+N#压控式筛管+油管+N#裸眼封隔+…+裸眼封隔器+油管+投球式筛管+单流阀+油管+浮阀+割缝筛管+圆头引鞋。回插管柱配置：油管+伸缩管+锚定密封。管柱特点：实现不压井起下钻，减少储层污染，缩短试油周期，降低试油成本等。

2. 全通径裸眼分段改造工具地面试验

通过试验准备，开展封隔器承压试验。当裸眼封隔器坐封后，上部承压可达70MPa，下部因没有支撑，导致工具棘齿破坏。当芯轴下行到底部时，胶筒环空仍能承压70MPa，说明有封隔能力。裸眼封隔器GTLBH-158在177.8mm井筒内可完全坐封，工作压差可达70MPa。

在进行地面各单项实验后，2010年国产全通径裸眼分段酸压工具先后在TZ701、TZ23C、TZ24井分别入井对投球式筛管、压控式筛管、裸眼封隔器进行单项试验，2012年5月在TZ518井进行"液压裸眼封隔器+投球式滑套"现场配套应用试验。根据现场酸压施工情况，分析认为裸眼封隔器对两段储层在井筒内形成了有效的机械封堵和隔离，该项工艺现场试验成功。

3. 全通径分段改造工艺的应用效果

国产全通径裸眼分段改造工艺在塔中地区已经全面推广应用，并获得了较好的油气产能。据统计分析，TZ26井区全通径分段改造井（TZ26-H7、TZ26-H11）与邻井直井

（TZ26、TZ261）在 200 天的生产期间内，水平井油气当量累计产量是直井的 2. 58 倍；500 天生产时间内 TZ26-H7 井累计油气当量是 TZ26 井与 TZ261 井累计产量之和的 1. 94 倍（因 TZ26-H11 井生产周期较短，其产量未计算在内）。如图 6. 14 所示，全通径分段改造和投球限流筛管完井改造井比直井完井改造累计油气产量具有明显优势。

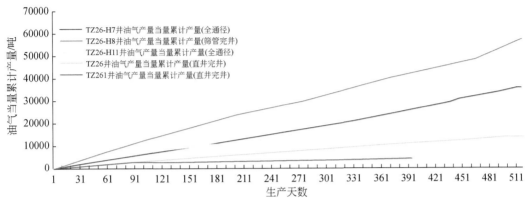

图 6. 14　全通径分段改造水平井、投球限流筛管完井与直井完井改造相同时间累计油气产量对比图

四、沙漠区超大规模酸压地面配套工艺

虽然大规模酸压是台盆区碳酸盐岩储层提产的有力保障，但由于受到地面配套工艺的制约，攻关前油田仅能实施 $600m^3$ 以下的酸压施工，适合大规模酸压的地面配套工艺成为制约台盆区碳酸盐岩储层提产的重要因素之一。

具体问题主要体现在三个方面：一是偏远地区浅层地表水中钙镁离子含量高，不能直接用于配制压裂液，而这些地区距离淡水区往往较远，配液用水的运输成本较高；二是大规模酸压作业施工时间较长，且要求中途不能停泵，而传统压裂车组配置和供液方法无法保证长时间平稳供液；三是水平井分多段酸压时，投球数量较多，原投球方式最多只能实现六级酸压的连续投球。

针对以上问题，从三个方面开展了技术攻关。首先运用螯合理论，通过研发和应用新型高效阳离子螯合剂，使浅层地表水中游离的钙镁离子含量由 416mg/L 降至 100mg/L 以下，实现了就地采用浅层地表水配置压裂液，单井作业准备周期平均缩短 4. 5 天。

再通过配备 20000psi（$1psi = 0. 155cm^{-2}$）高低压管汇、2000-2500 型压裂车等硬件设施，保证了大规模、超大规模酸压施工设备运作的连续性，同时配置了高排量橇装泵、耐酸混砂车等供液设备，并设计了二级供液方案，保证了大规模酸压施工过程中液体倒换准确、排量平稳，实现了 $6000m^3$ 液量的不间断供液，然后研发了地面投球装置，并优化地面流程，达到了单次施工 1000 个以上的投球能力，可满足 10 段以上分段酸压的投球需求，保证了超大规模分段酸压的连续、顺利实施。

通过浅层地表水配液技术、大规模施工设备和二级供液工艺、多级连续投球技术三项关键技术创新，支撑形成了台盆区超大规模酸压的地面配套工艺。

2014 年 12 月 18 ~ 19 日，完成 TZ511-H3 井奥陶系裸眼井段 4724.26 ~ 5911.00m 分 10 段酸压施工，共投球 725 个。现场温度达 -20℃，连续泵注 18 小时，中途未停泵。共挤入地层总液量为 5866m³，其中，黄原胶非交联压裂液为 4131m³、降阻酸为 300m³、自生酸为 1400m³，施工排量为 4.0 ~ 8.7m³/min，施工泵压为 66.1 ~ 91.7MPa，停泵压力为 29.9MPa。通过 6mm 油嘴求产，油压为 33.9MPa，日产油气当量为 178.03 吨，成效显著。

研究成果应用后，台盆区实现了 6000m³ 以上的超大规模酸压连续施工，最长连续施工时间长达 19 个小时，最多投球 725 个，为深层碳酸盐岩储层的高效提产提供了有力保障。

第四节   碳酸盐岩凝析气藏提高采收率技术

塔中 I 号凝析气田在衰竭式开发过程中，地层压力衰竭过快，油气采出程度较低，特别是丰富的凝析油无法有效采出。理论分析认为通过向储层注气或注水，恢复储层压力，补充储层能量，抑制反凝析现象，同时改善储层流体流动能力，最终提高凝析油采出程度。但同时部分井存在见水后井筒积液，导致停喷无产能。另外水驱凝析气藏容易形成水封气，而且水侵气藏采收率往往没有气驱气藏的采收率高，因此注水开发凝析气藏在国内几乎不被人接受，即使在国外也没有得到广泛的应用。

研究区东部主要为中高含凝析油凝析气藏，早期连通井组少，未形成开发井网，一井一藏特征普遍存在，难以利用井网注气提高采收率。针对塔中地区碳酸盐岩带油环凝析气藏缝洞型储层特征，实验利用金属空腔模型模拟溶洞系统、填砂细管模拟裂缝系统与实际岩心人工凿孔模拟孔洞系统，将这三种模型相互组合来模拟不同储层类型，并设计不同衰竭压力下的注水、注气实验。分析缝洞型储层利用注水、注气驱替方式提高凝析油采收率的可行性，并考虑注入时间、注入量、驱替速度对凝析油、凝析气采收率的影响。同时在采油气工艺技术方面，优选了循环气举采油工艺，并完善了气举采油配套技术。室内物理模拟实验成果表明，采用单井注采，单溶洞型储层注水可行，而裂缝型、裂缝-孔洞型储层注气效果更佳。随缝洞系统的结构复杂程度的增加注采效果降低，但注气效果比注水要好。局部富油的连通缝洞系统注水和无油环连通缝洞系统注气效果好。基于研究区储层类型及井网特征，首先进行注水试验，然后再实践应用，取得良好效果。同时革新更适用于本区块的气举采油工艺，有效提高凝析气藏采收率。

一、注水及注气凝析油提高采收率实验

从注水、注气两个方面，通过室内实验优选不同阶段补充能量的最佳方式，从而提高凝析油最终采收率。

（一）实验原理

由于在对实际岩心的常规化验分析中，其孔隙度和渗透率与测井资料、地震资料、录完井资料得到的有较大差异。实际地层岩心孔渗性质较差，无明显溶蚀孔洞，裂缝发育较

差。而实际储层中，发育较为明显的渗流裂缝与能够储存和流动流体的孔洞和小型溶洞。

针对塔中地区碳酸盐岩带油环凝析气藏实际缝洞型储层特征，本次实验利用金属空腔模型模拟溶洞系统、利用填砂细管模拟裂缝系统、利用实际岩心人工凿孔模拟孔洞系统，并通过把这三种模型进行不同组合来模拟不同的储层类型。

(二) 实验流程

实验动力源为驱替泵，实验流体为现场取样实际样品经复配得到的地层流体，实验温度变化与实际地层温度变化保持一致。实验模拟不同缝洞类型储层衰竭至某一压力后停止开采回注伴生气，恢复地层压力。实际实验针对不同缝洞组合类型，进行不同衰竭压力下的注水、注气实验。

室内实验条件：油气样按凝析油含量为 533g/m³ 左右，地层温度为 140.6℃，露点压力为 56.4MPa，采用现场取得的 TZ62-7H 分离器脱气油样及 TZ243 井套管气样进行配制，注入气为四川干气，注入水为配制地层水。

(三) 实验过程

1. 单洞模型

TZ8 井通过地震资料显示有较大型溶洞存在，钻完井资料显示放空 16.5m，即认为该井在钻井过程中钻遇大型溶洞，溶洞底部存在一定厚度的油环。由测井资料和水侵动态特征分析，溶洞底部并未直接与水体相连，而是通过裂缝系统连接。考虑以上储层特点、流体特征，利用单洞模型模拟该类型储层的渗流、衰竭过程。与此同时，单洞模型作为一种基础模型，可作为实验对比的基础参数。

2. 裂缝-溶洞模型

TZ11、TZ12 等井储层类型为裂缝-溶洞型，其溶洞形态属于小型溶洞，且气井射孔段没有射到溶洞端，而是通过裂缝系统与溶洞相连，储层流体流动方式为溶洞-裂缝（系统）-井筒。同时，该类型井基本都是一个井一个溶洞（缝洞）系统，没有其他井的储量供给。根据这些特征，利用裂缝-溶洞（孔洞）模型来模拟该类储层流动、衰竭过程。

3. 裂缝-溶洞（辅助供气）模型

TZ62-H8 等井储层类型为裂缝-溶洞型，溶洞形态属于小型溶洞或孔洞系统。气井射孔段是裂缝系统，储层流体流动方式为溶洞-裂缝（系统）-井筒。同时，该类型井与同一缝洞系统内其他井有较好连通性，可认为其他储层可向该井底供气。其总的渗流过程为：溶洞-裂缝-溶洞-裂缝-井筒。根据这些特征，利用裂缝-溶洞（孔洞）模型来模拟该类储层流动、衰竭过程。

4. 多裂缝-溶洞复合模型

针对 TZ62 井区大部分井而言，储层流体渗流过程都较为复杂，同时存在小型溶洞、孔洞系统和裂缝系统。对于这样综合型的储层特征，总结其总的渗流过程为：（溶）孔洞系统-裂缝系统-（溶）孔洞系统-裂缝系统井筒。根据这些特征，利用综合模型模拟该类储层流动、衰竭过程。

（四）单洞模型

本次实验利用的凝析气源为 TZ62 井区的 TZ62-7H 井的分离器取样气和油，共进行了五个轮次的实验过程，分别是：原始流体完全衰竭实验；小压力差衰竭后注水升压后进行衰竭实验（高压注水）；第一次衰竭至 45MPa 后注水恢复地层压力，再次衰竭至15MPa，再注水升压，然后衰竭至废弃压力实验（高低压衰竭混合注水实验）；原始流体衰竭至 15MPa 低压时注水实验（低压注水）；原始流体衰竭至 15MPa 低压时注气实验（低压注气）。

1. 单洞系统完全衰竭实验

实验的原始凝析气储量控制值为 106934mL，其中凝析油储量为 91.48mL。原始地层压力从 52.41MPa 衰竭到废弃压力 15MPa 的过程中，累计采出气为 77000mL、累计采出凝析气为 26.5mL，凝析气最终采收率为 72%，凝析油最终采收率为 27.9%（图 6.15）。

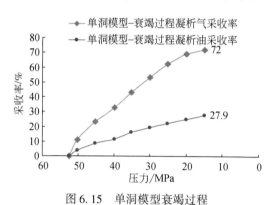

图 6.15　单洞模型衰竭过程

2. 单洞系统衰竭至 45MPa 时注水实验（高压注水）

实验的原始凝析气储量控制值为 40864mL，其中凝析油储量为 34.96mL。原始地层压力从 52.41MPa 衰竭到 45MPa 过程中，凝析气采收率为 29.4%，凝析油采收率为 10.6%。通过注水使压力恢复到 52.28MPa，注水量为 0.16PV（孔隙体积倍数，即注入量或采出量除以孔隙体积），再次进行衰竭，仍然衰竭到 45MPa，凝析气累计采收率为 44.3%，凝析油累计采收率为 18.3%。再次进行注水，注水量为 0.17PV，压力恢复至 52.13MPa，在衰竭到废弃压力为 15MPa 的过程中，凝析气最终采收率为 79.8%，凝析油累计采收率为 30.03%。由实验看出，对比完全衰竭实验与高压注水实验，通过两次注水过程，使凝析气采收率提高了 7%，凝析油采收率提高了 3%，注水效果不明显（图 6.16、图 6.17）。

3. 单洞系统高低压衰竭混合注水实验

实验的原始凝析气储量控制值为 22192mL，其中凝析油储量为 18.98mL。原始地层压力从 52.41MPa 衰竭到 45MPa 过程中，凝析气采收率为 34.2%，凝析油采收率为 8.95%。通过注水使压力恢复到 52.15MPa，注水量为 0.15PV，再次进行衰竭，衰竭到 15MPa，凝析气累计采收率为 66.7%，凝析油累计采收率为 26.8%。再次进行注水，注水量为 0.22PV，

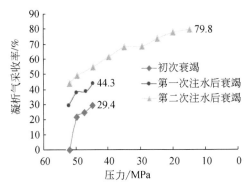

图 6.16　单洞模型高压注水凝析气采收率

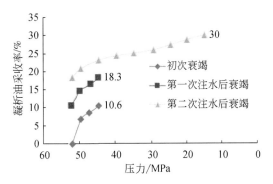

图 6.17　单洞模型高压注水凝析油采收率

压力恢复至 52.3MPa，在衰竭到废弃压力 15MPa 过程中，凝析气最终采收率为 83.4%，凝析油累计采收率为 36.3%。对比完全衰竭实验、高压注水实验、高低压衰竭混合注水实验，高低压衰竭混合注水过程比完全衰竭过程的凝析气采收率提高了 11%，凝析油采收率提高了 7%，注水效果得到提升（图 6.18、图 6.19）。

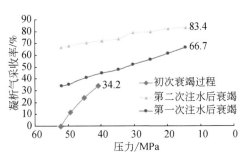

图 6.18　单洞模型高低压混合注水凝析气采收率

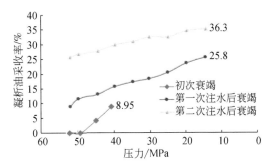

图 6.19　单洞模型高低混合注水凝析油采收率

4. 单洞系统衰竭至低压 15MPa 注水实验（低压注水）

实验的原始凝析气储量控制值为 23191mL，其中凝析油储量为 19.84mL。原始地层压力从 52.29MPa 衰竭到 15MPa 过程中，凝析气采收率为 77.2%，凝析油采收率为 23.7%。通过注水使压力恢复到 52.3MPa，注水量为 0.28PV，再次进行衰竭，衰竭到 15MPa，凝析气累计采收率为 82.4%，凝析油累计采收率为 31.3%。再次进行注水，注水量为 0.25PV，压力恢复至 52.27MPa，在衰竭到废弃压力 15MPa 过程中，凝析气最终采收率为 86.7%，凝析油累计采收率为 38.3%。对比完全衰竭实验、"高压注水"实验、高低压衰竭混合注水实验，"低压注水"过程比完全衰竭过程的凝析气采收率提高了 14%，凝析油采收率提高了 10%。相比高压注水，凝析气采收率提高了 7%，凝析油采收率提高了 8%；相比高低压衰竭混合注水，凝析气采收率提高了 3%，凝析油采收率提高了 3%。结果表明，低压注水效果较好（图 6.20、图 6.21）。

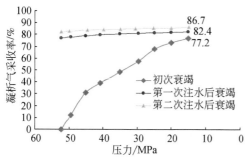

图 6.20　单洞模型低压注水凝析气采收率

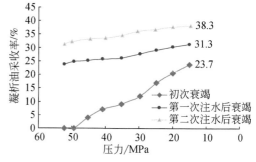

图 6.21　单洞模型低压注水凝析油采收率

整个实验过程说明,对于单洞系统而言,由于注入水的重力下沉作用,除具有较好的保持压力作用外,还能够使析出的部分凝析油重蒸发而被采出。如果经过多轮次的注水,也能够使洞底的凝析油抬升而被采出。当然,这需要较为准确的地质分析以便于判明缝洞系统的类型。TZ8 井具有这种缝洞系统的典型生产动态特征,该井洞底油主要受控于地层水。

5. 单洞系统衰竭至低压 15MPa 注气实验（低压注气）

实验的原始凝析气储量控制值为 22546mL,其中凝析油储量为 19.29mL。原始地层压力从 52.31MPa 衰竭到 15MPa 的过程中,凝析气采收率为 77.2%,凝析油采收率为 23.9%。通过注气使压力恢复到 52.3MPa,注气量为 17000mL,再次进行衰竭,衰竭到 15MPa,凝析油累计采收率为 34.7%。再次进行注气,注气量为 15000mL,压力恢复至 51.73MPa,在衰竭到废弃压力 15MPa 过程中,凝析油累计采收率为 44.1%。对比完全衰竭实验、高压注水实验、高低压衰竭混合注水实验、低压注水实验,低压注气过程比完全衰竭过程的凝析油采收率提高了 16%,比高压注水凝析油采收率提高了 14%,比高低压衰竭混合注水凝析油采收率提高了 9%,比低压注水凝析油采收率提高了 6%,注气对于凝析油增产效果较好（图 6.22）。

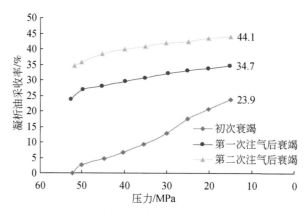

图 6.22　单洞模型低压注气凝析油采收率

6. 单洞系统实验结果对比分析与现场实施风险

从上面5个轮次的实验数据来看（表6.4，图6.23），对单洞无底油系统而言，注水和注气均能提高凝析油的采收率，注气比注水效果好，凝析油的采收率可以达到44%。在原始条件衰竭至废弃低压（废弃地层压力）时，开展注水和注气能够较大地提高凝析油采收率。如果单洞系统具有底油时，无论是在衰竭开发的早期还是衰竭开发的后期注水，注水升压均能在一定程度上重蒸发析出的凝析油，从而提高凝析油的采收率。加上注入水的下沉，会使洞底凝析油或油环得到抬升，可较完整地采出洞底油。但因单洞系统中洞本身结构的复杂性，在凝析气的后续开采中可能会因为注入水的流动干扰井筒中的举升问题，导致效果变差。而注气时，这种举升问题的风险是不存在的，通过注入气体的回采可提高凝析油的采收率，但是地面投入上可能比注水要高。

表6.4 单洞模型实验结果

实验模型	具体实验		气源	凝析气采收率/%	凝析油采收率/%
单洞模型	单次衰竭实验	初次衰竭过程	TZ62-7H	72	28
	高压注水实验	初次衰竭过程	TZ62-7H	29	11
		第一次注水	TZ62-7H	44	18
		第二次注水	TZ62-7H	80	30
	高低压混合注水实验	初次衰竭过程	TZ62-7H	34	9
		第一次注水	TZ62-7H	67	26
		第二次注水	TZ62-7H	83	35
	低压注水实验	初次衰竭过程	TZ62-7H	77	24
		第一次注水	TZ62-7H	82	31
		第二次注水	TZ62-7H	87	38
	低压注气实验	初次衰竭过程	TZ62-7H	75	24
		第一次注气	TZ62-7H	—	35
		第二次注气	TZ62-7H	—	44

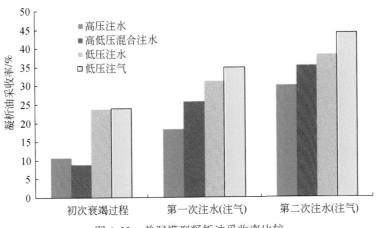

图6.23 单洞模型凝析油采收率比较

（五）裂缝-溶洞模型实验

本次实验利用的凝析气源为 TZ62 井区的 TZ62-7H 井的分离器取样气和油，进行了衰竭至低压 15MPa 注水实验与衰竭至低压 15MPa 注气实验。

1. 衰竭至低压 15MPa 注水实验（裂缝溶洞低压注水）

实验的原始凝析气储量控制值为 21611mL，其中凝析油储量为 18.49mL。原始地层压力从 53.42MPa 衰竭到 15MPa 过程中，凝析气采收率为 51.8%，凝析油采收率为 16.8%。通过注水使压力恢复到 53.04MPa，注水量为 0.25PV，再次进行衰竭，衰竭到 15MPa，凝析气累计采收率为 68%，凝析油累计采收率为 22.7%。再次进行注水，注水量为 0.31PV，压力恢复至 53.31MPa，在衰竭到废弃压力 15MPa 过程中，凝析气最终采收率为 77.7%，凝析油最终采收率为 29.8%（图 6.24、图 6.25）。

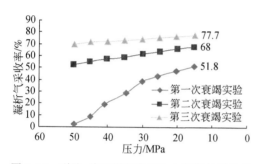

图 6.24　裂缝-溶洞模型低压注水凝析气采收率　　图 6.25　裂缝-溶洞模型低压注水凝析油采收率

2. 衰竭至低压 15MPa 注气实验（裂缝溶洞低压注气）

实验的原始凝析气储量控制值为 20913mL，其中凝析油储量为 17.89mL。原始地层压力从 53.19MPa 衰竭到 15MPa 过程中，凝析气采收率为 52.1%，凝析油采收率为 16.2%。通过注气使压力恢复到 54.13MPa，注气量为 12000mL，再次进行衰竭，衰竭到 15MPa，凝析油累计采收率为 31.3%。再次进行注气，注气量为 10479mL，压力恢复至 53.06MPa，在衰竭到废弃压力 15MPa 过程中，凝析油最终采收率为 40.2%（图 6.26）。

对比注水过程与注气过程发现（图 6.27），注气过程的凝析油最终采收率比注水过程的凝析油采收率高近 11%。可认为对于裂缝-溶洞型凝析气藏，注气过程比注水更有利于凝析油的采出，且增幅较大。

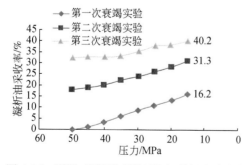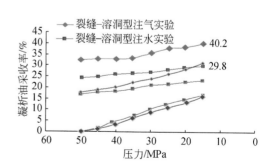

图 6.26　裂缝-溶洞模型低压注气凝析油采收率　　图 6.27　裂缝-溶洞模型注水与注气比较

(六) 裂缝-溶洞模型实验

本次实验利用的凝析气源为 TZ62 井区的 TZ62-7H 井的分离器取样气和油，进行了衰竭至低压 15MPa 注水实验与衰竭至低压 15MPa 注气实验。

1. 衰竭至低压 15MPa 注水实验

实验的原始凝析气储量控制值为 19277mL，其中凝析油储量为 16.49mL。原始地层压力从 52.98MPa 衰竭到 15MPa 过程中，凝析气采收率为 52.4%，凝析油采收率为 19.4%。通过注水使压力恢复到 54.33MPa，注水量为 0.27PV，再次进行衰竭，衰竭到 15MPa，凝析气累计采收率为 76.3%，凝析油累计采收率为 29.7%。再次进行注水，注水量为 0.3PV，压力恢复至 52.87MPa，在衰竭到废弃压力 15MPa 过程中，凝析气最终采收率为 84.6%，凝析油最终采收率为 36.8% (图 6.28、图 6.29)。

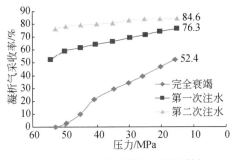
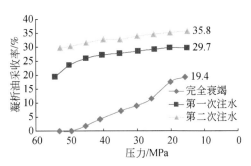

图 6.28　裂缝-溶洞模型 (辅助供气)　　　　图 6.29　裂缝-溶洞模型 (辅助供气)
　　　低压注水凝析气采收率　　　　　　　　　　低压注水凝析油采收率

2. 衰竭至低压 15MPa 注气实验

实验的原始凝析气储量控制值为 19516mL，其中凝析油储量为 16.69mL。原始地层压力从 52.45MPa 衰竭到 15MPa 过程中，凝析气采收率为 56.9%，凝析油采收率为 16.8%。通过注气使压力恢复到 52.78MPa，注气量为 10874mL，再次进行衰竭，衰竭到 15MPa，凝析油累计采收率为 30.5%。再次进行注气，注气量为 10942mL，压力恢复至 52.41MPa，在衰竭到废弃压力 15MPa 过程中，凝析油最终采收率为 39.5% (图 6.30)。

对比注水过程与注气过程发现 (图 6.31)，注气过程的凝析油最终采收率比注水过程的凝析油采收率只高 4%。在衰竭过程中，第一次注水过程比相应的第一次注气过程凝析油采收率还要高，表明注水实验的原始样品的凝析油含量比注气实验的原始样品的凝析油含量稍高。扣除注水样品的配样误差，实际注气的凝析油采收率提高在 9% 左右，整体实验表明缝洞系统的两轮次注气效果比注水效果好。

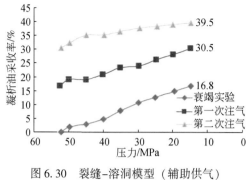

图 6.30　裂缝–溶洞模型（辅助供气）
低压注气凝析油采收率

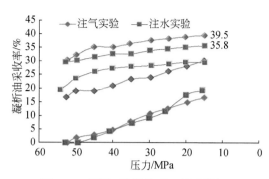

图 6.31　裂缝–溶洞模型（辅助供气）
注水与注气比较

（七）多裂缝–溶洞复合模型

本次实验利用的凝析气源为 TZ62 井区的 TZ62-2H、TZ62-7H 的分离器取样气和油，共进行了两组四个轮次的实验。

1. 低压注水实验（中高凝析油含量 TZ62-2H）

实验的原始凝析气储量控制值为 52700mL，其中凝析油储量为 16.24mL。原始地层压力从 56.12MPa 衰竭到 15MPa 过程中，凝析气采收率为 56.6%，凝析油采收率为 9.2%。通过注水使压力恢复到 56.17MPa，注水量为 0.24PV，再次进行衰竭，衰竭到 15MPa，凝析气累计采收率为 62.4%，凝析油累计采收率为 23.4%。再次进行注水，注水量为 0.31PV，压力恢复至 56.88MPa，在衰竭到废弃压力 15MPa 过程中，凝析气最终采收率为 70.8%，凝析油最终采收率为 27.7%（图 6.32、图 6.33）。

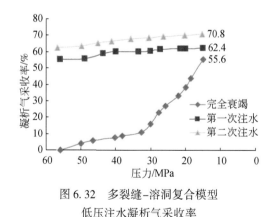

图 6.32　多裂缝–溶洞复合模型
低压注水凝析气采收率

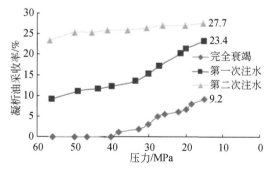

图 6.33　多裂缝–溶洞复合模型
低压注水凝析油采收率

2. 低压注气实验（中高凝析油含量 TZ62-2H）

实验的原始凝析气储量控制值为 53100mL，其中凝析油储量为 16.36mL。原始地层压力从 56.93MPa 衰竭到 15MPa 过程中，凝析气采收率为 53.1%，凝析油采收率为 10.4%。

通过注气使压力恢复到56.11MPa，注气量为29400mL，再次进行衰竭，衰竭到15MPa，凝析油累计采收率为30.6%。再次进行注气，注气量为22100mL，压力恢复至56.72MPa，在衰竭到废弃压力15MPa过程中，凝析油最终采收率为34.2%（图6.34）。

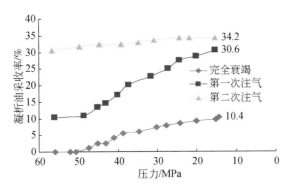

图6.34 多裂缝-溶洞复合模型低压注气凝析油采收率

对比注水过程与注气过程发现（图6.35），注气过程的凝析油最终采收率比注水过程的凝析油最终采收率高近10%。

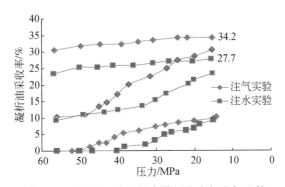

图6.35 多裂缝-溶洞复合模型注水与注气比较

3. 低压注水实验（高凝析油含量TZ62-7H）

实验的原始凝析气储量控制值为23636mL，其中凝析油储量为20.22mL。原始地层压力从53.07MPa衰竭到15MPa过程中，凝析气采收率为51.8%，凝析油采收率为17.3%。通过注水使压力恢复到50.26MPa，注水量为0.26PV，再次进行衰竭，衰竭到15MPa，凝析气累计采收率为68.0%，凝析油累计采收率为21.1%。再次进行注水，注水量为0.32PV，压力恢复至53.47MPa，在衰竭到废弃压力15MPa过程中，凝析气最终采收率为77.7%，凝析油最终采收率为24.9%（图6.36、图6.37）。

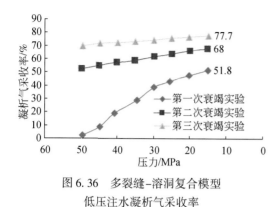

图 6.36　多裂缝-溶洞复合模型
低压注水凝析气采收率

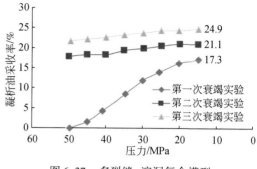

图 6.37　多裂缝-溶洞复合模型
低压注水凝析油采收率

4. 低压注气实验（高凝析油含量 TZ62-7H）

实验的原始凝析气储量控制值为 23798mL，其中凝析油储量为 20.36mL，原始地层压力从 53.28MPa 衰竭到 15MPa 过程中，凝析气采收率为 46.8%，凝析油采收率为 10.3%，通过注气使压力恢复到 53.2MPa，注气量为 14000mL，再次进行衰竭，衰竭到 15MPa，凝析油累计采收率为 26.5%，再次进行注气，注气量为 12479mL，压力恢复至 53.34MPa，在衰竭到废弃压力 15MPa 过程中，凝析油最终采收率为 37.3%（图 6.38）。

对比注水过程与注气过程发现（图 6.39），注气过程的凝析油最终采收率比注水过程的凝析油最终采收率高近 12%。

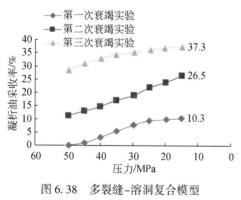

图 6.38　多裂缝-溶洞复合模型
低压注气凝析油采收率

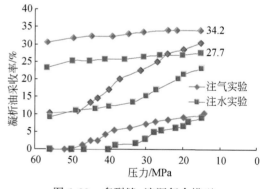

图 6.39　多裂缝-溶洞复合模型
注水与注气比较

(八) 实验结果

通过对四种储层模型进行注水注气实验（表 6.5），都能够较为有效地提高凝析油采收率。但具体分析，针对不同储层类型，不同注入介质，不同凝析油含量，凝析油采收率也会有一些差异。

分析表明，注水对单洞模型累计凝析油采收率最高，而多裂缝-溶洞复合模型的凝析油采收率增加幅度最高，也就是多裂缝-溶洞复合模型注水效果最好。同时，对于注气过程，也存在类似的规律。对于同种储层模型，不管是单洞模型、裂缝-溶洞模型、裂缝-溶洞模型（辅助供气），还是多裂缝-溶洞复合模型，注气效果都好于注水效果，凝析油的最终采收率平均高10%左右。对于不同凝析油含量的流体来说，凝析油含量越高，注气效果越好。井打在洞穴注水可行，打在裂缝系统中，注气效果会更好。综合分析得到如下结论：

表 6.5　注水、注气实验结果汇总

实验模型	具体实验		气源	凝析气采收率/%	凝析油采收率/%
单洞模型	单次衰竭	初次衰竭过程	TZ62-7H	72	28
	高压注水	初次衰竭过程	TZ62-7H	29	11
		第一次注水	TZ62-7H	44	18
		第二次注水	TZ62-7H	80	30
	高低压混合注水	初次衰竭过程	TZ62-7H	34	9
		第一次注水	TZ62-7H	67	26
		第二次注水	TZ62-7H	83	35
	低压注水	初次衰竭过程	TZ62-7H	77	24
		第一次注水	TZ62-7H	82	31
		第二次注水	TZ62-7H	87	38
	低压注气	初次衰竭过程	TZ62-7H	75	24
		第一次注气	TZ62-7H	—	35
		第二次注气	TZ62-7H	—	44
裂缝-溶洞模型	低压注水	初次衰竭过程	TZ62-7H	52	17
		第一次注水	TZ62-7H	68	23
		第二次注水	TZ62-7H	78	30
	低压注气	初次衰竭过程	TZ62-7H	52	16
		第一次注气	TZ62-7H	—	31
		第二次注气	TZ62-7H	—	40
裂缝-溶洞模型（辅助供气）	低压注水实验	初次衰竭过程	TZ62-7H	52	19
		第一次注水	TZ62-7H	76	30
		第二次注水	TZ62-7H	85	36
	低压注气实验	初次衰竭过程	TZ62-7H	56	17
		第一次注气	TZ62-7H	—	31
		第二次注气	TZ62-7H	—	40

续表

实验模型	具体实验		气源	凝析气采收率/%	凝析油采收率/%
多裂缝-溶洞复合模型	低压注水实验	初次衰竭过程	TZ62-7H	50	17
		第一次注水	TZ62-7H	62	21
		第二次注水	TZ62-7H	69	25
	低压注气实验	初次衰竭过程	TZ62-7H	46	14
		第一次注气	TZ62-7H	—	28
		第二次注气	TZ62-7H	—	36
	低压注水实验	初次衰竭过程	TZ62-2H	56	9
		第一次注水	TZ62-2H	62	23
		第二次注水	TZ62-2H	71	28
	低压注气实验	初次衰竭过程	TZ62-2H	53	9
		第一次注气	TZ62-2H	—	31
		第二次注气	TZ62-2H	—	37

（1）实验验证注水、注气吞吐都可以提高凝析油采收率，溶洞、孔洞型储层的注水效果更好，而裂缝型、裂缝-孔洞型储层注气效果更佳；凝析油含量高则注气效果较好，而凝析油含量低注水效果更好。

（2）通过注水可快速恢复地层压力进而对凝析油进行蒸发作用，同时也对底油有一定的抬升效果，但注水过程不能有效地降低凝析气的反凝析作用，反而会使出现最大反凝析液的时间提前。

（3）单缝洞系统注水的轮次以不超过四个轮次为宜。气井打在洞穴中的产水特征表现为暴性水淹，采出程度较高。气井打在缝洞系统中的裂缝位置时的产水特征表现为水气比为双台阶性，有一定的带水生产时间。

（4）注气过程在恢复地层压力的同时，可以有效地改变储层剩余油气的组分组成，且注气时间越早，注气量越多，凝析油蒸发作用越好，反凝析现象和最大反凝析液量大大减弱，并且出现最大反凝析液量的时间变晚。

（5）局部富油的连通缝洞系统注水可提高原油采收率。无油环连通的凝析气缝洞系统，注水和注气均可提高采收率，但提高的幅度差异较大，气驱过程能较好地提高凝析油采收率，而水驱过程则效果较差。

（6）裂缝-孔洞型凝析气藏注气可明显提高采收率，但需要将多井单元认识清楚后再考虑注气开发，早期井网密度小，还是用衰竭式开发为主。

（7）缝洞型凝析气藏注水替油效果最好，注水保压开采凝析油采收率最高，应作为优先考虑的开采方式。

（九）补充能量注入介质优选

通过不断的认识与总结，针对储层特征、压力保持程度及亏空状况、井轨迹的平面和垂向位置、经济评价综合论证，优选适合塔中油气藏补充能量的注入介质。

1. 缝洞型凝析气藏注气补充能量受多种因素制约，实施难度大

与国内外其他凝析气藏相比，塔中碳酸盐岩凝析气藏非均质性极强，井间连通性差，注采井网不能采用常规砂岩规则井网来整体部署。气田方案初期根据试井解释单井控制半径设计井距1000~1500m，连通关系难以判定，注气井与受效井关系也无法明确，直接饱压注气不具备地质条件，地面延伸范围宽，注气管网投资大，规模注气开发风险大。

牙哈凝析气田储层为古近系砂岩，储层相对均质，地层流体以孔吼道渗流为主，循环注气存在明显的干气超覆现象，干气沿储层顶面运移。塔中I号气田储层为缝洞型碳酸盐岩，裂缝发育程度高，地层流体流动形态以缝洞系统之间管流、渗流为主，注入气极易沿着储层顶面的高导流裂缝形成气窜。因此，特殊储层特征和流动机理决定塔中I号气田注气的有效性难以评估。

塔中I号气田完钻井多为水平井，水平井井数超过气田总井数的52%，且水平井轨迹紧贴储层顶面完钻，注入气由于重力分异会沿着储层顶面运移形成气窜，难以起到注气驱的作用，严重时甚至可能会形成注入气的无效循环。

目前，气田证实连通井组仅10个，难以实现注气管网的整体部署，I区七个连通井组累计采油40.54万吨、累计采气10.16亿m³，多数井能量衰竭，地层亏空严重，亏空量地面体积为10.91亿m³。注入气源和地面配套需大量投入，按0.6倍的注入量计算，需注气6.55亿m³，按回注天然气计算需投入资金为8.42亿元（1.28元/m³），注气开发需补充气量极大，投资极高，经济评价亦不可行。在塔中目前的认识程度及经济条件下注气开发实施难度较大。

2. 缝洞型凝析气藏利用重力分异原理，注水提高单井产量，效益可观，经济可行，优选注水开发

砂岩反凝析后，以毛管力和界面张力为主，凝析油以吸附状态在岩石表面［图6.40（a）］。塔中缝洞型凝析气藏储集体类型以缝洞为主，溶蚀洞穴和裂缝发育，流体流动毛管力作用较弱，导流能力强、界面张力弱、油水易于置换的特点，属于管流范畴，凝析油反析出后聚集在储集体底部［图6.40（b）］，无论是孤立缝洞单元还是多缝洞单元注水，开发机理主要是平面驱油和重力分异。

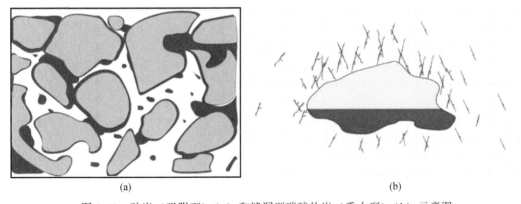

(a)　　　　　　　　　　　　　(b)

图6.40　砂岩（吸附型）（a）和缝洞型碳酸盐岩（重力型）（b）示意图

通过综合研究，确立了以注水为核心的缝洞凝析气藏开采方法，并通过对不同储集体、油气藏类型开展注水替油现场实践，逐步建立起适合该类气藏特点的孤立缝洞单元注水替油，多缝洞单元采用"低注高采，缝注洞采"的注水开发方式。

（十）注水开发阶段的优选

缝洞型凝析气藏或油藏，采用自喷—间开—气举—注水替油四步开采法，提高采收率。

1. 开发初期合理利用天然能量衰竭开发

开发初期，井网密度小、井间距离大，试采初期连通关系不确定，开展保持压力开采论证依据不足，考虑充分利用天然能量开发，塔中凝析气藏或油藏初期均采用衰竭式开发为主。

2. 开发中后期整体注水补充能量，平面驱替、纵向油水分异提高采收率

开发中后期，油气藏能量衰竭至无法自喷时，应进行注水，补充地层能量。根据储层类型，综合确定不同的开发方案：①孤立缝洞体采用先自喷、间开、气举+注水混合模式；②多缝洞体凝析气藏充分利用天然能量开发，间开或气举排积液生产再注水，尽可能延长无水采油期。油气藏开发的中后期考虑建立系统的注采关系，实施整体注水补充能量。采取"低注高采、缝注洞采、小洞注大洞采"的方式建立注采关系，通过平面驱替、纵向重力分异的机制提高采收率。储层中的孔隙流体很难依靠保压驱替高效开发，只能依靠生产压差渗出开采。

凝析气藏、油藏的注水时机，与注采关系有关（图6.41）。水平井部署水平段正常避水厚度为30~80m，注采井储层深度差以此为依据。

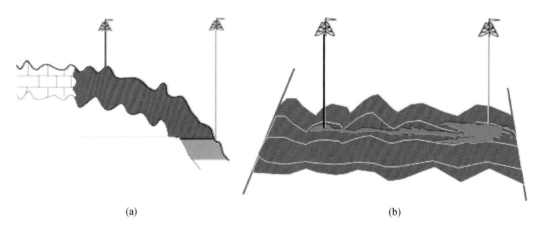

(a)   (b)

图6.41　注采井组储层深度差较大油气藏模式（a）及注采井组储层深度差较小油气藏模式（b）

注采井储层深度差越大，如注采井位于构造斜坡上、顺储层上倾方向，注水井越早注入越好。如此可形成次生底水，及时补充能量且采气井避水厚度大，无水生产期较长，能有效提高凝析气及高凝析油采收率。注采井储层深度差小，如注采井位于储层走向上，注水井易沿高速通道运移，在井底形成水墙，堵住凝析气通道，不利于凝析气井生产。针对此类井，一般在凝析气达到废弃压力后，再补充能量，利用平面水驱油机理，提高凝析油采收率。

对于油藏，根据油藏开发管理纲要，开展注水有两个要求：①注水压力不超过油层破裂压力；②油井井底流动压力要满足抽油泵有较高的泵效。

二、注水提高凝析油采收率技术

通过从注水井的优选，注水参数（注水时机、注水压力、注水速度、注入量、焖井时间等）的优化论证，开展注水提高采收率矿场试验，提高采收率2%，取得较好的效果。

(一) 井位优选

注水井的选择不但要从地质角度分析，而且要从气井钻遇的储层类型、是否具有反凝析液、反凝析液赋存状态、地层能量、是否存在水体等多方面考虑。注水效果好的井一般满足两个条件：一是洞穴型储层；二是水体能量弱。

塔中Ⅰ号气田Ⅱ区目前生产井多是串珠状反射特征，并且86.8%的串珠状反射为洞穴型储层。分析发现长串珠反射井水体能量较强，生产后期多高含水。而短串珠的井往往表现为能量弱的特征，长期试采不含水。"长串珠"反射典型井（如TZ10井），该井2009年6月24日投产，2011年7月出水即高含水（含水80%以上），累计产油3.15万吨、累计产水3.46万吨、累计产气0.73亿 m³。"短串珠"反射典型井（如TZ111井）[图6.42(a)]，该井2009年12月31日投产，已累计产油3.38万吨、累计产气1.26亿 m³，不含水[图6.42 (b)]。分析表明，短串珠反射井适合注水替油。

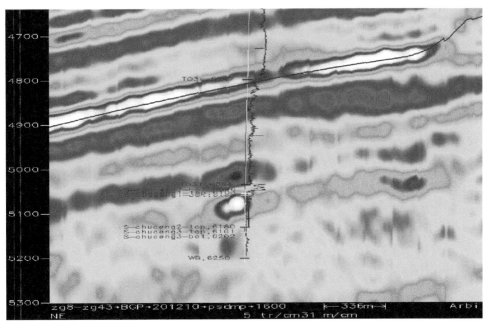

(a)

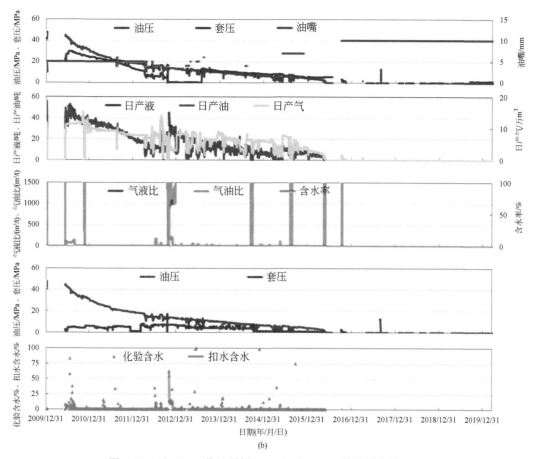

图 6.42　过 TZ111 井地震剖面（a）和 TZ111 井试采曲线（b）

（二）参数设计

塔中Ⅰ号气田油藏地质复杂，注采参数主要通过已有措施，如注水井的生产统计、单井的数值模拟及与相似油气藏的类比等方法确定。

1. 注入时机

为了采出地下更多的凝析油，洞穴型凝析气藏不是出现反凝析即开始注水，而是充分反凝析后再注水。通过统计气藏单井 PVT 资料（表 6.6）发现，塔中Ⅰ号气田Ⅱ区各气藏最大反凝析压力略有差异，最大达到 24MPa、最小仅 7MPa。

通过对有 PVT 资料的气井统计发现，基本所有井停喷时的地层压力均大于最大反凝析压力（图 6.43），表明停喷时还未进行反凝析反应或未达到最大反凝析。因此，单井停喷后应进行间开或气举生产，使地层压力降低至最大反凝析压力，再进行注水采油，以采出更多凝析油液量。

表 6.6　塔中 I 号气田 II 区气井 PVT 数据统计表

井区	油气藏	井号	储集类型	地层压力/MPa	露点压力/MPa	地露压差/MPa	最大反凝析压力/MPa	最大反凝析液量/%	取样生产气油比/(m³/m³)	地面凝析油含量/(g/m³)
TZ8	TZ14	TZ14	洞穴型	72.51	59.37	13.14	23	14.79	1809	306.650
		TZ14-1	洞穴型	67.08	56.65	10.43	16	13.58	2253	301.334
	TZ111	TZ111	裂缝孔洞型	71.81	56.21	16.60	24	13.68	1784	354.823
		TZ12	裂缝孔洞型	72.93	64.37	8.56	7	1.84	10252	66.998
	TZ11	TZ11	洞穴型	73.88	56.71	18.17	15	10.85	2334	376.120
	TZ22	TZ21	孔洞型	63.41	60.03	3.38	16	6.78	3893	221.500
	TZ8	TZ8	洞穴型	66.11	44.61	21.50	23	24.51	910	748.100
TZ43	TZ441	TZ48	洞穴型	63.35	52.48	10.87	15	7.62	2828	234.556
	TZ462	TZ462	洞穴型	63.94	62.36	1.58	17	20.68	1385	381.918
TZ10	TZ10	TZ10	孔洞型	68.11	51.78	16.33	20	14.13	2030	386.970
		TZ102	孔洞型	63.53	38.75	24.78	28	42.40	1385	764.239
	TZ103	TZ103	裂缝孔洞型	71.58	47.99	23.59	20	16.96	1483	378.560
	TZ106	TZ106	裂缝孔洞型	71.58	50.92	20.66	14	14.52	1874	384.083
TZ5-7	TZ51	TZ51	孔洞型	58.54	58.54	0	23	12.73	2037	259.900
		TZ511	孔洞型	46.98	41.93	6.05	18	9.12	2332	326.108
TZ5	TZ5	TZ5	孔洞型	76.09	46.72	29.37	13	4.70	3694	222.200

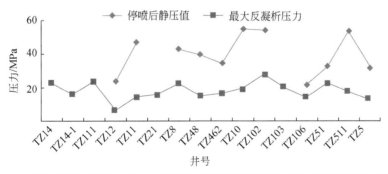

图 6.43　塔中 I 号气田 II 区有 PVT 资料气井停喷后静压值与最大反凝析压力曲线图

2. 注入压力

通过统计塔中 I 号气田不同储层类型、不同油气藏类型的注水井注入压力情况，确定注入压力参数。首轮注水压力一般在 0~10MPa，储层发育、可容空间大，注水压力小，凝析气藏注入压力一般小于挥发性油藏注入压力。随注水轮次增加，注入压力上升，注入压力与储层、油气藏类型有相关性，注水压力应小于 10MPa（图 6.44、图 6.45）。

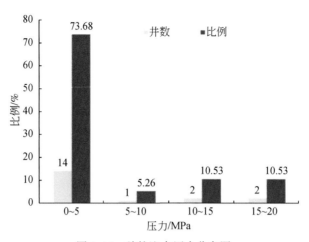

图 6.44　首轮注水压力分布图

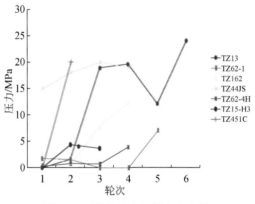

图 6.45　注水轮次与压力变化图

3. 注入量及注入速度

统计全区注水措施情况，首轮注采比为亏空量的 30%，第二轮注入量是第一轮采出量的 50%，第三轮注采量为第二轮的 100%，最终注采比为 30% ~ 60%，现场实施注水速度为 500m³/d。

4. 焖井时间

注水后焖井期间，油水发生重力分异，焖井时间越长，越有利于油水的充分置换，但置换完成后，继续关井就无效了。不同油井置换时间不一样，应在实践中摸索确定。油水重力分异基本结束时，表现为油压、机采井液面基本平稳。数模表明，洞穴储层油水置换时间 10 天左右。TZ13 井第二轮注水 5282m³，焖井九天后开井，生产 131 天，增油为 2497t，不产水。可见洞穴型定容储集体的油水置换效率极高，快注快开效果好。

5. 开井工作制度

水锥形成的直接原因是生产井井底压力与油藏压力之间的压差。考虑生产时效及开发效果，参考油井能连续稳定生产时的工作制度，优化设计注水替油阶段的开井工作制度，总体原则是开井产液量不高于注水前正常生产时的产液量。裂缝–洞穴型油井，初中期可以用较大工作制度生产以提高时效。而裂缝–孔洞型油井由于置换速度慢，宜采用较小的工作制度，如 TZ15-H3 井为裂缝洞穴型储层，注水机采结合，提高了生产时效。该井于 2012 年 10 月 11 日油压落零关井，关井前累计产油 4717 吨、累计产气 137 万 m^3。气举 3500m^3 无液开井不成功。2012 年 10 月 14 日开始注水，11 月 15 日停注，累注水 22055m^3，焖井至 2013 年 1 月 16 日，转电泵开井，日产油 20~65 吨，含水率为 35%~75%。截至 2015 年 5 月实施完两轮次替油，合计注水 36298m^3、增油为 4478 吨，吨油耗水比为 8.1m^3/t。

（三）注水效果

塔中 I 号气田 2010~2015 年尝试进行了不同储集体类型、油气藏类型注水替油现场试验（表 6.7），共实施注水替油 23 井次，井组注水两个，累计注水 83 万 m^3，注水成本为 2490 万元（按 30 元/m^3），累计增油 6.2 万吨，经济效益为 2.28 亿元。

表 6.7　塔中 I 号气田注水措施效果统计表

序号	类别	井号	动态储量		累计注水量/万 m^3	注水轮次	累计增油量/万吨	提高采收率/%
			凝析油/万吨	气/亿 m^3				
1	单井	TZ15-2	21.20	—	2.49	1	0.010	0.05
2	单井	TZ15-1H	48.00	1.11	2.00	1	正焖井	—
3	单井	TZ15-H3	3.04	—	6.61	3	0.470	16.4
4	单井	TZ151	3.80	0.79	1.40	1	正注	—
5	单井	TZ16-H1	—	—	1.10	1	0.050	—
6	单井	TZ162	19.00	—	7.83	4	1.110	6.83
7	单井	TZ162-H2	20.55	1.03	1.02	1	正焖井	—
8	单井	TZ26	7.80	—	0.43	1	正焖井	—
9	单井	TZ45	—	—	0.28	1	正焖井	—
10	单井	TZ451C	—	—	0.64	2	0.110	—
11	单井	TZ45-H1	6.44	0.82	0.80	1	正焖井	—
12	单井	TZ13	3.30	—	2.65	6	0.640	19.45
13	单井	TZ501	6.00	—	0.93	1	0.103	1.66
14	单井	TZ503	9.00	—	2.00	1	正焖井	—
15	单井	TZ45	9.20	—	1.08	2	0.260	2.8
16	单井	TZ12	—	—	2.10	1	正焖井	—
17	单井	TZ103	8.00	0.90	3.04	1	正焖井	—
18	单井	TZ106	2.00	0.20	1.50	1	正焖井	—
19	单井	TZ44-H2C	3.20	0.30	2.00	1	正焖井	—

续表

序号	类别	井号	动态储量		累计注水量/万 m³	注水轮次	累计增油量/万吨	提高采收率/%
			凝析油/万吨	气/亿 m³				
20	单井	TZ83-4H	8.50	0.60	3.5	1	0.082	0.85
21	单井	TZ15-4H	53.40	—	1.00	1	1.920	3.60
22	单井	TZ244JS	1.06	0.03	0.81	4	0.120	11.32
23	单井	TZ86	6.84	0.66	1.10	1	正焖井	—
24	井组	TZ62-2、TZ62-11H	12.50	6.3.	9.00	3	0.320	2.56
25	井组	TZ62-1、TZ62-4H、TZ62-H17	19.20	0.28	27.63	3	正焖井	—
合计	—	—	270.00	12.02	82.94	44	6.200	2.00

1. 单井注水实例 (TZ45 井)

TZ45 井地震反射为短"串珠"状洞穴型储层 (图 6.46), PVT 测试显示为高凝析油气藏。2013 年 1 月 7 日开始进行现场注水试验, 注水前累计产油 1.26 万吨、累计产水 0.66 万 m³、累计产气 0.11 亿 m³, 累计地下亏空体积为 12.96 万 m³。该井累计注水 0.53 万 m³, 截止到 2013 月 12 月, 累计增油 2576 吨、累计增气 85 万 m³。TZ45 井注水费用为 16.9 万元, 产出为 1216 万元 (图 6.47), 注水替油效果较好, 经济效益明显。

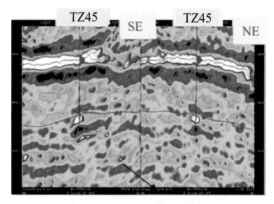

图 6.46　过 TZ45 井地震剖面

2. 单元注水实例 (TZ62-2-TZ62-11H 井组)

TZ62-2-TZ62-11H 连通井组, 油气藏类型为凝析气藏, 注水前井组累计产气 2.2 亿 m³、累计产油 5 万吨、累计产水 3319 吨, 亏空地下体积为 40 万 m³。2013 年 6 月初, TZ62-2 开始注水, 日注水量为 500m³, 三个月后 TZ62-11H 开井见到明显效果。井组累计注水 9 万 m³, 累计增油 3132 吨 (图 6.48), 注水费用为 270 万元, 产出效益为 1253 万元, 注水效果明显, 经济效益好。

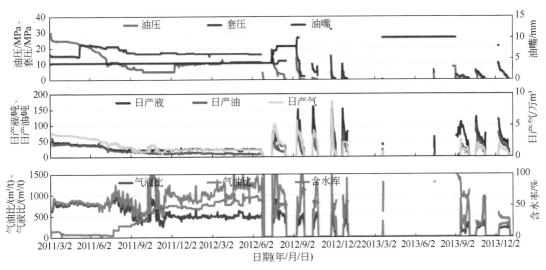

图 6.47　TZ45 井试采曲线

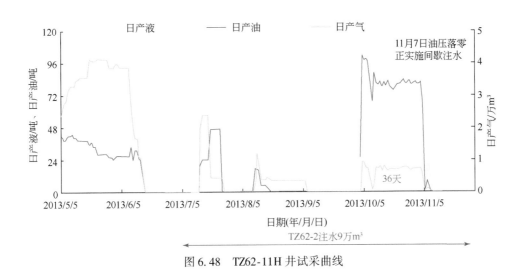

图 6.48　TZ62-11H 井试采曲线

三、凝析气藏气举采油提产技术

塔中气田总体以中-高含凝析油凝析气藏和挥发油藏为主，气油比较高，储层泥质充填、钻完井漏失严重等导致生产出泥，停喷后常规机械采油（抽油机、电泵）不适合本区。而传统注气管网集中气举工作量大、投入高、周期长，由于单井间距大，建设供气管网投资回报率低，边缘井气源不足，供气井气量不稳定等，因此应大力推广压缩机循环气举采油工艺。

（一）凝析气藏气举采油技术

塔中Ⅰ号气田气油比、H₂S含量较高，钻完井过程中部分井地层漏失严重，电泵、抽油机生产时易发生气锁、卡泵、抽油断脱、泵效低等问题，传统机械采油工艺存在检泵周期短、修井作业频繁与维护成本高的问题，存在较大局限性。2014年在TZ622井开展循环气举实验成功后，生产实践证明在塔中Ⅰ号气田气举采油要优于电泵和抽油机生产，塔中Ⅰ号气田停喷井由以往的抽油机生产转变为气举采油。

1. 凝析气藏循环气举采油工艺优点

分析表明，该工艺具有如下优点：①气源充足，CNG、制氮车补气启动，单井自身产气即可满足循环气举需求；②多级气举阀可根据供液情况自行调节气举深度（TZ15-H10井五级气举阀下深4690.61m）；③气举阀堵塞概率小，减少气举修井作业费用，降低维护成本；④对缝洞型凝析气藏高气油比、地层出泥、供液不足井况更具适用性（表6.8）。

表6.8　电泵抽油泵气举采油工艺适用性对比统计表

井况	潜油电泵	抽油泵	气举
高气液比	适用性差	适用性差	适用性强
	泵效低，易发生气锁	泵效低，易发生气锁	CNG、氮气启动后，循环气举
地层出泥、砂	适用性差	适用性差	适用性强
	叶轮、单流阀、防砂管易堵塞，叶轮被卡易导致电机烧或泵轴断	抽油泵柱塞易卡，抽油杆易拉断，抽油泵凡尔、防砂管易堵塞	井下无运动部件，井底产出液不通过气举阀，气举阀堵塞概率小，投捞式气举阀可用钢丝投捞
供液不足	适用性差	适用性中	适用性强
	下深一般在3500m以内，小排量深抽电泵故障率高，排量调节能力差，间抽生产易致电机烧	下深一般在3500m以内，深井抽油泵泵效低，抽油杆寿命短，排量调节范围大，可间抽生产	可满足4000m及以下举升，下入多级气举阀可根据供液能力调节不同气举深度，动力设备在地面，间歇生产不影响运行寿命
自喷完井管柱	适用性差	适用性差	适用性强
	井口需电缆穿越，高油、套压时存在安全隐患，叶轮级数多、流道小，自喷期可能流道堵塞	凡尔处流道小，自喷期易发生堵塞，井口光杆密封处在高油压情况下存在安全隐患	与自喷管柱完井井口井下无区别，整体式工作筒能满足加砂压裂作业需求，自喷生产期间对气举阀无影响

2. 凝析气藏气举采油选井技术

以油气储量潜力分析为基础，选取停喷井或积液井转气举，最后根据经济极限产量定井：①剩余储量分析，利用动静态资料分析计算动储量，用弹性产率增产预计压力下降1MPa时气举掏空量；②判断井筒积液原则，生产井油压、产量突然下降；实测流压存在段塞流现象；产气量低于临界携液流量；③增油经济底线，按修井、运行及市场油价计算出日增油底线，无经济效益的井不作业。

3. 凝析气藏气举采油配套技术

结合塔中Ⅰ号气田 "井位分散、井间距大、生产周期短" 的特点，创新设计了单井循环气举采油工艺流程，弥补管网气举 "投资大、建设周期长、投资回报率低" 的不足。压缩机进口压力为 0.1 ~ 0.3MPa，出口最高压力为 12MPa；单台压缩机标况排气量为 20000m³/d，具有变频调节能力；单井井口设置流量计及节流截止阀调配气量；设计补气流程，满足初始补气要求。

（二）凝析气藏气举采油效果

以 TZ62-7H 井为例，2008 年 10 月 7 日自喷投产，2014 年 6 月因井筒积液停喷，累计产油 8.37 万吨、累计产气 1.46 亿 m³、累计产水 3.18 万吨。分析该井生产时间长，产量稳定，后期八次积液停喷，动态地质储量大，采出程度中等，潜力较大。2015 年 7 月 4 日转气举生产，至 12 月 31 日累计增油 0.59 万吨、累计增气 0.12 万 m³，平均日增油 33 吨、日增气 6.7 万 m³，采油方式的转变使得一口长关井变为高产井（图 6.49）。

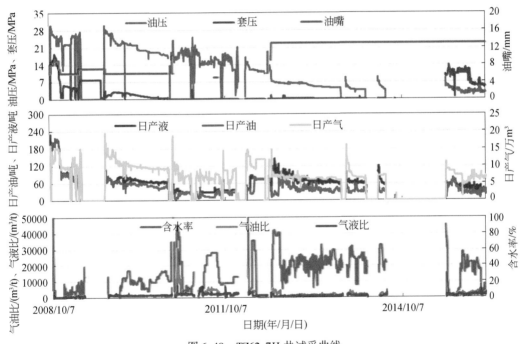

图 6.49　TZ62-7H 井试采曲线

塔中Ⅰ号气田到 2015 年转气举投产 15 口，累计增油 2.3 万吨、累计增气 0.24 万 m³，取得了较好效益。

第五节　缝洞型碳酸盐岩凝析气田示范工程

塔里木盆地下古生界古老碳酸盐岩凝析气田极为复杂，缺少可借鉴的开发经验。通过不断深化认识、夯实资源基础，开展立体勘探开发、一体化组织实施，创新适用配套技术，实现了超深古老碳酸盐岩凝析气田的效益与规模开发，建立了缝洞型碳酸盐岩凝析气田示范工程。

一、探索形成台盆区复式油气聚集区勘探开发技术对策

（一）环满西成藏系统

塔里木盆地下古生界海相碳酸盐岩油气藏极为复杂，开发地质认识经历了构造控油—储层控油—断裂控油等3个阶段。前期提出的"古隆起控油"与"相（层）控准层状"油气藏理论难以有效指导油气藏的评价与开发，近年来通过开展走滑断裂构造解析及其控储控藏作用研究，逐步构建断控油气藏理论模型，取得了满西拗陷区断控油气藏勘探开发的重大突破。

尽管塔里木盆地台盆区一直存在下—中寒武统与中—上奥陶统主力烃源岩之争，但近年来超深层油气勘探开发钻探证实塔中-塔北地区中—上奥陶统缺乏有效烃源岩，下寒武统是塔里木盆地台盆区的主力烃源岩的认识渐趋一致。在塔中-塔北地区大面积三维地震资料基础上，通过走滑断裂构造建模与工业成图，发现环满西走滑断裂系统（图6.50）。塔中地区发育北东向走滑断层，塔北南斜坡则出现北东与北西向两组走滑断层，满西地区东边发育北东向走滑断层、西部则发育北西向走滑断层，南北方向上与塔中、塔北断裂连接或过渡。通过走滑断裂的沟通，可以形成下寒武统、上寒武统、下奥陶统蓬莱坝组与鹰山组、中奥陶统一间房组与上奥陶统良里塔格组等多套含油气层系，组成断裂沟通的环满西（塔北隆起南坡-满西-塔中隆起北斜坡）复式油气成藏系统（图6.51）。

前期研究建立了风化壳与礁滩体的准层状"层（相）控"油藏模型，并形成了相应的勘探开发技术系列。近年来，塔里木盆地油气藏评价开发实践与研究表明，前期发现的塔北与塔中奥陶系大型"相控"风化壳与礁滩体油气藏异常复杂，不是简单的层状油气藏，其中基质孔隙与孔洞型储层难以获得经济产出，油气大多沿断裂破碎带的"甜点"缝洞体产出。环满西油气系统经历中晚加里东期、早海西期、晚海西期、印支期—燕山期与早喜马拉雅期等多期继承性断裂活动（杨海军等，2020），与中加里东期、晚加里东期及早海西期的风化壳岩溶及层间岩溶作用，以及中晚加里东期、晚海西期及喜马拉雅期油气充注期匹配良好（杜金虎，2010；邬光辉等，2016）。通过断裂、溶蚀与充注三要素的时空配置与演化，油气沿断裂带纵向多层段聚集成藏，从而形成了油气富集"甜点"沿断裂富集的复式成藏系统（图6.51），其中鹰山组——间房组及良里塔格组是主要的含油气层段。通过走滑断裂的识别与评价，目前已发现大型走滑断裂带70条，总长度达4000km，构成断控油气系统面积达9万km²。奥陶系碳酸盐岩断裂破碎带的宽度一般为200～

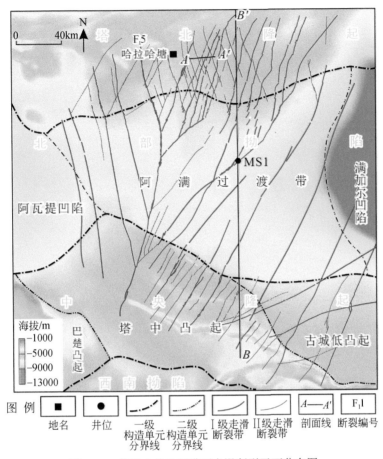

图6.50　塔里木盆地环满西走滑断裂平面分布图

1500m，最宽达3000m，有利油气运聚与成藏面积达5000km²，油气资源量为20亿吨油当量，成为塔里木盆地海相碳酸盐岩当前勘探开发的重点。值得注意的是，油气勘探开发不断向超深层凹陷区延伸，已突破"古隆起控油"与准层状"层（相）控"油气圈闭的理论认识，在满西凹陷沿一系列走滑断裂带的奥陶系碳酸盐岩不断获得新发现。

（二）明确不同类型油气藏勘探开发的对策

塔里木盆地碳酸盐岩储层控制了油气的富集，大型潜山风化壳、大型层间不整合、大型礁滩复合体控制了储集体的分布，从而控制了碳酸盐岩大油气田的分布。按照储层成因类型，划分为潜山岩溶油气藏、层间岩溶油气藏与礁滩体油气藏，不同类型油气藏勘探思路、技术对策不同。

1. 潜山油气藏的勘探开发思路——寻找溶蚀残丘

受中—晚加里东、海西期、印支期等多期构造运动控制，塔里木盆地塔北古隆起、塔中古隆起与麦盖提斜坡构造高部位上奥陶统缺失区，下古生界碳酸盐岩潜山岩溶大面积分布，总面积约1.8万km²。在塔北，古潜山从轮南低凸起—哈拉哈塘北部—玉东地区近东

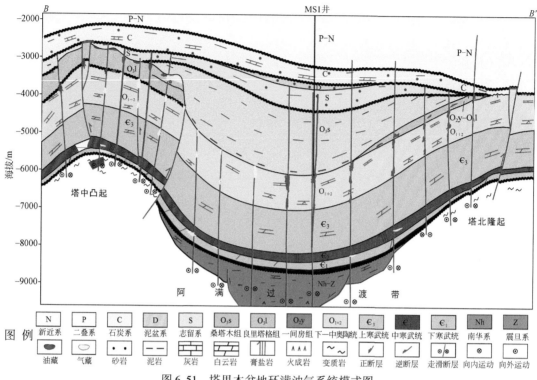

图 6.51 塔里木盆地环满油气系统模式图

西向横贯整个古隆起轴部；在塔中发育了中央垒带——东部潜山带，沿 TZ4 井—TZ3 井呈线状展布。潜山岩溶区，目前发现并开发了轮古油田、塔河油田主体区、哈拉哈塘油田北部油藏等一系列油气藏，在玉东、塔中等地区也有油气发现。

轮南奥陶系是典型的碳酸盐岩潜山油气藏，20 余年的勘探开发实践表明，溶蚀残丘背景、岩溶发育程度是油藏的主要控制因素。潜山油气藏主要特征与认识如下：

（1）普遍含油气，油气性质复杂。轮南古潜山钻探表明，无论构造高部位，还是斜坡低部位都获得了工业油气流，潜山整体含油气特征清楚。由于潜山岩溶多位于古隆起高部位，是油气长期运聚的指向区，在塔里木寒武系古老烃源岩多期生烃充注成藏的过程中，产生复杂的油气分布，但主体以稠油为主。以轮古为例，油气平面上从西向东依次发育稠油油藏、轻质油藏、凝析气藏，向东受喜马拉雅期晚期气侵影响严重。

（2）不整合控制油气准层状展布，缝洞型储层控制油气富集。轮南奥陶系碳酸盐岩潜山岩溶一般发育在不整合面以下 150m 范围内，个别井达到 250m。因此，油气主要储集在潜山面以下 150m 范围内，受岩溶残丘和缝洞型储层的共同控制，沿潜山面整体呈准层状展布。研究表明，与暗河体系相关的缝洞储集体是高效井的集中分布区，整个轮古潜山共有高效井 74 口，在暗河体系发育 41 口井，累计产油 208.5 万吨，占到总产量的 57%，孤立缝洞体发育 33 口井，累计产油 106.2 万吨，占总产量 31.3%，表明岩溶洞穴形成的缝洞型储层控制了油气富集。

（3）岩溶残丘富油，明河沟谷控水。轮古潜山油气藏在整体准层状展布的基础上，油水界面受沟谷趋势面的控制，残丘高部位油气更加富集。对单井落实的油水界面进行地震标定，结果显示明河沟谷趋势面基本上指示了油水界面。规模较大的一、二级沟谷控制油水界面位置，规模较小的三、四级沟谷不控制油水分布，而是岩溶储层发育的有利区。

综上所述，溶蚀残丘、明河沟谷、暗河洞穴储集体的描述是影响轮古潜山高效井位的关键因素。通过不断的攻关实践，目前形成了以岩溶学理论指导的潜山岩溶油藏精细描述技术系列。该技术以构造层位、断裂、明河水系 1×1 精细解释为基础，以岩溶储层特征描述为核心，以地震储层预测为手段，以油气富集规律分析为最终目的，能够较好的适用于潜山油气藏的勘探开发。

2. 礁滩体油气藏勘探思路——"沿台缘，钻礁滩"

塔里木盆地克拉通区，寒武—奥陶系发育了厚度巨大的台地相碳酸盐岩，不同层组的台地边缘普遍发育大型礁滩复合体礁滩体，台缘坡折带控制了礁滩体的分布。塔里木盆地下古生界碳酸盐岩发育三个大型坡折带：塔中-巴楚隆起北部和南部坡折带，轮南-英买力隆起南部坡折带以及满西低梁东侧、罗西坡折带。礁滩复合体是这些地区寻找大油气田的重要目标。目前，在礁滩体领域发现并开发了我国最大的海相碳酸盐岩凝析油气田——塔中Ⅰ号气田，同时塔北轮古东与哈拉哈塘良里塔格组礁滩体也获得了工业油气流。对礁滩体油气藏的勘探开发实践形成了以下三个方面的重要认识。

1）坡折带控制了礁滩体的沉积、分布和规模，也控制了礁滩体储层的发育

坡折带由台地边缘和部分斜坡、台缘内带组成，可分为陡坡型和缓坡型两种。陡坡型坡折带主要包括塔中Ⅰ号、罗西、满西低梁东断裂带，其发育相对较窄，礁滩复合体厚度大，平行台缘连续性好，侧向相变快，坡折带外侧水体能量强，发育礁滩复合体；而内侧水体相对较深，发育低能滩间海沉积。在塔中Ⅰ号断裂带，礁滩体储层沿台缘相带条带状展布，具有"小礁大滩"的多沉积旋回特征，储层纵向叠置，横向连片，形成了整体连片的、横向上具有非均质性变化的巨大储集体。

缓坡型坡折带相对较宽，礁滩复合体厚度相对较小。点礁、中高能滩微相发育，高能相带在边缘内侧，沉积范围宽但厚度薄。缓坡型台地边缘主要分布在塔北南缘哈拉哈塘-轮南地区，其一间房组、良里塔格组台地边缘滩都很发育，并均发育有点礁。

2）沉积微相、早期暴露溶蚀、后期构造破碎控制了礁滩体优质储层的发育

塔里木盆地碳酸盐岩礁滩体储层基质孔隙度低，次生孔隙是主要的储集空间，储集空间类型包括孔洞型、裂缝-孔洞型、洞穴型和裂缝型。因此，储层的主控因素有三个方面。

一是沉积微相控制了岩石的岩性和结构，从而控制了原生孔隙的发育。生物碎屑滩、粒屑滩由于颗粒支撑作用形成大量的粒间孔，同时为组构的选择溶蚀奠定了基础。塔中良里塔格组礁滩体总体上储层以礁翼微相最好，礁核和生物碎屑滩相对较好，其次为礁坪、中高能砂砾屑滩，灰泥丘和中低能砂屑滩，物性相对较差；滩间海泥晶灰岩类孔隙度最低，一般为非储层。

二是早期暴露溶蚀是形成优质孔洞层的重要因素。中—晚奥陶世塔里木克拉通区构造与海平面振荡变化频繁，海平面的相对下降造成短暂的同生期大气淡水岩溶成岩环境，使礁滩复合体形成的古地貌高部位露出海面。大气淡水淋滤选择性地溶蚀了准稳定矿物组成的颗粒或第一期方解石胶结物，形成粒内溶孔、铸模孔和粒间溶孔；又可沿着裂缝、残留

原生孔发生非选择性溶蚀作用，形成溶缝和溶蚀孔洞，从而形成局部分布的优质孔洞层。塔中坡折带 TZ62 井区的高产油气层段的礁滩体储层就是这类储层。

三是构造作用是改善礁滩体储层储集性能的关键，特别是垂直塔中坡折带分布的走滑断裂活动，其断裂和裂缝系统不仅沟通了孔洞层，为埋藏岩溶提供了条件，从而形成了好的缝洞体系，奠定了高产稳产基础，也为坡折带油气藏的形成提供了良好的通道。根据目前的勘探、开发情况，高产油气井大都分布在大型走滑断裂带附近，TZ826 井距走滑带较远，良里塔格组尽管有优质的孔洞层分布，但裂缝不发育，造成其钻探失利。

3）整体含油气、局部富集

塔中 I 号断裂带东西高差达 1800m，但钻井都有油气显示，油气不受局部构造控制，没有明显边底水，具有整体准层状含油气的特征。油气产出井段主要集中在良里塔格组上部礁滩体发育的颗粒灰岩段，优质储层是本区钻井高产稳产的主控因素，储层发育井段都能高产，储层欠发育井段为低产或仅见油气显示。

受礁滩体沉积微相、储层物性变化大的影响，储层连通性较差，单个礁滩体易于形成相对独立的缝洞单元，造成油、气、水分异不完全，从而产生油气特征变化的差异，部分试采井有出水现象，但均是小规模封存水体，没有出现明显边底水，这是形成准层状整体含油气的主要原因。

针对礁滩体油气藏的这些特点，总结出了"沿台缘、钻礁滩"的钻探思路，地质–地震相结合开展礁滩体储层的精细描述与建模是油气藏勘探并高效开发的关键。

3. 层间岩溶型油气藏勘探思路——沿不整合面勘探

层间岩溶型油气藏是塔里木盆地碳酸盐岩分布范围最广、资源潜力最大的一类油气藏，是目前勘探开发的主战场。大面积、准层状、缝洞型层间岩溶油气藏模式的提出，拓展油气勘探的范围、降低了勘探成本，提高了海相碳酸盐岩油气勘探的信心。其主要特征如下：

1）大台地沉积背景控制层间岩溶储层大面积分布

塔里木寒武—奥陶系碳酸盐岩台地沉积面积达 30 万 km² 以上，在大台地背景上发育的古生界大型古隆起为形成大面积分布的层间岩溶储层提供了有利的地质背景。一间房组、鹰山组及蓬莱坝组沉积过程中受高频海平面升降影响，层间暴露与不整合多期叠合，非常利于准同生期岩溶发育，形成了多期大面积连片分布的层间岩溶储层。

在塔北地区，下奥陶统一间房组层间不整合面以下 150m 以内岩溶储层发育。中奥陶世末齐满变质岩基地开始隆升，形成吐木休克组–一间房组平行不整合和桑塔木组–良里塔格组低角度不整合–平行不整合，在塔北南缘形成了广泛分布的层间岩溶储层，现今埋藏 7000～9000m 处都可能存在大型顺层岩溶发育区。

在塔中–巴楚地区，下奥陶统鹰山组层间不整合面以下 200m 以内岩溶储层发育。中奥陶世末塔中古隆起整体强烈隆升，缺失了中奥陶统一间房组和上奥陶统底部的吐木休克组沉积，鹰山组上部地层呈低角度不整合暴露，遭受强烈剥蚀和风化淋溶而形成面积达 8.2 万 km² 的岩溶风化壳，至晚奥陶世中期才再次沉降而被良里塔格组灰岩覆盖。

通过构造成图地质评价，从塔北南缘–满西低梁–塔中北斜坡埋藏深度小于 8000m 的有利勘探面积达 34960km²，其中中石油矿权内面积约 22310km²，构成了哈拉哈塘大油田和塔中鹰山组大型凝析气田的主体。

2）区域性储-盖组合、丰富的油源是大油气田形成的基础

塔里木奥陶系一间房组、鹰山组层间岩溶储层之上，发育有巨厚的区域分布的上奥陶统桑塔木组暗色泥岩，厚度为 100~2000m，分布面积达 16.5 万 km^2，与层间岩溶储层形成了优质的储-盖组合。塔西台地和满加尔拗陷广泛发育的寒武系优质烃源岩，在地质历史时期生成了约 1.5 万亿吨油当量的油气（四次资评初步结果）。这种原地生烃为主、下生上储的匹配模式为碳酸盐岩层间岩溶储层大面积成藏提供了雄厚的物质基础。同时，低地温、晚期深埋与早期成油、晚期注气的成藏地质条件有助于大规模的凝析气藏的形成。

3）断裂控制岩溶作用强度，控制油气运移聚集

中加里东期强烈构造运动形成了大规模的走滑断裂。不论是塔北南缘的哈拉哈塘-英买力地区，还是塔中隆起的北部斜坡均大量发育走滑断裂（图 6.50）。这些断裂不仅为油气运移提供了"高速"通道，更重要的是早期发育的断裂破碎带为岩溶改造碳酸盐岩基岩提供了条件，控制了层间岩溶储层的发育。在目前已部署的三维地震区，储层预测表明缝洞储集体沿断裂密集发育，形成了一系列沿断裂带条带状分布的有利缝洞带。寒武系烃源岩生成的油气沿断裂网状立体运移，在断裂带附近富集成藏，具有断裂带油气富集的分布规律。

4）"小油藏，大油田"整体准层状含油气，大型缝洞体高部位油气富集

塔里木盆地迄今探明的五个海相碳酸盐岩油气田均集中分布在塔北、塔中和巴楚三大隆起及其斜坡之上，斜坡区是油气分布的主体。在层间岩溶区，断裂及其叠加改造的缝洞系统控储控油，油气主要沿层间不整合面以下 70~180m 范围大面积成藏，油气藏不受构造高低控制，具有普遍含油、局部富集的特征，而且宏观上没有统一的油水界面。通过地震流体检测和生产动静态研究发现，一个缝洞连通体就是一个小油气藏，众多小油气藏群沿不整合面大面积分布共同构成了大型层间岩溶油气田。同时大型缝洞储集体近断裂、规模大、连通程度高，储集体高部位油气更富集。

5）环满西整体含油气的大油气区

2014 年，塔北南缘的跃满区块突破了 7300m 出油关，哈拉哈塘油田平面上南北向含油宽度达到了 80km，层间岩溶油气藏勘探开发仍在不断向南拓展；中石化也在塔中 I 号断裂带以北斜坡区的顺南区块获得重大突破，塔北-塔中整体连片含油气的形势逐渐明朗。同时塔北-塔中奥陶系层间岩溶油气藏还表现出油气相态有序分布的特点：塔北隆起自北向南随着逼近生烃中心，依次出现稠油—中质油—挥发油—凝析油，原油成熟度升高；塔中隆起自南向北也表现出类似的特征，表明逼近生烃中心晚期油气充注条件优越。这些证据都表明连接塔北隆起和塔中隆起的满西低梁有着良好的勘探开发前景。近年来在满西地区油气勘探不断有新突破，并主要围绕一系列大型走滑断裂带展开，在跃满、顺北、玉科等凹陷区域获得新发现。重新认识与评价表明，沿走滑断裂带发现的碳酸盐岩油气地质储量逾 10 亿吨油当量，是全球最大超深走滑断裂断控碳酸盐岩油气田，并在塔北隆起-满西凹陷-塔中隆起形成 50 亿吨资源规模的"隆拗连片"大油气区，成为超深油气战略发展的新领域。

针对碳酸盐岩层间岩溶油气藏的这些特征，塔里木油田通过持续不断的攻关实践，形

成了沿不整合面勘探开发层间岩溶的思路。按照"整体部署，分步实施，连片处理"的原则，大面积整体部署三维地震，加快控制层间岩溶富油气区，为油气勘探持续突破和产能建设奠定了基础。建立了超深碳酸盐岩缝洞型储层地震采集处理技术、缝洞型储层地震预测与量化雕刻技术、不同反射类型高效布井技术，形成了超深碳酸盐岩缝洞型油藏储量计算新技术，引领复杂碳酸盐岩油气藏评价与开发。

二、创建了复杂碳酸盐岩凝析气藏勘探开发一体化体制

（一）实践需求

多旋回叠合沉积盆地具有多套烃源岩与多期成烃、多类型储集层，多套生-储-盖组合与多个含油气系统、多个成藏时期及晚期成藏普遍的特点，油气分布受控于古隆起、古斜坡、断裂带与不整合面等地质因素（赵靖州等，2007；何登发等，2010，2017；庞雄奇等，2012；邬光辉等，2016）。塔里木叠合沉积盆地的油气地质条件决定了油气立体勘探开发的必然性，立体勘探开发是对叠合盆地的不同含油气领域、不同含油气层系、不同类型油气藏的整体综合勘探开发。塔中立体勘探开发的深度达8000m，纵向上跨寒武系—石炭系多层系多类型成藏组合，平面上跨越正向构造单元进入盆地拗陷区，涉及常规与非常规油气藏。通过应用先进适用的地球物理、钻探、测试、采油等技术，开展立体勘探开发实践是实现超深复杂碳酸盐岩油气藏高效油气勘探开发的重要保证。面对复杂的碳酸盐岩油气藏对象，如何实现规模发现、效益开发，有两个因素起决定作用：一是勘探开发一体化能否实现发展方式的转变；二是勘探思路与技术攻关能否实现地质目的。

塔里木盆地碳酸盐岩断控型油气藏主要分布在中奥陶统一间房组以及下—中奥陶统鹰山组（图6.51），地层厚度普遍大于300m，埋深在6000m以上。中—上奥陶统碳酸盐岩主要为开阔台地、台地边缘相灰岩，向下逐渐过渡到白云岩，原生孔隙几乎消失殆尽，以次生溶蚀孔隙为主，是经历多期成岩作用、构造作用叠加改造形成的复杂次生储集系统。岩心孔隙度大多大于1.5%、渗透率一般小于1mD，测井解释储层段孔隙度变化范围一般在1.2%～6%，而局部钻遇大型缝洞体层段孔隙度高达10%～50%、渗透率多大于2mD，断裂破碎带对储层具有重要的控制作用。研究表明，断裂破碎带宽逾3km，控制裂缝带的发育与分布。同时，断层往往致密，而断裂破碎带是多期大气淡水与埋藏期流体溶蚀作用的有利部位，形成不同特征的溶蚀孔、洞、洞穴。沿断裂破碎带集中发育的大型溶蚀孔洞、洞穴是主要的储集空间，同时受多期构造活动作用形成的裂缝发育，大大增加了储层渗流能力及沟通范围，组成沿断裂破碎带分布的复杂的缝洞体储层。塔里木盆地走滑断裂带碳酸盐岩储层非均质性极强，不同于国内外上古生界—新生界孔隙型碳酸盐岩储层。走滑断破碎裂带的多期活动既控制了有效的输导体系，也控制了"甜点"缝洞体储层的发育与分布，从而控制了有效油气圈闭的形成与分布，以及油气的富集程度。

塔里木碳酸盐岩油藏不同于砂岩油藏，具有特殊性：①超深，埋深普遍大于6000m，工业油气流井埋深接近8000m；②"小油藏，大油田"，塔中-塔北大面积含油气，但整体

储量丰度低，受缝洞型储层控制局部富集区块分散；③缝洞型储层类型多样、极不均质，基质孔隙贡献小，次生溶蚀缝洞是主要储集空间；④单井产量高，但产量相差悬殊，高产井、低产井、水井间互出现；⑤油井产量递减大、含水上升较快，每年需打大量新井弥补递减。

叠合盆地体现出多套构造层多层系复式油气聚集的特点，勘探目的层不仅有碎屑岩，也有碳酸盐岩；勘探目标不仅有构造圈闭，更有岩性地层与复合圈闭，以及非常规油气。因此，油气勘探开发需要上、中、下构造层统筹兼顾，实行一体化立体开发。

（二）主要成效

针对塔中超深复杂凝析气田勘探开发面临的低产低效问题，通过勘探开发一体化的组织，强力支持了超深复杂碳酸盐岩的效益与规模勘探开发。以实现碳酸盐岩上产增储、实现规模效益为目标任务，强化一体化组织，实现勘探开发一套科研人马、一个生产组织机构。形成了具有塔里木特色的"六个一体化"融合式工作架构，即组织结构一体化、投资部署一体化、科研生产一体化、生产组织一体化、工程地质一体化、地面地下一体化。通过多学科、多部门的一体化协同攻关，有效地加强了勘探与开发之间的互补，强力推进了复杂凝析气田的开发，实现了多方面的转变。

（1）转变勘探–开发的工作界限。勘探早期重在不同缝洞带的整体优选预探。勘探发现之后，重在评价富油气的缝洞系统，尽快找出油气最富集区，为开发前期介入，建设高产稳产井组夯实基础；勘探开发有了较深入认识后，完善缝洞系统划分和评价，方案编制、产能建设根据不同缝洞系统的特点，制定差异化的开发对策。缝洞单元相当于一个小油藏，是开发的基本单元，随着油藏动静态资料的不断丰富，开展缝洞单元的精细描述，确立以缝洞单元（缝洞体）为基本开发单元的管理方式。

（2）转变三级评价体系。常规油气藏的勘探开发通常划分区带、圈闭、油藏三级研究层次，遵循碳酸盐岩油藏的特点，以提高钻井成功率为目标，建立了缝洞带–缝洞系统–缝洞单元（缝洞体）三级描述评价体系。由以往地震资料解释做构造图、圈闭图转变为做缝洞单元、缝洞系统的三维空间图，建立了缝洞量化雕刻技术体系；去掉以往井网部署的概念，明确洞在哪里、缝在哪里，就应把井部署到哪里的井位部署原则。

（3）转变增储上产的工作方式。由于碳酸盐岩油气藏异常复杂，难以在勘探阶段准确认识与精确描述。通过勘探开发一体化，形成增储上产转变为上产增储的新理念。勘探开发一体化不仅仅有助于更多的油气勘探发现，更重要的是能够实现油气藏的规模效益开发。针对常规油气藏，通常先有探明储量，编制开发方案，再部署开发井的做法。针对塔中复杂碳酸盐岩缝洞型油气藏，勘探一有发现，开发就早期介入跟上，先要产量后交储量，交储量必须有一定量的开发井，动用一定量的储量。布井思路由大面积均匀布井、控制含油面积上交储量向富油缝洞带高产井区相对集中布井转变；开发方案由以往在探明储量基础上编制转变为先在控制储量基础上编制初步开发方案，有了规模产量，动静态资料结合把油藏基本认识清楚了，再上交探明储量、完善开发方案。通过上产增储一体化，快速建成了塔中年产气 10 亿 m³ 的产能，探明储量精度明显提高，上产速度加快，开发效益大幅度提升。

（4）转变了钻井类别的划分与程序。以强化勘探开发整体规划部署，勘探开发一体化整体评价为出发点，弱化井别，牢固树立"探井就是开发井、开发井在某种程度上也可以起到探井作用"的理念。探井的任务是"打认识、打类型、验技术、定井型、拿产量"，开发井的任务"获得高产、深化认识"。勘探依靠连片大面积三维、缝洞刻画发现富集区，开发在富集区集中建产。2008年以来，塔中地区完钻探井145口，其中100口投产，现年产油能力达31万吨，已累计产油179.18万吨，勘探、开发钻井成功率保持了高水平。

三、打造了逢洞型碳酸盐岩凝析气田效益开发示范工程

（一）塔中隆起逢洞型碳酸盐岩凝析气田开发成效

基于塔中隆起油气富集成藏规律研究，明确了该区油气资源潜力，最新资源评价表明，塔中海相碳酸盐岩油气资源丰富，石油资源量为9.9亿吨、天然气资源量为1.73亿 m^3，增储上产潜力巨大。

"十二五"期间，坚持勘探开发一体化，打造了塔中储量高峰工程，新增三级储量油2.2亿吨、天然气4200亿 m^3，其中，新增探明石油1.3亿吨、天然气逾2000亿 m^3。

"十二五"期间塔中Ⅰ号气田油气产量实现跨越式发展，每年约40%速度递增，2013～2015年连续三年油气产量当量大于100万吨（图6.52），建成了我国第一个百万吨级碳酸盐岩凝析气田。同时，通过不断的科技攻关，探井成功率有了大幅度的提升（图6.53），实现了超深复杂碳酸盐岩凝析气田的效益开发。

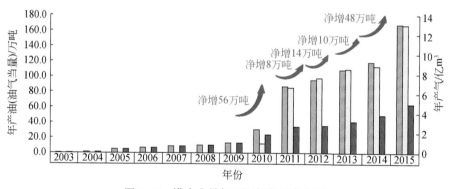

图6.52　塔中Ⅰ号气田历年产量直方图

（二）完善发展了碳酸盐岩凝析气藏地质理论认识

1. 建立了台缘礁滩体岩溶地质模型，发展了礁滩型油气藏地质理论认识

发现了我国最早的珊瑚-层孔虫造礁群落，填补了国内中—上奥陶统礁滩体研究的空白；建立了礁滩复合体纵向多旋回叠置、横向多期次加积地质模型，明确了小礁大滩的结构模型；揭示了多期次暴露与断裂控制礁滩体优质储层的分布规律。

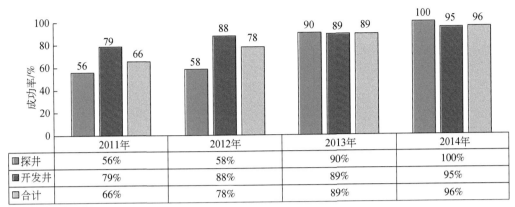

图 6.53　塔中地区"十二五"期间水平井勘探开发钻井成功率柱状图

2. 构建了内幕层间岩溶缝洞体模型，丰富了碳酸盐岩油气地质理论认识

发现了塔中奥陶系碳酸盐岩内幕区域不整合，化石断代缺失 12Ma 地层，解决了 20 多年的地层学争论；建立了层间岩溶地质模型，明确了岩溶缝洞体的分布规律；阐明了多成因多期次叠加改造的层间岩溶储层形成机制。

3. 建立了塔中复式油气藏成藏模型，揭示了凝析气藏多类型的成因机理与分布规律

分别建立了礁滩体油气藏模式、风化壳油气藏模式与走滑断裂断控油气藏模式；研究揭示了塔中凝析气藏成因既有古油藏遭受气侵的次生凝析气藏模式，也存在原生凝析气模式，同时提出油型裂解凝析气及其气侵混合型凝析气藏等多成因模式；提出断裂、溶蚀与充注三要素耦合控藏的复式成藏模式，明确了油气"甜点"富集的分布规律。

(三) 创新了碳酸盐岩凝析气田增储上产配套技术

1. 创新发展了大沙漠深层三维地震采集处理技术

由于塔里木盆地台盆区地表多为沙漠，碳酸盐岩油气藏埋藏深、储集体规模小，常规地震资料信噪比低，难以有效刻画微小走滑断裂及其相关缝洞体储层，因此开展了高密度地震采集与针对性处理攻关。主要取得两方面的重要进展。

(1) 小面元、高覆盖、高密度采集技术。针对表层沙丘厚度大、疏松，地震波吸收衰减严重，内幕信噪比低的问题，采集技术的进步提高了地震资料信噪比及分辨率，提高了深部碳酸盐岩成像品质。

(2) 建立了大漠区超深碳酸盐岩基于井控的 WEFOX 双向聚焦偏移精准成像技术。地震资料处理上实现了由叠后向叠前、由时间域向深度域、由各向同性向各向异性处理思路和技术的转变。提高了资料信噪比，解决了目前单聚焦叠前偏移技术过分依赖速度模型的成像问题，夯实了高效开发的资料基础。

高密度资料相比常规地震资料，深层走滑断裂的地震成像更为清晰，断裂带缝洞体储层的识别数量成倍增加，奠定了油气藏描述的资料基础。ZG8 地区部署高密度之前的 17 口井，投产成功率达 58.8%，部署高密度之后，完钻八口，投产成功七口，投产成功率为 87.5%。

2. 创新形成了碳酸盐岩缝洞体识别描述技术

针对不同类型储层地震刻画面临的问题，开展了一系列的技术攻关，集成创新形成了碳酸盐岩缝洞体识别与描述技术，主要在以下四个方面取得了重要的进展：

（1）碳酸盐岩古地貌恢复技术；

（2）礁滩体识别及储层预测技术；

（3）不整合识别与缝洞体量化雕刻技术；

（4）碳酸盐岩储层评价的方法技术。

这些技术方法高效地支撑了塔中的井位部署与油气藏评价。

3. 创新发展了超深层碳酸盐岩储层改造技术

鉴于塔中凝析气田基质孔隙致密，油气产量低、不稳产的问题，开展了超深层碳酸盐岩储层改造技术攻关，取得了良好的成效：

（1）以缝洞方位为导向的超深缝洞型碳酸盐岩储层多元化改造方法；

（2）高温深层缝洞型碳酸盐岩水平井分段改造技术；

（3）深层储层深度改造技术和完井工艺。

"十二五"期间，对 127 口水平井进行分段改造，改造比例由 2010 年的 81.81% 提高到 2015 年的 100%；改造成功率由 2010 年的 66.67% 提高到 2015 年的 96.45%。同井区同周期水平井日产油当量是直井的 3.8 倍，高效井（油气当量大于 5 万吨）比例由 15% 提高到 41%。

4. 创新集成了碳酸盐岩凝析气田开发配套技术

针对断裂带油气产量不稳定，递减率高的难题，集成创新了一系列方法技术与措施，主要包括：

（1）凝析气藏描述与不规则井网部署方法技术；

（2）（超）深层碳酸盐岩凝析气藏水平井开发技术；

（3）随钻精准地质导向技术；

（4）碳酸盐岩凝析气藏提高采收率实验与先导试验方法技术；

（5）动态储量评价方法技术；

（6）缝洞单元划分与开发方法技术。

通过一系列技术攻关，优选形成了提高缝洞型凝析气藏采收率技术系列，实现了塔中凝析气田 10 亿 m^3 年产量的建产与效益开发。

总之，塔中下古生界碳酸盐岩凝析气田地质条件极为复杂，国内外没有可借鉴的类似油气田，面临一系列世界级的开发难题。通过不断地理论、方法与技术攻关，突破了传统的"古隆起控油"与"相控"准层状油气藏理论，构建了新的油气藏模式，集成形成了适用于塔中凝析气藏评价与开发的配套方法技术系列，支撑了高效井位部署与油气藏勘探开发，新建天然气产能超 10 亿 m^3，实现了塔里木盆地超深层碳酸盐岩凝析气藏的效益评价与开发，成为碳酸盐岩凝析气藏开发的示范工程。

参 考 文 献

陈利新,程汉列,高春海,等. 2015. 哈拉哈塘油田碳酸盐岩储层试井特征分析. 油气井测试,24(2): 16~18.

陈利新,程汉列,朱轶,等. 2016. 缝洞型碳酸盐岩储层酸压后不稳定试井分析. 油气井测试,25(2): 33~36.

陈猛,高莲花,党青宁,等. 2016. 一种高精度时频分析技术在碳酸盐岩烃类检测中的应用. 复杂油气藏, 9(1):26~30.

段辉,吴亚红,张烨,等. 2010. 缝洞型碳酸盐岩油藏储层改造人工裂缝特征研究. 石油天然气学报,32(3): 152~155.

郜国玺,田东江,牛新年,等. 2013. 碳酸盐岩储层酸压停泵压降特征与缝洞规模关系. 断块油气田,20(5): 652~655.

韩剑发,韩杰,江杰,等. 2013. 中国海相油气田勘探实例之十五——塔里木盆地塔中北斜坡鹰山组凝析气 田的发现与勘探. 海相油气地质,18(3):70~78.

韩剑发,程汉列,施英,等. 2016. 塔中缝洞型碳酸盐岩储层连通性分析及应用. 科学技术与工程,16(5): 147~153.

韩剑发,程汉列,王连山. 2017. 塔中碳酸盐岩水平井酸压效果评价研究. 河南科学,35(10):1622~1627.

何登发,李德生,童晓光. 2010. 中国多旋回叠合盆地立体勘探论. 石油学报,31(5):695~709.

何登发,马永生,蔡勋育,等. 2017. 中国西部海相盆地地质结构控制油气分布的比较研究. 岩石学报, 33(4):1037~1057.

黄根炉,赵金海,赵金洲,等. 2004. 基于地质导向的水平井中靶优化设计. 石油钻采工艺,26(6):1~3.

黄兴,李天太,杨沾宏,等. 2016. 孔洞型碳酸盐岩油藏不同开发方式物理模拟研究. 断块油气田,23(1): 81~85.

胡太平,吉云刚,潘杨勇,等. 2011. 傅里叶频谱分解技术在塔中45井区油气勘探中的应用. 新疆石油地 质,32(3):308~310.

霍进,史晓川,张一军,等. 2008. 新疆油田水平井地质导向技术研究及应用. 特种油气藏,(3):93~ 96,110.

康博,卢立泽,邓兴梁,等. 2015a. 缝洞型凝析气藏注气吞吐提高凝析油采收率机理研究. 新疆石油天然 气,11(2):66~69.

康博,张烈辉,王健,等. 2015b. 塔中Ⅰ号缝洞型凝析气藏注水提高凝析油采收率研究. 新疆石油地质, 36(5):575~578.

李春月,张烨,宋志峰,等. 2013. 碳酸盐岩地震弱反射区水平井分段酸压技术. 新疆石油地质,34(6): 716~718.

李功强,赵永刚,江子凤,等. 2013. 塔河油田托普台区碳酸盐岩储层类型判别方法及应用. 工程地球物理 学报,10(3):338~343.

李红凯,袁向春,康志江. 2013a. 塔河油田六七区碳酸盐岩储层类型及分布规律. 特种油气藏,20(6): 20~25.

李红凯,袁向春,康志江. 2013b. 缝洞型碳酸盐岩油藏储集体组合对注水开发效果的影响研究. 科学技术 与工程,13(29):8605~8611.

李鹍,李允. 2010. 缝洞型碳酸盐岩孤立溶洞注水替油实验研究. 西南石油大学学报(自然科学版), 32(1):117~120.

李小波,荣元帅,刘学利,等. 2014. 塔河油田缝洞型油藏注水替油井失效特征及其影响因素. 油气地质与采收率,21(1):59~62.

李欣,韦孝忠,李登前,等. 2004. 地质导向钻井技术在鄂尔多斯气田水平井的应用. 石油钻采工艺,(5):23~25,85.

刘海锋,薛云龙,张保国,等. 2013. 低渗透薄层碳酸盐岩气藏水平井地质导向技术. 天然气勘探与开发,36(2):77~80.

刘长印. 2008. 重复酸压改造效果分析评价. 石油钻采工艺,30(2):75~77.

刘辉,袁学芳,周理志,等. 2013. 缝洞性碳酸盐岩储层酸压效果影响因素研究. 钻采工艺,36(1):53~55.

刘应飞,刘建春,韩杰,等. 2014. 溶洞型碳酸盐岩油藏试井曲线特征及储层评价. 科学技术与工程,14(6):121~126.

刘中春. 2012. 塔河油田缝洞型碳酸盐岩油藏提高采收率技术途径. 油气地质与采收率,19(6):66~68,86.

马乾,谭峰,逯宇佳,等. 2018. 分频段 PCA-RGB 融合技术在溶洞型碳酸盐岩储层烃类检测中的应用. 化学工程与装备,(3):114~117,121.

毛国扬,杨怀成,张文正. 2018. 裂缝性储层压降分析方法及其应用. 石油天然气学报,33(7):116~118,122.

庞雄奇,周新源,姜振学,等. 2012. 叠合盆地油气藏新和成、演化与预测评价. 地质学报,86(1):1~103.

荣元帅,黄咏梅,刘学利,等. 2008. 塔河油田缝洞型油藏单井注水替油技术研究. 石油钻探技术,36(4):57~60.

田东江,牛新年,郜国玺,等. 2012a. 哈拉哈塘区块碳酸盐岩储集层酸压改造评价方法. 新疆石油地质,33(2):236~238.

田东江,牛新年,郜国玺,等. 2012b. 库车山前大北地区裂缝性气藏储层改造评价研究. 油气井测试,21(5):21~23.

涂万兴. 2008. 碳酸盐岩缝洞型油藏单井注水替油开采的成功实践. 新疆石油地质,29(6):56~58.

邬光辉,庞雄奇,李启明,等. 2016. 克拉通碳酸盐岩构造与油气——以塔里木盆地为例. 北京:科学出版社.

鲜强,蔡志东,王祖君,等. 2017. AVO 分析技术在塔中碳酸盐岩油气检测中的应用. 物探化探计算技术,39(2):260~265.

王招明,杨海军,王清华,等. 2012. 塔中海相碳酸盐岩特大型凝析气田地质理论与勘探技术. 北京:科学出版社.

王子胜,姚军. 2007. 缝洞型油藏试井解释方法在塔河油田的应用. 西安石油大学学报:自然科学版,22(1):72~74.

闫振来,韩来聚,李作会,等. 2008. 胜利油田水平井地质导向钻井技术. 石油钻探技术,36(1):4~8.

杨敏,孙鹏,李占昆. 2004. 塔河油田碳酸盐岩油藏试井曲线分类及其生产特征分析. 油气井测试,13(1):19~21.

杨旭,杨迎春,廖志勇,等. 2010. 塔河缝洞型油藏注水替油开发效果评价. 新疆石油天然气,6(2):59~64.

于伟杰,王昌利,高安邦,等. 2007. 利用试井资料评价地渗透井的压裂效果. 油气井测试,16(5):22~24,27.

詹俊阳,马旭杰,何长江. 2012. 塔河油田缝洞型油藏开发模式及提高采收率. 石油与天然气地质,33(4):655~660.

张福祥,陈方方,彭建新,等. 2009. 井打早大尺度溶洞内的缝洞型油藏试井模型. 石油学报,30(6): 912~915.

张平,何志勇,赵金洲. 2005. 水力压裂净压力拟合分析解释技术研究与应用. 油气井测试,14(3):8~10.

赵磊,潘毅,刘学利,等. 2015. 缝洞型储层全直径岩心注气吞吐替油实验研究. 油气藏评价与开发,5(1): 39~43.